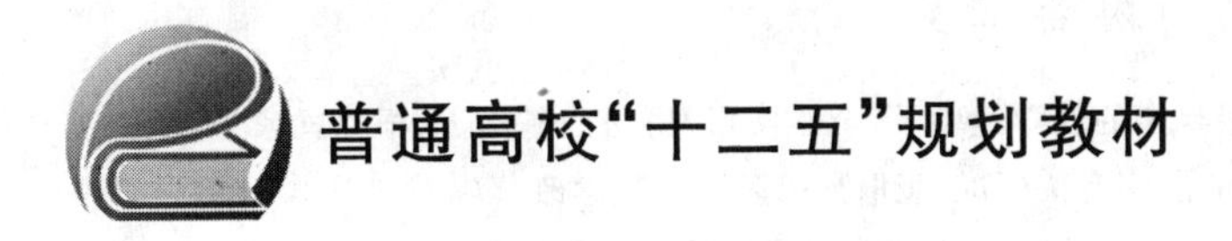

制造技术实习

(第2版)

张兴华　主编

北京航空航天大学出版社

内容简介

本书是在北京航空航天大学金工实习多年来的教学经验及《金工实习》讲义的基础上，根据国家教委"高等工业学校金工实习教学基本要求"和新颁布的国家有关标准，吸取兄弟院校的教学改革成果和教学经验，充分考虑到现代机械制造工业的发展状况，结合高等学校机械制造实习的实际需要而编写的工程训练系列教材之一。

全书共14章，主要内容包括机械制造基础知识、铸造、锻压、焊接、车削、铣削、磨削、钳工、数控加工基础、数控铣、数控车、特种加工、其他加工和塑料成形加工等。考虑到航空航天制造技术的需要，根据航空航天零部件生产特点，增加了齿轮加工、拉削、镗削、三坐标测量和数控冲床等内容。各章后均有思考练习题，以便于自学。

本教材可用于高等工科学校机械类及近机械类院系的实习教学，也可作为高职、中专师生及工程技术人员的参考书籍。

图书在版编目(CIP)数据

制造技术实习 / 张兴华主编. -- 2版. -- 北京 : 北京航空航天大学出版社，2011.2

ISBN 978-7-5124-0207-2

Ⅰ.①制… Ⅱ.①张… Ⅲ.①机械制造工艺－实习－高等学校－教材 Ⅳ.①TH16-45

中国版本图书馆CIP数据核字(2010)第170327号

制造技术实习(第2版)

张兴华　主编

责任编辑　蔡　喆

*

北京航空航天大学出版社出版发行

北京市海淀区学院路37号(邮编100191)　http://www.buaapress.com.cn

发行部电话:(010)82317024　传真:(010)82328026

读者信箱:bhpress@263.net　　邮购电话:(010)82316936

北京市松源印刷有限公司印装　各地书店经销

*

开本:787×1092　1/16　印张:16　字数:410千字

2011年2月第2版　2014年1月第3次印刷　印数:6 001～7 500册

ISBN978-7-5124-0207-2　　定价:29.80元

前　言

本书是根据国家教委“高等工业学校金工实习教学基本要求”和新颁布的国家有关标准，吸取兄弟院校的教学改革成果和教学经验，充分考虑到现代机械制造工业的发展状况，结合高等学校机械制造实习的需要，在北京航空航天大学2000版《金工实习》讲义的基础上修订而成，是工程训练系列教材之一。

本教材具有如下特点：

(1) 充分考虑到机械制造工业的发展状况，适当减少了传统加工内容，大幅度增加了先进制造技术和非金属加工的内容，其中数控加工、特种加工、塑料加工的内容约占总篇幅的30%。

(2) 适当增加了环境保护、航空航天零部件生产特点等内容，注重对学生知识、能力和素质的综合培养。

(3) 与后续课程“工程材料”、“加工工艺学”、“综合创新训练”紧密配合，突出了学生在创新训练过程中经常遇到的难点和重点等内容。

(4) 本教材配有思考练习题，而实习报告和考试题库，教学大纲、教案、各工种教学录像和动画素材库等均已放在北京航空航天大学校园网上，以利于学生自学和网上学习。

(5) 在“数控铣、数控车和特种加工”章节中增加了实例讲解，以便于学生课前预习及编写程序，尽量增加学生在实习教学中的动手操作时间。

(6) 考虑到不同专业学生的实习时间和实习侧重点不同，凡在书中标注了“*”的章节，可根据实际需要进行取舍。

本教材由北京航空航天大学工程训练中心组织编写，张兴华任主编。参加本次教材编写的人员有李运华和于维平(第1章部分内容)、王秋红(第5章)、解兆宏、刘雅静和赵雷(第10章部分内容)、孙英蛟(第11章)、王凤霞(第12章线切割部分)，其余各章由张兴华编写。

在本书编写过程中，得到了范悦、靳永卫、杜林坡、赵志华、李泽军、杨浩、刘乃光、孔克平、杜跃和、刘哲、郝继峰、纪铁铃、杨俊海、张宝江、王金来、尚金英、龙祥、陈乐光等人的很多帮助。崔贤金、路建军、高杰等在本书的插图绘制方面做了很多工作。全书插图由张兴华整理。

本书由中国农业大学张政兴教授审稿。他对本书提出了宝贵意见，在此表示衷心的感谢。

由于编者水平有限，书中的错误和不妥之处，恳请读者批评指正。

编者

2011年1月

目　　录

第2章 铸 造

第3章 锻造和冲压

第 12 章　特种加工

第 13 章　其他切削加工方法及设备

第1章 机械制造基础知识

1.1 机械制造概述

机械制造是各种机械(如机床、工具、仪器、仪表等)制造过程的总称。它是一个将制造资源,如物料、能源、设备、工具、资金、技术、信息和人力等,通过制造系统转变为可供人们使用或利用的产品的过程。

1. 机械制造业在国民经济和社会发展中的作用

国民经济中的任何行业的发展,必须依靠机械制造业的支持并提供装备;在国民经济生产力的构成中,制造技术约占60%～70%。当今制造科学、信息科学、材料科学和生物科学这四大支柱科学相互依存,但后三种科学必须依靠制造科学才能形成产业和创造社会物质财富。而制造科学的发展也必须依靠信息、材料和生物科学的发展。因此,机械制造业是其他高新技术实现工业价值的最佳集合点。

机械制造业能否以适用的先进技术去装备国民经济各部门,将直接影响国民经济的发展,进而影响整个国家的经济振兴。我国建国半个多世纪以来,国民经济的每一次发展都与机械工业分不开。20世纪50年代,我国自行制造了汽车、拖拉机、飞机;60年代制造了原子能设备、12 000 t水压机、125 000 kW火力发电设备以及精密机床等;70年代发展了我国的大型成套设备,如年产300 000 t合成氨设备、年处理2 500 000 t炼油设备、50 000 t远洋油轮,以及后来发展的核发电系统、航天事业中的机械装备和制造技术、葛洲坝大型水轮发电机等。

21世纪的先进制造技术已是当代国际科技竞争的重要方面,我国已将先进制造技术列为国家重点发展领域。

2. 机械制造发展史

我国早在4 000年前就开始使用铜合金,商周时代冶炼技术已达到很高水平,形成了灿烂的青铜文化;春秋战国时期,我国已开始使用铸铁做农具,比欧洲国家早1 800多年;约3 000年前我国已采用铸造、锻造等技术生产工具和各种兵器。大量的历史文物,例如在河南安阳武官村出土的质量为875 kg的商殷祭器司母戊大方鼎,1972年在河北藁城出土的商代铁刃铜钺,北京大钟寺内保存的质量为46.5 t的明朝永乐年间铸造的铜钟等,均显示了我国古代人民在铸造、锻造等方面的卓越成就。

图1-1反映了我国古代机械制造业的杰出成就。

国外机械制造只是到了近代才比中国领先。1775年,英国人威尔肯逊为制造瓦特发明的蒸汽机,制造了汽缸镗床。它的出现,标志着人类用机器代替手工的机械化时代的开始。1870年,在美国出现了第一台螺纹加工自动机床。1924年,第一条自动生产线在英国莫里斯汽车公司诞生。1952年美国麻省理工学院研制出数控铣床。1958年,第一台加工中心在美国卡尼和特雷克公司面世。20世纪80年代以来,得益于信息技术、计算机技术、精密检测与转换技术和机电一体化技术的快速发展,以数字化设计与制造技术、物流技术、现代管理技术、柔性制造系统以及计算机集成制造系统等为代表的先进制造技术得到快速发展。

(a) 中国夏代出土的车子

(b) 秦代铜马车

(c) 三国时期马钧发明的指南车

(d) 宋代苏颂制成的水运仪象台

图 1-1　中国古代机械制造业的杰出成就

3. 机械制造的主要内容和一般过程

机械制造一般可以分为热加工和冷加工两种方法。

机械制造热加工是研究如何运用铸造、锻压、焊接、热处理、零件的表面处理等方法将材料制成毛坯或直接加工成具有一定性能的毛坯或零件，也称材料加工工程。

铸造是指将材料(金属、合金或复合材料)熔化成液态浇注于具有一定型腔的铸型内，凝固后成形；锻压是指将钢锭或棒材、板材在一定温度下通过不同的锻压机械施加压力使之成形；焊接是指通过局部熔化或相互扩散使若干个零件拼接成复杂的整体零件或构件。

热处理是指通过不同的加热和冷却方式使零件材料的内部组织结构发生变化，从而改变材料的力学、物理及化学性能。热处理仅改变材料性能，并不改变零件形状。

零件的表面处理是指改变零件表面的成分或组织结构以提高零件的性能。

机械制造冷加工主要是研究利用切削加工方法将毛坯或材料成形为高精度、低粗糙度的零件，并将零件装配为机器。

切削加工包括车削、铣削、磨削、钳工工作等内容。数控技术的出现使切削加工及其他加工方法在加工能力和效率等方面获得了空前的提高。

特种加工包括电火花加工、激光加工、超声波加工、电子束加工、等离子束加工等。这些虽然已经不属于切削加工的范围，但也是机械制造冷加工的一部分。

机械制造的生产过程一般是先用铸造、锻压或焊接等方法将材料制成零件的毛坯(或半成品)，再经切削加工制成零件，最后将零件装配成机器。在制造过程中，为改善或提高毛坯和工件的性能，常要对其进行热处理。虽然在机械制造过程中各种加工方法是离散的和相对独立的，但它们之间又是互相渗透、互相交叉的。因此在生产过程中应互相补充，综合运用。图1-2所示为整个生产过程，它是一个有机联系的整体。

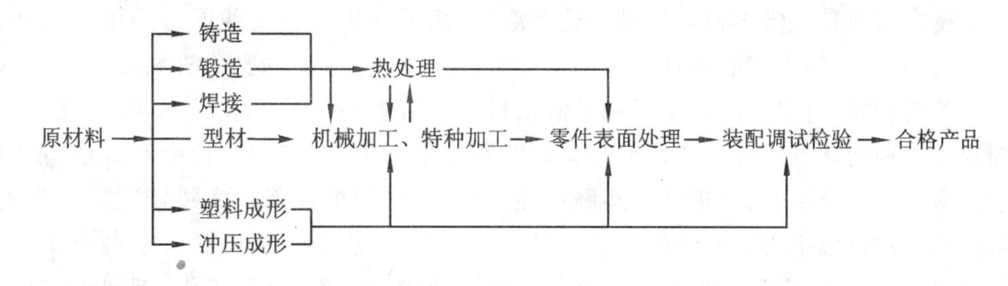

图1-2 机械制造过程示意图

4. 先进制造技术

先进制造技术是传统制造业不断地吸收机械、信息、电子、材料、能源及现代管理等方面的最新技术成果，并将其综合应用于产品开发与设计、制造、检测、管理及售后服务的制造全过程，实现优质、高效、低耗、清洁、敏捷制造，并取得理想技术经济效果的前沿制造技术的总称。从本质上说，先进制造技术是传统制造技术、信息技术、自动化技术和现代管理技术等的有机融合。

先进制造技术具有以下特点：

(1) 先进制造技术是面向21世纪的制造技术，是制造技术的最新发展阶段；

(2) 先进制造技术贯穿了从市场预测、产品设计、采购生产经营管理、制造装配、质量保证、市场销售、售后服务、报废处理回收再利用等整个制造过程；

(3) 先进制造技术注重技术、管理、人员三者的有机集成；

(4) 先进制造技术是数字化设计与制造技术、自动化技术、计算机技术、机电一体化技术多学科交叉融合的产物；

(5) 先进制造技术重视环境保护等因素。

先进制造是由传统制造技术与以信息技术为核心的现代科学技术相结合的一个完整的高新技术群。其技术体系可以分为五大技术群。

(1) 系统总体技术群：包括与制造系统集成相关的总体技术，如柔性制造、计算机集成制造CIM、敏捷制造、智能制造和绿色制造等；

(2) 管理技术群：包括与制造企业的生产经营和组织管理相关的各种技术，如计算机辅助生产管理、制造资源计划MRP、企业资源计划ERP、供应链管理、动态联盟企业管理、全面质量管理、准时生产JIT、精良生产和企业过程重组BPR等；

(3) 设计、制造、运行与管理一体化技术群：包括与产品设计、制造、检测、运行及管理等制造与使用过程中相关的各种技术，如并行工程、CAD/CAPP/CAM/CAE、拟实制造、可靠性设计、智能优化设计、绿色设计、快速原型技术、质量功能配置QFD、数控技术、物料储运控制、检测监控、质量控制、系统仿真及虚拟样机、机电伺服控制和信息综合与控制等；

(4) 制造工艺与装备技术群：包括与制造工艺及装备相关的各种技术，如精密超精密加工工艺及装备、高速超高速加工工艺及装备、特种加工工艺及装备、特殊材料加工工艺、少无切削加工工艺、热加工与成型工艺及装备、表面工程和微机械系统等；

(5) 支撑技术群：包括上述制造技术的各种支撑技术，如计算机技术、数据库技术、网络通信技术;软件工程、人工智能、虚拟现实、标准化技术和人机工程学、环境科学等。

先进制造技术在21世纪还会得到进一步的发展。

5. 制造技术实习课程的性质与任务

制造技术实习是大学本科以机械制造为载体,培养学生工程实践能力的重要的基础技术课程。通过实习,使学生接触零件制造的全过程,初步学习一些主要的机械加工方法;了解主要加工设备的功能与使用方法;认识和了解机械加工装备中的共性技术,如数控技术、机电传动与控制技术和网络技术等。本课程强调以实践教学为主,在实习过程中有机地将基础工艺知识和动手实践结合起来,重视学生实践技能的掌握,获得机械制造实践较完整的基础训练,并在学习和实践过程中受到全面的素质培养,为学生进一步学习机械制造学科或其他学科的有关知识和后续课程,也为日后走向社会和承担设计制造工作、研发工作、管理工作等奠定实践基础。

1.2　零件机械加工质量

机器零件均由几何形体组成,并具有各种不同的尺寸、形状和表面状态。为了保证机器的性能和使用寿命,设计时应根据零件的不同作用对制造质量提出要求,包括表面粗糙度、尺寸精度、形状精度、位置精度以及零件的材料、热处理和表面处理(如电镀、发黑)等。尺寸精度、形状精度和位置精度统称为加工精度。加工精度及表面粗糙度是由切削加工保证的,设计数据必须提得恰当合理,否则将会增加不必要的加工复杂程度和加工费用。

1.2.1　尺寸精度

尺寸精度是指零件实际尺寸与设计理想尺寸的接近程度。尺寸精度是用尺寸误差的大小来表示的。尺寸误差由尺寸公差(简称公差)控制。

1. 公　差

公差是尺寸的允许变动量。公差越小,则精度越高;反之,精度越低。公差等于最大极限尺寸与最小极限尺寸之差,也等于上极限偏差与下极限偏差之差。在图1-3中,代表上下极限偏差的两条直线所限定的区域称为轴公差带。

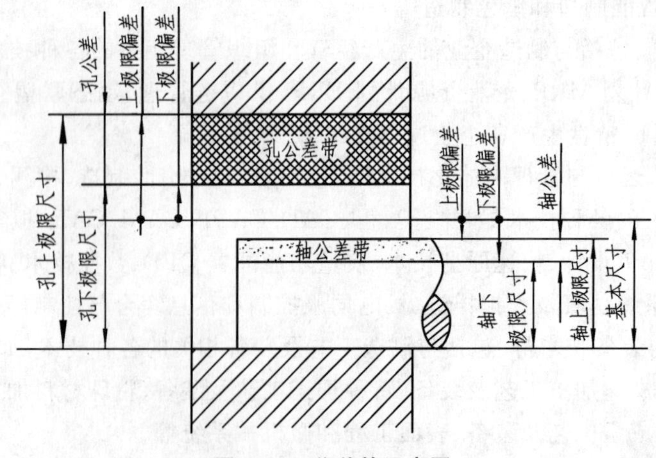

图1-3　公差的示意图

例如图1-4中的外圆$\Phi12$是公称尺寸，上极限偏差是0，下极限偏差是-0.07 mm，上极限长度尺寸$l_{max}=(12+0)$mm$=12$ mm，下极限长度尺寸$l_{min}=(12-0.07)$mm$=11.93$ mm。也可表示为

$$尺寸公差=上极限尺寸-下极限尺寸=(12-11.93)\text{mm}=0.07\text{ mm}$$

或

$$尺寸公差=上极限偏差-下极限偏差=[0-(-0.07)]\text{mm}=0.07\text{ mm}$$

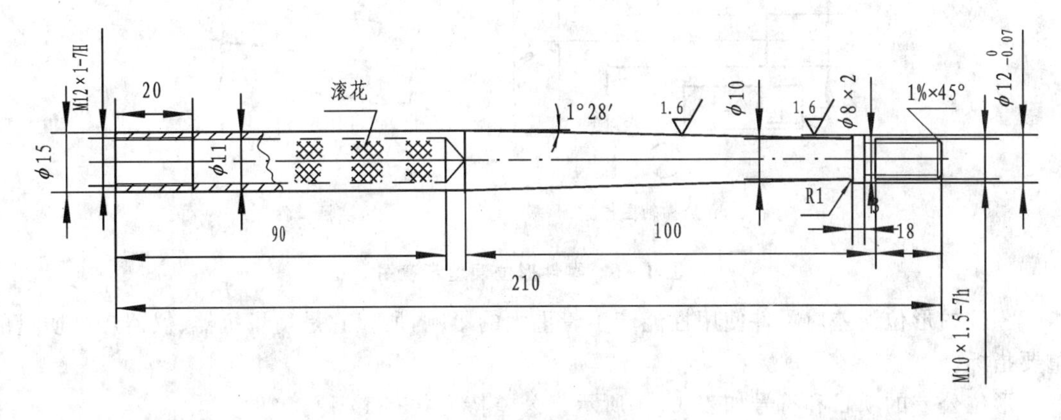

图1-4　榔头柄

零件的实际尺寸减去其公称尺寸所得的代数差称为实际偏差，当零件加工后的尺寸处于上下极限偏差之间即为合格。

2. 公差等级

国标GB/T 1800.1—2009将反映尺寸精度的标准公差（代号为IT，是国际公差ISO Tolerance的英文缩写）分为20级。表示为IT01，IT0，IT1，IT2…IT18。IT01的公差最小，精度最高。常用公差为IT6～IT11级。

1.2.2　表面粗糙度

在切削加工过程中，由于刀痕及振动、摩擦等原因，会使已加工工件表面产生微小的峰谷，如图1-5所示。工件表面上具有较小间距和峰谷所组成的微观几何形状表面特征称为表面粗糙度。

表面粗糙度的评定参数很多，最常用的是轮廓算数平均偏差Ra。在机械加工中常用参数值分别为50，25，12.5，6.3，3.2，1.6，0.8，0.4，0.2，0.1，0.05，0.025，0.012，0.008，单位为微米（μm）。其标注举例如图1-4所示。

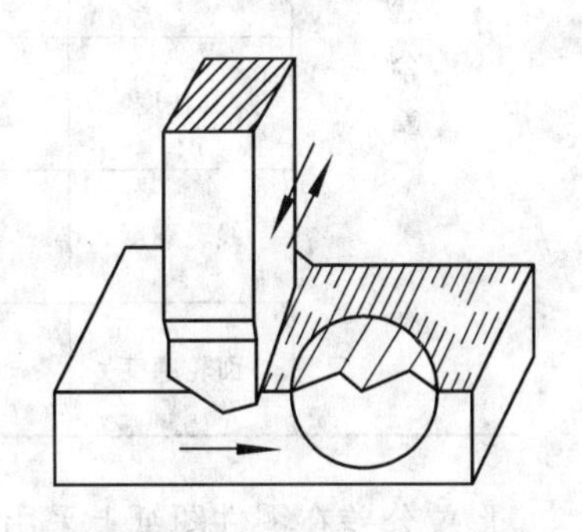

图1-5　刀具加工的痕迹

1.2.3　形状和位置精度

图纸上画出的零件都是没有误差的理想几何体，但是由于在加工中机床、夹具、刀具和工件所组成的工艺系统本身存在着各种误差，而且在加工过程中出现受力变形、振动、磨损等各种干扰，致使加工后零件的实际形状和相互位置与理想几何体的规定形状和相互位置存在着差异。这种形状上的差异就是形状误差，相互位置间的差异就是位置误差，两者统称为形位误差。

图 1-6(a)为某阶梯轴图样,要求 φd_1 表面为理想圆柱面,φd_1 轴线应与 φd_2 左端面相垂直。图 1-6(b)为完工后的实际零件,φd_1 表面的圆柱度不好,φd_1 轴线与端面也不垂直,前者称为形状误差,后者称为位置误差。

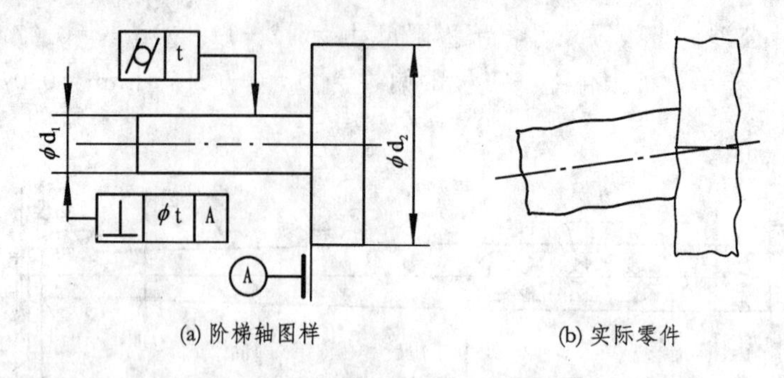

(a) 阶梯轴图样 (b) 实际零件

图 1-6 零件形位误差示意图

零件的形位误差对零件使用性能产生着重大的影响,所以它是衡量机器、仪器产品质量的重要指标。

形位公差的项目和符号如表 1-1 所示。公差特征共有 14 种。

表 1-1 形位公差项目和符号

分 类	项 目	符 号	分 类		项 目	符 号
形状公差	直线度	—	位置公差	定向	平行度	//
	平面度	▱			垂直度	⊥
	圆度	○			倾斜度	∠
	圆柱度	⌭		定位	同轴度	◎
	线轮廓度	⌒			对称度	⌯
	面轮廓度	⌓			位置度	⌖
				跳动	圆跳动	↗
					全跳动	⌰

形位公差在零件图纸上采用符号标注。其标注包括:公差框格、被测要素指引线、公差特征符号、公差值及基准符号等,如图 1-6 所示。

1.3 切削加工基础知识

1.3.1 概 述

机器和机械装置都是由零件组成的。切削加工的任务是利用切削工具(刀具、砂轮等)从毛坯上切除多余的材料，获得形状、尺寸和表面粗糙度都符合图纸要求的机器零件。

切削加工分钳工(手工)和机械加工两部分。钳工一般由人工手持工具对工件进行切削加工。其内容有錾削、锉削、锯削、刮削、研磨、攻丝和套扣等。

机械加工是由人工操作机床对工件进行切削加工。常见的机械加工方式如图 1-7 所示。

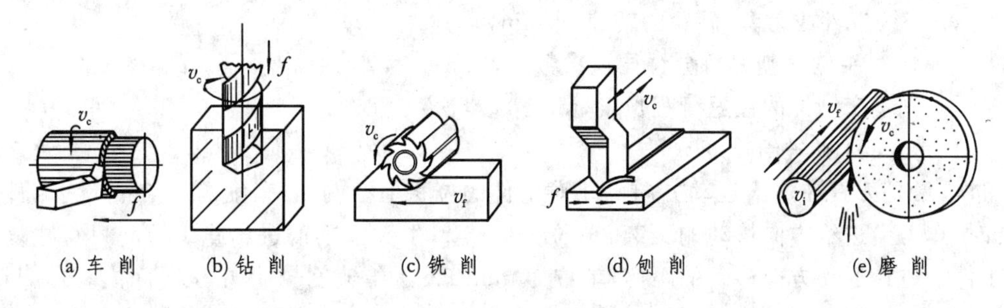

图 1-7　几种机械加工方法

1.3.2　机械加工的切削运动

用加工工具(刀具)对工件进行切削时所必需的运动为切削运动。切削运动包括主运动和进给运动。

1. 主运动

主运动是形成切削速度或消耗主要动力的运动，没有这个运动就无法进行切削。在切削过程中，主运动是速度最高的一个运动。例如：车削时工件的旋转，钻削时钻头的旋转，铣削时铣刀的旋转，磨削时砂轮的旋转都是切削加工时的主运动，如图 1-7 所示。

2. 进给运动

在切削过程中，进给运动是使工件的多余材料不断被去除的切削运动。没有进给运动就不能连续切削。例如：车削与钻削时车刀、钻头的移动，铣削与牛头刨床刨削时工件的移动，磨外圆时工件的旋转和轴向移动，这些都是进给运动。

切削加工时，主运动只有一个，而进给运动则可能有一个或多个。

3. 机械加工的切削用量三要素

切削用量三要素是指切削速度 v_c、进给量 f(或进给速度 v_f)和背吃刀量 a_p(又称切削深度)。车削、铣削和刨削的切削用量三要素如图 1-8 所示。

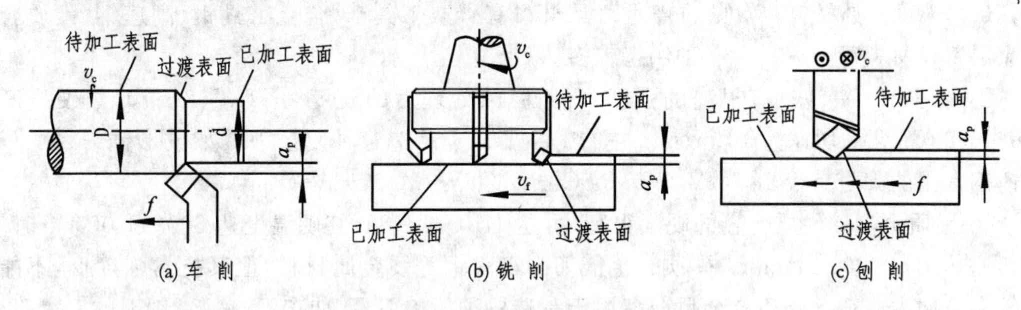

图 1-8　切削三要素

(1) 切削速度

切削刃选定点与相对工件的主运动的瞬时速度(m/min 或 m/s)称为切削速度。

车削、钻削和铣削的切削速度为：$v_c = (\pi Dn)/1\,000$。

磨削的切削速度为：$v_c = (\pi Dn)/(1\,000 \times 60)$。

刨削的切削速度为：$v_c = (2Ln_r)/1\,000$。

式中：D——工件待加工表面或刀具、砂轮切削处的最大直径，mm；

n——为工件或刀具、砂轮的转速，r/min；

n_r——牛头刨床刨刀每分钟往返次数，x/min；

L——刨床刨刀的往返行程长度，mm。

(2) 进给量 f 和进给速度 v_f

进给量是刀具在进给运动方向上相对工件的位移值。例如：车削的进给量 f 为工件每转一转时，车刀沿进给方向移动的距离，单位为 mm/r；牛头刨削的进给量 f 为刨刀每往复一次时，工件沿进给运动方向移动的距离，单位为 mm/x。进给速度 v_f 是单位时间内，刀具与工件沿进给方向相对移动的距离。例如：铣削时的进给速度 v_f 为工件沿进给移动方向每分钟移动的距离，单位为 mm/min。

(3) 背吃刀量(又称切削深度)a_p

切削深度为待加工表面与已加工表面之间的垂直距离 $a_p = (D-d)/2$。

1.3.3 刀具材料

刀具材料对于加工效率、加工质量、加工成本以及刀具耐用度影响很大。

1. 刀具材料应具备的性能

刀具切削部分在强烈摩擦和高压、高温下工作，应具备如下基本要求：

(1) 高硬度和高耐磨性。刀具材料的硬度必须高于被加工材料的硬度。现有刀具材料硬度都在 HRC60 以上。刀具材料越硬，其耐磨性越好。

(2) 足够的强度与韧性。强度和韧性可使刀具在切削或有间断切削时保证不断裂和不崩刃。通常硬度越高，冲击韧度越低，材料越脆。

(3) 高耐热性。耐热性又称红硬性，可使刀具材料在高温下保持切削性能。

(4) 良好的工艺性和经济性。为便于刀具制造和刃磨，刀具材料应有良好的工艺性，如锻造、热处理及磨削加工性能。在选用时应综合考虑经济性。

2. 刀具材料

(1) 普通刀具材料。常见的普通刀具材料有碳素工具钢、合金工具钢、高速钢、硬质合金和涂层刀具材料等，其中，后三种用得较多。

① 高速钢。高速钢有很高的强度和韧性，热处理后的硬度为 HRC63～70，红硬温度达 500～650 ℃，允许切速为 40 m/min 左右。主要用于制造各种复杂刀具如成形铣刀、拉刀等。高速钢常用的牌号有 W18Cr4V、W6Mo5Cr4V2 和 W9Mo3Cr4V 等。

② 硬质合金。硬质合金的硬度很高，可达 HRC74～82，红硬温度达 800～1 000 ℃时，允许切速达 100～300 m/min。硬质合金能切削淬火钢等硬金属材料，但其抗弯强度低，不能承受较大的冲击载荷。硬质合金目前多用于制造各种简单刀具，如车刀、铣刀、刨刀的刀片等。

切削用硬质合金分为 P、M、K 三类。

P 类硬切削材料(蓝色)。适宜加工长切屑的钢铁材料，如钢、铸钢等。其代号有 P0l、P10、P20、P30、P40、P50 等，数字愈大，耐磨性愈低而韧性愈高。精加工时可用 P01，半精加工时可选用 P10、P20，粗加工时可选用 P30。

M 类硬切削材料（黄色）。适宜加工各类金属，如钢、铸钢、不锈钢、灰口铸铁、有色金属等。其代号有 M10、M20、M30、M40 等，数字愈大，耐磨性愈低而韧性愈高。精加工时可用 M10，半精加工时可选用 M20，粗加工时可选用 M30。

K 类硬切削材料（红色）。适宜加工短切屑的各类金属和非金属材料，如淬火钢、铸铁、铜铝合金、塑料等。其代号有 K01、K10、K20、X30、K40 等，数字愈大，耐磨性愈低而韧性愈高。精加工时可用 K01，半精加工时可选用 K10、K20，粗加工时可选用 K30。

③ 涂层刀具材料。涂层刀具材料是在硬质合金或高速钢的基体上，涂一层或多层（几微米厚）高硬度、高耐磨性的材料构成的。涂层硬质合金刀具的耐用度比不涂层的可提高 1～3 倍以上，耐用度可提高 2～10 倍。国内涂层硬质合金刀片牌号有 CN、CA、YB 等系列。

(2) 超硬刀具材料。超硬刀具材料目前用得较多的有陶瓷、人造聚晶金刚石和立方氮化硼等。这些刀具材料的特点是硬度和耐用度很高，但抗弯强度低、冲击韧度很差。

① 陶瓷。常用的陶瓷刀具材料主要是 Al_2O_3。陶瓷刀具有很高的硬度（HRA91～95），在 1 200 的高温下仍能切削，常用的切削速度为 100～400 m/min，有的甚至可高达750 m/min。主要用于冷硬铸铁、高硬钢和高强度钢等难加工材料的半精加工和精加工。

② 人造聚晶金刚石（PCD）。人造聚晶金刚石的硬度极高（HV6 000 以上），其刀具耐用度比硬质合金高几十至 300 倍。主要用于有色金属及非金属的精加工，如铝、铜及其合金，以及陶瓷、合成纤维、强化塑料和硬橡胶等。

③ 立方氮化硼（CBN）。立方氮化硼是一种新型超硬刀具材料，其硬度仅比金刚石稍低，为 HV4 000～6 000，可在 1 200～1 300 ℃的高温下稳定切削，其耐用度是硬质合金和陶瓷刀具的几十倍。立方氮化硼目前主要用于淬火钢、耐磨铸铁、高温合金等难加工材料的半精加工和精加工。

1.4　常用量具

切削加工中使用的量具很多，下面介绍几种常用的量具。

1.4.1　游标卡尺

游标卡尺是一种常用的中等精度的量具，如图 1 - 9 所示，可测量外径、内径、长度和深度尺寸。按读数的准确度，游标卡尺可分为 1/10 mm，1/20 mm，1/50 mm 三种，其读数准确度分别为 0.1 mm，0.05 mm，0.02 mm。可测量的尺寸范围有 0～125 mm，0～150 mm，0～200 mm，0～300 mm 等多种规格。

当主、副两尺卡脚贴合时，主尺与副尺（又称游标）的零线对齐，如图 1 - 10(a)所示，主尺每小格为 1 mm，然后取主尺 49 mm 长度在副尺上等分为 50 格，即主尺上 49 格的长度等于副尺上 50 格的长度，则副尺的每小格长度 $l=49/50$ mm$=0.98$ mm。主尺与副尺之差 $\Delta l=(1-0.98)$mm$=0.02$ mm。

游标卡尺的刻线原理如图 1 - 10(a)所示，其测量读数如图 1 - 10(b)所示，分为 3 个步骤：

(1) 读整数。读出副尺零线以左的主尺上最大整数(mm)，图中为 23。

(2) 读小数。根据副尺零线以右与主尺上刻线对准的刻线数，乘以 0.02 mm 读出小数。

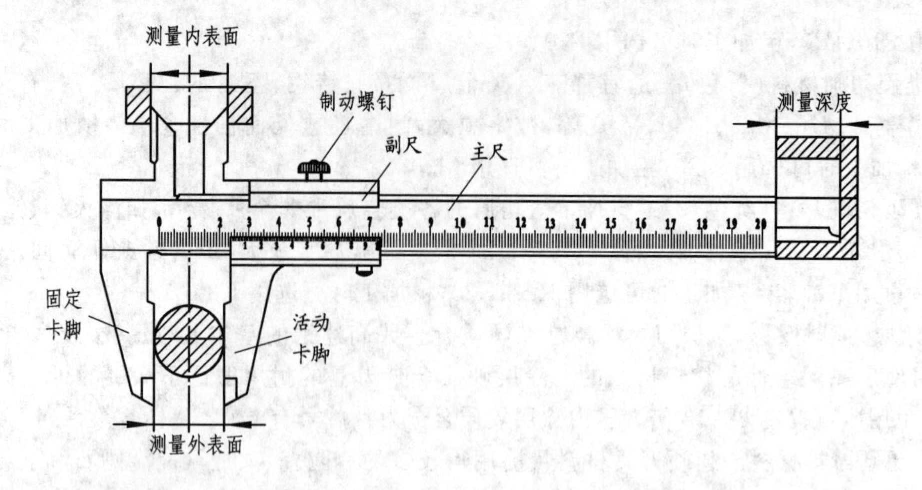

图 1-9　游标卡尺

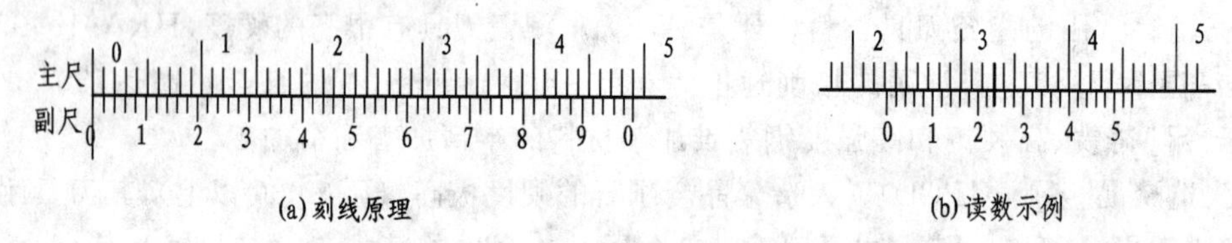

图 1-10　1/50 游标卡尺的刻线原理和读数示例

图中为 12×0.02 mm=0.24 mm。

(3) 将整数与小数相加,即为总尺寸。图中的总尺寸 l=(23+0.24)mm=23.24 mm。

测量内容如图 1-11 所示。

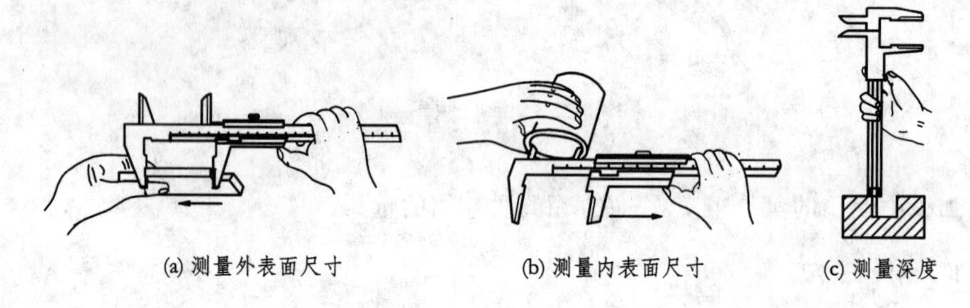

图 1-11　用游标卡尺测量工件

使用游标卡尺应注意以下事项。

(1) 检查零线:使用前应先擦净卡尺,合并卡脚,检查主、副尺的零线是否对齐。如未对齐,应根据原始误差值修正读数。

(2) 放正卡尺:测量内外圆时,卡尺应垂直于轴线,如图 1-11 所示。

(3) 用力适当:卡脚与测量面接触时,用力不宜过大,以免卡脚变形和磨损。

(4) 视线垂直:读数时视线要对准所读刻线并垂直尺面,否则读数不准确。

(5) 防止松动:卡尺取出前应拧动锁紧螺钉,防止卡脚移动。

(6) 勿测毛坯面:卡尺属精密量具,不得用来测量毛坯表面和正在运动的工件。

专门用于测量深度和高度的深度游标尺和高度游标尺如图 1-12 所示。高度游标尺除测量高度外,还可作精密画线用。

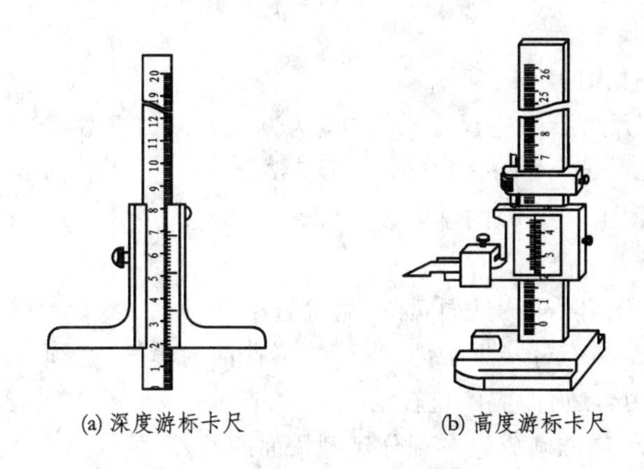
(a) 深度游标卡尺　　(b) 高度游标卡尺

图 1-12　深度游标卡尺和高度游标卡尺

1.4.2　百分尺

百分尺是借助微分活动套筒读数的示值为 0.01 mm 的量具，习惯上又称千分尺。可分为外径百分尺、内径百分尺和深度百分尺。测量范围有 0～25 mm、25～50 mm、50～75 mm、75～100 mm等多种规格。

如图 1-13 所示为 0～25 mm 外径百分尺。螺杆与活动套筒连在一起，当转动活动套筒时螺杆即可向左或向右移动。螺杆与砧座之间的距离，即为零件的外圆直径或长度尺寸。

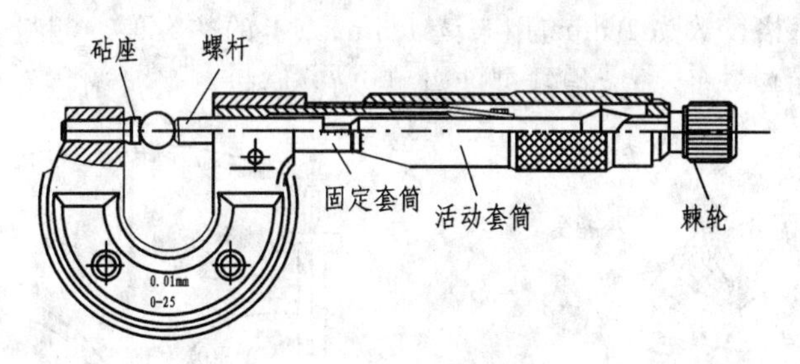

图 1-13　外径百分尺

百分尺的读数机构由固定套筒和活动套筒组成，如图 1-14 所示。固定套筒（即主尺）在轴线方向有一条中线（基准线），中线的上、下方两排刻线每格均为 1 mm，但上下刻线相互错开 0.5 mm。活动套筒（即副尺）左端圆周上均布 50 根刻线。活动套筒每转一周，带动测量螺杆沿轴向移动 0.5 mm，所以活动套筒上每转一格，测量螺杆轴向移动距离 d=0.5mm/50=0.01 mm。

当百分尺的测量螺杆与砧座接触时，活动套筒边缘与轴向刻度的零线重合；同时，圆周上

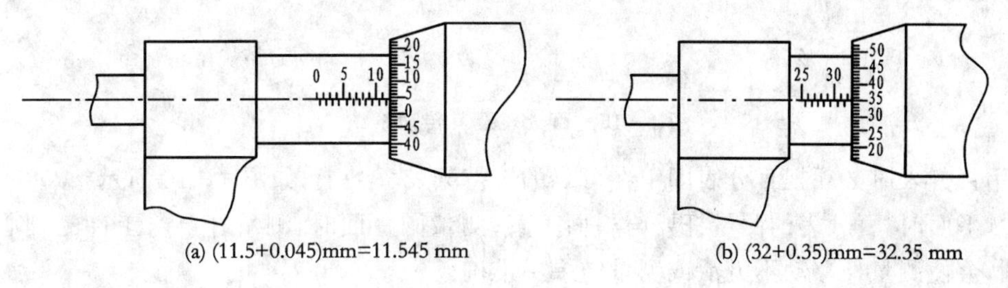

(a) (11.5+0.045)mm=11.545 mm　　(b) (32+0.35)mm=32.35 mm

图 1-14　百分尺的刻线原理

的零线应与中线对准。

百分尺的读数方法见图 1－14 所示。

百分尺的读数是副尺所指的主尺上整数(应为 0.5 mm 的整数倍) 加上主尺基线所指的副尺的格数再乘以 0.01 mm。图 1－14(a)的总读数为(11.5＋0.045)mm＝11.545 mm,小数点后第 3 位为估计值;图 1－14(b)的总读数为(32＋0.35)mm＝32.35 mm。

使用百分尺应注意以下事项。

(1) 检查零点:使用前擦净测量面,合拢后检查零点。

(2) 合理操作:当测量螺杆接近工件时,严禁再拧活动套筒,必须使用棘轮。当棘轮发出"嘎嘎"响声时,表示压力合适,即应停止转动。

(3) 垂直测量:工件应准确放置在百分尺测量面之间,不可偏斜。

(4) 精心使用和维护:不得测量毛坯面和运动中的工件;用后应放回盒中,以免磕伤。

1.4.3　百分表

百分表是一种指示性量具,一般测量精度为 0.01 mm。百分表只能测出相对数值,不能测出绝对数值。主要用于测量工件形位误差和位置误差,也可用于机床上安装工件时的找正。

百分表的读数原理如图 1－15 所示。百分表有大指针和小指针,大指针刻度盘上有 100 格刻度,小指针刻度盘上有 10 格刻度。当测量杆向上或向下移动 1 mm 时,通过表内的机构带动大指针转一周,小指针转一格。也就是说,大指针每格读数为 0.01 mm,用来读 1 mm 以下的小数值;小指针每格读数为 1 mm,用来读 1 mm 以上的整数值。测量时,大小指针的读数变化值之和即为尺寸的变动量。大指针刻度盘可以转动,供测量时调整大指针对零位线之用。

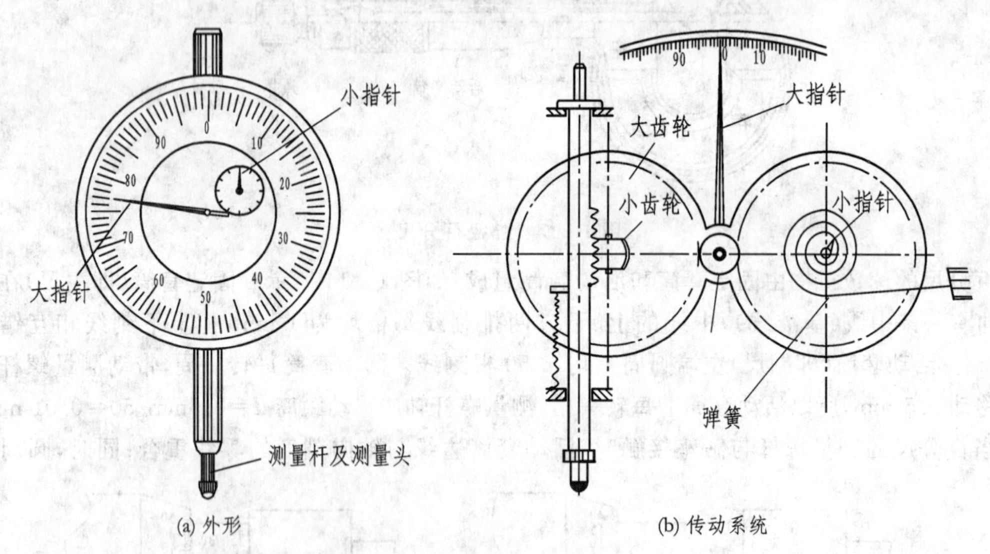

图 1－15　百分表及其传动系统

使用百分表时必须把百分表固定在可靠的夹持架(表架)上,如图 1－16 所示。

测量平面时,百分表的测量杆要与平面垂直;测量圆柱面时,测量杆要与工件的轴心线垂直,否则,会使测量杆移动不灵活或测量结果不准确。

百分表的应用实例如图 1－17 所示。

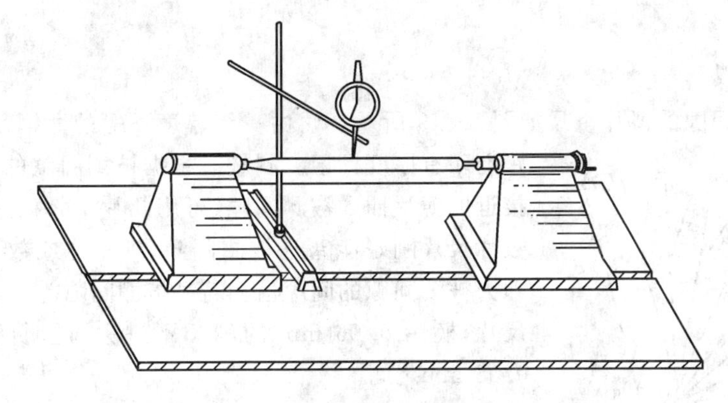

图 1-16　百分表架(磁性表架)

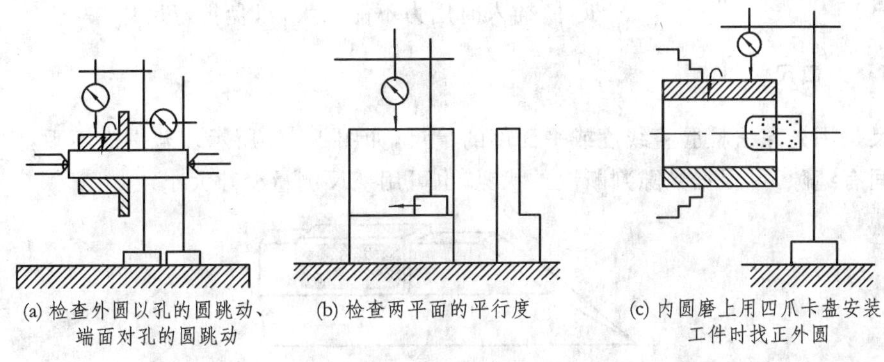

(a) 检查外圆以孔的圆跳动、端面对孔的圆跳动　　(b) 检查两平面的平行度　　(c) 内圆磨上用四爪卡盘安装工件时找正外圆

图 1-17　百分表的应用举例

1.4.4　内径百分表

内径百分表是百分表的一种，用来测量孔径及其形状精度，读数精确度为 0.01 mm。图 1-18为内径百分表的结构，它附有成套的可换插头及附件，测量范围有 6～10 mm、10～18 mm、18～35 mm 等多种。测量时，百分表接管轴线应与被测孔的轴线重合，以保证测量的准确性。

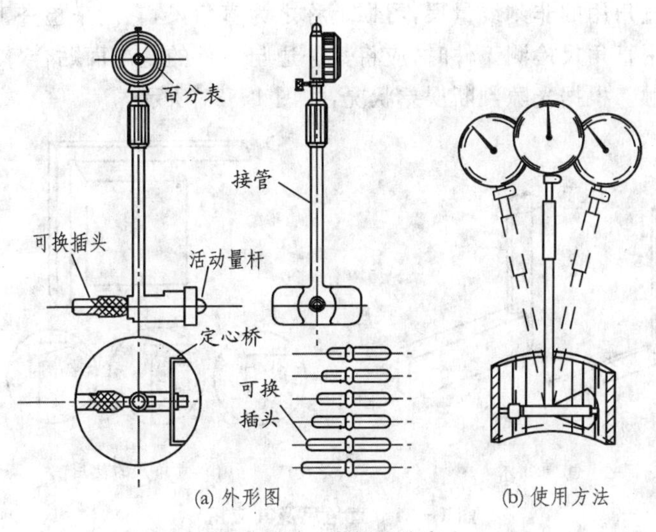

(a) 外形图　　(b) 使用方法

图 1-18　内径百分表

1.4.5　塞　尺

塞尺是测量间隙的薄片量尺如图 1 - 19 所示。它由一组厚度不等的薄钢片组成，每片钢片上印有厚度标记。测量时根据被测间隙的大小选择厚度接近的薄片插入被测间隙(可用几片重叠插入)。若一片或数片尺片刚好能塞进被测间隙，则一片或数片的尺片厚度即为被测间隙的间隙值。若某被测间隙能插入 0.05 mm 的尺片，换用 0.06 mm 的则插不进去，说明间隙在 0.05～0.06 mm之间。

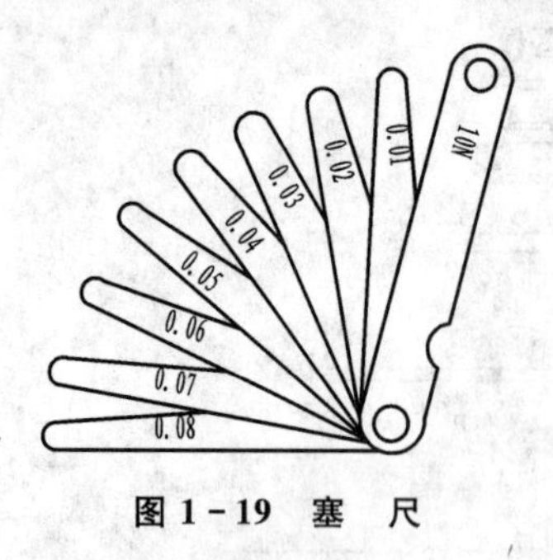

图 1 - 19　塞　尺

测量时选用的尺片数越少越好，且必须先擦净尺面和工件，插入时用力不能太大，以免折弯尺片。

1.4.6　刀口尺

刀口尺是用光隙法检验直线度或平面度的量尺，如图 1 - 20所示。若平面不平，则刀口尺与平面之间有缝隙，可根据光隙判断误差状况，也可用塞尺测量缝隙大小。

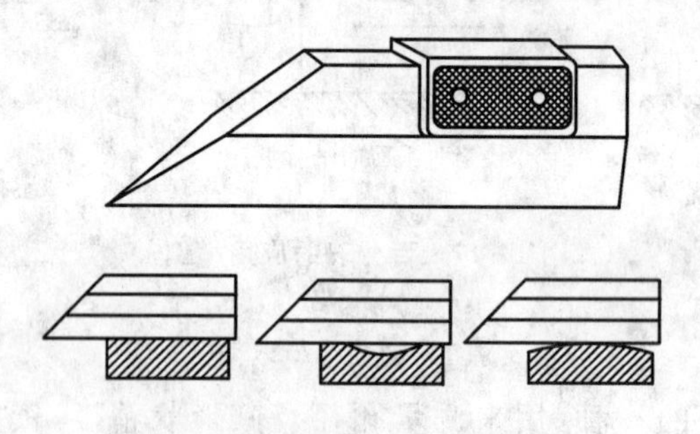
图 1 - 20　刀口形直尺及其应用

1.4.7　直角尺

直角尺是检验直角用的非刻线量尺，习惯上称之为直角尺，它用来检查工件的垂直度或保证划线的垂直度。用直角尺检测工件时，应将其一边与工件的基准面贴合，然后使其另一边与工件的另一表面接触。根据光隙判断误差状况，如图 1 - 21 所示。

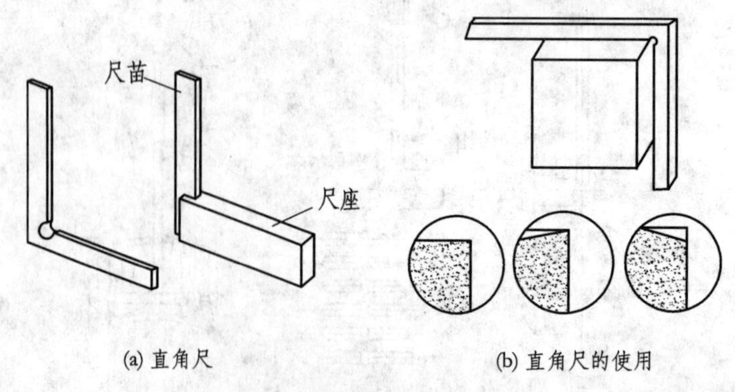

图 1 - 21　直角尺及其应用

1.5　常用工程材料简介

机械工程材料包括金属材料、非金属材料和复合材料等。

1.5.1　金属材料的主要力学性能

金属材料的力学性能是指金属材料抵抗外加载荷引起的变形和断裂的能力。材料的力学性能是设计零件及选择材料的重要依据。常用的力学性能指标有强度、塑性、硬度和冲击韧度等。

1. 强　度

金属材料在外力作用下都会发生一定的变形，甚至引起破坏。金属材料抵抗永久变形和断裂破坏的能力称为强度，通常用单位面积所承受的载荷（应力）表示，符号为 σ，单位为 MPa。强度是零件设计时的主要依据和评定金属材料的重要指标。

2. 塑　性

塑性是指金属材料在静载荷的作用下产生塑性变形而不破坏的能力。工程中常用的塑性指标有伸长率 δ 和断面收缩率 ψ。良好的塑性是材料进行成形加工的必要条件，也是保证零件工作安全、不发生突然脆断的必要条件。

3. 硬　度

硬度是指材料表面抵抗更硬物体压入的能力，用来衡量材料的软硬程度。这里只介绍一种测试硬度的方法——洛氏硬度试验法。

洛氏硬度试验法是用一锥顶角为 120°的金刚石圆锥体（如图 1 - 22 所示）或直径为 1.588 mm（1/16 英寸）的淬火钢球为压头，在规定载荷作用下压入被测试金属表面，压入深度为 h_1；再加上主载荷使压入深度为 h_2；经保持规定时间后，卸除主载荷、保留初载荷，由于材料弹性恢复，压入深度减少为 h_3，以 $\Delta h = h_3 - h_1$ 作为洛氏硬度值的计算深度，并直接在硬度指示盘上读出硬度值。常用的洛氏硬度指标有 HRA、HRB、HRC 三种。

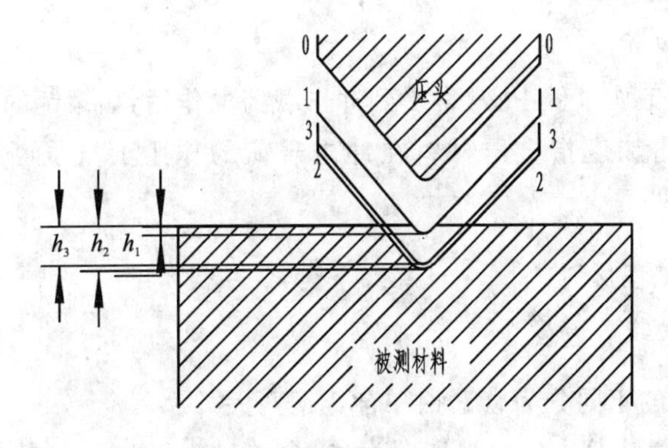

图 1 - 22　洛氏硬度测试原理

洛氏硬度试验法在专用的洛氏硬度试验机（如图 1 - 23 所示）上进行，试验的操作步骤如下：

(1) 根据材料的硬度选择合适的载荷和压头。

(2) 将待测试样表面的氧化皮去除、磨平,放在平台上。

(3) 顺时针方向慢慢转动手轮使平台升起。试样与压头接触后,继续转动手轮使刻度盘上的小指针指示3(代表3圈),大指针垂直上指标记为 B 与 C 处或在 $B-C$ 线附近,但其偏移不得超过±5分度格,否则应另选一点(此时已预加载荷98N)。

(4) 转动指示器的调整盘,使标记B—C线正好对准大指针。

(5) 拉动加载手柄施加主载荷。

(6) 待卸载手柄停止运动后将卸载手柄推回到自锁位置,卸除主载荷。

(7) 读出硬度值。测HRB读红字,测HRA或HRC读黑字。

(8) 逆时针方向转动手轮使平台下降,取下试样,测试完毕。

洛氏硬度符号前的数值为硬度值,也允许有一定的波动范围,如"HRC40～45"。

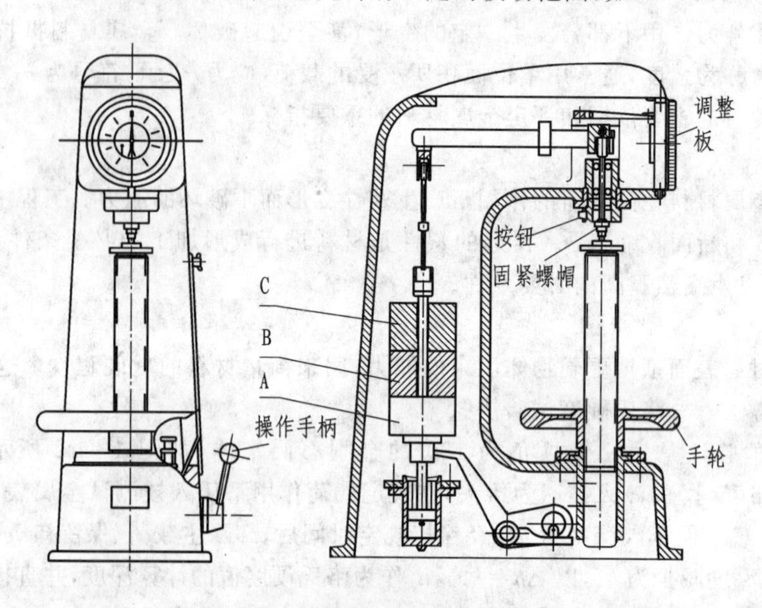

图1-23　洛氏硬度试验机结构简图

4. 冲击韧度

许多零件和工具在工作过程中,常常受到冲击载荷的作用,如锻锤的锻杆、锻模、内燃机的连杆、火车挂钩等。冲击韧度指金属材料在冲击载荷的作用下抵抗断裂破坏的能力,用 α_κ 表示。

1.5.2　常用机械工程材料

1. 钢

工业上根据钢成分的不同分为碳素钢和合金钢两大类。

(1) 碳素钢。指化学成分中以含铁和碳为主,含碳量小于2.11%的铁碳合金。碳素钢主要用来制造各种零件和工具。如铆钉、螺栓、齿轮、小轴、小锤子等。

(2) 合金钢。在冶炼碳素钢时有目的地加入一些合金元素,这种合金化的钢称为合金钢。合金钢在制造力学性能要求高、形状复杂的大截面机器零件、工具、模具及特殊性能工件方面,得到了广泛的应用。常用钢材的名称、牌号、用途如表1-2所列。

表1-2　常用合金钢的名称、牌号、用途

	名　称	常用牌号	用　途
碳素钢	碳素结构钢	Q235	各类钢板和型钢如钢管、角钢、槽钢等
	优质碳素结构钢	15、20	冲压产品或渗碳零件
		40、45	轴、齿轮、曲轴
		60、65	小弹簧
	碳素工具钢	T9、T10、T11	小丝锥、钻头
		T12、T13	锉刀、刮刀
合金钢	低合金高强度结构钢	Q345	船舶、桥梁、车辆、大型钢结构、起重机械
	合金结构钢	20CrMnTi	汽车、拖拉机的齿轮、凸轮
		40Cr	齿轮、轴、连杆、曲轴
	合金弹簧钢	60Si2Mn	汽车、拖拉机小直径减震板簧、螺旋弹簧
	滚动轴承钢	GCr15	中、小型轴承内外套圈及滚动体
	量具刃具钢	9SiCr	丝锥、板牙、冷冲模、绞刀
	高速工具钢	W18Cr4V	齿轮铣刀、插齿刀
不锈钢	奥氏体不锈钢	1Cr18Ni9Ti	飞机蒙皮、涡喷发动机导管及尾气喷管等

2. 铸　铁

铸铁是含碳量大于2.11%主要组成元素为铁、碳的铁碳合金。

铸铁中最常用的是断面颜色为暗灰色的灰铸铁。灰铸铁的抗拉强度、塑性、韧性较低，但抗压强度、硬度、耐磨性较好，并具有铸铁的其他优良性能，因此，广泛用于机床床身、手轮、箱体、底座等。

3. 有色金属

(1) 铝合金。铝和铝合金由于其质量轻、比强度(强度/密度)高、导电导热性好等特点，在航空、航天、电力及日常用品中得到了广泛应用。

(2) 铜合金。铜合金中以黄铜和青铜应用最为广泛。

黄铜具有良好的耐蚀性及加工工艺性，常用于制造弹壳、热交换器、船用螺旋桨等。

青铜可用于制造弹簧、钟表零件、波纹管、轴承、轴套等。

4. 硬质合金与高温合金

(1) 硬质合金。硬质合金是由难熔金属的碳化物，如WC、TiC、TaC、NbC等，以钴或镍等做黏结剂，用粉末冶金的方法制成的合金材料。硬质合金常用于制造切削刀具及拉丝模等耐磨工具。

(2) 高温合金。高温合金具有良好的高温性能，可工作在600～1 000 ℃左右，因此被广泛用于制造航空发动机的排气阀、涡轮、叶片、燃烧室及喷气机尾喷管和其他热端部件。

5. 塑料

塑料是以高分子合成树脂为主要成分，加入填料、增塑剂、染料、稳定剂等组成的材料。塑料具有重量轻、比强度(强度/密度)高、耐腐蚀性好、耐磨性好、绝缘性好等优点，但塑料的强度、硬度较低，耐热性差、容易老化。

(1) 通用塑料。目前主要有聚乙烯、聚丙烯、聚氯乙烯、苯乙烯、酚醛塑料和氨基塑料。它们可作为日常生活用品、包装材料以及受力轻的小型机械零件。

(2) 工程塑料。工程塑料可作为结构材料。常见的品种有聚甲醛、聚碳酸酯、ABS、聚四氟乙烯、有机玻璃、环氧树脂等。它们比通用塑料具有较好的力学性能、电性能、化学性能以及耐热性、耐磨性和尺寸稳定性等，故在汽车、机械、化工等部门用来制造机械零件及工程结构件。

6. 其他工程非金属材料

(1) 橡胶。有天然橡胶和合成橡胶两类，在机械工业中常用作密封件、减震件、传动件等。

(2) 陶瓷。陶瓷硬度高，耐磨、耐热性好，但塑性、韧性很差，主要用来做刀具和耐磨零件。

(3) 复合材料。通常可分为功能复合材料和结构复合材料，具有单一材料所不具备的某种特殊性能，如隔热性、耐烧蚀性以及特殊的电、光、磁等性能。

1.6 钢的热处理及表面处理

钢的热处理是将钢在固态下进行不同的加热、保温、冷却(如图1-24所示)，通过改变材料的内部组织，获得所需性能的一种工艺。热处理的主要目的是减少或消除毛坯件的组织缺陷，改善钢的工艺性能和使用性能，保证零件质量，延长使用寿命。因此，热处理在机械工业中得到了广泛的应用。据统计，机床、汽车、拖拉机70%左右的零件需要进行热处理，而刀具、量具、模具及滚动轴承则必须全部进行热处理。由于零件的成分、形状、大小、工艺性能及使用性能不同，热处理的方法及工艺参数也不同。常用的热处理方法有：普通热处理(退火、正火、淬火、回火)和表面热处理(表面淬火、化学热处理)等。

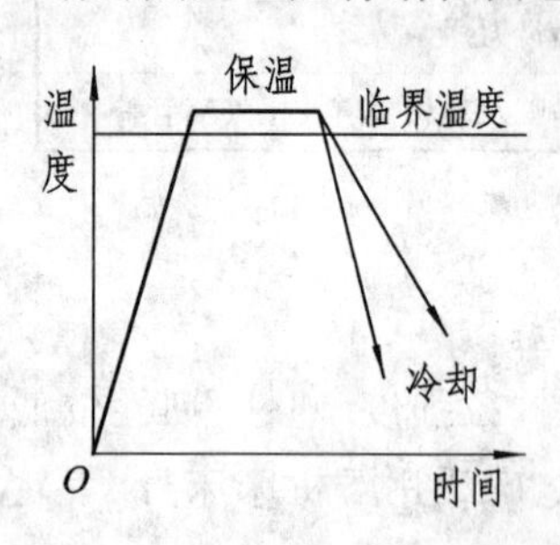

图1-24 热处理工艺曲线

各种热处理作为独立的工序，根据零件的加工工艺性及力学性能等要求，穿插于热加工和冷加工工序之间。

1.6.1 热处理的工艺过程

热处理工艺过程由加热、保温、冷却三个步骤组成。

(1) 加热。将金属加热到一定温度，其内部组织发生转变，以便配以不同的冷却方式得到工件所需要的性能。金属加热的温度由金属材料的种类、成分及其所需要的性能来决定。热处理加热时由于温度较高，工件易产生氧化、脱碳、过热、过烧、变形、开裂等缺陷，应采用专用的热处理加热设备。

(2) 保温。保温的目的是使工件的内部和外部的温度达到一致。

(3) 冷却。采用不同的冷却方式，可以获得不同的冷却速度，金属内部的组织转变结果不同，从而获得的性能也不同。

1.6.2　热处理设备

(1) 加热和保温设备。常用的有箱式实验电阻炉(如图 1－25所示)、井式炉、盐浴炉;此外还有热电偶等温控仪表控制加热速度、加热温度、保温等。

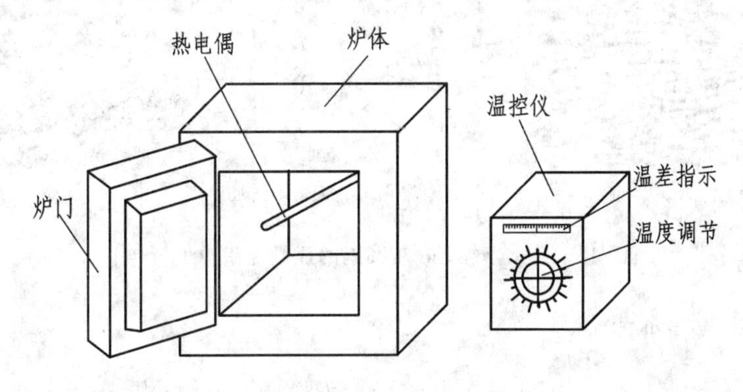

图 1－25　实验电阻炉

(2) 冷却设备。常用的冷却设备有水槽、油槽、浴炉、随炉冷却、缓冷坑等。

1.6.3　常用热处理方法

(1) 退火。将钢加热到某一温度后保温一定时间,然后随炉缓慢冷却的热处理方法称为退火。退火后的材料硬度会降低,常用于改善钢的切削加工性能。

(2) 正火。将钢加热到某一温度后保温一定时间,然后出炉空冷的热处理方法称为正火。正火后的工件的强度、硬度较退火件高。生产中,正火常用来提高低碳钢的硬度,改善其切削加工性能。

(3) 淬火与回火。

① 淬火。将钢加热到高温后保温一定时间,然后在水或油中快速冷却的热处理方法称为淬火。淬火后工件的硬度和耐磨性显著提高,但脆性很大,塑性、韧性很低,几乎无法使用。因此,淬火后的零件必须及时回火。

② 回火。将淬火钢件加热到某一温度并保温一定时间再冷却的热处理方法称为回火。回火后的工件具有较高的强度和硬度,同时也有一定的塑性和韧性,能使材料获得人们所需要的强度、硬度与韧性、塑性的比例,如各种模具、刀具、齿轮、轴、弹簧等。

热处理使材料性能发生很大变化的原因在于其内部微观组织结构发生了变化,可通过金相显微镜观察和分析这种微观组织,如图 1－26 所示。

(4) 表面淬火。有些零件如曲轴、齿轮等,往往是承受冲击载荷并同时承受强烈的摩擦,故要求零件表面具有较高的硬度和耐磨性,而零件内部要求具有足够的塑性和韧性,这时可采用表面淬火的方式。

(5) 化学热处理。化学热处理是指通过改变工件表层的成分,达到改变其性能的热处理方式。常用的化学热处理有渗碳、渗氮等。对低碳钢和低合金钢常采用渗碳的方法以增加表面含碳量,渗碳后再经过淬火和低温回火,使工件具有表面耐磨、内部韧性较高的特点,汽车发动机中的活塞销、凸轮轴及汽车齿轮等常采用这种方式。

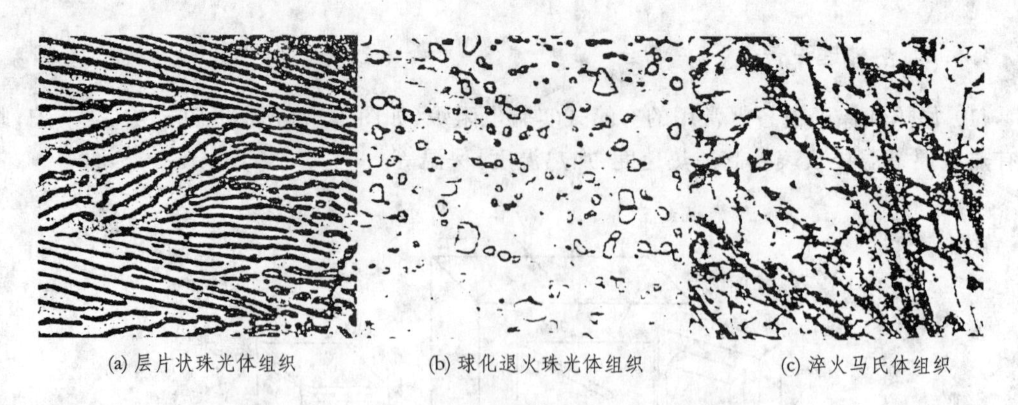

(a) 层片状珠光体组织　(b) 球化退火珠光体组织　(c) 淬火马氏体组织

图1-26　含碳量0.77%钢的显微组织(1 000倍)

1.6.4　零件表面处理

表面处理技术是指采用某种特殊工艺方法来直接改变材料原来的表面组织成分或在原来表面上形成具有特殊性能的表层。

1. 镀　锌

锌是银白色金属,在干燥空气中很稳定。在钢铁表面镀锌既能增加耐磨性,又有化学保护作用,成本较低,所以获得了广泛的应用。

镀锌溶液可分为碱性镀液、中性镀液和酸性镀液。氯化钾镀液属于中性镀液,不含容易造成污染的氰化物、铬化物等,并且深镀能力强,光亮性好。

(1) 镀前处理。镀前处理通常分为下列几个步骤:

① 表面整平。常用的磨光、抛光等使零件达到适当的表面粗糙度,即达到足够光滑。

② 脱脂(除油)。用化学或电化学方法除去表面油脂。常用方法有有机溶剂除油、化学除油、电化学除油、擦拭除油、超声(16 Hz以上)除油等。

③ 酸洗(除锈)。用化学或电化学方法除去表面氧化物。酸洗液主要成分常采用三酸,即硫酸、盐酸和硝酸。

④ 侵蚀(弱侵蚀)。用电化学方法活化表面。将零件置于稀酸中极短时间(数秒至1分钟之间)酸洗,以除去工件表面在前道工序中产生的极薄氧化层,露出金相组织,从而使表面活化。侵蚀也能中和零件表面残存的碱。

(2) 氯化钾(钠)镀锌。以氢化钾(钠)代替氯化铵作为导电盐,通常称为无铵镀锌,不含络合物,废水处理容易些,深镀能力强,光亮性好、但钝化膜结合强度较差,镀层性脆。通过选用适当的添加剂,可以改善这些性能。

(3) 镀锌层的后处理——清洗和钝化。其中,钝化是为了提高镀锌层的化学稳定性、耐蚀性和装饰性。

(4) 电镀设备。电镀设备通常包括:电源、水源、热源、处理槽、镀槽、过滤机、水处理装置、通风设备等。

2. 铝的阳极氧化膜技术

铝和铝合金的装饰性阳极氧化工艺种类很多,应用最广的是硫酸阳极氧化工艺。

硫酸阳极氧化工艺流程：铝制件→机械抛光→除油→清洗→化学抛光或电解抛光→清洗→阳极氧化→清洗→中和→清洗→染色→清洗→封闭→机械光亮→成品检验。

3. 钢铁的发蓝与快速常温发黑工艺

在钢铁表面上形成的氧化物因呈蓝黑色，故又称发蓝或发黑。钢铁件经氧化处理后，零件表面上能生成保护性氧化膜。膜的组成主要是磁性氧化铁(Fe_3O_4)。膜层的颜色取决于零件表面状态、材料的合金成分和氧化处理的工艺规范，一般呈黑色或蓝黑色。

快速常温发黑工艺流程：除油→水洗→发黑(3～5 min)→水洗→钝化封闭(5～10 min)→浸脱水防锈油(5～10 min)→晾干。

1.7　环境保护与安全生产

1.7.1　机械制造过程中的环境保护问题

机械制造过程中产生的污染主要有以下几种。

(1) 切削加工时引起的污染。车、镗、铣、磨等加工过程常常要使用乳化液进行冷却润滑和冲走加工屑末，乳化液中不仅含有油，而且含有烧碱、油酸皂、乙醇和苯酚等。

(2) 金属表面处理排出的主要污染物。如电镀液中常含铬、镉、锌等各种金属并要加入硫酸、氰化钠(钾)等化学药品；在金属表面喷漆、喷塑料、涂沥青时，有部分油漆颗粒、苯、甲苯、二甲苯、甲酚末熔塑料残渣及沥青等被排入大气；表面氧化(发黑)处理时，往往会产废酸液、废碱液的氯化氢气体。

(3) 金属热处理排出的主要污染物。如在退火和正火过程中，加热炉有烟尘和炉渣产生；淬火时，要防止金属氧化，有时在盐溶炉中需加入二氧化钛、硅胶和硅钙铁等脱氧剂，因此会产生废盐渣。

(4) 某些生产工艺排出的污染物。如电焊时，焊条的外部药皮和焊剂在高温下会分解出污染气体；电火花加工、电解加工所采用的工作介质在加工过程中也会产生污染环境的废液和废气。

采用绿色的加工手段和工艺措施，是制造业迫切需要解决的问题。

1.7.2　安全生产

生产必须安全，安全才能生产。所有人员都要树立起“安全第一”的观念，懂得并严格执行有关的安全技术规章制度。

(1) 常见安全事故包括由工具、设备、切屑、焊渣等引起的划伤、割伤、碰伤、击伤、眼伤；各种机器运动部位对人体及衣物由于绞缠、卷入等引起的伤害；由于用电引起的触电；由于高温引起的烫伤、灼伤；由于有害气体、液体等引起的身体不适、中毒等。

(2) 避免安全事故方法要点：服从实习指导人员指挥；严格遵守各工种安全操作规程；树立安全意识和自我保护意识；注意“先学停车再学开车”；确保充足的体力和精力。

(3) 机械制造过程中安全操作一般要求：严格遵守衣着方面的要求，按要求穿戴好规定的防护用品；工作前应开车检查，无故障后再工作；严禁在机床运转时测量工件尺寸或用手检查工件表面粗糙度；严禁用手或口清除切屑，必须用钩子或刷子；必须每天清除切屑，保持机床整洁、通道畅通；调整转速、更换工具、夹具等必须在停车关闭电源后进行；重物及吊车下不得站人;下班或中途停电,必须将各种走刀手柄放在空挡位置,并关闭所有开关。

1.8 航空航天零部件的生产特点

1. 航空航天材料的特点

为了减轻飞行器的结构质量,除了采用合理的结构形式外,最有效的方法是选用强度高、刚度大而质量轻的材料。其次,根据不同的飞行条件和工作环境,要求材料有一定的耐高温和抵抗低温的性能;要具有良好的耐老化和抗腐蚀能力;要有足够的断裂韧性和良好的抗疲劳性能等。另外,还要求有良好的加工性。

一般纯金属的力学性能都不太好,只有加入一种或几种金属元素后所形成的合金才具有良好的力学性能。常用航空航天材料有铝合金、镁合金、合金钢、钛合金、复合材料等。

2. 航空航天零部件的制造工艺特点

(1) 采用高精度设备。航空航天零部件往往具有结构精巧、加工精度高、质量稳定可靠等特点,所以大量采用加工精度高、表面粗糙度低的镗床、加工中心等加工设备。但提高精度、降低表面粗糙度往往会增加制造成本。

(2) 广泛采用数控加工技术。数控加工技术不但能保证产品质量,也可提高生产率,有利于组织多品种的中小批量的高效率生产。

(3) 检验制度严格。航空航天零部件要严格按照规定的要求进行加工,每个零件的加工和检验都要有详细的记录,使零件在全生命周期都具有可追溯性。

3. 航空航天零部件的生产组织特点

由于要求航空航天零部件在使用过程中要安全、可靠,并具有较长的寿命,所以国家有关部门对航空航天零部件的生产制造制定了严格的管理办法,其特点主要有以下几方面。

(1) 必须事先办理生产许可证。任何航空零部件的生产制造都必须在生产许可证范围内进行。

(2) 必须建立和保持一个经批准的生产检验系统,以保证每一产品符合型号设计并处于安全可用状态。为此要建立由检验、设计和其他技术部门的代表组成的器材评审委员会及器材评审程序。

(3) 必须建立并能够保持一个质量控制系统,确保产品的每一项目均能符合相应飞行器型号合格证的设计要求。对航空零部件的质量控制系统的要求是:① 关于质量控制部门的职责和权限说明;② 关于进厂原材料、外购件和供应厂生产的零部件检验程序的说明;③ 关于单个零件和完整的部件进行生产检验所用方法的说明;④ 关于器材评审系统的说明,其中包括记录评审委员会决定和处理拒收件的程序;⑤ 关于将工程图纸、技术说明中和质量控制程序的更改情况通知现场检验员的制度的说明;⑥ 表明检验站位置、类别的清单或图表。

思考练习题

1. 什么是零件加工质量和零件加工精度?
2. 什么是尺寸精度和尺寸公差,它们之间有何关系?
3. 形位误差项目有多少种,各用什么符号表示?

4. 为什么在一般情况下，尺寸精度要求高的零件其表面粗糙度 R_a 值也要小？有没有零件的尺寸精度要求不高，但其表面粗糙度 R_a 值要求很小的情况？

5. 举例说明在实际生产中必然会产生加工误差的原因。

6. 试分析车削、钻削、刨削、铣削和磨削等几种常用加工方法的主运动和进给运动；并指出它们的运动件（工件或刀具）及运动形式（转动或移动）。

7. 你在实习过程中所使用的刀具材料是什么？分别是什么牌号？性能如何？

8. 常用的量具有哪几种？它们的刻度和读数原理有何异同？分别使用在什么场合？

9. 如图 1-27 所示的零件（单件）上有几个表面的尺寸需要测量，试选择合适的量具。

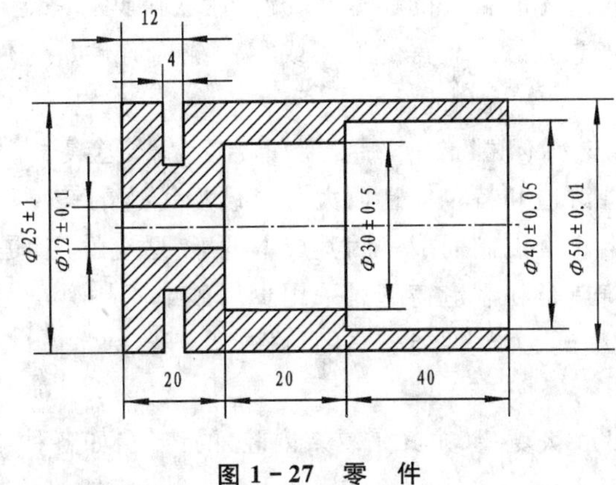

图 1-27　零　件

10. 游标卡尺和百分尺测量准确度分别是多少？怎样正确使用它们？

11. 测量 Φ40（未加工）、Φ50（已加工）、Φ30±0.2 和 Φ60±0.03 的外圆时，分别选用什么量具比较理想？

12. 常用的力学性能指标有哪些？它们分别用什么符号表示？

13. 实习车间的车床床身、齿轮、轴、螺栓、手锯、锉刀、榔头、游标卡尺、弹簧分别是用什么材料制造出来的？

14. 什么是热处理？常用的热处理工艺有哪些？主要用途是什么？

15. 淬火钢为什么需要及时回火？常用的回火方法有哪些？分别用于哪些零件？

16. 什么是零件表面处理？为什么要进行表面处理？常用的表面处理有哪几种？

17. 现有一个用低碳钢制成的齿轮，如要使其具有表面硬、中心韧的性能，需采用何种热处理工艺？为什么？

18. 在制造实习中哪些环节对环境保护不利，试举三例。如何改进？

19. 为什么航空航天的材料、工艺、生产组织等都非常严格？

第2章 铸 造

2.1 概 论

铸造是将金属液浇入预先制备好的铸型中，凝固后获得具有一定形状、尺寸和性能的毛坯或零件的成形方法。用铸造方法所获得的毛坯或零件统称铸件。铸件通常都是毛坯，经切削加工后才能成为零件。

用于铸造成形的金属材料有铸铁、钢、铝合金、铜合金、镁合金等，其中以铸铁应用最为广泛。

铸造的种类可分砂型铸造和特种铸造两大类。砂型铸造的铸型以原砂为主，加入适量黏结剂、附加物和水，按一定比例混制而成。因其成本低廉，适应性广，是目前铸造生产中应用最广泛的一种方法。特种铸造是在制造铸型时采用少用砂或不用砂的特殊工艺装备，获得比砂型铸造表面质量好、尺寸精确、力学性能较高的铸件。

1. *铸造的特点*

(1) 铸造能够制造出形状复杂(尤其是复杂内腔)的铸件，如各种箱体、机架、床身、发动机缸体等。

(2) 适应性广，几乎不受铸件的尺寸、质量、材料种类以及生产批量的限制。

(3) 铸造不需要昂贵的设备，原材料来源广泛，成本较低。例如一台金属切削机床的铸件约占其总质量的75%，而其成本仅占其总成本的15%～30%。

(4) 铸造生产工序多，对铸件的质量较难精确控制，其力学性能一般不如锻造件高，因此凡承受动载荷或交变载荷的重要受力零件，目前还很少使用铸件。另外，砂型铸造在生产率、劳动条件、环境污染方面也都存在一定问题。

2. *砂型铸造基本工艺*

铸造的方法很多，最基本的是砂型铸造，其工艺过程如图2-1所示。主要工艺过程为制模型、配砂、造型制芯、熔化金属、合箱浇注与清理检验等。

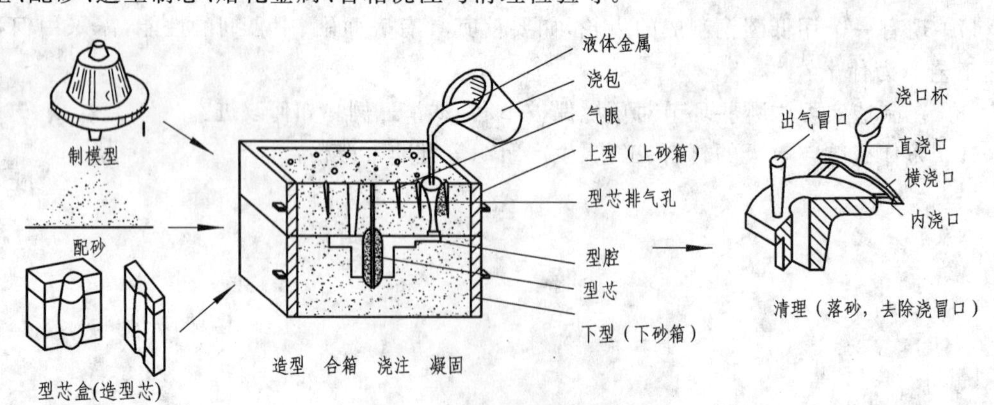

图2-1 砂型铸造工艺过程

2.2　砂型铸造

砂型铸造是将液体金属浇入砂质铸型中，待其冷凝后将铸型破坏取出铸件的方法。

2.2.1　造型材料

用来制造砂型与型芯的材料，统称造型材料。用于制造砂型的材料称型砂，用于制造型芯的材料称芯砂。造型材料的好坏对造型工艺、铸件质量等都有很大的影响。

1. 对型砂与芯砂的要求

(1) 强度。是指铸型在制造、搬运及浇注时不致破坏的能力。若型砂强度不好，则可能发生塌箱、掉砂，甚至被液体金属冲毁，造成砂眼、夹砂等缺陷。

(2) 透气性。是指型砂由于本身各砂粒间存在着空隙，具有让气体通过的能力。当液体金属浇入铸型后，在高温作用下，铸型中的水分蒸发和有机物质分解与燃烧，产生大量气体，如果砂型的透气性不好，气体就不能顺利排出，使铸件产生气孔。

(3) 可塑性。是指型砂在外力作用下能形成一定的形状，当外力去掉后仍能保持此形状的能力。可塑性好，可使铸型清楚地保持模型外形的轮廓。

(4) 耐火性。是指砂型在承受高温的作用下不软化、不烧结的能力。型砂耐火性不好，铸件表面易粘砂，清理困难。这一点对高熔点金属(如铸钢)尤为重要。

(5) 可让性。是指铸件在冷却、凝固收缩时，铸型的阻碍部分能被压溃而不阻碍收缩的能力。可让性不好时，铸件收缩受阻，产生内应力，使铸件变形甚至出现裂纹。

2. 型砂与芯砂的组成

基本组成是：原砂 ＋ 黏结剂 ＋ 水 ＋ 附加物。

(1) 原砂。以石英砂为基础，其颗粒坚硬、耐火度高(可达 1 710 ℃)。石英砂含 SiO_2 量愈高、粒度愈大，耐火性愈好，形状为圆形、粒度均匀而大者，透气性好。形状为多角形、粒度不均匀而细者，则透气性差。

(2) 黏结剂。主要起黏结作用。加入黏结剂后，可使型砂具有一定的可塑性与强度。常用的黏结剂有黏土与特殊黏合剂两大类。黏土(包括陶土)是型砂的主要黏结剂。特殊黏结剂是芯砂的主要黏结剂。

(3) 附加物。是为使型砂具有某种特殊性能而加入的少量其他物质。例如：为提高铸铁件表面质量，在湿型砂中加煤粉；为提高铸型透气性及可让性，在干型砂中加锯末等。

(4) 涂料。为提高铸件表面质量，防止型砂与高温金属液发生化学反应，从而形成低熔点化合物而造成粘砂，在铸型和型芯表面常涂上一层涂料，如铸铁件造湿型时，撒铅粉(石墨粉、焦炭粉)；造干型时涂上一层石墨粉、黏土与水的混合涂料。铸铝件由于铝合金浇注温度较低(700～740 ℃)，一般很少用涂料。

3. 型砂与芯砂的配制

根据铸造合金的种类和铸件的大小，配制型砂与芯砂时要综合考虑其成分。如铸造铝合金时，由于熔点低，所以可以选用细砂粒的石英砂，不需要加煤粉。当铸造铸铁件时，浇注温度较高，要求高的耐火性，应使用较粗的石英砂，并加入适量的煤粉，以防止铸件粘砂。浇注湿型时会产生气体，因此要严格控制型砂中水分。而对于干型来说，配砂时水分则可以相对多些，这样可增加型砂湿态强度,便于造型,由于还要烘干,因而不会降低透气性。总之,型砂的组成成分视具体情况的不同而变化,芯砂的情况也是如此。型砂与芯砂的具体配比如表2-1所示。

表2-1 型砂与芯砂的配比举例

造型材料	铸造合金	石英砂含量/(%)及粒度(×/×)/(目)	黏结剂含量/(%)	水分/(%)	煤粉/(%)
型砂(湿型)	铸铁	40~50(70/140),50~60(100/150)	黏土4~5	4~5.5	3~4
	铝合金	30(70/140),70(100/200)	黏土1~2	5~6	
油芯砂	铸铁	100(70/140)	桐油2~2.5	1~1.5	
	铝合金	100(70/140)	混合油2~3,糖浆0~1.5	3~4	

表2-1中的黏结剂、水分及煤粉的含量的百分数是相对石英砂含量而言的。石英砂粒度以目数来表示,目数越大,砂粒越细。

型砂的配制是在混砂机里进行的。配制型砂时,先将新砂、部分过筛的旧砂、黏土及附加物放入混砂机干混,然后加水和液体黏结剂(根据需要)湿混,再过筛后使用。

配好的型砂是否合格,最简单的检验方法是用手把型砂捏成团,然后松开,如果此时砂团不松散,且砂团上有较清晰的手纹,则可以认为型砂中的黏土与水分含量适当,型砂配制合格。大量生产时使用专门仪器检查型砂的各种性能,检查合格后便可投产使用。

2.2.2 铸型组成

铸型用于浇注金属液,以获得形状、尺寸和质量符合要求的铸件。铸型的组成如图2-1所示。

分型面:上、下砂型之间的分界面。每一对铸型之间都有一个分型面。

浇注系统:金属液流入型腔的通道,通常它由浇口杯、直浇道、横浇道、内浇道组成。

冒口:供补缩铸件用的铸型空腔,有些冒口还起观察、排气和集渣的作用。

型腔:铸型中由造型材料所包围的空腔部分,也是形成铸件的主要空间。

型芯:砂型中获得铸件内部空腔的部分。型芯的外伸部分称型芯头,用以定位和支承型芯。砂型中专为放置型芯头的空腔称型芯座。

出气眼:在铸型或型芯上用针扎出的出气孔道,用以排气。

排气孔:在铸型或型芯中为排出浇注时形成的气体而设置的沟槽或孔道。

2.2.3 造型中的工艺问题

造型时必须考虑的主要工艺问题包括:浇注位置的选择,分型面的确定以及浇注系统的安排等。它们直接影响铸件的质量和生产效率。

1. 浇注位置的选择

浇注位置视具体模样选定,一般的来讲选择在上、下砂型的接触表面。浇注位置的选定应考虑以下几个原则。

(1) 铸件上质量要求高的加工表面或主要工作面应在浇注位置的下部或处于垂直的侧面位置进行浇注,避免气孔、砂眼、缩孔等缺陷出现在工作表面上。图2-2为圆锥齿轮铸件,轮齿质量要求高，浇注时应该朝下，如图2-2(a)所示为正确的浇注位置。又如图2-3所示的立柱，其较细圆柱表面为重要加工面，为保证该表面的铸造质量，浇注时应将铸型置于倾斜位置。

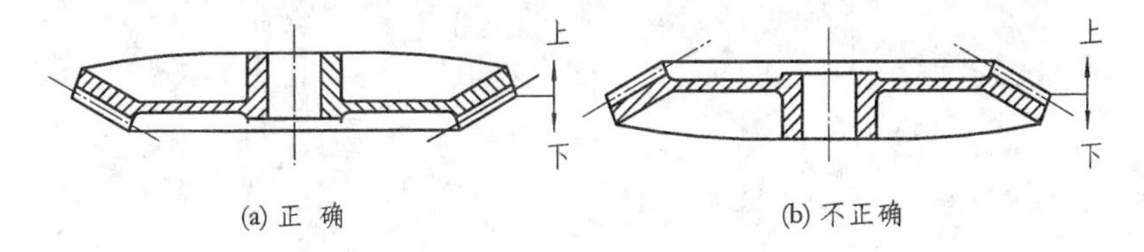

图2-2　圆锥齿轮的浇注位置

(2) 铸件的大平面尽可能朝下或采用倾斜浇注，如图2-4所示，避免在大平面上形成夹砂或夹渣缺陷。

(3) 容易形成缩孔的铸件浇注时应把厚的部分放在铸型侧面或分型面的上部，这样便于在铸件较厚处直接放置冒口，达到自下向上顺序凝固。

(4) 浇注时铸型位置的放置应该保证型芯的固定稳固，不致发生偏位或歪曲变形。

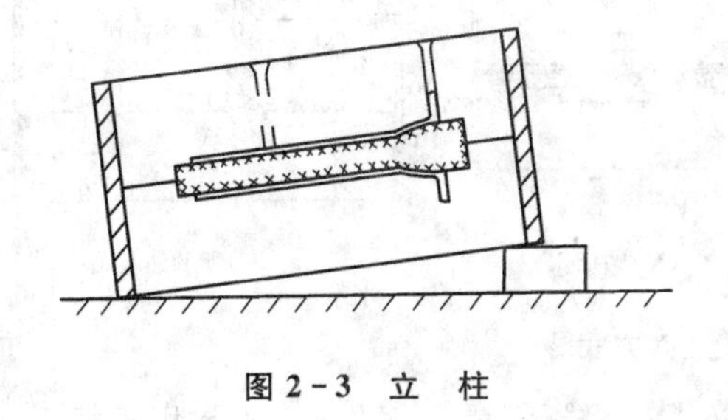

图2-3　立　柱

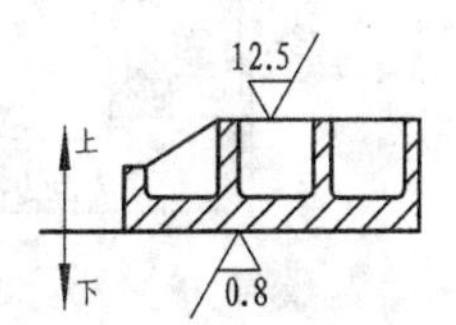

图2-4　铸件大平面应朝下放置

此外，在选择浇注位置时还应考虑到保证铸件薄壁部分能很好地被充满，不致产生浇不到的缺陷。

2. 分型面的确定原则

分型面是铸型上、下砂型的接触表面，一般也是模样的最大截面处，以便于起模。分型面的确定原则包括以下两方面。

(1) 应使全部铸件尽可能位于同一砂箱，以提高铸件的精度和避免因错箱而造成废品。

(2) 成批、大量生产时应尽量避免活块造型或三箱造型。

3. 浇注系统

浇注系统的作用主要是保证液体金属平稳地、无冲击地充满型腔，同时能够挡渣和调节铸件的凝固顺序，从而避免或减少铸件产生夹渣、砂眼、气孔等缺陷。

典型的浇注系统组成如图2-5所示，它包括外浇口(也称浇口杯)、直浇道、横浇道及内浇道4个部分。

外浇口是承受从浇包倒出来的金属液，减轻液流的冲击和分离熔渣的容器。小型铸件外浇口通常为漏斗型；大型铸件外浇口通常为盆形或椭圆形。

直浇道是垂直浇道，连接外浇口与横浇口，其截面一般为圆形，利用浇道本身的高度，可产生一定静压力，增强液态金属充填作用。

横浇道一般设在内浇道上方，截面多为梯形，具有缓冲和挡渣的作用。

内浇道可控制金属的流量、方向，调节凝固顺序，截面多为扁梯形或扁矩形，在接近型腔处较薄，以便在铸造后去除浇口时不损坏铸件。为了防止液态金属冲坏型芯，内浇道不应正对

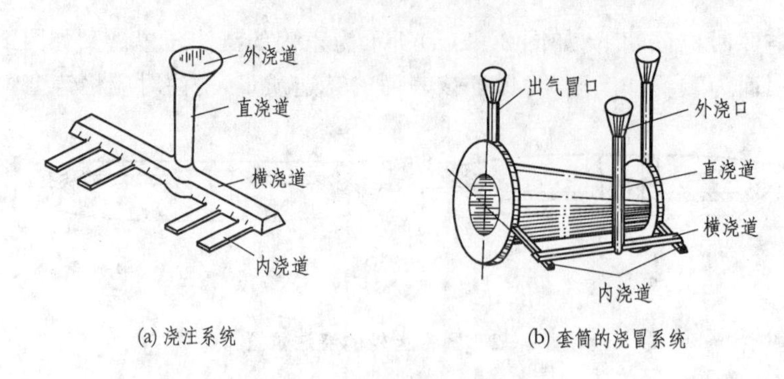

(a) 浇注系统　(b) 套筒的浇冒系统

图 2-5　浇注系统的组成

型芯。

内浇口的注入方式有顶注式、底注式、中间注入式和阶梯注入式等,如图 2-6 所示。

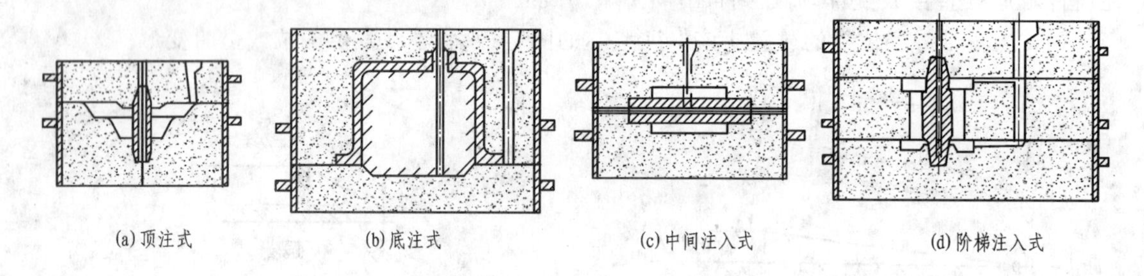

(a) 顶注式　(b) 底注式　(c) 中间注入式　(d) 阶梯注入式

图 2-6　内浇口的注入方式

顶注式液态金属自型腔的顶部注入,易产生冲砂和飞溅,但是补缩作用好,常用于简单短小的铸件。

底注式液态金属流动平稳,冲击力小,但补缩作用较差,不适宜浇注薄壁铸件,一般用于浇注易氧化的有色金属铸件。

中间注入式兼有顶注式和底注式的优点,造型简便,应用比较广泛。

形状复杂的高大铸件可采用阶梯式分段注入的方式。液态金属从下往上依次平稳注满型腔,高温金属液集中于上部,补缩作用好,但造型工序复杂。

4. 模样与型芯盒

模样是用来形成铸型型腔的工艺装备。带型芯铸件的模样应同时做出芯头及芯盒。

模样与型芯盒的材质主要用木材,故常称木模。批量大的也可以采用金属或塑料。

模样和型芯盒形状与尺寸的制作应按照铸造工艺图进行。

铸造工艺图是以零件图为依据,考虑到铸造工艺的特点来加以确定的,如图 2-7 所示。在确定铸造工艺图时应考虑以下一些因素。

(1) 分型面。分型面通常用线条和箭头加以标出,如图 2-7(c)所示。

(2) 起模斜度。为了起模方便又不损坏砂型,凡垂直于分型面的壁上都应有一定的倾斜度,称为起模斜度。木模的起模斜度为 1°～3°,金属模的起模斜度为 0.5°～1°。壁高取下限,反之取上限。

(3) 机械加工余量。铸件上凡需进行切削加工的表面均应留有合适的加工余量。加工余量的大小与造型方法、铸件尺寸、合金种类、生产批量及加工面在浇注时的位置等因素有关,具体可通过查阅有关手册来确定。一般小型灰铸铁件的加工余量为 3～5 mm。

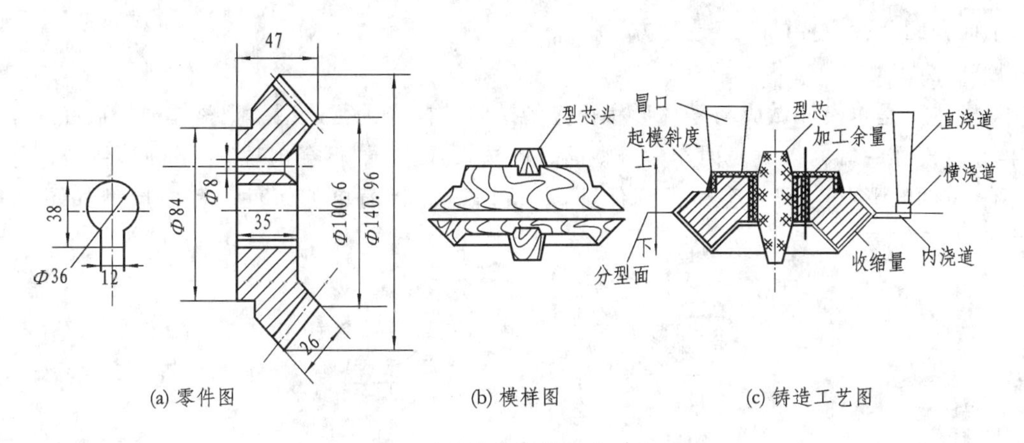

(a) 零件图　　(b) 模样图　　(c) 铸造工艺图

图 2-7　圆锥齿轮的铸造工艺图

除此之外，铸件上的小孔（孔径小于 20 mm）或小的凹槽、台阶等，可以不予铸出，留待机械加工来完成。

（4）收缩量。金属液注入砂型后，在冷却凝固时要发生收缩，使尺寸减小。为了补偿这部分的收缩，模样和型芯盒尺寸应比铸件大一个收缩量。收缩量的大小应根据合金的线收缩率来确定。对于灰铸铁约为 1%，铸钢约为 2%，铜与铝合金约为 1.5%。

（5）铸造圆角。模样或型芯盒上两表面之间的交角应做成圆角，以防止金属液在冷凝时产生应力集中和起模时损坏砂型或型芯。铸造圆角半径的大小可查阅有关手册。

（6）型芯头和型芯座。其目的是合型时便于安放和固定型芯。型芯座比型芯头稍大些，对于一般中小型芯，其间隙约为 0.25 ～1.5 mm。

总之，在尺寸上，模样尺寸＝铸件尺寸＋收缩量，铸件尺寸＝零件尺寸＋加工余量。在形状上，铸件和零件的区别在于有无起模斜度、铸造圆角。铸件是整体的，而模样可以是由多个部分组成的。

2.2.4　手工造型

造型和造芯是铸造生产中最主要的工序，它对于保证铸件精度和铸件质量有着极其重要的影响。在单件、小批量生产中，常采用手工造型和造芯；在大批、大量生产中，则采用机器造型和造芯。各种造型方法都包含紧砂、起模、修型、开设浇注系统及合箱等工序。

造型时，填砂、紧砂和起模等工序均由手工操作来完成的称为手工造型。这种方法具有操作灵活、工艺装备简单、适应性强等优点。手工造型常用于单件、小批量生产中，特别是不适合用机器造型的重型复杂铸件的生产。但手工造型生产率低，劳动强度大，铸件质量较差。

一个完整的造型工艺过程，包括准备工作、安放模样、填砂、紧实、起模、修型、合型等主要工序，如图 2-8 所示是手工造型的主要工序流程图。

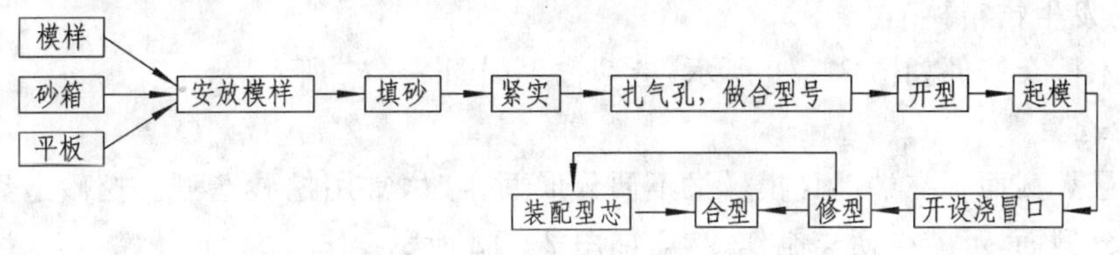

图 2-8　手工造型的主要工序流程

下面介绍几种主要的手工造型方法。

1. 整模造型

整模造型是将模样做成与零件形状相应的整体结构来进行造型。把整体模样放在一个砂箱内,并以模样一端的最大表面作为分型面。此法操作方便,不会出现上、下砂型错位即错箱的缺陷,铸件的形状与尺寸容易得到保证,它适用于形状简单的铸件。整模造型如图2-9所示。

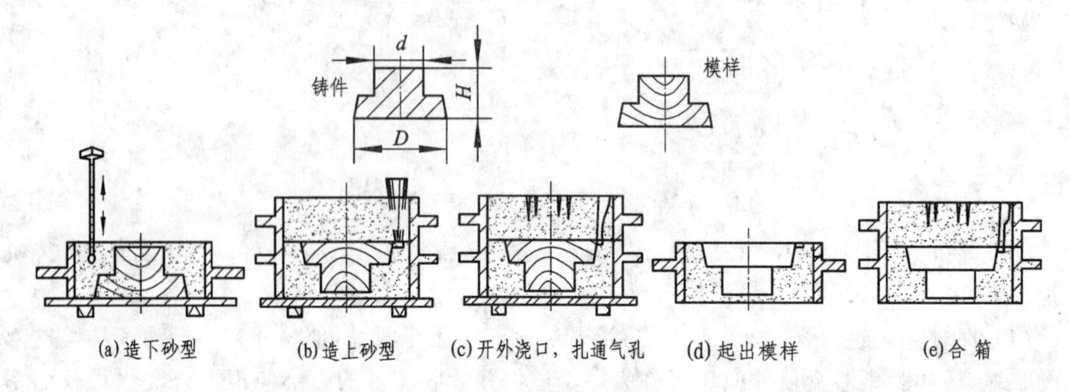

图2-9　整体模造型

整模造型的操作步骤如下。

(1) 造下型。将模样放在底板上,放好下砂箱,加入厚度约20 mm的面砂,再加填充砂(背砂),然后用舂砂锤均匀紧实每层型砂,直至用刮砂板刮去砂箱表面多余的型砂。

(2) 造上型。翻转下砂箱,用墁刀修光分型面,放好上砂箱,撒分型砂,放置浇口棒,加填充砂并舂紧,刮去多余型砂,扎通气孔,拔出浇口棒,作出合型线的标记。

(3) 起出模样,挖出内浇道,把上砂箱拿下,在下砂箱上对应浇口棒的部位挖出内浇道。然后用毛笔沾水将模样边缘湿润,用起模针起出模样,根据需要在修型后可用"皮老虎"吹去型腔内多余的砂粒并撒上面砂。

(4) 合型、待浇。按标记将上砂型合在下砂型上,紧实上、下砂箱或在上砂箱放上压铁。用专用工具做出外浇道(如漏斗形)并放置在直浇道上,等待浇注。

(5) 将金属液浇入型腔,经一段时间冷凝后,通过落砂、清理等工序即可得到铸件。

整模造型的特点是模样没有分模面,整个模样在一个砂箱内,铸型结构简单,操作方便,不易产生错箱缺陷,铸件的形状和尺寸容易得到保证,适用于形状简单的铸件。

2. 分模造型

当铸件的最大截面不在端面时,为了从砂型中取出模样,需将模样沿最大截面处分成两半,并用销钉定位,型腔则被置于上、下砂箱之间,这种造型方法称为分模造型。此法广泛用于最大截面在模样中部且带有内腔或孔的铸件,如套筒、阀体等。分模造型时由于上型和下型分别制造,容易发生错箱缺陷。

分开式木模及铸件如图2-10所示,造型过程如图2-11所示。

3. 挖砂造型

当铸件最大截面不在端部且模样又不便分成两半时,常用挖砂造型。挖砂造型的铸型具有不平直的分型面,可减少模样制作成本,如图2-12所示。

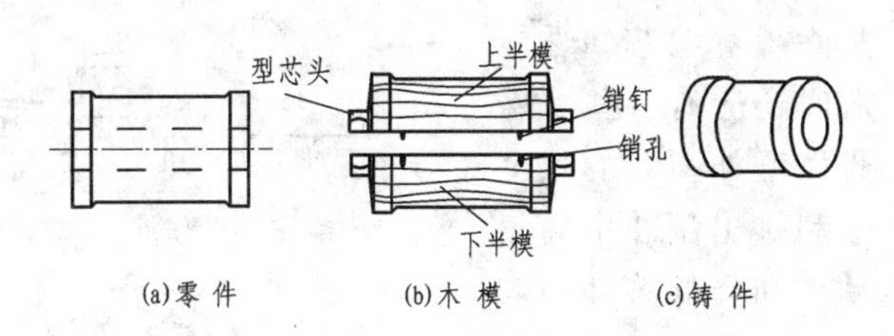

图 2-10　分开式木模及铸件

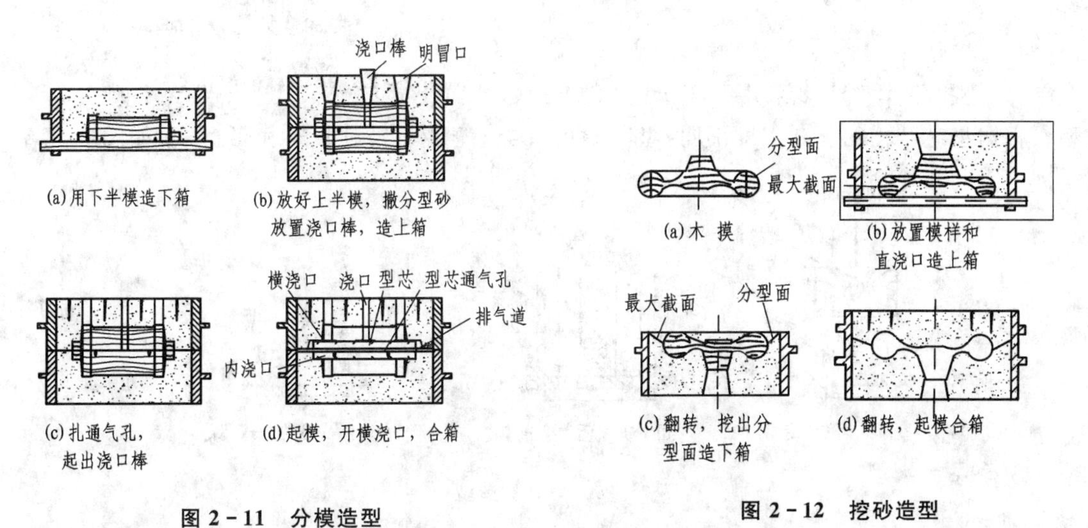

图 2-11　分模造型　　　　**图 2-12　挖砂造型**

4. 模板造型或假箱造型

在挖砂造型时，每造一个铸型就要挖砂一次，生产率很低，并且操作技术要求高，只适用于单件或小批量生产。在成批生产时，可借用模板或假箱，如同挖砂造型的下箱一样，做出弯曲分型面，这样省去了挖砂工序，提高了生产效率，如图 2-13 所示。

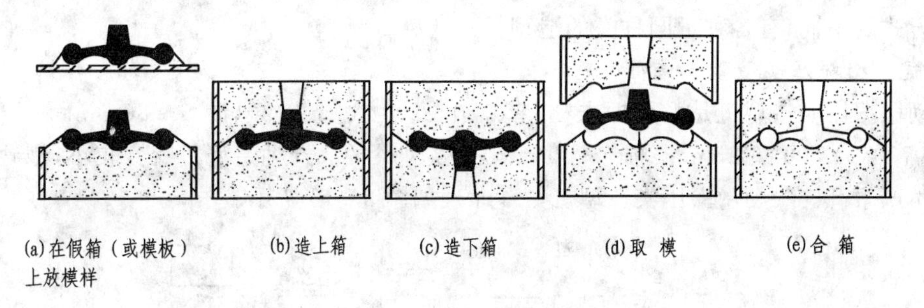

图 2-13　假箱造型

5. 刮板造型

对于直径大的旋转体铸件，可采用由中心轴定位并绕轴旋转的刮板造型法。刮板造型时，以刮板代替木模，节省了制模工时和材料，主要用于大、中型旋转体类铸件的单件生产。图 2-14为中心轴刮板造型图，此外导向刮板造型也是常用的方法。

6. 手工造型

(1) 对型芯的工艺要求

型芯的主要作用是用来获得铸件的内腔。由于型芯大部分处于金属液包围之中，在浇注过程中可能受到冲刷，故除了对型芯砂性能要求更高外，在制作型芯时还应有一些特殊的工艺要求，如安放芯骨以增加型芯的强度和刚度，开设通气道以顺利排出型芯中的气体，型芯表面涂料防止粘砂和降低铸件的表面粗糙度，烘干以提高型芯的强度和透气性等。

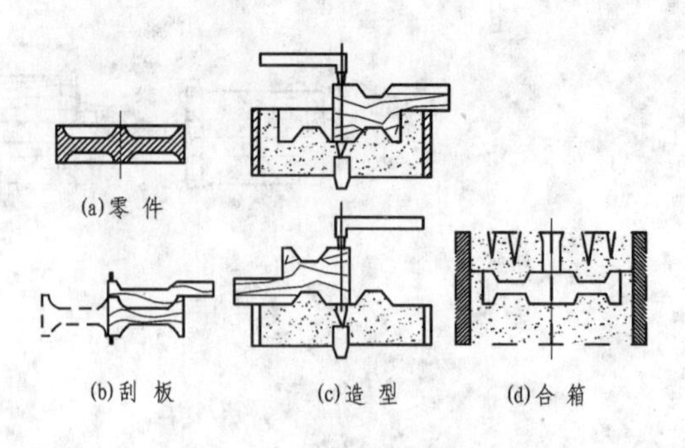

图 2-14 中心轴刮板造型

(2) 造芯方法

单件、小批量生产大多采用手工型芯盒造型。根据型芯结构的复杂程度不同，型芯盒的种类有整体式、对开式和可拆式，如图 2-15 所示。

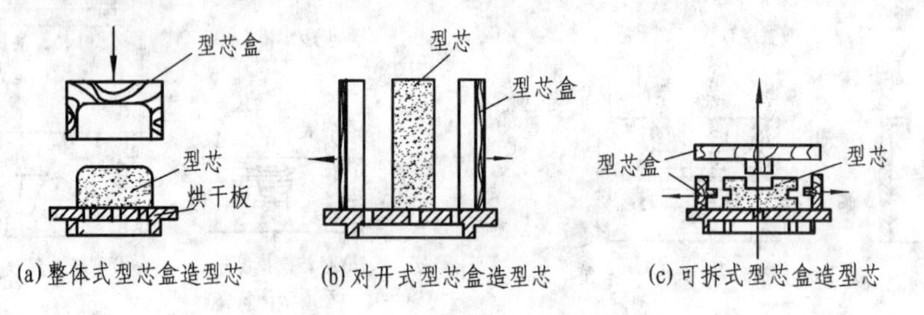

图 2-15 型芯盒造型

根据铸件结构、生产批量和生产条件，可采用不同的手工造型方案。

2.2.5 机器造型

随着现代化大生产的发展，机器造型已代替了大部分的手工造型，它不但生产率高，而且质量稳定，是成批生产铸件的主要方法。机器造型的实质是用机器进行紧砂和起模，根据紧砂和起模方式的不同，有各种不同种类的造型机。

1. 气动微振压实造型机造型

气动微振压实造型机是采用振击(频率 150～500 次/min，振幅 25～80 mm)—压实—微振(频率 700～1 000 次/min，振幅 5～10 mm)紧实型砂的。这种造型机噪音较小，型砂紧实度均匀和生产率高。气动微振压实造型机紧砂原理如图 2-16 所示。

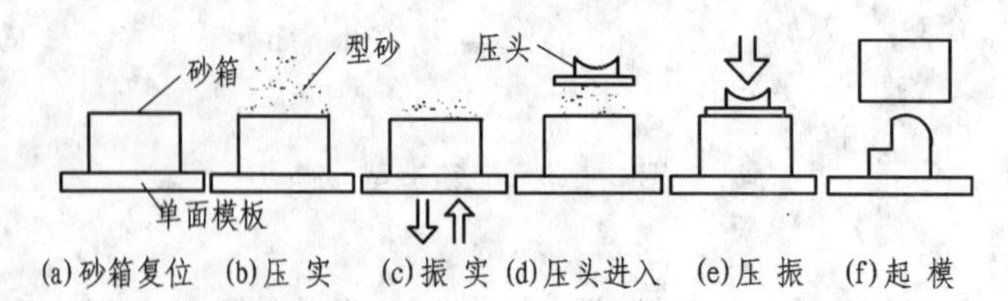

图 2-16 气动微振压实造型机紧砂原理

此外，还有抛砂压实、橡皮膜压实和成型压头压实等。

2. 射压式造型机造型

射压式造型机是利用压缩空气将型砂快速射入射腔，并进行辅助压实、起模后以获得铸型的方法(如图 2-17 所示)。这种方法一次射压的砂型可两面成型，合型后不用砂箱，不仅生产效率高，而且砂型紧实度大，型腔表面光洁，尺寸精确，并可使造型、浇注、冷却、落砂等设备组成简单的直线系统，占地省，易实现自动化。主要用于大批量生产形状较为简单的中、小型铸件。

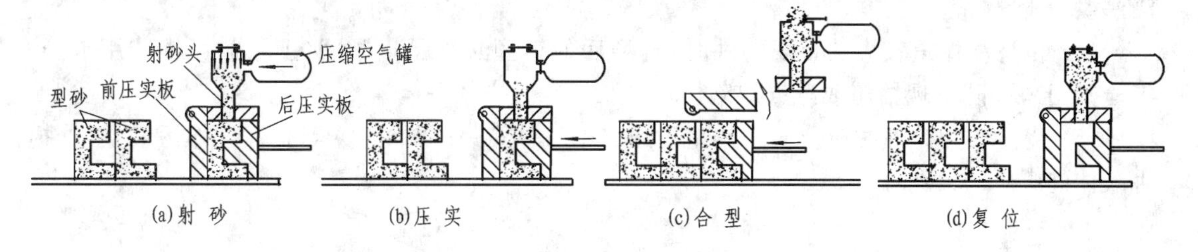

图 2-17　射压式造型机工作原理

2.3　合金的熔炼和浇注

1. 合金的熔炼

合金熔炼的目的是获得一定化学成分和所需温度的金属液，以注入铸型得到铸件。

(1) 铸铁与铸钢的熔炼设备主要是冲天炉、中频或工频感应电炉等。

(2) 铝合金的熔炼设备主要是采用坩埚炉。按热源不同，常用的是感应式坩埚炉和电阻坩埚炉，如图 2-18 所示。

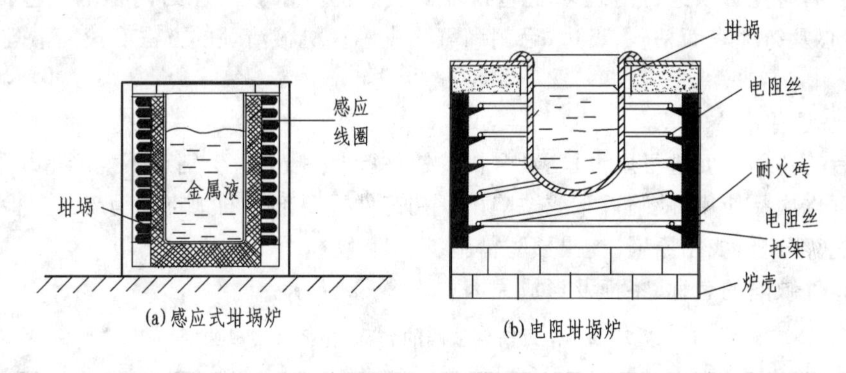

图 2-18　坩埚炉

铝合金在熔炼时极易氧化和吸气，熔炼最好在熔剂(如 KCl 等盐类)覆盖层下进行。若熔炼后期再予以精炼(铝合金精炼剂)，可使铝液进一步得到净化，以增加金属液体的流动性；必要时再进行变质处理，则铸件的质量和性能将会有明显的提高。

2. 浇注

将金属液从浇包浇入铸型的过程称为浇注。为确保铸件质量、提高生产率和浇注时的安全，应严格遵守下列操作规程：

(1) 浇包是用来盛放、输送和浇注金属液用的容器，使用前必须经过烘干。同时，浇包内的金属液不能太满，以免抬运时溢出伤人。浇注人员必须穿戴好防护用品。

(2) 浇注温度与合金种类、铸件大小以及壁厚有关。温度过高会使铸件产生粘砂、缩孔、裂纹与晶粒粗大等缺陷；温度过低会导致铸件产生冷隔、浇不足等缺陷。对于形状复杂和薄壁铸件，浇注温度可适当高些。

(3) 浇注速度要适中,且不能中断。过快会产生沙眼或气孔,过慢会造成铸件浇不足、冷隔。对于形状复杂和薄壁铸件,浇注速度可适当快些。对与厚壁铸件可按慢—快—慢的原则浇注。

(4) 在浇注比重较大的金属铸件时,合型后的铸型必须予以紧固(上箱放压铁或用卡子、螺栓紧固),以防出现抬箱或跑火缺陷。

(5) 浇注较大铸件时应及时将铸型中逸出的气体点燃,以防 CO 等有害气体污染空气,损害人体健康。

2.4 铸件清理和常见缺陷分析

1. 铸件的落砂

将浇注成形后的铸件从型砂和砂箱中分离出来的操作称为落砂。落砂应在铸件充分冷却后进行。过早会使铸件冷却太快,表面易产生硬化,铸铁件会出现表面白口,严重时还会因内应力过大而出现变形、裂纹等缺陷。通常铸铁件的落砂温度不得大于500 ℃。对于形状简单、质量小于10 kg的铸件,一般在浇注后0.5 h左右即可进行落砂。

为了改善劳动条件与提高生产率,目前已经广泛采用震动落砂机进行机械落砂。

2. 铸件的清理

落砂后的铸件必须进行清理才能达到表面质量的要求。清理的内容主要包括切除浇冒口、清除砂心及铸件表面粘砂、飞边、毛刺和氧化皮等。机械清理的方法有滚筒清理、喷砂或喷丸清理等。

3. 铸件质量检验

清理后的铸件还要进行质量检验,合格的铸件验收后入库;个别有不太严重缺陷的铸件经修补后仍可作次品使用;缺陷严重或缺陷出现在铸件重要部位的则将成为废品。检验后,应对铸件缺陷进行分析,找出原因,提出预防措施。

常见铸件缺陷的名称、特征及形成原因如表2-2所示。

表2-2　常见铸件缺陷的名称、特征及形成原因

名称	简图	特征	原因
气孔		分布在铸件表面或内部的一种圆形光滑的孔洞	1. 砂太紧、型砂透气性差;2. 型砂含水过多或起模、修型时刷水过多;3. 型芯通气孔被堵塞、型芯未烘干;4. 浇冒口设置不当,气体难于排出;5. 浇注温度过高或浇注速度过快
砂眼		铸件表面或内部有型砂充填的孔洞	1. 型腔或浇口内的散砂未吹净; 2. 型砂、砂芯强度不够,被金属液冲坏而带入; 3. 浇注速度过快,内浇口方向不对; 4. 合型时砂型被局部损坏
夹渣		铸件表面有不规则的并含有熔渣的孔洞	1. 浇注时挡渣不良; 2. 浇注温度过低,渣未上浮; 3. 浇注系统不合理,熔渣未除净

续表 2-2

名　称	简　图	特　征	原　因
缩孔与缩松	缩孔 缩松	铸件的厚壁处分布有形状不规则、内表面不光滑的孔洞	1. 铸件结构设计不合理，壁厚不均匀，壁厚处未放置冒口或冷铁； 2. 合金收缩率大，冒口太小； 3. 浇注温度过高
粘　砂		铸件表面粘有砂粒，外观粗糙	1. 型砂耐火性差，浇注温度过高； 2. 型砂粒度太大，不符合要求； 3. 未刷涂料或涂料太薄
冷　隔		铸件上出现未被完全融合在一起的缝隙	1. 合金流动性差，铸件太薄； 2. 浇注温度过低； 3. 浇注速度太慢或浇注时曾有中断； 4. 浇注位置不当或浇口太小； 5. 包内金属液不够用
浇不足		铸件未被浇满	同上
裂　纹		热裂在高温下形成，形状曲折，断面氧化。冷裂在低温度形成，裂纹平直，断面未氧化	1. 铸件结构设计不合理，冷却不均匀；2. 型砂、砂心退让性差；3. 浇口位置不当，各部分收缩不均匀；4. 浇注温度太低，浇注速度太慢；5. 舂砂太紧或落砂过早；6. 合金中含 P、S 量偏高

2.5　特种铸造方法

2.5.1　压力铸造

将金属液在高压下高速注入铸型，并在压力下凝固成形的铸造方法称为压力铸造，简称压铸。图 2-19 为 J1113G 型卧式冷室压铸机外形图。该设备合型力为 1 350 kN，压射力为 94～157 kN，一次铝合金浇入量为 1.8 kg。图 2-20 为常用压铸机的工作过程。

压力铸造的主要特点如下：

(1) 生产效率极高。

(2) 铸件表面质量好，特别是能铸出壁很薄、形状很复杂的铸件。

(3) 因铸件内部易产生细小分散气孔，故压铸件不宜热处理和在高温条件下工作。

压力铸造主要用于大批量生产形状复杂的有色金属薄壁件，如仪表壳、化油器、汽缸体等，在航空、汽车、电器和仪表工业得到了广泛应用。

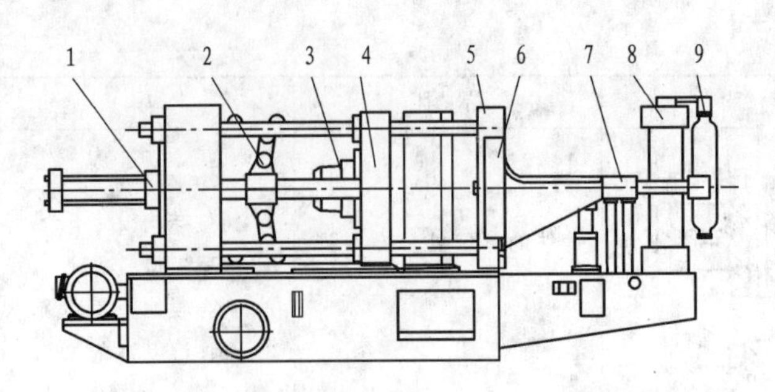

图 2-19　J1113G 型卧式冷室压铸机外形图

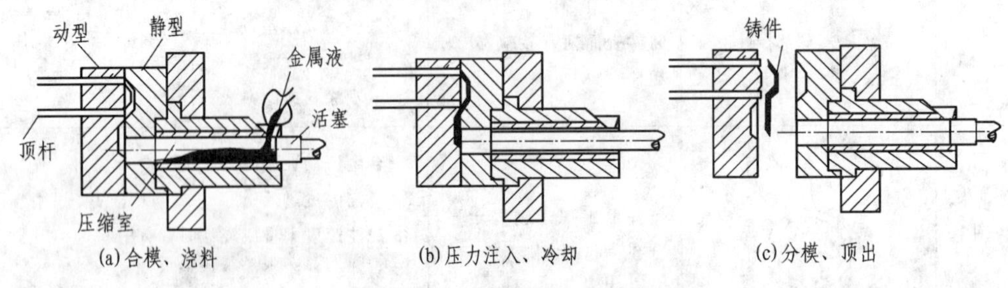

图 2-20　压铸生产过程示意图

2.5.2　消失模铸造

消失模铸造又称实型铸造或气化模铸造。它采用聚苯乙烯泡沫塑料制成整体模样代替普通模样。造型后不取出模样就浇入金属液，在高温金属液的热作用下，泡沫塑料即被气化，燃烧而消失。

消失模铸造的工艺流程如下：

(1) 预发泡　将聚苯乙烯珠粒预发到适当密度，一般通过蒸汽快速加热来进行。

(2) 模型成型　经过预发泡的珠粒要先进行稳定化处理，然后送入模具型腔，再通入蒸汽，使珠粒软化、膨胀，挤满所有空隙并且黏合成一体。

(3) 模型簇组合　模型在使用之前，必须存放适当的时间(几小时至数天)使其熟化稳定，然后将分块模型进行胶黏结合。

(4) 模型簇浸涂 把模型簇浸入耐火涂料中，然后在大约 30～60 ℃的空气循环烘炉中干燥 2～3 h，干燥之后，将模型簇放入砂箱，填入干砂振动紧实(通常用抽真空形成负压的方式，使砂型紧实)，必须使所有模型簇内部孔腔和外围的干砂都得到紧实和支撑。

(5) 浇注　熔融金属浇入铸型后，模型材料在高温下产生汽化，其空间被金属所取代后即形成铸件。图 2-21 是消失模工艺的砂箱和浇注示意图。

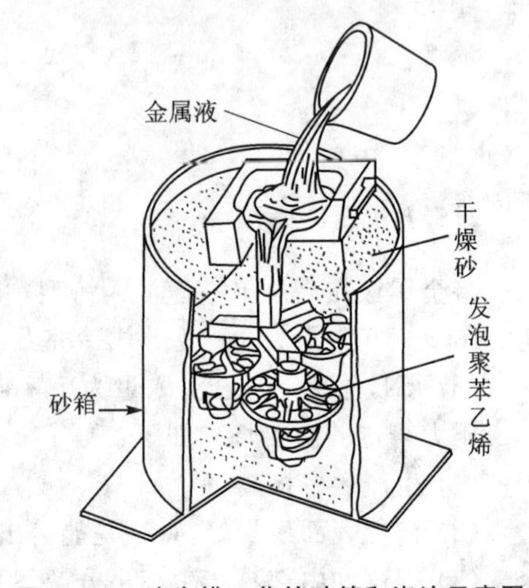

图 2-21　消失模工艺的砂箱和浇注示意图

(6) 落砂清理　浇注之后，铸件在砂箱中凝固和冷却，然后落砂和清理。

消失模的主要优点是：

(1) 模型设计的自由度增大，可整体生产复杂的铸件。

(2) 简化了铸造工艺，如无需型芯、起模斜度，可以不要冒口补缩，可省去分型面。

(3) 提高铸件精度，可重复生产高精度铸件，减小机加工余量，可使铸件壁厚偏差控制在－0.15～＋0.15 mm 之间。

但消失模铸件易产生与泡沫塑料有关的缺陷，如皱纹、黑渣、增碳和气孔等。

消失模铸造方法可用于生产有色及黑色金属的零件，包括汽缸体、汽缸盖、曲轴、变速箱、进气管、排气管及刹车毂等铸件。

2.5.3　金属型铸造

将液态金属浇入金属铸型中来获得铸件的铸造方法称为金属型铸造，又称硬模铸造，如图 2－22 所示。

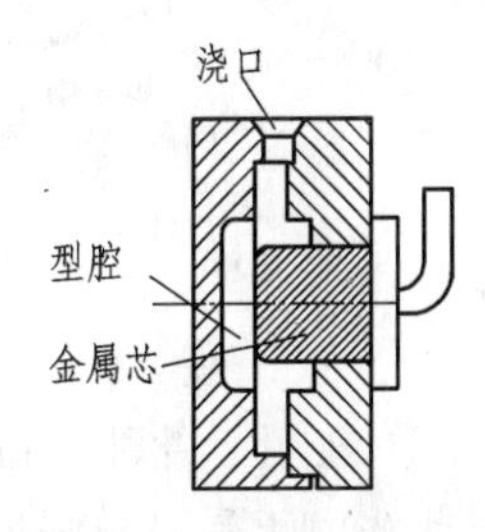

图 2－22　金属型铸造

金属型铸造的主要特点是：

(1) 一型多铸，生产效率高。

(2) 金属液冷却快，铸件内部组织致密，力学性能较高。

(3) 铸件的尺寸精度和表面粗糙度较砂型铸件好。

由于金属型成本高，无退让性和冷速快，所以主要适用于大批量生产形状简单的有色金属铸件，如铝合金活塞、铝合金缸体等。

2.5.4　离心铸造

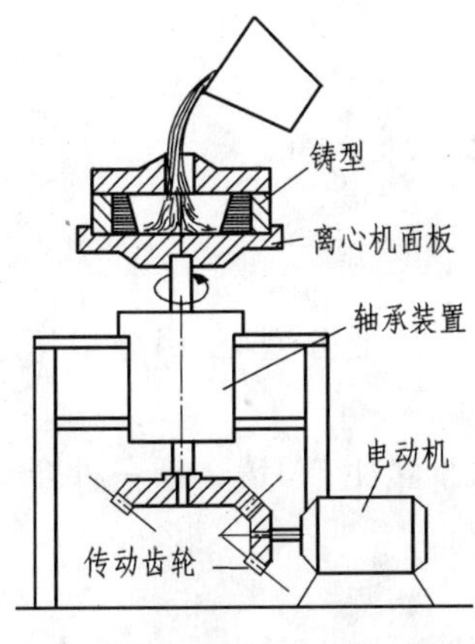

图 2－23　离心铸造示意图

将金属液浇入旋转的铸型中，在离心力的作用下充填铸型以获得铸件的方法称为离心铸造。图 2－23 为立式离心铸造机示意图。

离心铸造的主要特点如下：

(1) 铸件组织细密，无缩孔和气孔等缺陷。

(2) 不用型芯便可制得中空铸件。

(3) 不需要浇注系统，提高了液体金属的利用率。

但离心铸造的内表面质量较差，对成分易产生偏析的合金不宜采用。目前离心铸造主要用于圆形空心铸件的生产，也可铸造成形铸件及双金属铸件，如铸铁管、轴瓦(钢套铜衬)等。

2.5.5　熔模铸造

熔模铸造又称失蜡铸造。它是用易熔材料(如蜡料)制成零件的模样，在蜡模上涂挂几层耐火材料，经硬化、加热，将脱掉蜡模后的模壳经高温焙烧装箱加固后，趁热进行浇注，从而获得铸件的一种方法。其铸造生产过程如图 2－24 所示。

熔模铸造的主要特点是：

(1) 无须起模、分型、合型等操作，能获得形状复杂、尺寸精度高、表面粗糙度低的铸件，故有精密铸造之称。

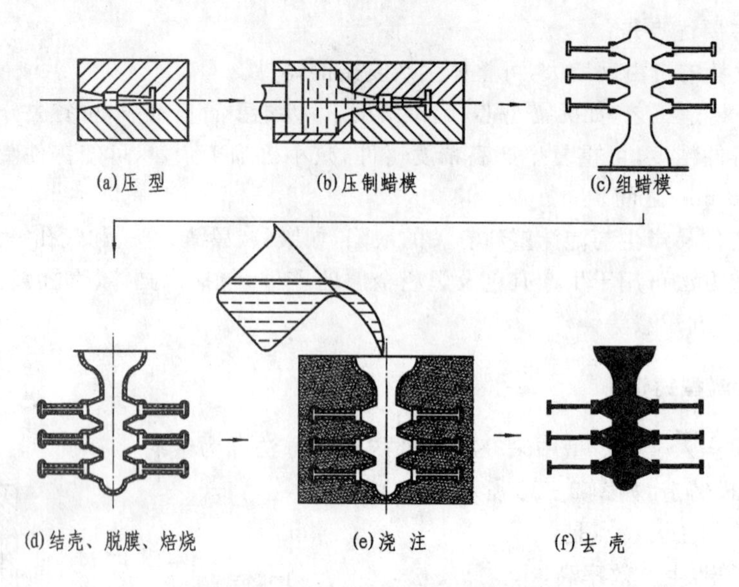

图 2-24　熔模铸造生产过程示意图

(2) 适用于各种铸造合金,尤其是高熔点、难加工的耐热合金。

此法由于受蜡模强度的限制,目前主要用于生产形状复杂、精度要求高或难以进行锻压、切削加工的中小型铸钢件、不锈钢件、耐热钢件等,如汽轮机叶片、成形刀具和锥齿轮等。

思考练习题

1. 在机械制造业中,为什么铸件的应用十分广泛?

2. 试举例指出车床上的铸件以及不适宜铸造生产的零件各4种。

3. 铸件、零件、模样和型腔4者在形状和尺寸上有何区别?

4. 什么叫分型面? 选择分型面应考虑哪些问题?

5. 图2-25所示的铸件是用砂型铸造成形,请指出两种可选用的分型面,用分型符号标在图上;比较两种分型面的优缺点,并选择一个合适的分型面。

6. 如图2-26所示的三通铸件,材料为KTH300-6,若大批量生产,请选择一种合适的分型方案。

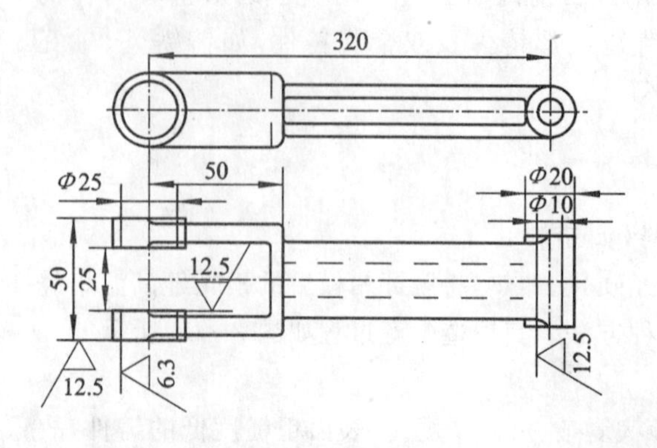

图 2-25　托　架

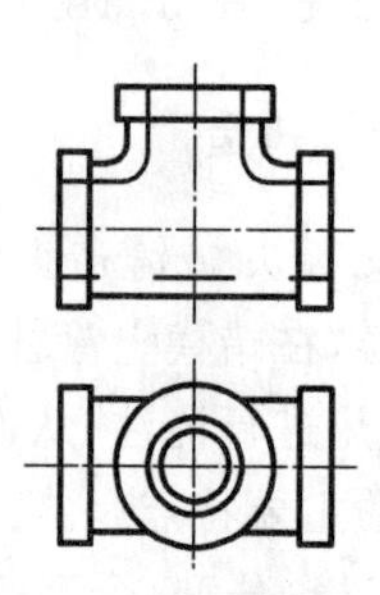

图 2-26　三通铸件

7. 为什么造型时型腔应尽量放在下箱？放在上箱行不行？为什么？

8. 浇注系统由哪几部分组成？各部分的作用是什么？

9. 什么是冒口？其作用是什么？冒口应安置在铸件的什么部位？

10. 列表对整模造型、分模造型、挖砂造型、活块造型和刮板造型的特点及其应用进行分析、比较。

11. 液态金属浇注时，型腔中的气体是从哪里来的？采取哪些措施可以防止铸件产生气孔？为什么小铸件的型腔上可以不开排气道？

12. 如图 2－27 所示的铸件都是单件生产，试确定它们的造型方法。

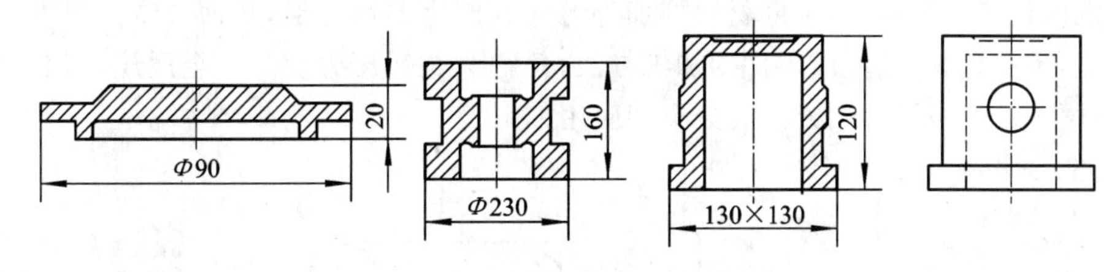

图 2－27　铸　件

13. 结合实习中出现的缺陷和废品，分析其产生的原因，并提出防止的方法。

14. 常用特种铸造有哪些方法？各有何优缺点？应用范围如何？

第3章 锻造和冲压

3.1 概 述

用一定的设备或工具，对金属材料施加外力使其产生塑性变形，从而改变其尺寸、形状并改善其性能，生产型材、毛坯或零件的加工方法，总称为金属压力加工。金属压力加工的种类较多，如见图3-1所示，常用方法的分类和应用如下。

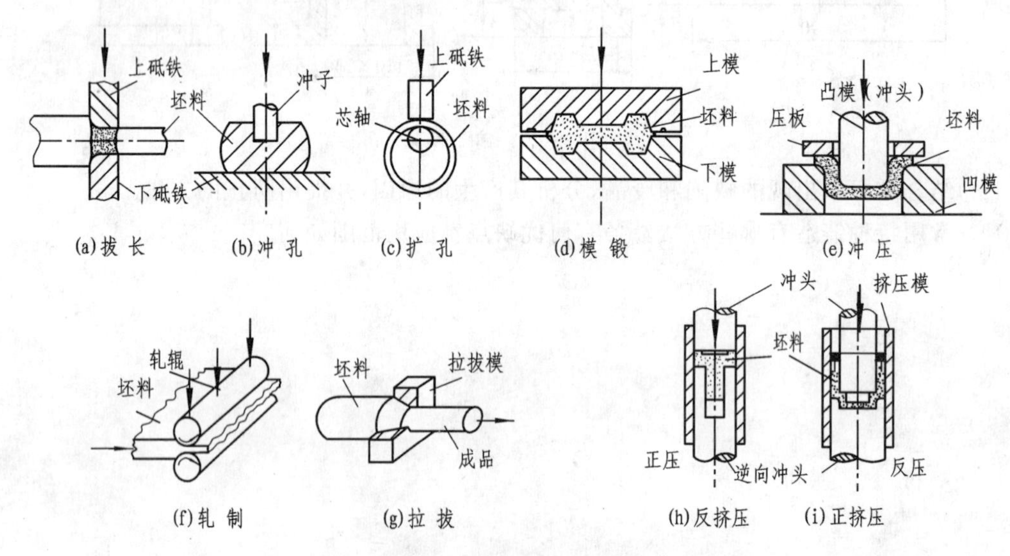

图3-1 金属压力加工的分类

(1) 自由锻。在加热状态下使用锻锤或压力机及简单工具迫使坯料成形。用于生产单件、小批生产外形简单的各种规格毛坯，如轧辊、大电机主轴、万吨级船的传动轴等。

(2) 模锻。在加热状态下用模锻锤或压力机及锻模使坯料成形。可批量生产中、小型毛坯(如汽车的曲轴、连杆、齿轮等)和日用五金工具(如扳手等)。

(3) 冲压。在常温状态下用剪床或冲床及冲模等使板料分离或兼成形。可批量生产如钢、铝制的日用品如盆、杯、自行车链条片等，和汽车上用的汽车外壳、油箱等。

(4) 轧制。在加热状态或常温状态使用轧机和轧辊进行压力加工，用来减小坯料截面尺寸，或兼改变截面形状。可批量生产钢管、钢轨、角钢、工字钢与各种板料等型材。

(5) 拉拔。使用拉拔机和拉拔模进行压力加工，用来减小坯料截面尺寸，或改变坯料截面形状。可批量生产钢丝、铜铝电线、漆包线、铜铝电排等丝状、带状、条状型材等。

(6) 挤压。使用挤压机和挤压模加工，主要改变坯料截面形状。可批量生产塑性较好的复杂截面型材，如铝合金门窗构条、铝散热片等，或生产齿轮、螺栓、铆钉等各种挤压零件。

自由锻和模锻统称锻造，介于两者之间的过渡方式称为胎模锻。

经过锻造加工后的金属材料，其内部原有的缺陷如裂纹、疏松等，在锻造力的作用下可被压合，且形成细小晶粒。因此锻件组织致密，力学性能（尤其是抗拉强度和冲击韧度）比同类材料的铸件大大提高。机器上一些重要零件（特别是承受重载和冲击载荷）的毛坯，通常用锻造方法生产。除自由锻外，其他锻造方法还具有较高的生产率和锻件成形精度。锻造主要缺点是锻件形状的复杂程度（尤其是内腔形状）不如铸件。

3.2　锻件加热与冷却

用于锻造的原材料必须具有良好的塑性。除了少数具有良好塑性的金属在常温下锻造成形外，大多数金属均需通过加热来提高塑性和降低变形抗力，达到用较小的锻造力来获得较大的塑性变形，这种锻造方法称为热锻。热锻的工艺过程包括下料、坯料加热、锻造成形、锻件冷却和热处理等几个主要过程。

3.2.1　锻造温度范围

锻造温度范围是指金属开始锻造的温度即始锻温度和终止锻造的温度即终锻温度之间的温度区间。

常用钢材的锻造温度范围如表3-1所示。

表3-1　常用钢材的锻造温度范围　℃

钢　类	始锻温度	终锻温度	钢　类	始锻温度	终锻温度
碳素结构钢	1 200～1 250	800	高速工具钢	1 100～1 150	900
合金结构钢	1 150～1 200	800－850	耐热钢	1 100～1 150	800～850
碳素工具钢	1 050～1 100	750－800	弹簧钢	1 100～1 150	800～850
合金工具钢	1 050 ～1 150	800－850	轴承钢	1 080	800

3.2.2　加热缺陷及其预防方法

金属在加热过程中可能产生的缺陷有氧化、脱碳、过热、过烧和裂纹等。

（1）氧化。指加热时坯料表层金属与炉气中的氧化性气体（如O_2、H_2O和SO_2等）发生化学反应生成氧化皮的现象。氧化会造成金属烧损，每加热一次，坯料因氧化的烧损量约占总重量的2%～3%。氧化皮还会造成锻件表面质量下降和加剧锻模的磨损。为减少氧化应采用快速加热和避免在高温下长时间停留。最好采用真空加热或控制炉中的气体成分。

（2）脱碳。指加热时金属坯料表层的碳与炉气中的氧或氢产生化学反应而使碳的含量下降的现象。脱碳会使金属表层的硬度和强度明显降低，影响锻件质量。减少脱碳的方法同上。

（3）过热。指当坯料加热温度过高或高温下保持时间过长时，其内部晶粒组织迅速长大变粗的现象。过热会使材料脆性增加，锻造时易产生裂纹。如坯料出现过热，可用调质或正火方法消除，使晶粒细化。

（4）过烧。当坯料的加热温度过高到接近熔化温度时，其内部组织间的结合力将完全失去，这种现象称为过烧。锻打过烧的坯料会碎裂成废品，无法挽救。避免发生过烧的措施是严格控制加热温度和保温时间。

(5) 裂纹。指当加热速度过快或装炉温度过高,引起坯料内外的温差过大导致坯料开裂的现象。应严格控制入炉温度、加热速度和保温时间。

3.2.3 加热设备

目前工业生产中,常用的锻造加热炉有燃油或煤气的室式油炉(如图3-2所示)和箱式电阻炉(如图3-3所示)。

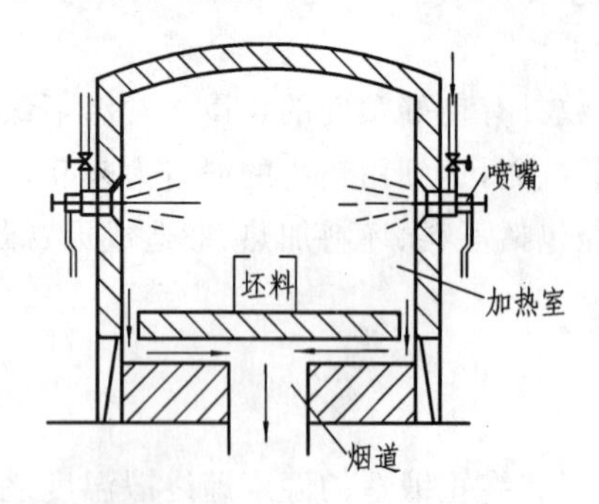

图3-2 室式油炉结构示意图

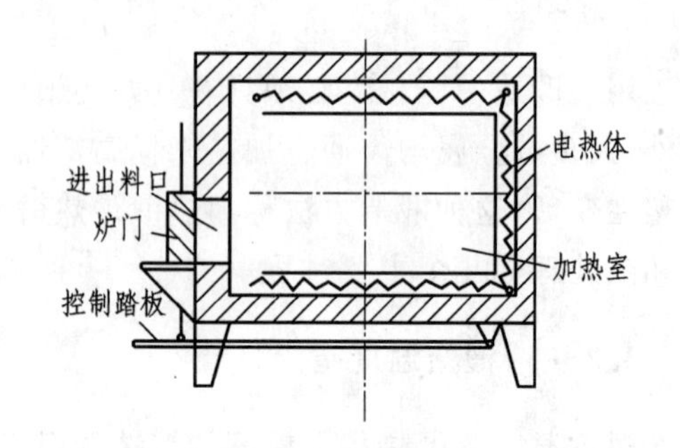

图3-3 箱式电阻炉结构示意图

现代化的锻造厂普遍采用中频感应加热,如图3-4所示。感应加热的原理是利用交变电流通过感应线圈(感应线圈的形状是根据坯料形状而制作的)产生交变磁场,使置于线圈中的坯料内部产生交变涡流而升温加热。这种方法加热速度快、质量好、温度控制准确,便于组成机械化、自动化的生产线。

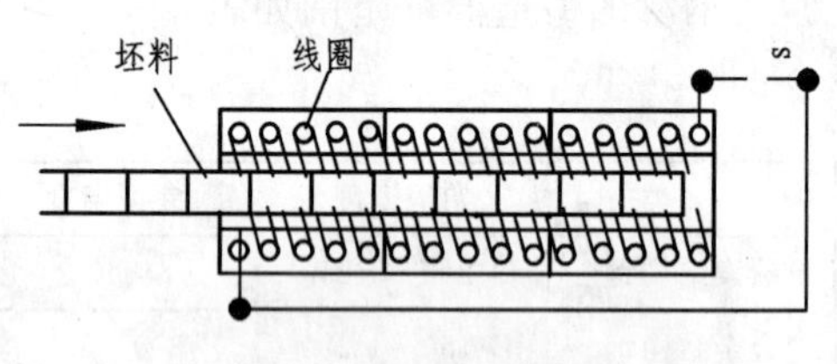

图3-4 中频感应加热示意图

3.2.4 锻件的冷却

锻件冷却时主要是防止变形和开裂。锻件的冷却方法大致有三种:空冷、坑冷和炉冷。

(1) 空冷。锻件锻后散放于空气中冷却。此法最为简便,适合于低碳钢、低合金钢的小型锻件。散放时必须注意行人与周围环境的安全。

(2) 坑冷(堆冷)。锻件锻后置于填充有石灰棉、沙子或炉灰等保温材料的坑中或箱中冷却,故也称灰冷。此法的冷速大大低于空冷,适合于中碳、高碳和含合金元素较多的中小型锻件或某些锻后需直接进行切削加工的锻件。

(3) 炉冷。锻件锻后立即放入加热炉内随炉冷却。此法的冷速最慢,适合于某些单件大型的合金钢或高碳钢锻件。

3.3 自由锻

自由锻是使金属在通用工具或直接在上、下砧之间进行锻造的方法。金属在变形过程中只有部分表面(如上、下面)受到工具限制,其余表面是自由变形。

3.3.1 自由锻设备

中小型锻件采用空气锤或蒸汽一空气锤锻造，大型锻件采用水压机锻造。这里只介绍空气锤。

空气锤是一种小型的自由锻设备，其结构和传动原理如图3-5所示。电动机通过减速装置和带动曲柄连秆机构运动，使压缩气缸中的活塞上、下运动，产生压缩空气。当用手柄或踏脚操纵转阀，使其处于不同位置时，可使压缩空气进入工作气缸中的上部或下部，推动落下部分(由活塞、锤秆和上砧三部分组成)上升或下降，完成各种打击动作。工件置于下砧上。下砧由砧座支承。砧座承受落下部分的打击，其重量应为落下部分重量的15～20倍，并与机身分开。转阀与两个气缸之间有四种联通方式，可以产生以下四个动作，如图3-6所示：

(1) 提锤。上阀通大气，下阀单向通工作气缸的下部，使落下部分提升并停留在上方，以便锻造前放置工件和工具。

(2) 连打。上、下阀均与压缩气缸和工作气缸联通，压缩空气交替进入工作气缸的下部和上部，使落下部分上、下运动，打击锻件。

(3) 下压。下阀通大气，上阀单向通工作气缸的上部，使落下部分下落，压紧工件，以便进行弯曲、扭转等操作。

(4) 空转。上、下阀均与大气相通，压缩空气排入大气中，落下部分靠自重停落在下砧上。空气锤启动时应先作空转，然后提锤。

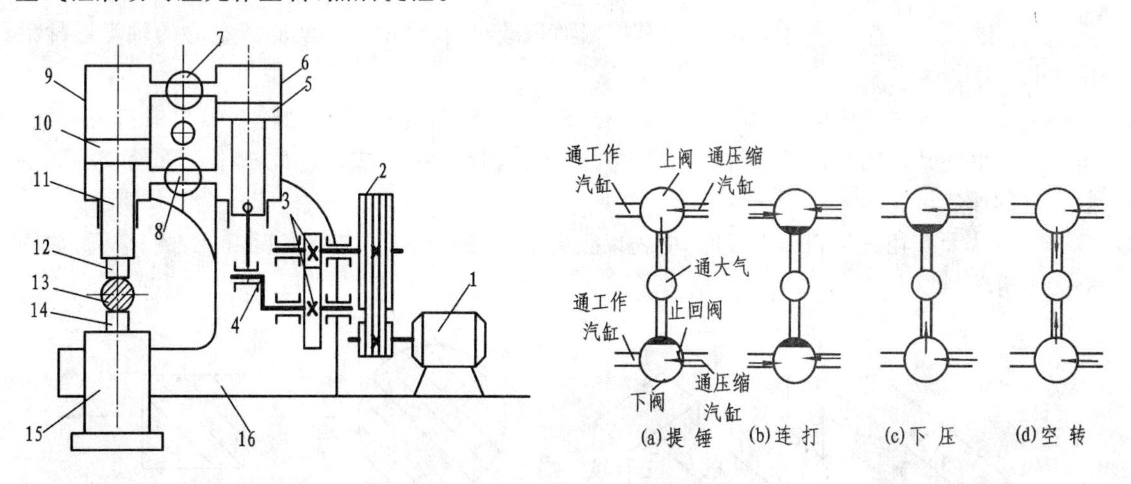

图3-5 空气锤的结构和传动原理

图3-6 空气锤的四个动作示意图

空气锤的大小用落下部分重量表示，一般为65～750 kg。空气锤靠落下部分的动能使金属变形，其最大打击力约为落下部分重量的800～1 000倍。

操作空气锤时应注意：不允许打“冷铁”或空击；操作过程中，切勿将手伸入上、下砧之间；操作人员站立位置应避开工件可能飞出的方向。

3.3.2 自由锻基本工序

自由锻基本工序主要有镦粗、拔长(延伸)、冲孔和扩孔、弯曲、扭转、切割等。锻造各种形状的锻件，可采用这些工序中的一个或多个。

(1) 镦粗。沿坯料轴向锻打,使其高度减小,横截面积增大。镦粗分为整体镦粗(沿坯料全长的微粗)和局部镦粗(坯料局部长度的镦粗)两种方式。镦粗用来锻造圆盘类及法兰等锻件,还作为冲孔前的预备工序。镦粗方法及注意事项如图3-7.所示。

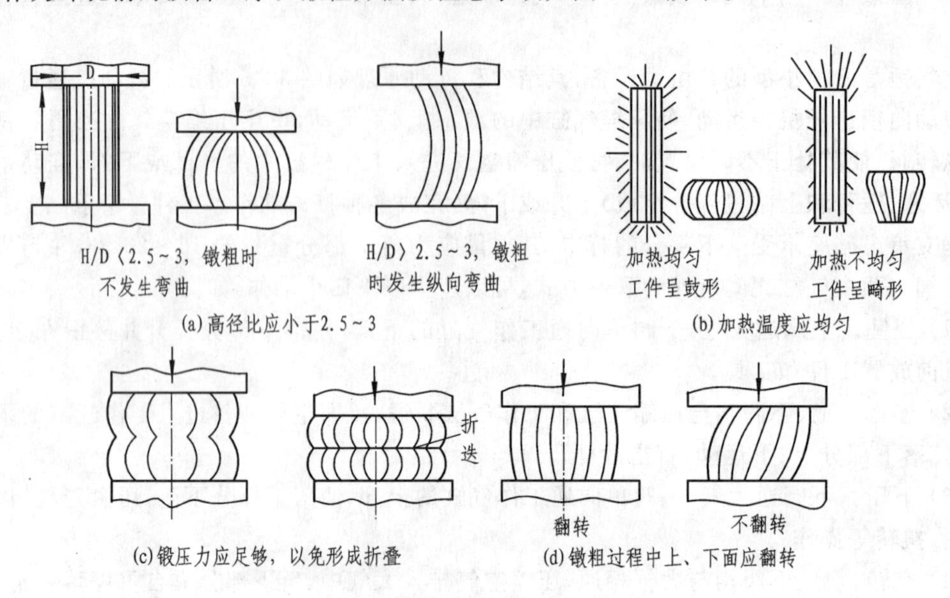

图3-7　镦粗方法及注意事项

(2) 拔长。垂直坯料轴线锻打,使其横截面积减小,长度增加。实心或空心的轴类锻件采用拔长工序。

坯料在拔长过程中应作90°翻转。图3-8(a)为锻打完一面后翻转90°,再锻打另一面。重量大的毛坯常采用此拔长方法。图3-8(b)为来回翻转90°拔长。此法用于重量较小和一般钢件的锻造。

毛坯从大直径拔长到小直径时,应先以正方截面拔长,到一定程度后,再倒棱、滚圆,如图3-9所示。

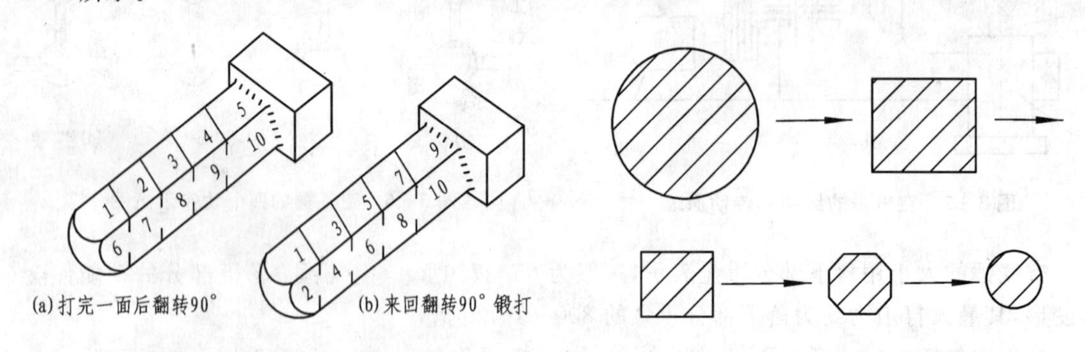

图3-8　拔长时坯料的翻转方法　　　**图3-9　圆形毛坯拔长方法**

为了保证锻件质量和得到一定的拔长速度,每次拔长时的送进量L和压缩量H应控制适当。若压缩量H大于送进量L,则拔长过程中会产生夹层,如图3-10所示。若送进量L太大,则金属不易向长度方向流动,拔长速度很慢。

(3) 冲孔和扩孔。用冲子在坯料上冲出透孔或不透孔。冲孔方法如图3-11所示。

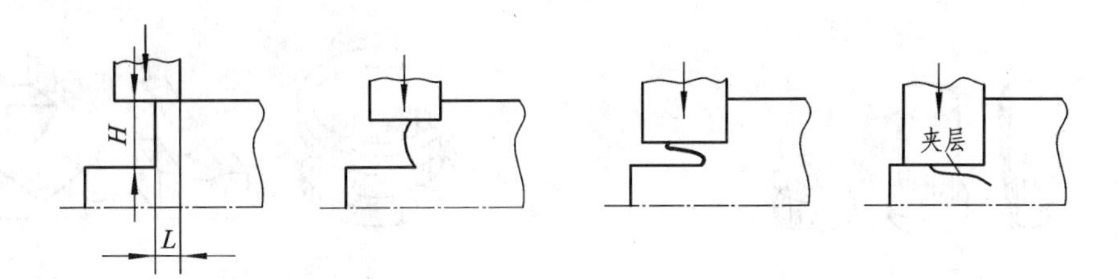

图 3－10　$H>L$ 拔长时形成夹层

直径小于 25 mm 的孔一般不冲出。孔径较大时，可先冲小孔，然后将空心工件套在心轴上，将孔扩大，如图 3－12 所示。

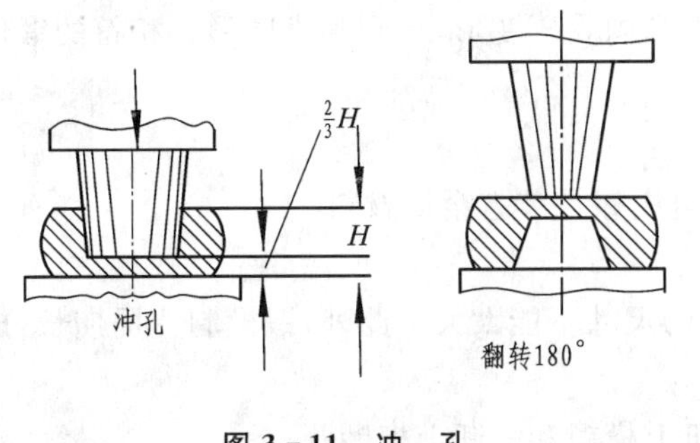

图 3－11　冲　孔

图 3－12　扩　孔

(4) 弯曲。把坯料弯成弧形或一定的角度。

(5) 切割。将坯料切断或切成一定的形状。

3.3.3　自由锻的常用工具

1. 手钳及其使用方法

手钳用来夹持工件。手钳由钳口和钳把两部分组成。钳口的形式根据被夹持的工件形状而定。掌钳时不要将手指放在钳把中，以防夹伤手指，如图 3－13 所示。

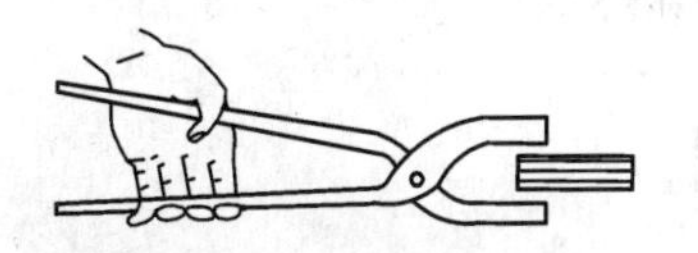

(a) 夹持工件时，用拇指和虎口夹住一把，用其余四指夹住另一把

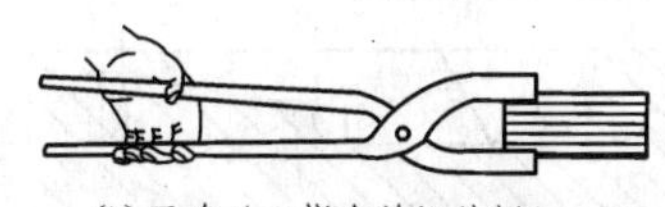

(b) 正确（五指在前把外侧）

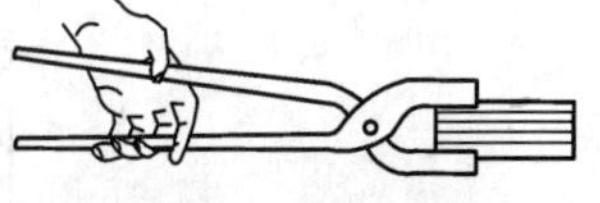

(c) 不正确（手指在前把中）

图 3－13　手钳使用方法

2. 其他常用工具

机器自由锻的常用工具分别如图 3－14、图 3－15、图 3－16 和图 3－17 所示。

图 3－14　摔　模

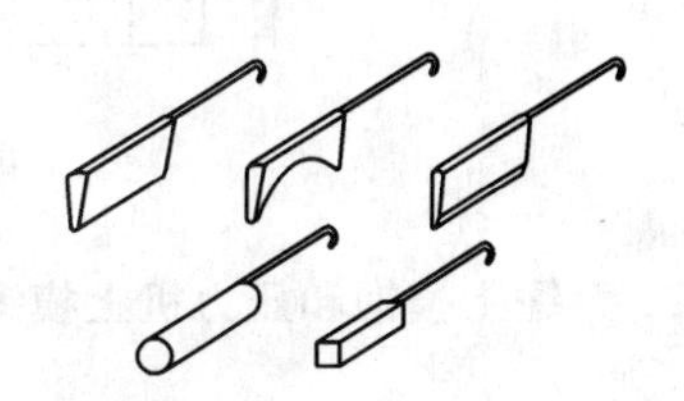

图 3－15　压肩切割工具

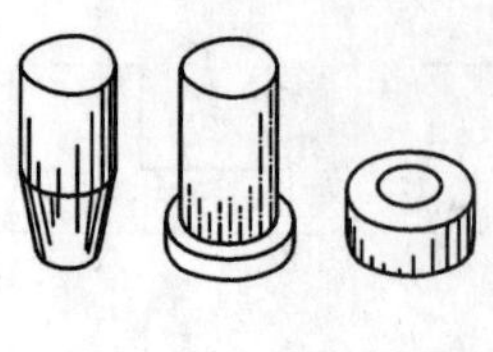
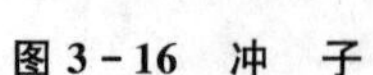

图3-16　冲　子

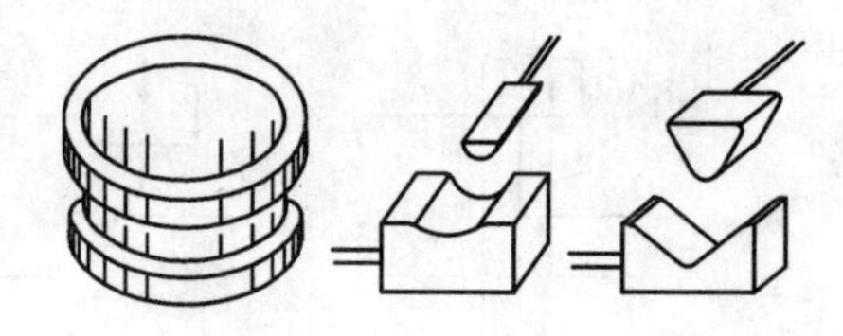

图3-17　漏盘、弯曲垫模

3.4　模型锻造

模型锻造简称模锻，是将加热后的坯料放在模膛内受压变形，得到和模膛形状相符的锻件的方法。模锻与自由锻相比有下列特点：

(1) 能锻造出形状比较复杂的锻件。

(2) 模锻件尺寸较精确，表面粗糙度较好，比自由锻件节省金属材料。

(3) 生产效率较高。

但是，模锻生产受到设备吨位的限制，模锻件的尺寸不能太大。此外，锻模制造周期长，成本高，所以模锻适合于中小型锻件的大批量生产。

按所用设备不同，模锻可分为：胎模锻、压力机上模锻和锻锤上模锻等。

3.4.1　胎模锻

胎模锻是在自由锻造设备上使用简单的模具(胎模)来生产模锻件的工艺。胎模锻一般采用自由锻方法制坯，然后在胎模中终锻成形。胎模不固定在设备上，锻造过程中可随时放上或取下。胎模适合于中小批量生产。

手锤头胎模如图3-18所示。

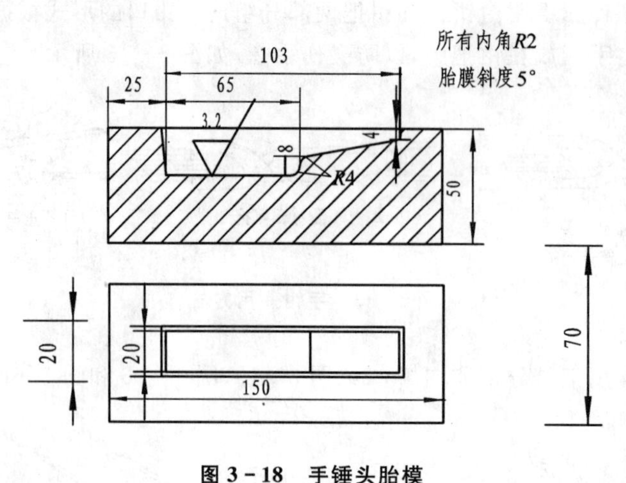

图3-18　手锤头胎模

3.4.2　锤上模锻和压力机上模锻

锤上模锻时，通常把锻模做成上下两部分，如图3-19所示，并固定在锻造设备上。锻模上有导柱、导套或定位块保证上下模对准，通常制坯和终锻都在一副锻模的不同模膛内完成。

这类模锻适合于大批量生产。

锤上模锻所用设备主要是蒸汽空气锤，其工作原理与蒸汽—空气自由锻锤基本相同。模锻锤的吨位一般为 1～16 t，模锻件的质量一般在 150 kg 以下。

模锻压力机可分为曲柄压力机、摩擦压力机、平锻机和模锻水压机等。

相对锤上模锻，压力机上模锻具有下列优点：

(1) 滑块运动速度较低，金属变形速度低，有较充分的时间进行再结晶，所以低塑性金属适宜在压力机上进行模锻；

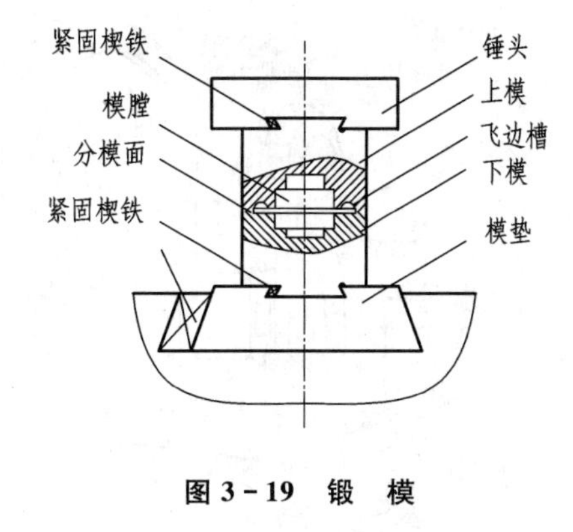

图 3-19　锻　模

(2) 滑块行程一定，金属在模膛中一次便可锻压成形，生产效率较高；

(3) 工作时振动小、噪音低、劳动条件好；

(4) 便于实现操作的机械化和自动化。

3.5　冲　压

3.5.1　概　述

冲压是利用冲模使金属或非金属板料产生分离或变形的压力加工方法。加工时通常在常温下进行，所以又称冷冲压。冲压件的厚度一般都不超过 3～4 mm，故也称薄板冲压。

冲压常用材料有金属板料（如低碳钢、铜及其合金、铝及其合金、镁合金及塑性高的合金钢）或非金属板料（如石棉板、硬橡皮、胶木板、皮革等）。

冲压产品具有较高尺寸的精度和表面质量，一般不需要再经过切削加工便可使用。

冲压用模具精度要求较高，结构也比较复杂，制造成本较高，适用于大批量生产。

占全世界钢产 60%～70%以上的板材、管材及其他型材，其中大部分经过冲压制成成品。

3.5.2　冲压设备

冲压所用的设备种类有多种，但主要设备是冲床和剪床。

1. 冲　床

常用的开式冲床的外形和传动示意图如图 3-20 所示。

冲床的规格如 JG23－40A，表示 400 kN 开式可倾压力机，滑块行程距离 120 mm、最大装模高度 220 mm。

冲床操作应注意以下安全规范：

(1) 冲压工艺所需的冲剪力或变形力要低于或等于冲床的标称压力。

(2) 开机前应锁紧所有调节和紧固螺栓，以免模具等松动而造成设备、模具损坏和人身安全事故。

(3) 开机后，严禁将手伸入上下模之间，取工件或废料应使用工具。冲压进行时严禁将工具伸入冲模之间。

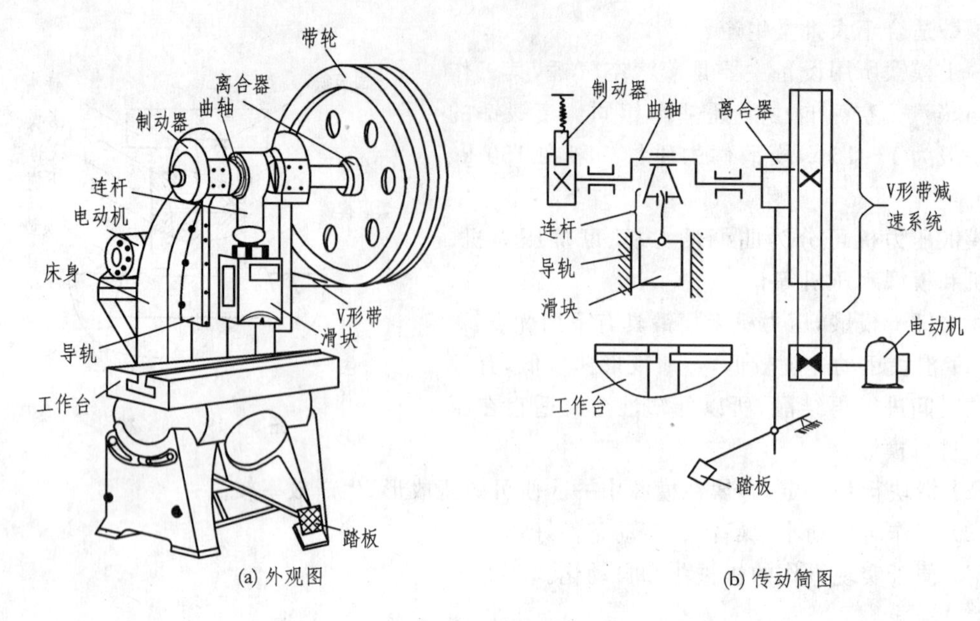

(a) 外观图　　(b) 传动简图

图 3-20　开式冲床

(4) 两人以上共同操作时应由一人专门控制踏脚板,踏脚板上应有防护罩,或将其放在隐蔽安全处,工作台上应取尽杂物,以免杂物坠落于踏脚板上造成误冲事故。

(5) 装拆或调整模具应停机进行。

2. 剪床

剪床的用途是将板料切成一定宽度的条料或块料,以供给冲压所用。剪床的传动示意图如图 3-21所示。

剪床的主要技术参数是描述能剪板材的厚度和宽度,如 QC12Y-6×2500 液压摆式剪板机,可剪厚度为 6 mm、宽为 2 500 mm 的板材。剪切宽度大的板材用斜刃剪床,剪切窄而厚的板材时,应选用平刃剪床。

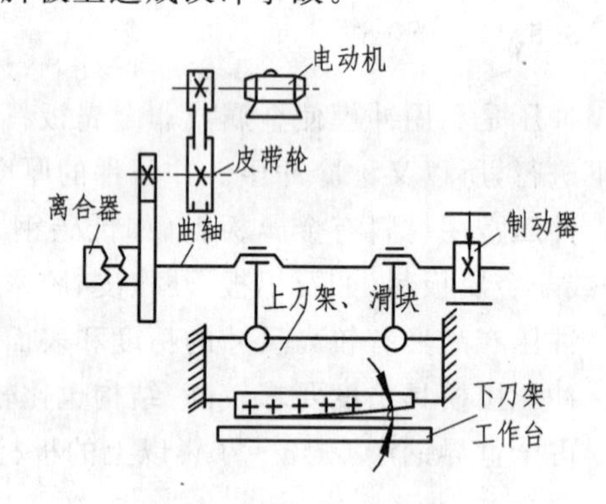

图 3-21　剪床传动示意图

3.5.3　冲　模

冲模是冲裁用的模具。常用的冲模有以下几种。

1. 简单冲模

简单冲模在冲床的一次行程中只完成一个工序。这种冲模结构简单,制造容易,成本低,维修方便,但生产效率低。

图 3-22 为一典型的简单冲模,其组成及各部分的作用如下:

(1) 凸模与凹模。凸模与凹模是冲模的核心部分,凸模又称冲头。凸模与凹模共同作用使板料分离或变形。凸模与凹模分别通过各自的固定板固定在上模座及下模座上。

(2) 导料板与限位销。导料板用来控制坯料送进方向,限位销用来控制坯料送进量。

(3) 脱料板。脱料板的作用是在冲压后使凸模从板料(工件或坯料)中脱出。

(4) 模架。包括上、下模座和导柱、导套等。上模座通过模柄安装在冲床滑块的下端，用于固定凸模等零件；下模座用螺栓固定在冲床的工作台上，用于固定凹模等零件。导柱和导套分别固定在上、下模座上，用于保证上、下模对准。

操作时，条料沿两导料板之间送进，碰到限位销为止。凸模向下冲压时，冲下的工件进入凹模孔，条料则夹在凸模上，凸模回程时，脱料板将条料退下，条料又可继续送进。

2. 连续冲模

连续冲模可在冲床的一次行程中在模具的不同位置上同时完成多个工序。

图3-23为一冲裁垫圈的连续冲模。右侧为冲孔模，左侧为落料模。条料每次送进都是先经冲孔再进行落料。落料冲头上有导正销，上模下降时，导正销首先插入已冲出的孔内，这样就可保证孔边相对位置的精度。另外，冲模上还设有卸料板及限位销(图中未示出)。

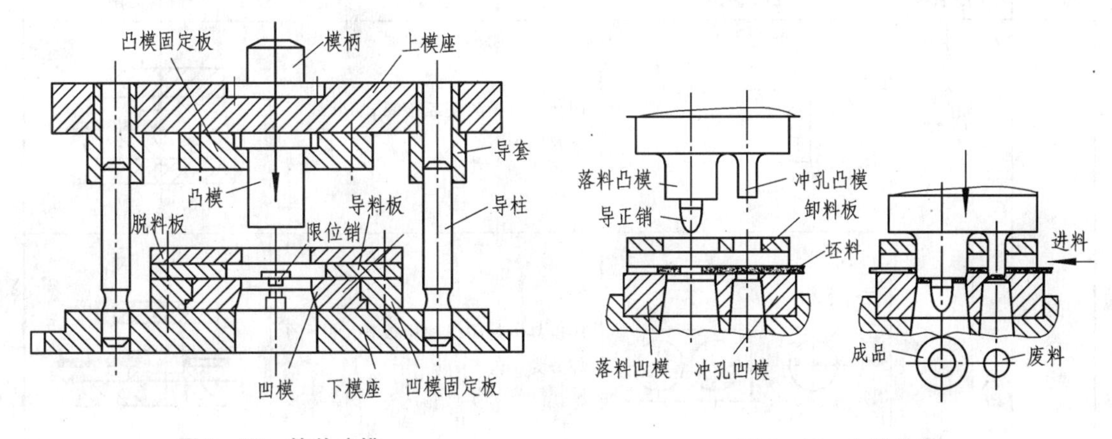

图3-22　简单冲模

图3-23　连续冲模

连续冲模生产效率高，易于实现自动化。但要求定位精度高，结构复杂，制造难度大，成本较高。适于大批量生产精度要求不高的中、小型零件。

3. 复合冲模

复合冲模可在冲床的一次行程中并在一个位置上完成多个工序。

图3-24为落料和拉深的组合冲模。上模下降时，首先由落料凸模及落料凹模完成落料工序。上模继续下降，拉深凸模即将坯料反顶入拉深凹模，完成拉深工序。拉深过程中，压板向下退让，顶出器向上退让。上模回程中，顶出器和压板分别将工件从上、下模中顶出。

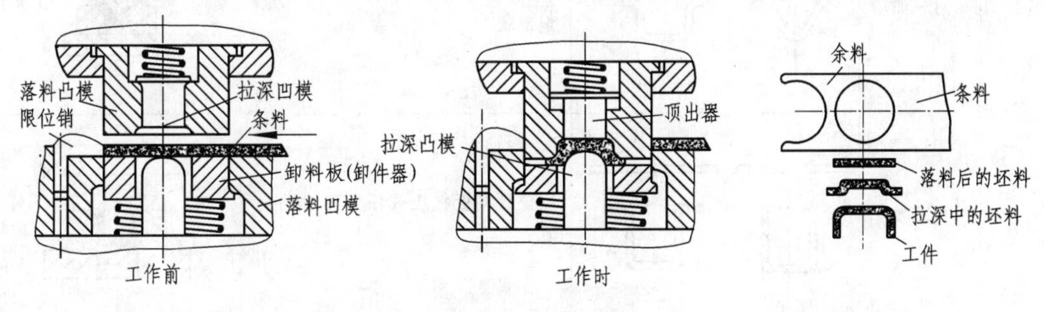

图3-24　复合冲模

复合冲模具有生产效率高、零件加工精度高、平整性好等优点；但制造复杂、成本高，适用于大批量生产。

3.5.4　冲压生产主要工序

根据材料的变形特点,冲压的基本工序可分为分离工序与塑性变形工序两大类。分离工序是使冲压件与板料沿要求的轮廓线相互分离,并获得一定断面质量的冲压加工方法。塑性变形工序是使冲压毛坯在不被破坏的条件下发生塑性变形,以获得所要求的形状、尺寸和精度的冲压加工方法。为了提高劳动生产效率,常将两个以上的基本工序合并成一个工序,该工序称为复合工序。

主要冲压工序的分类及相应模具如表 3-2 所示。

表 3-2　主要冲压工序的分类和相应模具

类　型	工序名称		工序简图	工序特征	模具简图
分离工序	切　断		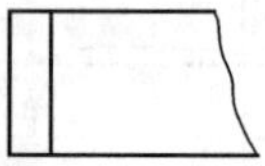	用剪刀或模具切断板料;切断线不是封闭的	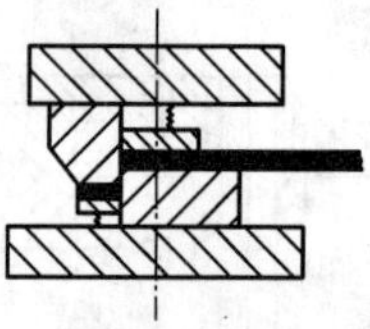
	冲模	落　料	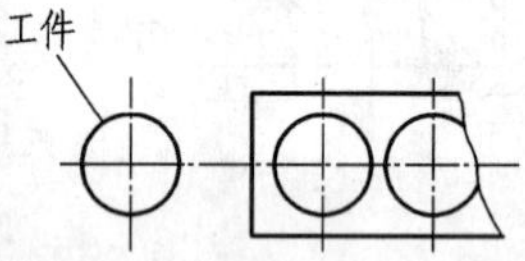 工件	用模具沿封闭线冲切板料,冲下的部分为工件	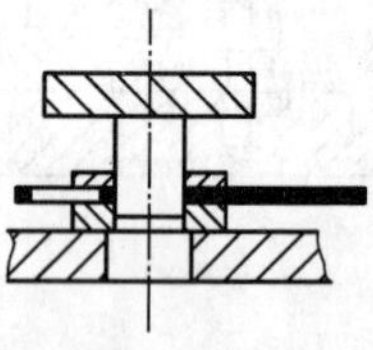
		冲　孔	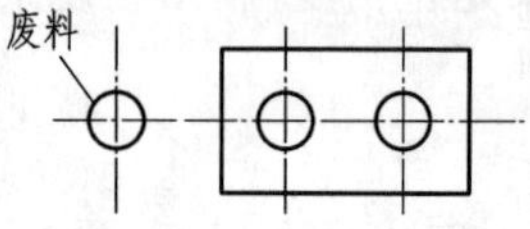 废料	用模具沿封闭线冲切板料,冲下的部分为废料	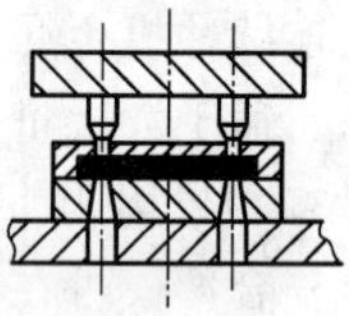
变形工序	弯　曲		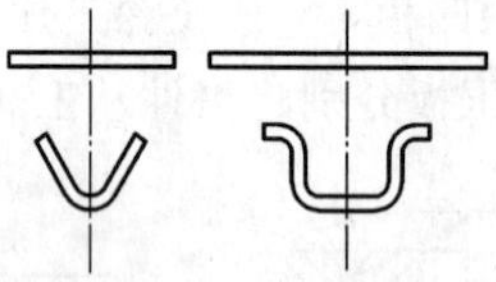	用模具使板料弯成一定角度或一定形状	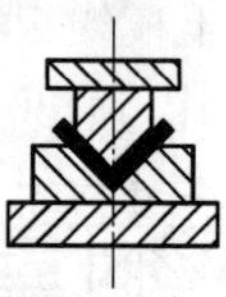
	拉　深		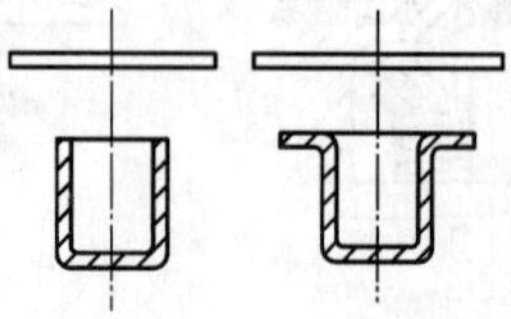	用模具将板料压成任意形状的空心件	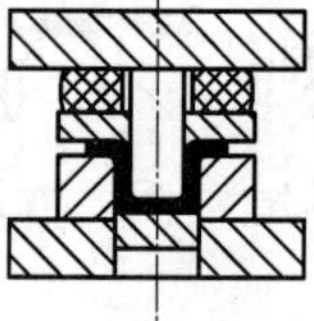

续表 3-2

类　型	工序名称	工序简图	工序特征	模具简图
变形工序	翻　边		用模具将板料上的孔或外缘翻成直壁	
	胀　形		用模具对空心件加向外的径向力，使局部直径扩张	

3.5.5　数控冲压简介

数控冲压是通过编制程序实现板料自动冲压过程的加工方法。利用数控冲压技术可实现用较简单模具对金属板料进行冲孔、冲压轮廓、切槽和切断等多种加工。

图 3-25 为 JY92K－252 型数控回转头步进冲压机，其最大冲压力为 250 kN，可冲压 6 mm板料；回转头可安装 10 副尺寸和形状不同的冲压模具，最大冲切频数为 120 次/min。

图 3-26 为使用数控冲床加工的零件及其所用模具。

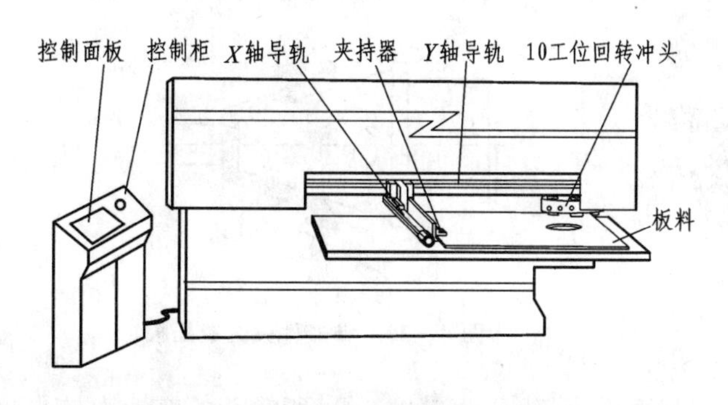

图 3-25　JY92K－252 型数控回转头步进冲压机

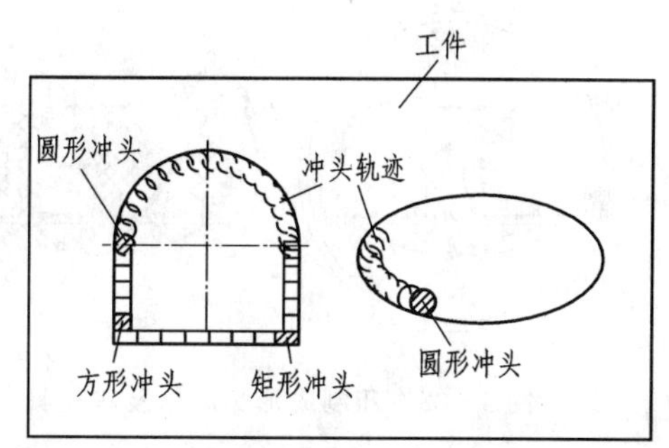

图 3-26　数控冲床加工的零件及所用模具

3.6　其他锻压技术

1. 压力机上压制成形

在压力机上可进行压制成形，如金属材料的弯曲、拉伸、挤压等，也可从事粉末制品的压制成形和非金属材料如塑料、玻璃钢等的压制成形工艺。

图 3-27 为 YH32－100 型四柱液压机外形图，其公称压力为 1 000 kN，顶出缸公称力 250 kN，滑块最大行程 200 mm，滑块下平面至工作台平面最大距离为 800 mm。

图 3-28 为压制成形的金属纪念币及其所用模具。

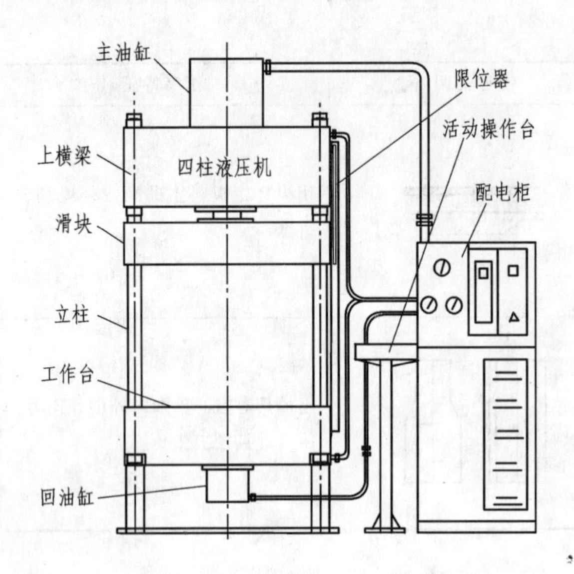

图 3-27 YH32—100 型四柱液压机

2. 旋压成形

旋压是将毛坯压紧在旋压机芯模上,毛坯同旋压机的主轴一起旋转,同时操纵旋轮(或称赶棒、赶刀)在旋转中加压于毛坯,毛坯逐渐紧贴心模,如图 3-29 所示,从而达到零件所要求的形状和尺寸。旋压可以完成类似于拉深、翻边、卷边和缩口等工艺。但旋压加工只能用于旋转体形状的零件,主要有筒形、锥形、曲母线形和组合形四类。

图 3-28 压制成形纪念币及其模具

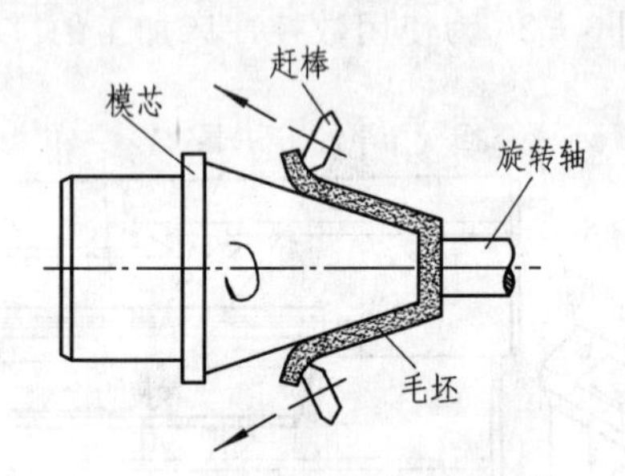

图 3-29 锥形件强力旋压模

旋压成形具有尺寸精度高(可达 IT8),表面质量好(R_α<3.2 μm),所需总的变形力较小,模具费用低和可加工某些形状复杂的零件或高强度、难变形的材料等优点。

思考练习题

1. 锻造生产与铸造相比有哪些主要的优缺点?举例说明它们的应用场合。
2. 锻造前,坯料加热的作用是什么?加热速度过快或过慢各有什么危害?
3. 常用的锻造加热炉有哪几种?各有何优缺点及适用性?
4. 锻件的冷却方法有几种?冷却速度过快对锻件有何影响?
5. 空气锤的规格是怎样确定的?锤的落下部分指的是什么?
6. 试述空气锤的工作特点。空气锤上为什么不允许打“冷铁”?

7. 镦粗操作的方法有几种？它们对镦粗部分坯料的高度与直径之比有何要求？为什么？

8. 拔长时对进给量和压下量有什么限制？为什么？

9. 镦粗、拔长、冲孔工序各适合加工哪类锻件？

10. 为什么拔长锻件总是在方截面下进行？在拔长过程中为何要进行 90°翻转锻件？

11. 冲孔前，一般为什么都要进行镦粗？一般的冲孔件为什么都采用双面冲孔的方法？

12. 从锻造设备、工具和模具、锻件精度、生产效率和应用范围等方面对自由锻和模锻进行分析比较。

13. 冲模有哪几种？它们的区别是什么？

14. 冲模由哪几个部分组成？各部分的作用是什么？

15. 试述下列产品的生产方式与过程：

① 铝制饭盒；② 铝合金门窗构条；③ 金属的西餐刀、叉、勺；④ 自行车钢圈；⑤ 汽车发动机连杆；⑥ 载重汽车前横梁；⑦ 汽车后桥半轴；⑧ 金属币。

第4章 焊 接

4.1 概 述

焊接是通过加热或(和)加压,并且用或不用填充材料使焊件金属达到原子结合的一种加工方法。焊接属于一种连接成形技术。

根据焊接的工艺特点和母材金属所处的状态,可将焊接方法分为三大类。

(1) 熔化焊,是将接头加热至熔化状态,一般都加入填充金属的焊接方法,如手工电弧焊、气体保护焊、电渣焊、等离子焊、电子束焊、激光焊等。

(2) 压力焊,是对焊件施加压力,加热或不加热的焊接方法,如电阻焊(包括点焊、对焊等)、摩擦焊、扩散焊、爆炸焊、超声波焊等。

(3) 钎焊,是采用熔点比母材低的钎料,将焊件和钎料加热到高于钎料的熔点而母材不熔化,利用毛细管作用使液态钎料填充接头间隙与母材相互扩散形成连接的焊接方法。

焊接是一种永久性连接方法,能连接各种锻件和板类零部件等,可以简化毛坯工艺、制成复杂结构件。焊接与螺栓连接、铆接、胶接等(如图4-1所示)方法相比,具有节约材料、减轻零部件重量、气密性好、生产效率高、便于实现机械化和自动化等优点。因此,焊接方法得到普遍重视并获得迅速发展。

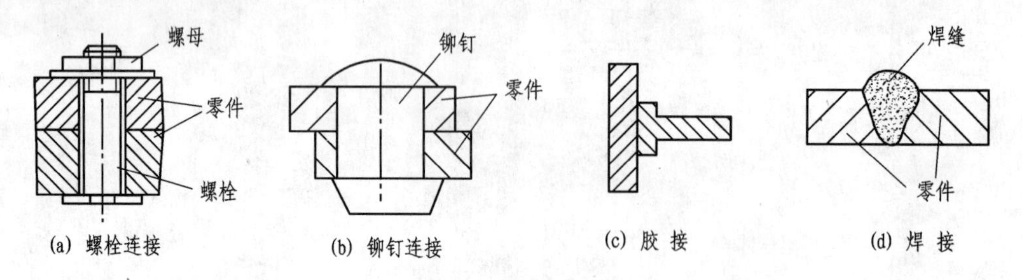

图4-1 零件连接方式

焊接技术可用于制造金属结构,广泛用于造船、车辆、桥梁、航空航天、建筑钢结构、重型机械、化工装备等领域;可制造机器零件和毛坯,如轧辊、飞轮、大型齿轮、电站设备的重要部件等;可联结电器导线和精细的电子线路。凡是金属材料需要连接的地方,就有焊接方法的应用。它甚至还可应用于新型陶瓷连接、非晶态金属合金焊接等。

焊接也存在着不足之处,如熔化焊在焊接时往往是局部高温快速加热并快速冷却,容易导致焊缝及其附近区域的化学成分、金相组织、力学性能和物理性能、抗腐耐磨等性能与母材有所不同,焊件中由于局部加热和冷却的所导致焊接残余应力和变形,这些都不同程度地影响了产品的质量和安全性;焊缝及热影响区有时因工艺不当产生的某些缺陷,将会影响结构的承载能力。

4.2　手工电弧焊

电弧焊是熔化焊中最基本的焊接方法。它有多种类型，其中最常见的是使用手工操纵焊条并利用电弧进行焊接，简称手工电弧焊，其使用的设备简单，操作方便灵活，是焊接工作中的主要方法之一。

1. 焊接过程

手工电弧焊焊缝形成过程如图 4－2 所示。焊接时在焊条与焊件之间引发电弧，高温电弧将焊条端头与焊件局部熔化而形成熔池，然后，熔池迅速冷却、凝固形成焊缝，遂使分离的两块焊件连接成一个整体。

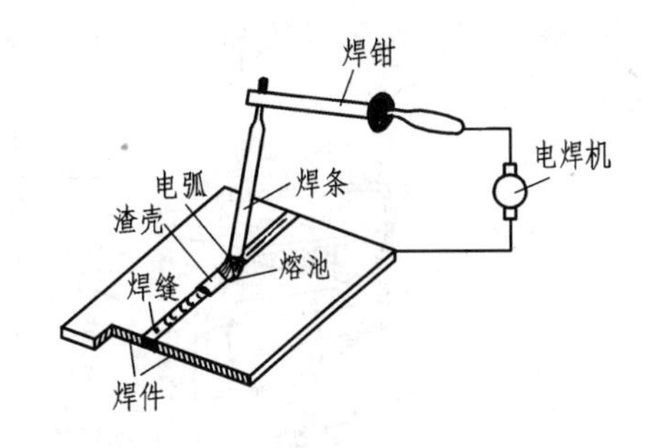

图 4－2　手工电弧焊焊缝形成过程

电焊条的药皮熔化后形成熔渣覆盖在熔池上，熔渣冷却后形成渣壳依旧覆盖在焊缝上，始终对焊缝起着保护作用。

2. 焊接电弧

焊接电弧指发生在焊条端头与工件之间，由电场通过两电极（焊条与工件）之间的气体进行强力、持久的放电，即所谓气体放电现象。

（1）焊接电弧的形成

焊接时，先将焊条与焊件瞬时接触，发生短路。强大的短路电流流经少数几个接触点（如图 4－3(a)所示），致使接触点处温度急剧升高并熔化，甚至部分发生蒸发。当焊条迅速提起时，焊条端头的温度已升得很高，在两电极间的电场作用下，产生了热电子发射。飞速发射的电子撞击焊条端头与焊件间的空气，使之电离成正离子和负离子。电子和负离子流向正极，正离子流向负极。这些带电质点的定向运动形成了焊接电弧。如图 4－3(b)所示。

（2）焊接电弧的构成

焊接电弧由阴极区、阳极区和弧柱区三部分组成（如图 4－3(c)所示）。

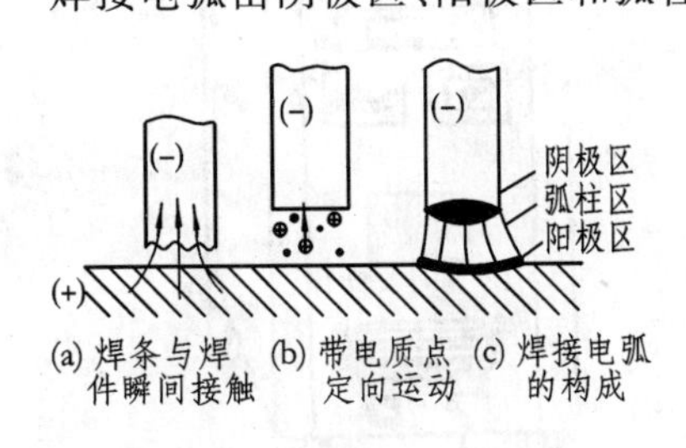

图 4－3　焊接电弧形成

一般情况下，阳极温度略高于阴极温度，因为阳极区表面受高速电子的撞击，产生较大的能量，故发出较多的热量，约占电弧热量的 43%；而阴极区因发射电子而消耗一定能量，故阴极区产生的热量略低，约占电弧热量的 36%；弧柱区产生的热量仅占 21%；弧柱周围温度则较低，因而大部分热量散失在大气中。弧柱温度则随焊接电流增大而升高。

当以铁作为电极材料时，阴极区温度约为 2 400 K，阳极区温度约为 2 600 K，而弧柱中心区温度高达 6 000 K～8 000 K。

由于电弧中各区温度不同，因此，用直流电源焊接时有正接法和反接法的区分，工件接电焊机正极、焊条接电焊机负极的接法，称为正接法；反之，则为反接法。使用交流电焊机时，由于电源周期性地改变极性，故无正接和反接的区分，焊条和工件上的温度及热量分布趋于一致。

3. 电焊机

手工电弧焊的电源设备简称电焊机。为了使焊接顺利进行,电焊机在性能上应满足以下几点要求。

(1) 具有一定的空载电压以满足引弧需要。

(2) 限制适当的短路电流,保证焊接过程频繁短路时电流不致无限增大而烧毁电源。

(3) 电弧长度发生变化时,能保证电弧的稳定。

(4) 焊接电流具有调节特性,以适应不同材料和板厚的焊接要求。

电焊机有交流弧焊机和直流弧焊机两类。

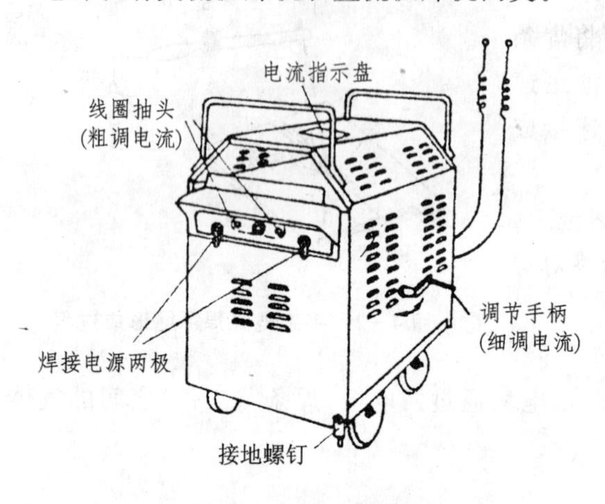

图 4-4　交流弧焊机

交流弧焊机又称弧焊变压器(如图 4-4所示),即交流弧焊电源,用以将电网的交流电变成适宜于弧焊的交流电。常见的型号有:BXl-250、BXl-400、BX3-500等。其中 B 表示弧焊变压器,X 电源为下降式外特性(电源输出端电压与输出端电流的关系称为电源的外特性),1 为动铁心式,3 为动线圈式,250、400、500 为额定电流的安培数。

直流弧焊机有发电机式直流弧焊机和整流器式直流弧焊机(又称弧焊整流器)和逆变式电焊机三种。发电机式直流弧焊机因结构复杂、价格高、噪声大等原因,我国已禁止使用。

整流器式直流弧焊机(如图 4-5 所示)是一种优良的电弧焊电源,现被大量使用。它由大功率整流元件组成整流器,将电流由交流变为直流,供焊接使用。整流器式直流弧焊机的型号如 ZXG-500,其中,Z 为整流弧焊电源,X 电源特性(同前),G 为硅整流式,500 为额定电流。

近年来,出现了一种逆变式电焊机,其特点是直流输出,具有电流波动小、电弧稳定、焊机重量轻、体积小、能耗低等优点,得到了越来越广泛的应用。例如,ZX7-315、ZX7-160 等,其中 7 为逆变式,315、160 为额定电流(A)。

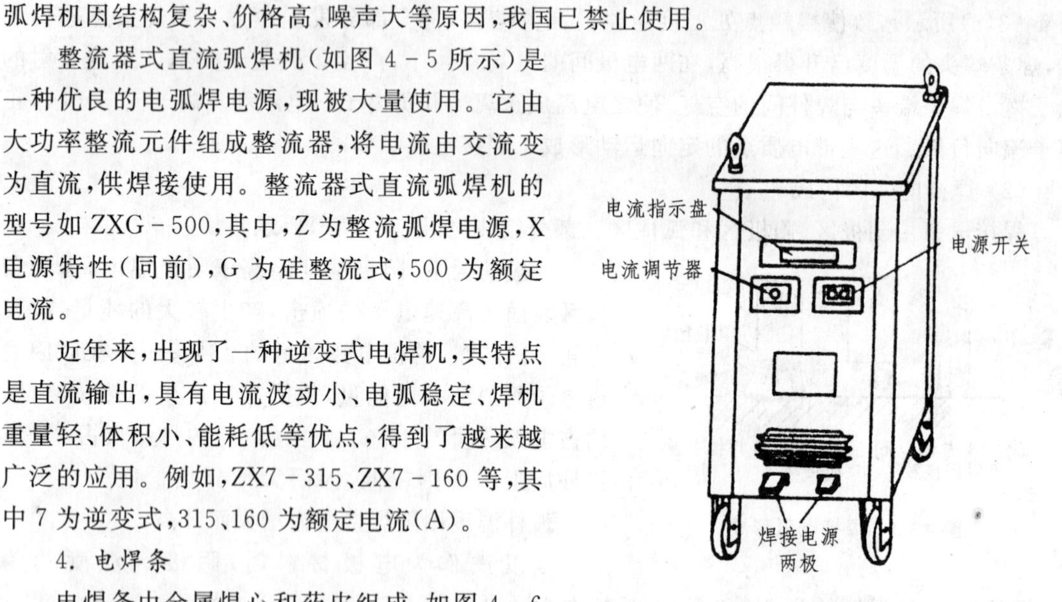

图 4-5　整流弧焊机

4. 电焊条

电焊条由金属焊心和药皮组成,如图 4-6 所示。在焊条药皮前端有 45°的倒角,便于引弧。焊条尾部的裸焊心,便于焊钳夹持和导电。焊条直径(即焊心直径)通常有 2,2.5,3.2,4,5,6 mm 等规格。其长度 L 一般为 300～450 mm。目前因装潢、薄板焊接等需要,手提式轻小型电焊机在市场上问世,与之相配,出现直径 0.8 mm 和 1 mm 的特细电焊条。

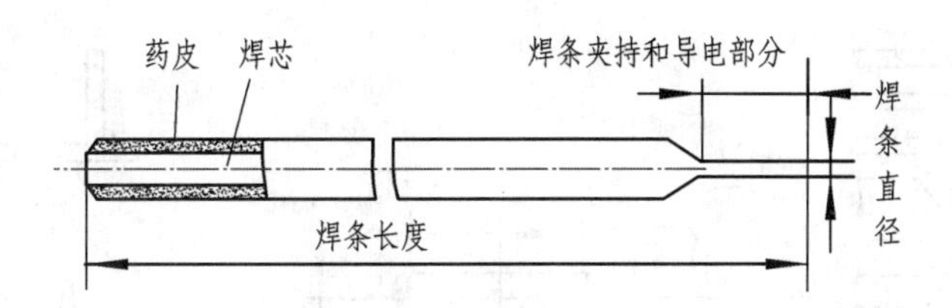

图 4 - 6　电焊条组成

(1) 焊心。焊心主要起传导电流和填充焊缝的作用,同时可渗入合金。焊心由特殊冶炼的焊条钢拉拔制成,与普通钢材的主要区别在于控制硫、磷等杂质的含量和严格限制含碳量。焊心牌号含义:H 表示焊接用钢丝,其后的数字表示含碳量,其他合金元素的表示方法与钢号表示相同,如 H08、H08A、H08SiMn 等。

(2) 药皮。焊心表面药皮由多种矿物质、有机物、铁合金等粉末用粘结剂调合制成,压涂在焊心上,主要起造气、造渣、稳弧、脱氧和渗合金等作用。

(3) 电焊条的分类、型号及牌号。焊条牌号是焊条行业统一的代号,焊条型号则是国家标准规定的代号。

为了满足各类焊条的焊接工艺及冶金性能要求,焊条的药皮类型分为氧化钛型、钛钙型、低氢钠型等十大类。

新国标则按用途把焊条分为七大类型:碳钢焊条、低合金钢焊条、不锈钢焊条、堆焊焊条、铸铁焊条及焊丝、铜及铜合金焊条和铝及铝合金焊条。

焊条的型号反映了焊条的主要特性。以碳钢焊条为例,碳钢焊条型号根据熔敷金属的抗拉强度、药皮类型、焊接位置和焊接电流种类划分。例如:E4303,其中 E 表示焊条;前两位数字“43”表示焊缝金属抗拉强度的最小值为 420 MPa(43 kgf/mm^2);第三位数字“0”表示焊条适用于全位置焊接(0 和 1 表示全位置焊接,即平焊、立焊、横焊、仰焊;2 表示只适用于平焊和平角焊;4 表示适用于向下立焊);末两位数字的组合“03”表示焊条药皮为钛钙型,交直流电源均可使用。

某些牌号的碳钢焊条举例如表 4 - 1 所示。

表 4 - 1　某些牌号的碳钢焊条举例

牌号(部标)	型号(国标)	药皮类型	焊接位置	电　流	主要用途
J422	E4303	钛钙型	全位置	A. C,D. C	焊接较重要的低碳钢结构和同强度等级的低合金钢
J422GM	E4303	钛钙型	全位置	A. C,D. C	焊接海上平台、船舶、车辆、工程机械等表面装饰焊缝
J426	E4316	低氢钾型	全位置	A. C,D. C	焊接重要的低碳钢及某些低合金钢结构
J506	E5016	低氢钾型	全位置	A. C,D. C	焊接中碳钢及某些重要的低合金钢(如 16Mn)结构
J07R	E5015 - G	低氢钠型	全位置	D. C	焊接压力容器

5. 手工电弧焊工艺

(1) 接头型式和坡口型式

在手工电弧焊中,由于焊件厚度、结构形状和使用条件不同,其接头型式和坡口型式也不同,如图 4 - 7 所示。

焊接接头型式可分为对接接头、角接接头、T 形接头和塔接接头四种。

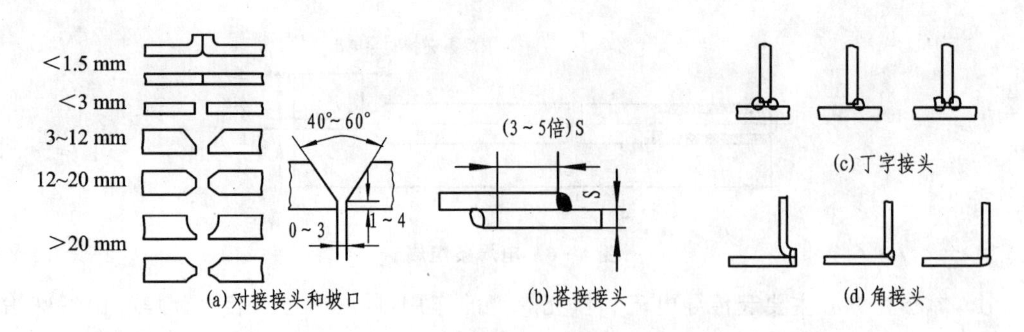

图 4-7　焊接接头型式和坡口型式

为了使焊件焊透并减少被焊金属在焊缝中所占的比例,一般在对接接头手工电弧焊钢板厚度大于 6 mm 时要开坡口。重要的结构厚度大于 3 mm 时就要开坡口。常见的坡口型式有 V 形、U 形、K 形和 X 形等。

(2) 焊缝的空间位置

按施焊时焊缝在空间所处的位置不同,焊缝可分为平焊缝、立焊缝、横焊缝和仰焊缝四种型式,如图 4-8 和图 4-9 所示。平焊时,熔化金属不会外流,飞溅小,操作方便,易于保证焊接质量;横焊和立焊则较难操作;仰焊最难,不易掌握。

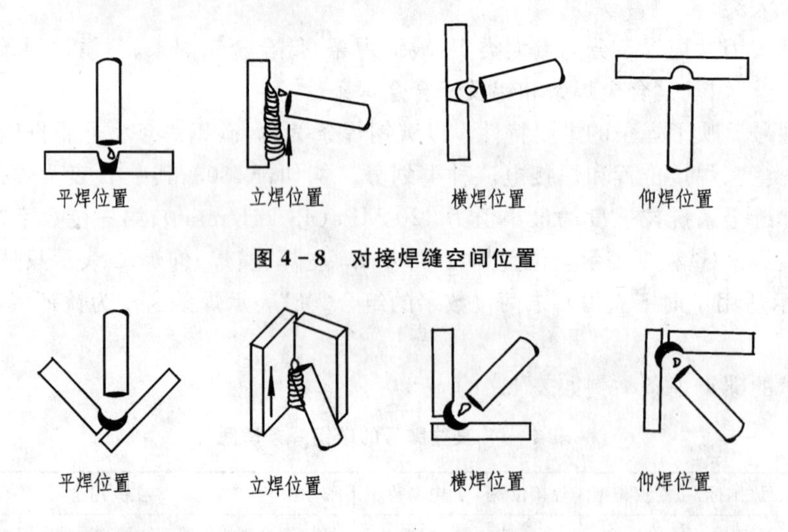

图 4-8　对接焊缝空间位置

图 4-9　角接焊缝空间位置

(3) 焊接规范参数的选择

手工电弧焊焊接规范参数包括焊条直径、焊接电流、电弧电压和焊接速度等,而主要的参数通常是焊条直径和焊接电流。至于电弧电压和焊接速度,在手工电弧焊中除非特别指明,否则均由焊工视具体情况掌握。

① 焊条直径的选择。焊条直径主要取决于焊件的厚度。较厚焊件应选用较大直径的焊条。影响焊条直径的其他因素还有接头型式、焊接位置和焊接层数等。平焊时允许使用较大电流和较大焊条直径,而立焊、横焊与仰焊应选用小直径焊条。平焊对接时焊条直径的选择如表 4-2 所示。

② 焊接电流。焊接电流主要根据焊条类型、焊条直径、焊件厚度、接头型式、焊缝位置及

焊道层次等因素确定。

表 4-2 焊条直径的选择 mm

焊件厚度	2～3	4～5	6～12	>12
焊条直径	2.0～3.2	3.2～4.0	4.0～5.0	4.0～5.8

焊接低碳钢时，焊接电流和焊条直径的关系可由下列经验公式确定：

$$I = (30 \sim 55)d$$

式中，I 为焊接电流(A)；d 为焊条直径(mm)。

焊接电流过大，熔宽和熔深增大，飞溅增多，焊条发红发热，使药皮失效，易造成气孔、焊瘤和烧穿等缺陷。焊接电流过小时，电弧不稳定，熔宽和熔深均减小，易造成未熔合、未焊透。

立焊、横焊和仰焊时，焊接电流应比平焊时小 10%～20%，对合金钢焊条和不锈钢焊条，由于焊芯电阻大，热膨胀系数高，若电流过大，则焊接过程中焊条容易发红而造成药皮脱落，因此焊接电流应适当减少。

③ 焊接层数选择。中厚板开坡口后，应采用多层焊。焊接层数应以每层厚度小于 5 mm 的原则确定。当每层厚度为焊条直径的 0.8～1.2 倍时，生产率较高。

6. 手工电弧焊操作要点

(1) 引弧。引弧是指焊接开始时在焊条与焊件之间产生稳定的电弧。引弧时，将焊条的末端与焊件相接触形成短路，然后迅速将焊条提起并保持 2～4 mm(通常不超过焊条直径)的距离，即可引燃电弧。常用的引弧方法有摩擦法和敲击法两种(如图 4-10 所示)。

摩擦法的优点是操作方便、引弧效率高，但容易损坏焊件表面，故较少采用。敲击法的优点是不会损坏焊件表面，是常用的引弧方法，但是引弧的成功率较低。

引弧时，若发生焊条与焊件粘在一起，可将焊条左右摇动后拉开。若拉不开，则可先松动焊钳，切断电源，待冷却后再将焊条拉开。焊条的端部存有药皮时，会妨碍导电，应在引弧前敲去。

(2) 焊条角度与运条方法。

焊接操作中，必须掌握好焊条的角度和运条的基本动作，如图 4-11 所示。

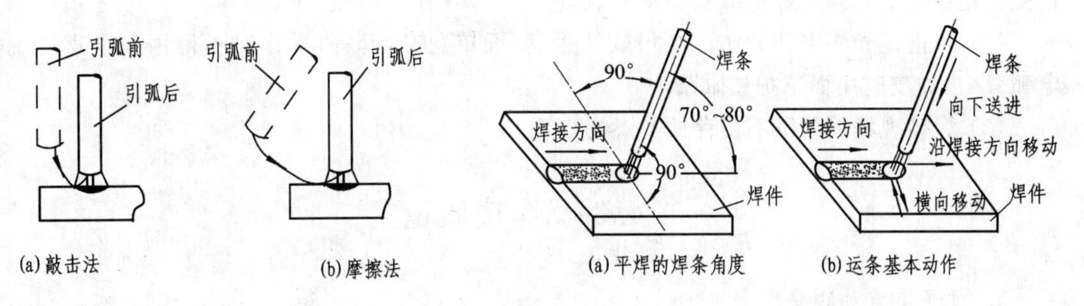

图 4-10 引弧方法 图 4-11 手弧焊操作

焊接时，电弧的长度大约等于焊条的直径，焊条与焊缝两侧工件平面间的夹角应保持相等。焊条的送进速度要均匀。

运条方法有多种，如图 4-12 所示。焊薄板时，焊条可作直线移动；焊厚板时，焊条除作直线移动外，同时还要有横向移动，以保证得到一定的熔宽和熔深。

(3) 焊缝的收尾。

收尾是指焊接结束时的熄弧方法。如果收尾时立即拉断电弧,则容易产生弧坑,会降低收尾处的焊缝强度,甚至产生裂纹。常见的收尾方法有三种,如图 4－13 所示。

① 划圈收尾法。利用手腕动作做圆周运动,直到弧坑填满后再拉断电弧。

② 反复断弧收尾法。在弧坑处连续多次反复地熄弧和引弧,直到填满弧坑为止。

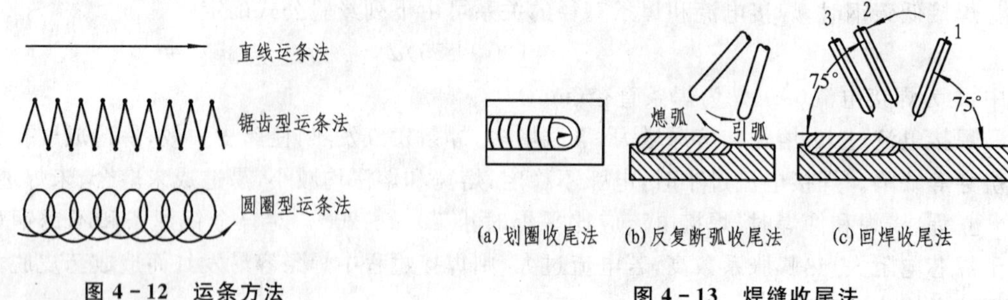

图 4－12　运条方法

图 4－13　焊缝收尾法

③ 回焊收尾法。当焊条移到焊缝收尾处即停止移动,但不熄弧,仅适当地改变焊条的角度,待弧坑填满后再拉断电弧。

7. 对接平焊的典型操作

(1) 备料。包括划线、下料及调直钢板等。

(2) 开坡口。根据具体情况,选择 I 形、V 形、X 形或 U 形坡口。

(3) 装配定位和定位焊。在焊缝的两端先各焊一个约 10～15 mm 的焊点,固定两个工件的相对位置。如工件较长,一般每隔 300 mm 固定一个点。

(4) 焊接。在确定合适的工艺规范后,先焊点固的反面,使熔深大于板厚的一半,除渣后,翻转工件,焊另一面。

(5) 清理和检验。用钢丝刷等工具把焊件表面的飞溅、焊渣等清理干净,检验焊缝质量。

8. 手工电弧焊的安全操作

(1) 注意防止触电。操作前应检查设备和工具的完好情况,如电焊机是否接地,电缆、焊钳是否绝缘等,并穿戴好绝缘鞋和手套。

(2) 防止弧光伤害和烫伤。必须戴好手套、面罩、护脚套等;操作时不得用肉眼直接观察电弧;敲击焊皮时用面罩护住眼睛。

(3) 焊接现场的周围不得存放易燃易爆物品。

4.3　焊接质量

1. 对焊接质量的要求

焊接质量一般包括焊缝的外形尺寸、焊缝的连续性和焊缝性能三个方面。

一般对焊缝外形和尺寸的要求是:焊缝与母材金属之间应平滑过渡,以减少应力集中;没有烧穿、未焊透等缺陷;焊缝的余高为 0～3 mm 左右,不应太大;对焊缝的宽度、余高等尺寸都要符合国家标准或符合图纸要求。

焊缝的连续性是指焊缝中是否有裂纹、气孔与缩孔、夹渣、未熔合与未焊透等缺陷。

接头性能是指焊接接头的力学性能及其他性能(如耐蚀性等)。它应符合图纸的技术要求。

2. 常见的焊接缺陷

常见焊接缺陷的类型、形成缺陷的原因及其预防措施如表4-3所示。

表4-3 常见焊接缺陷类型、成因及预防措施

缺陷类型	特征	产生原因	预防措施
夹 渣	呈点状或条状分布	前道焊缝除渣不干净;焊条摆动幅度过大;焊条前进速度不均匀;焊条倾角过大	应彻底除锈、除渣;限制焊条摆动的宽度;采用均匀一致的焊速;减小焊条倾角
气 孔	呈圆球状或条虫状分布	焊件表面受锈、油、水或脏物污染;焊条药皮中水分过多;电弧拉得过长;焊接电流太大;焊接速度过快	清除焊件表面及坡口内侧的污物;在焊前烘干焊条;尽量采用短电弧;采用适当的焊接电流;降低焊接速度
裂 纹	裂纹形状和分布很复杂,有表面裂纹、内部裂纹等	熔池中含有较多的C、S、P、H等有害元素;结构刚性大;接头冷却速度太快	在焊前进行预热;限制原材料中C、S、P含量;降低熔池中氢的含量;采用合理的焊接顺序和方向
未焊透	接头根部未完全熔化	焊接速度太快;坡口钝边过厚;装配间隙过小;焊接电流过小	正确选择焊接电流和焊接速度;正确选用坡口尺寸
烧 穿	焊缝出现穿孔	焊接电流过大;焊接速度过小;操作不当	选择合理的焊接工艺规范;操作方法正确、合理
咬 边	母材上被烧熔而形成凹陷或沟槽	焊接电流过大;电弧过长;焊条角度不当;运条不合理	选用合适的电流;操作时电弧不要拉得过长;焊条角度适当;运条时,坡口中间的速度稍快,而边缘的速度要慢
未熔合	母材或焊条与焊缝未完全熔化结合	焊接电流过小;焊接速度过快;热量不够;焊缝处有锈蚀	选较大电流;放慢焊速;运条合理;焊缝要清理干净

3. 焊接变形

焊接时,由于焊件局部受热,温度分布不均匀,会造成变形。焊接变形的主要形式有纵向变形、横向变形、角变形、弯曲变形和翘曲变形等几种,如图4-14所示。

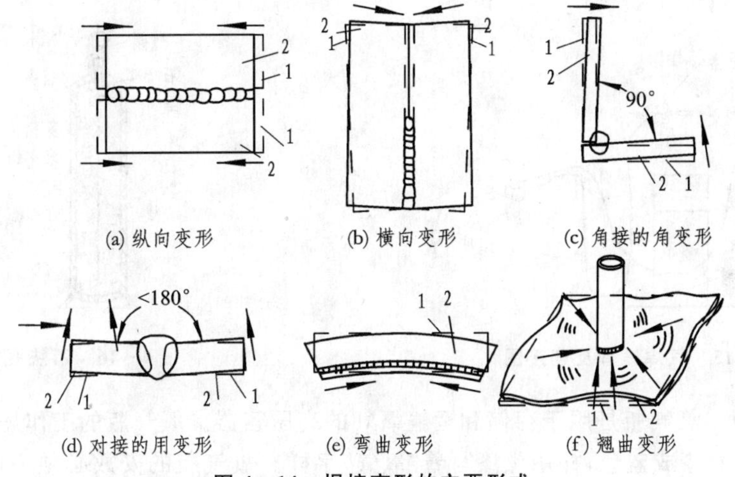

图4-14 焊接变形的主要形式

为减小焊接变形,应采取合理的焊接工艺,如正确的选择焊接顺序或机械固定等方法。焊接变形可以通过手工矫正、机械矫正和火焰矫正等方法予以解决。

4. 焊接质量检验

焊缝的质量检验通常有非破坏性检验和破坏性检验两类方法。非破坏性检验包括如下三种。

(1) 外观检验。即用肉眼、低倍放大镜或样板等检验焊缝的外形尺寸和表面缺陷(如裂纹、烧穿、未焊透等)。

(2) 密封性检验或耐压试验。对于一般压力容器,如锅炉、化工设备及管道等设备要进行密封性试验,或根据要求进行耐压试验。耐压试验有水压试验、气压试验、煤油试验等。

(3) 无损检测。如用磁粉、射线或超声波检验等方法,检验焊缝的内部缺陷。

破坏性试验包括力学性能试验、金相检验、断口检验和耐压试验等。

4.4　其他焊接方法

4.4.1　气焊及气割

1. 气焊的基本知识

利用气体火焰作热源的焊接的方法为气焊。最常用的是氧－乙炔焊。

与电弧焊相比,气焊的热源温度较低,热量较分散,生产率低,焊件变形严重,接头质量不高。但是,气焊具有火焰温度容易控制、操作简便、灵活、不需要电能等优点,所以,气焊适宜于焊接3 mm以下的低碳钢薄板、有色金属及铸铁的焊补等。

2. 气焊设备

如图4－15所示为气焊用设备及其连接图。

(1) 乙炔瓶。乙炔瓶是用于存储和运输乙炔气的容器(如图4－16所示)。乙炔瓶的工作压力为1.5 MPa,容积为40 L,外表漆成白色,并用红漆写着“乙炔”字样。瓶内装有浸满丙酮的多孔性填料(活性碳、木屑、浮石及硅藻土等合成物或硅酸钙),利用乙炔能溶解于丙酮的特性将乙炔存储在钢瓶中。

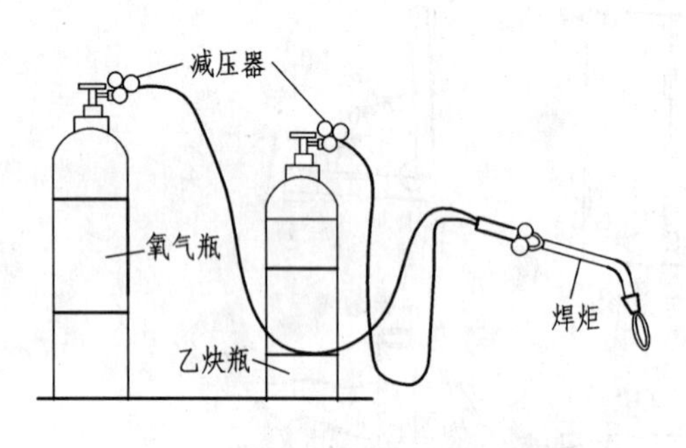

图4－15　气焊设备及连接图

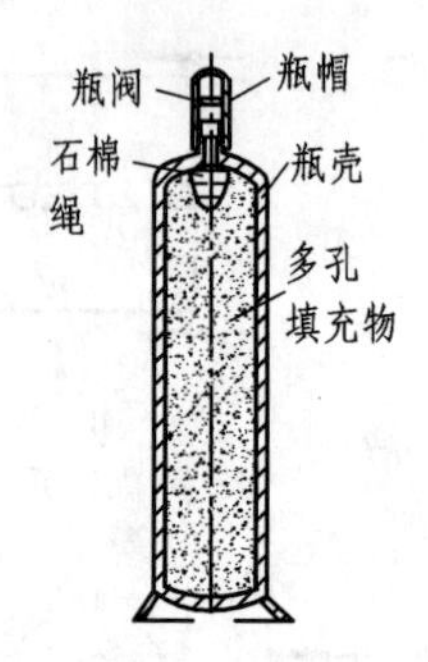

图4－16　乙炔瓶

(2) 氧气瓶。氧气瓶是用于存储和运输氧气的高压容器。氧气瓶的工作压力为15 MPa,容积为40 L,瓶身漆成蓝色,并用黑漆写着“氧气”字样。氧气瓶的安放必须平稳可靠,不得与其他气瓶混放。氧气瓶与气焊工作地及其他火源的距离应保持在 5 m 以上。另外，氧气瓶严禁撞击、防止曝晒及接触油脂。

(3) 减压器。气体减压器是将氧气瓶和乙炔瓶内的高压气体降低到焊炬需要的工作压力的装置，通常又称为氧气表或乙炔表。气体减压器同时还具有调节压力与稳定压力的功能。

(4) 焊炬。焊炬又称焊枪，如图 4－17 所示，它是气焊的主要工具之一。通过焊炬将氧气和乙炔气按比例均匀混合，然后从焊嘴喷出，点火后形成氧乙炔火焰。焊嘴的口径有多种规格，可根据需要进行更换。按气体混合方式的不同，焊炬可分为射吸式和等压式两种。其中射吸式焊炬应用较广泛。

3. 气焊火焰

氧—乙炔火焰由三个部分组成，即焰心、内焰和外焰。控制氧气和乙炔气的体积比例可得到以下三种不同性质的火焰，如图 4－18 所示。

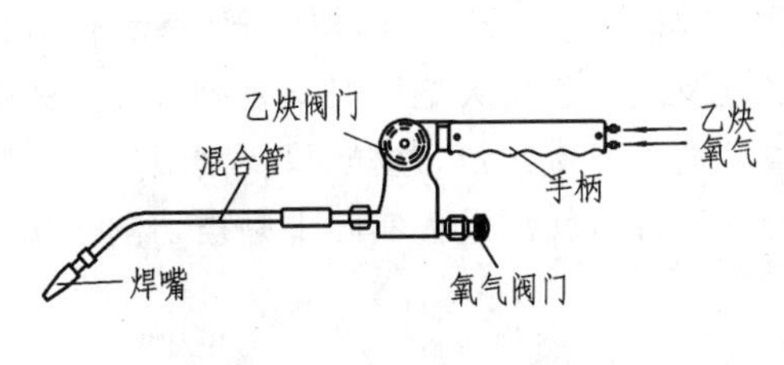

图 4－17　射吸式焊炬

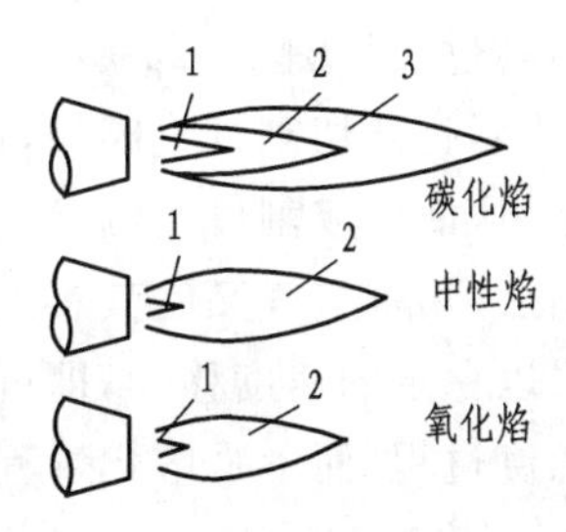

图 4－18　气焊火焰

(1) 中性焰：氧气与乙炔混合比为 1.1～1.2，又称正常焰。其内焰的温度达 3 000～3 150 ℃。所以，焊接时熔池和焊丝的端部应位于焰心前 2～4 mm。中性焰适用于低碳钢、中碳钢、合金钢及铜合金的焊接。

(2) 碳化焰：氧气与乙炔混合比＜1.0。碳化焰中乙炔气过多，燃烧不完全。碳化焰适用于高碳钢、铸铁和硬质合金等材料的焊接。

(3) 氧化焰：氧气与乙炔混合比＞1.2。氧化焰中氧气较多，燃烧较为剧烈。一般不常采用，仅适于黄铜或青铜的焊接。

4. 气焊操作要点

(1) 点火前，先微开氧气阀门，接着打开乙炔阀门，然后点燃火焰。开始时的火焰应该是碳化焰，然后逐步打开氧气阀门，将碳化焰调节成中性焰。熄火时，先关掉乙炔阀门，后关氧气阀门。

(2) 气焊时，左手拿焊丝，右手拿焊炬，沿焊缝向左或向右移动，两手动作要协调。焊嘴轴线的投影应与焊缝相重合，焊炬与焊件的夹角一般为 30°～50°(如图 4－19 所示)。焊接将近结束时，焊角应适当减小，以便将焊缝填满及避免烧穿。焊件的厚度增大时焊角也应相应增大。

(3) 焊接时，应先将焊件熔化形成熔池，然后再将焊丝适量地熔入熔池内，形成焊缝。焊炬移动的速度以能保证焊件熔化并使熔池具有一定的形状为准。

5. 气割

利用气体火焰的热能进行切割称为气割。气割是用割炬进行的。

气割所用的设备与气焊相同，而割炬则不同(如图 4－20 所示)。割炬比焊炬多一根切割氧气管和一个切割氧气阀。割嘴的结构与焊嘴也不同,切割用的氧气是通过割嘴的中心通道喷出,而氧－乙炔的混合气体则是通过割嘴的环形通道喷出。

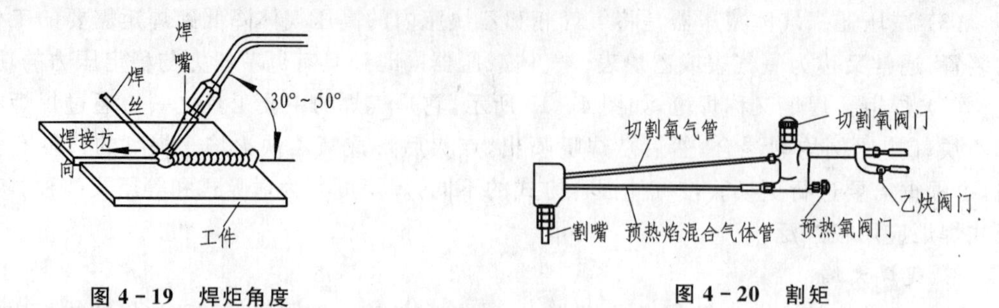

图 4－19　焊炬角度　　　　　　　　图 4－20　割矩

(1) 氧气切割过程

氧气切割过程如图 4－21 所示。开始时,先用氧－乙炔焰将割口始端处的金属预热至高温(燃点),然后打开切割氧气阀门,送出氧气,将高温金属燃烧成氧化渣,与此同时,氧化渣被氧气流吹走,从而形成割口,金属燃烧时产生的热量以及氧－乙炔火焰同时又将割口下层的金属预热到燃点,切割氧气又使其燃烧,生成的氧化渣又被氧气流吹走,这样,只要割炬连续不断地沿切割线以一定的速度移动,即可形成所需的割口。所以,气割过程实际上是被切割金属在纯氧中的燃烧过程,而不是熔化过程。

(2) 氧气切割条件

用氧气切割金属,需具备一定的条件。凡燃点低于其熔点、导热性较差及氧化物生成热较高的金属才适合气割。常用的金属材料中,低碳钢及普通低合金钢都符合气割的要求;而含碳量大于 0.7%的高碳钢、铸铁和有色金属不能进行气割。

6. *其他切割方法*

金属切割除机械切割、氧—乙炔切割外,常用的还有等离子切割、激光气割等多种方法。

(1) 等离子弧切割。

等离子弧切割(如图 4－22 所示)是利用高能量密度等离子弧和高速的等离子流将熔化金属从割口中吹走形成整齐的切口。

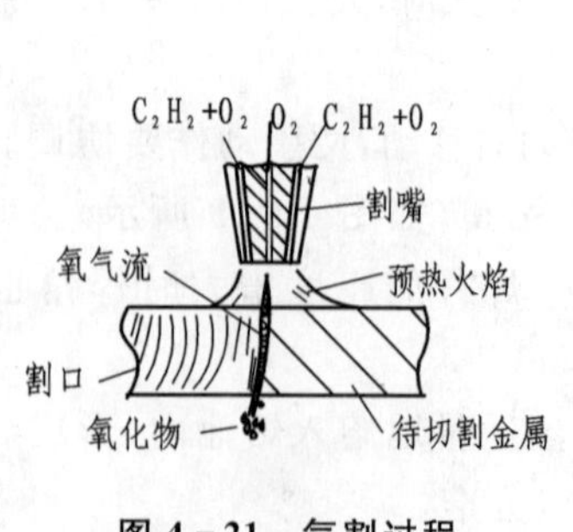

图 4－21　气割过程

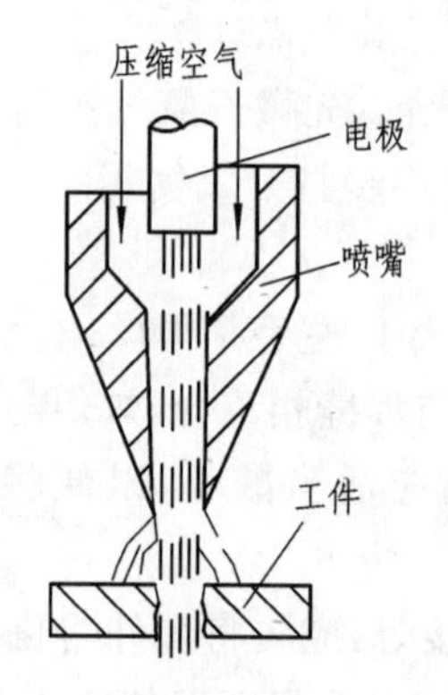

图 4－22　空气等离子切割原理

等离子弧切割切口窄、速度快,没有氧—乙炔切割时对工件产生的燃烧,因此工件获得的热量相对较小,工件变形也小,适合于切割各种金属材料,如切割不锈钢、高合金钢、铸铁、铜和铝及其合金。

(2) 激光切割。参见本书有关激光加工章节。

(3) 水射流切割。水射流切割利用高压水(水压 200～400 MPa),有时也加一些粉末状磨料,通过喷嘴高速高压射到工件上进行切割。适用于钢材、石材及其他非金属材料的切割。

4.4.2 埋弧焊

埋弧焊是使电弧在较厚的焊剂层下焊接的方法,如图 4-23 所示。

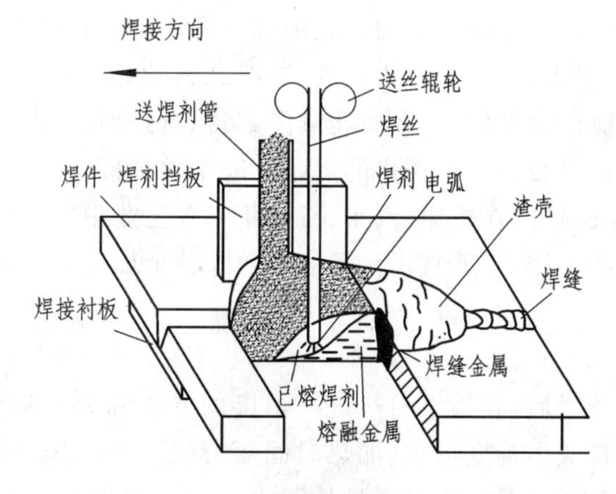

图 4-23 埋弧焊焊接过程示意图

埋弧焊采用大电流和连续送丝,不但生产率高,而且熔深大,不开坡口一次可焊透 20～25 mm的钢板,焊缝接头质量高、成形美观,很适合于中、厚板的焊接,在造船、锅炉、化工设备、桥梁及冶金机械制造中获得了广泛的应用。它可焊接的钢种包括碳素结构钢、低合金钢、不锈钢、耐热钢及复合钢材等。

埋弧自动焊通常用于平、直、长焊缝或较大直径的环焊缝,不适于薄板焊接。

4.4.3 气体保护焊

气体保护焊是用外加气体来保护电弧和焊接区的一种电弧焊。常用的保护气体有氩气和二氧化碳,称为氩弧焊和二氧化碳气体保护焊。

1. 氩弧焊

氩弧焊有熔化极氩弧焊和非熔化极氩弧焊两种,如图 4-24 所示。

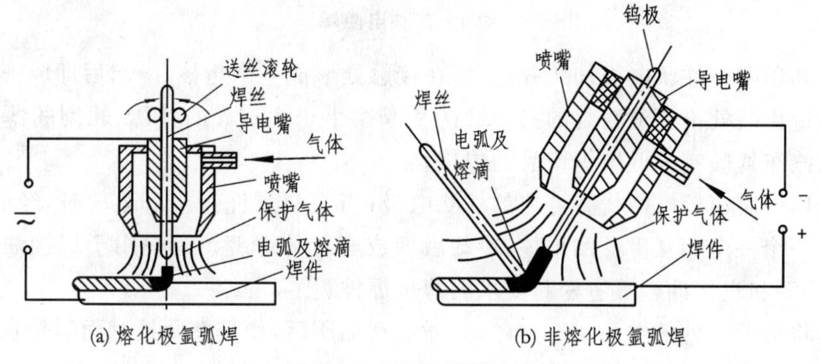

(a) 熔化极氩弧焊 (b) 非熔化极氩弧焊

图 4-24 氩弧焊的种类

熔化极氩弧焊中,焊丝直接作为电极。熔化极氩弧焊可采用大电流,熔池深、焊速快、生产率高、变形小。它可用于铝及铝合金、铜及铜合金、不锈钢、低合金钢等材料的焊接。

非熔化极氩弧焊是用钨-铈的合金棒作电极,又称钨极氩弧焊。在钨极氩弧焊中,电极不易被熔化。钨极氩弧焊的焊接过程稳定,适合于易氧化金属、不锈钢、高温合金、钛及钛合金以及难熔金属(如钢、铌、锆等)材料的焊接。但由于钨极的载流能力有限,电弧的功率受限,所以熔深较浅、焊接速度较慢,一般仅适用于焊接厚度小于 6 mm 的焊件。

2. 二氧化碳气体保护焊

二氧化碳气体保护焊是一种高效率的熔化极气体保护焊。其焊接过程与熔化极氩弧焊相似。其电弧穿透力强、熔深大、焊丝的熔化率高,同时二氧化碳气体价格低、能耗少,焊接成本低。它的主要缺点是电弧稳定性较差,金属飞溅严重,弧光强烈。由于二氧化碳气体有一定的氧化性,必须配合含硅、锰等脱氧元素较多的焊条才能正常焊接。

目前,二氧化碳气体保护焊在造船、汽车、石油化工等工业中广泛应用,但主要用于低碳钢和低合金钢等黑色金属的焊接,不适宜焊接易氧化的非铁金属及其合金。

4.4.4　电阻焊

焊件经搭接组合并压紧后,利用电阻热进行焊接的方法称为电阻焊。电阻焊具有生产率高、不需要填充金属、焊接应力与变形小、加热时间短、热量集中、操作简单等优点。但电阻焊设备功率大、一次性投资大,目前尚无可靠的检测方法。电阻焊有点焊、缝焊和对焊三种基本形式,如图 4-25 所示。

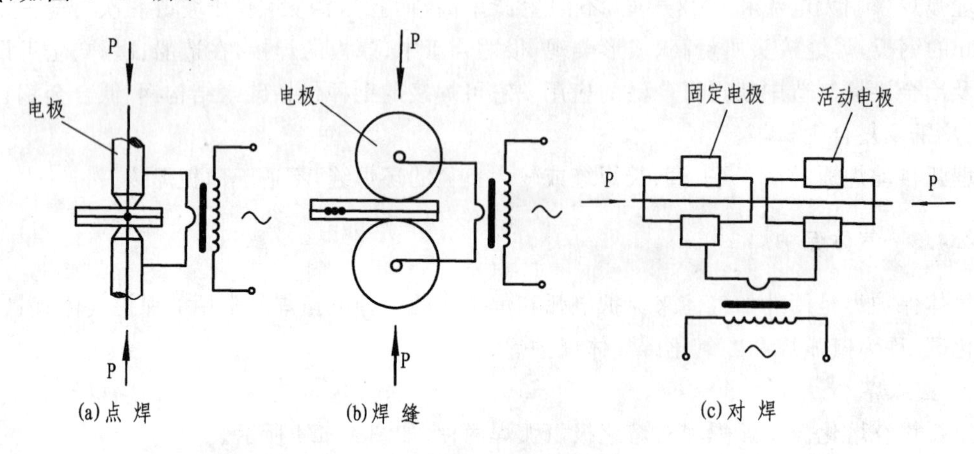

图 4-25　电阻焊

点焊是利用两个柱状电极加压并通电,在接触处形成一个熔核,冷却后即成一个焊点。点焊适用于制造接头处不要求密封的搭接结构和厚度小于 3 mm 的冲压、轧制的薄板构件。它广泛用于如汽车驾驶室等低碳钢产品的焊接。

缝焊是用一对滚轮电极代替点焊的柱状电极,当它与焊件作相对运动时,经通电加压,在接缝处形成一个一个相互重叠的熔核,冷却后即成密封的焊缝。缝焊用于焊接油桶、罐头、暖气片、飞机油箱和汽车油箱等有密封要求的薄板焊件。

对焊是将两个工件的端面相互接触,经通电和加压后,使其整个接触面焊合在一起。对焊用于石油、天然气输送管道,钢轨,锅炉钢管,自行车、摩托车轮圈,锚链及各种刀具等,也可用于各种部件的组合及异种金属的焊接。

4.4.5　钎　焊

钎焊是用低熔点的钎料将两个焊件连接成一个整体的方法。钎焊时，母材不熔化，而钎料熔化并填充在两母材连接处的间隙（钎缝）中，钎料与母材相互溶解和扩散，凝固后形成牢固的结合体。

钎焊的过程如图 4－26 所示。先将表面干净的焊件以搭接形式组合，然后将钎料放在焊接处，当焊件与钎料同时加热至稍高于钎料的熔点时，钎料被熔化（焊件尚未到熔点），利用液态钎料润湿焊件，充满间隙并冷却后，便形成了钎焊接头。

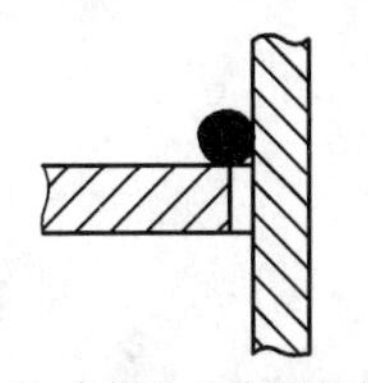

(a) 在接头处安置钎料，并对焊件及钎料进行加热

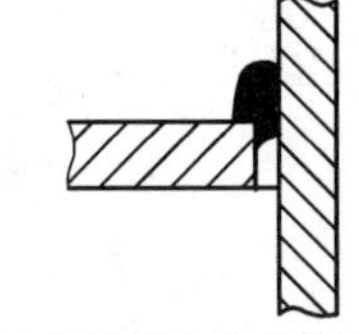

(b) 钎料熔化并开始流入钎缝间隙

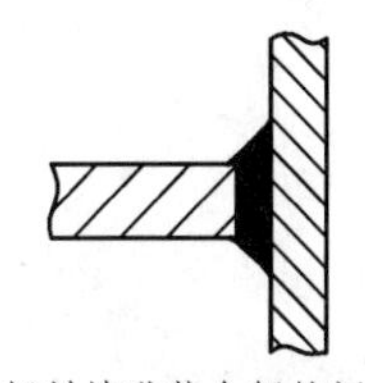

(c) 钎料填满整个钎缝间隙，凝固后形成钎焊接头

图 4－26　钎焊过程示意图

钎焊时，一般要使用钎剂，其作用是清除焊件表面的氧化膜及其他杂质，保护钎料和焊件不被氧化，提高钎焊接头的质量。软钎焊常用的钎剂是松香、松香酒精溶液、氯化锌溶液等。硬钎焊用的钎剂有硼砂、硼酸、氯化物、氟化物等。

机械制造中常用钎焊焊接自行车车架、工具、刀头等。

思考练习题

1. 实习中用到了哪类焊机？型号是什么？型号中各部分意义是什么？

2. 能否把焊条和焊件连在普通变压器的两端进行起弧和焊接？为什么？

3. 焊芯起什么作用？对焊芯的化学成分应提出什么样的要求？为什么要提这些要求？

4. 药皮起什么作用？试问用光丝进行焊接会产生什么问题？

5. 说明下列焊条型号中各部分的含义：E4303，E5015。

6. 开坡口的作用是什么？手弧焊的焊件厚度达到多少应开坡口？

7. 什么是焊接工艺参数？焊件厚度分别为 3 mm、5 mm、12 mm 时，应分别选用多粗的焊条直径和多大的焊接电流？焊接电流选择不当会造成哪些焊接缺陷？

8. 在运条的基本操作中焊条应完成哪几个运动？这些运动应满足什么样的要求？若不能满足这些要求会产生哪些后果？

9. 弧焊电源型号 BX1－400、ZXG－300、ZX7－160 中各符号和数字的含义是什么？

10. 焊接变形有何危害？焊接变形有哪几种基本形式？

11. 熔焊常见的焊接缺陷有哪些？各自产生的主要原因是什么？如何防止？

12. 画出实习中气焊操作时所用的设备装置及气路连接简图，并说明所用设备的名称和功用。

13. 气体保护焊的主要方法有哪些？其应用范围如何？
14. 和焊条电弧焊相比，埋弧自动焊有何特点？试说明埋弧自动焊的应用范围。
15. 电阻焊的基本形式有哪几种？各自的特点和应用范围怎样？
16. 点焊时为什么电极与工件之间的接触面不会被熔化和焊接起来？
17. 点焊时为什么要在电极上加一定的预压力？如果预压力不够大会产生什么后果？
18. 钎料和钎剂的作用是什么？举例说明硬钎焊和软钎焊的特点和应用。

第5章 车 工

5.1 概 述

在车床上利用工件的旋转运动和刀具的移动来完成零件切削加工的方法称为车削加工。它是加工回转面的主要方法，而回转面是机械零件中应用最广的表面形式，所以车削加工是各种加工方法中最常用的方法，在一般机加工车间，车床一般约占机床总数的一半。

车削加工过程连续平稳，车削加工的范围也很广，如图 5－1 所示。车削加工的尺寸公差等级范围为 IT11～IT6，表面粗糙度 R_a 值为 12.5～0.8 μm。

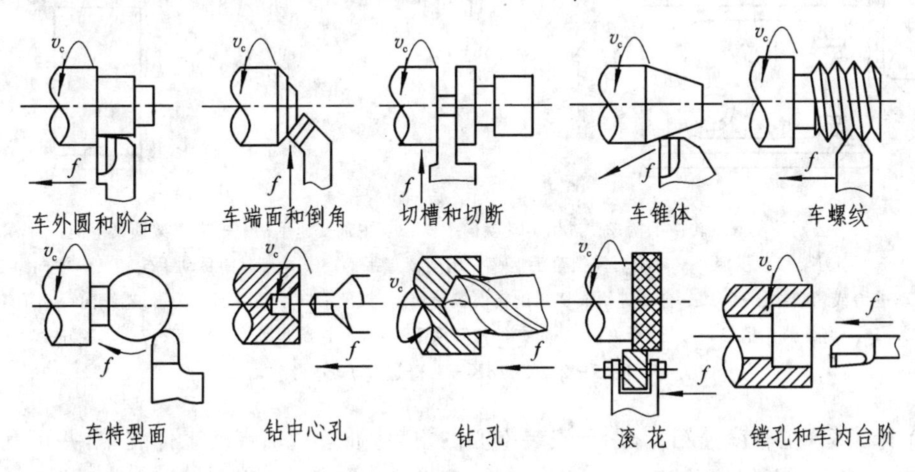

图 5－1 车削加工范围

5.2 车 床

5.2.1 普通车床型号

按照我国国家标准，普通车床型号如 C M 6 1 32－A。其中：C 表示车床类，M 表示车床为精密型，6 表示卧式车床，1 表示普通车床，32 表示加工工件最大回转直径为 320 mm，A 表示为第一次重大改进。

在实际使用中还有一些车床型号是按照 1959 年“国标”和 1985 年机械工业部“部标”规定的车床型号编制的，如 C618K－1、CA6140 等。车床型号也有用“厂标”的，例如宝鸡机床厂生产的“BJ－1630GD”等。

5.2.2 普通车床的组成

车床种类很多，其中最常用的是普通车床。普通车床主要由三箱两架一床身组成，以

C618K－1 为例,如图 5－2 所示。各个部分的名称用途分述如下。

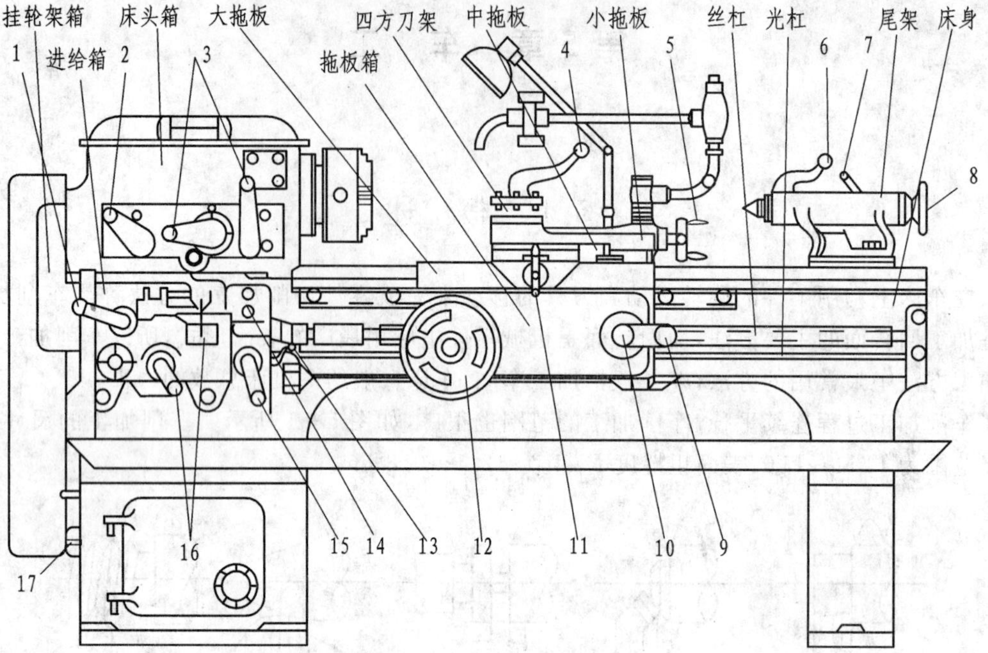

1—公制英制螺纹转换手柄;2—进给运动换向手柄;3—主轴变速手柄;4—方刀架锁紧手柄;5—小刀架移动手柄;6—尾架套筒锁紧手柄;7—尾架锁定手柄;8—尾架套筒移动手轮;9—纵横向自动进给或切螺纹手柄;10—自动进给或切螺纹转换拨销;11—刀架横向手动手柄;12—刀架纵向手动手轮;13—离合器手柄;14—启停开关;15—光杠丝杠转换手柄;16—进给运动变速手柄;17—电源开关

图 5－2　C618K－1 普通车床外形

(1) 床头箱(主轴变速箱)。用于安装空心的主轴,通过主轴带动工件旋转,并可利用床头箱内的齿轮变速。传动机构可改变主轴的转速和转向,以适应各种车削工艺所要求的不同切削速度和转向。主轴右端安装顶尖或卡盘等用来装夹工件。主轴的径向及轴向跳动会影响工件的旋转平稳性,是衡量车床精度的主要指标。

(2) 进给箱(走刀变速箱)。将主轴的旋转运动经过挂轮架上的齿轮以及进给箱内的齿轮传给光杠或丝杠,利用它内部的齿轮变速机构改变光杠或丝杠的转速,从而使刀具获得不同的进给量。

(3) 拖板箱(溜板箱)。把光杠或丝杠的运动传给刀架。接通光杠时,可使刀架作纵向进给或横向进给。接通丝杠时可车螺纹。此外,还可以手动使刀架作纵向进给。有些车床的拖板箱内还装有改变进给方向的机构。

(4) 刀架。用于装夹车刀和实现进给运动。刀架分为四方刀架、小拖板、中拖板和大拖板四部分。

① 四方刀架。用来装夹和转换刀具,其上有四个装刀位置。

② 小拖板(小刀架)。一般用来作手动短行程的纵向进给运动,还可转动角度作斜向进给运动。

③ 中拖板(横溜板)。作手动或自动横向进给运动。

④ 大拖板(纵溜板)。随拖板箱一起作手动或自动纵向大行程进给运动。

(5) 尾架(尾座)。用来安装顶尖以支承较长工件的一端。还可以安装切削刀具,如钻头、铰刀等孔加工刀具。

(6) 床身。用来支撑和连接车床上各个部件。床身上有两条精确的导轨,大拖板和尾架可沿导轨移动。导轨的直线度、平面度及与主轴轴线的平行度都对加工精度有影响。

5.2.3　普通车床的传动路线

C618K－1车床的传动路线如图5－3所示。

5.2.4　车床的安全操作要点

(1) 穿好合适的工作服。女性要戴工作帽,头发塞入帽中;任何人不允许戴手套操作车床。

(2) 开车前,检查各手柄的位置是否正确;检查工具、量具、刀具是否合适,安放是否合理。停车状态或传入主轴齿轮处于脱空位置时才能进行装夹工件。装夹好工件,要及时取下卡盘扳手。

(3) 在车床上用锉刀要带木柄,锉刀外包砂纸对工件抛光,必须右手在前握锉刀前端,左手在后握锉刀手柄。

(4) 变换主轴转速,必须停车进行;开车时不准用量具测量工件,更不能用棉纱擦拭零件;不准用手拉切屑,要用专用的钩子清除切屑。行走时注意不被长切屑拌脚。

(5) 自动进给时,严禁超越极限位置,以防拖板脱落或碰撞卡盘而发生人身设备事故。

(6) 工作完毕,要关闭电源,清除切屑,并擦净机床。

5.2.5　车床操作准备

(1) 车床操作人员必须熟悉车床的外观构造和组成、各手柄及其作用、尾架的移动和锁定、各按钮及其作用。

(2) 转速变换练习。对照转速手柄位置表,掌握使用各种转速的操作和开正、反车及停车的操作方法。

(3) 进给量变换练习。在主轴低速转动时,变换光、丝杠转换手柄,使光杠转动。对照进给量标牌表,掌握进给量变换的操作方法。

(4) 练习纵向、横向自动进给的操作。在光杠转动的条件下,不断启动和停止纵向或横向自动进给,以熟悉、掌握其操作要领。

5.3　车　刀

5.3.1　车刀的种类和结构类型

车刀的种类有很多,按用途的不同可分为外圆车刀、端面车刀、镗孔刀、切断刀、螺纹车刀和成形车刀等。车刀可按其形状分为直头、弯头、尖刀、圆弧车刀、左偏刀和右偏刀等,图5－4为常用车刀的各种类型。按其结构的不同,又可分为整体式、焊接式、机夹式、可转位式等,如

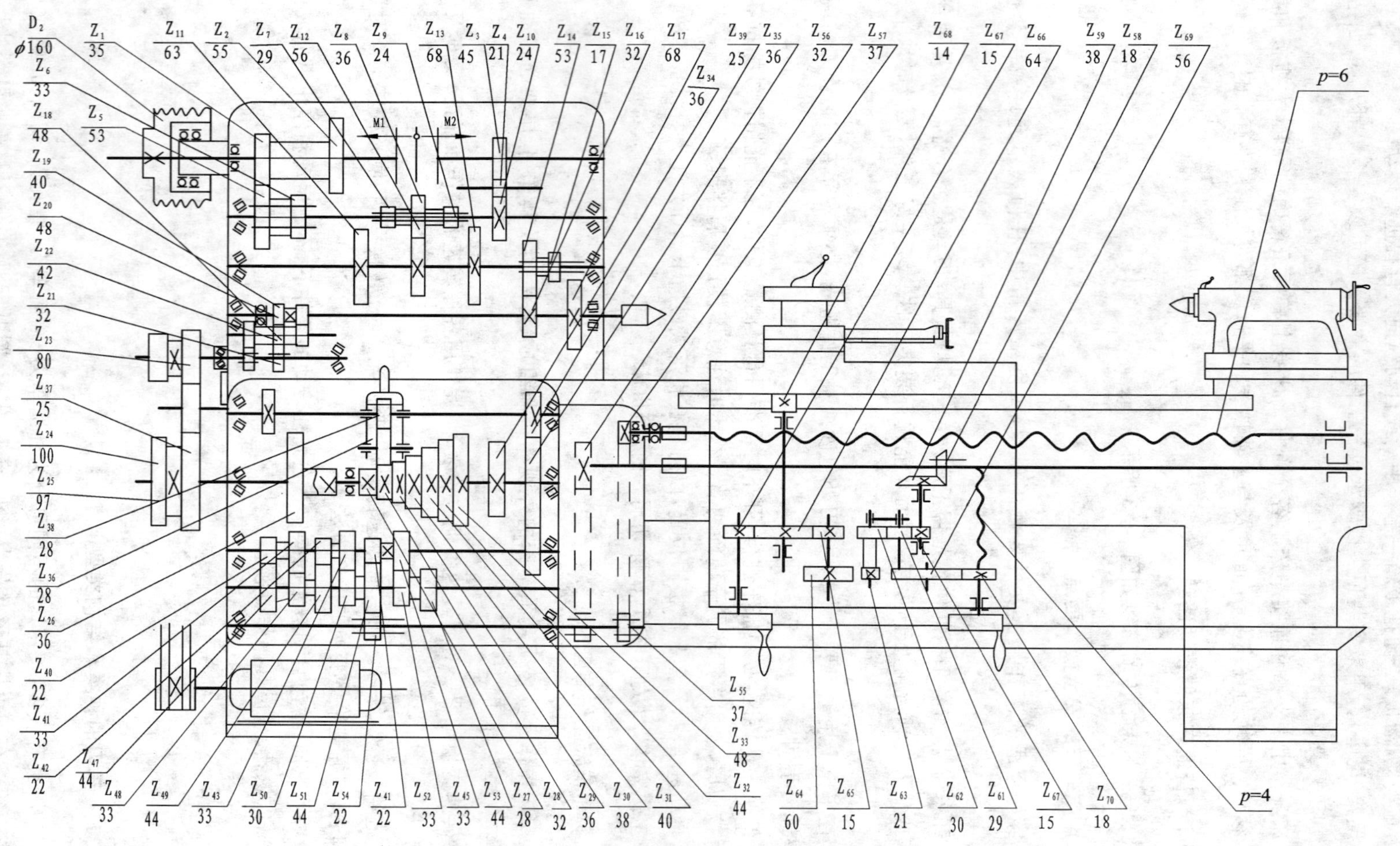

图5-3　C618K—1车床传动的路线图

图5-5所示。车刀结构类型特点及用途如表5-1所示。按车刀刀头材料的不同，还可分为高速钢车刀和硬质合金车刀等。

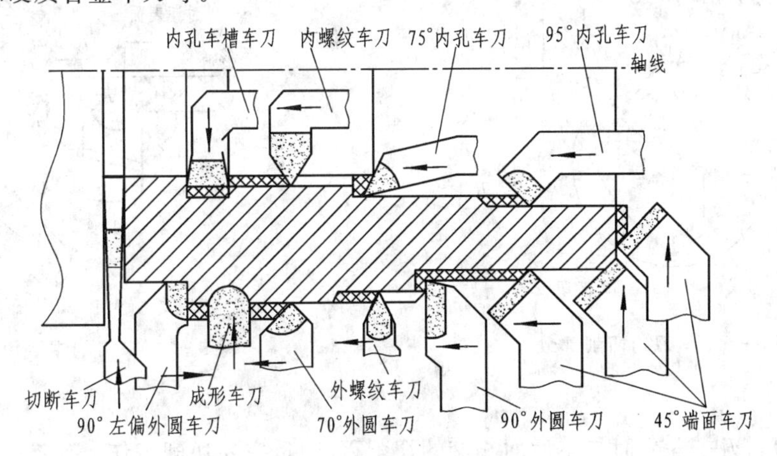

图5-4　车刀的类型与用途

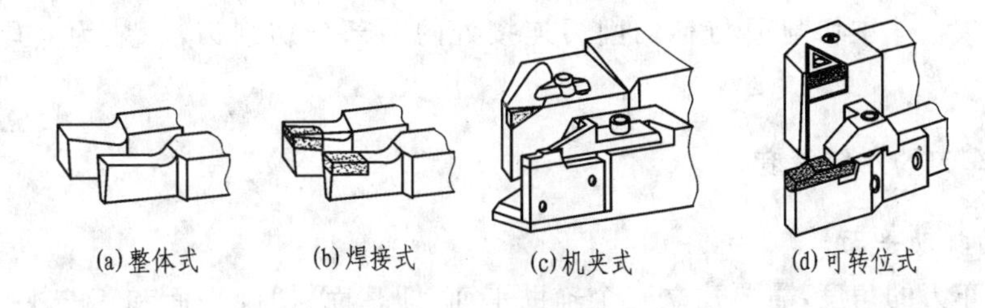

图5-5　车刀的结构类型

表5-1　车刀结构类型、特点及用途

名　称	简　图	特　点	适用场合
整体式	见图5-5(a)	用整体高速钢制造，刃口可磨得较锋利	小型车床或加工有色金属
焊接式	见图5-5(b)	焊接硬质合金或高速钢刀片，结构紧凑，使用灵活	适用于各类车刀，特别是小刀具
机夹式	见图5-5(c)	避免了焊接产生的应力、裂纹等缺陷，刀杆利用率高。刀片可集中刃磨获得所需参数。使用灵活方便	外圆、端面、镗孔、切断、螺纹车刀等
可转位式	见图5-5(d)	避免了焊接刀的缺点，刀片可快换转位。生产率高。断屑稳定。可使用涂层刀片	大中型车床加工外圆、端面、镗孔。特别适用于自动线、数控机床

5.3.2　车刀切削部分组成

外圆车刀切削部分由三面二刃一尖所组成，即一点二线三面，如图5-6和图5-7所示。三面即：

(1) 前面(前刀面)——刀具上切屑流过的表面；

(2) 主后面(主后刀面)——与工件加工表面相对着的表面；

(3) 副后面(副后刀面)——与工件已加工面相对着的表面。

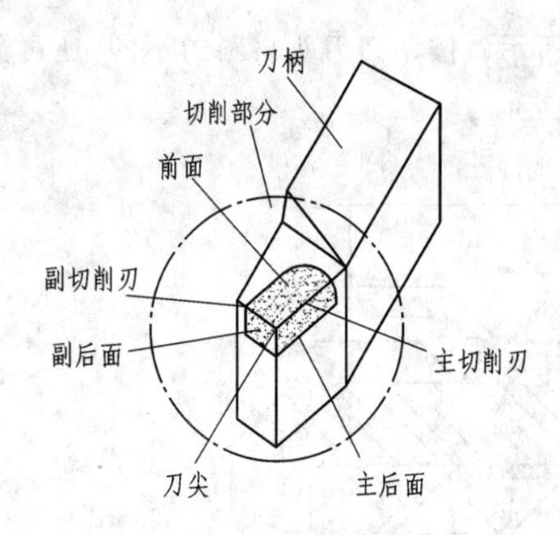

图 5-6　车刀的切削部分

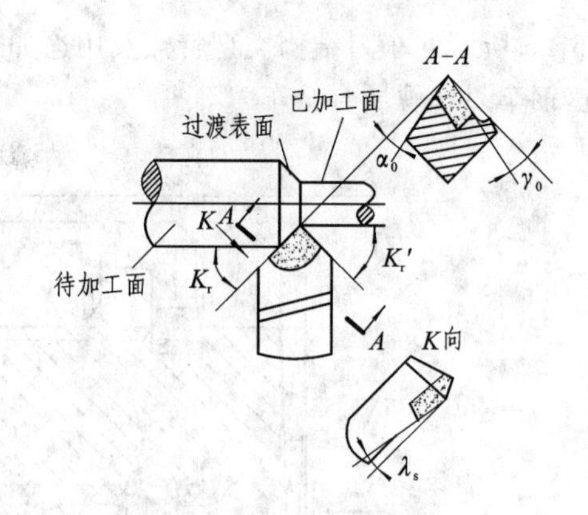

图 5-7　车刀的主要角度

二刃即：

(1) 主切削刃——前面与主后面相交的切削刃,担负主要切削工作；

(2) 副切削刃——前面与副后面相交的切削刃,担任小部分切削工作。

一尖即刀尖——主切削刃与副切削刃连接处的一部分切削刃,一般为一段过渡圆弧或直线。

5.3.3　车刀的几何角度

1. 车刀的辅助平面

为了确定车刀的角度,需要建立三个辅助平面,即基面、切削平面和正交平面,如图 5-8 所示。

(1) 基面,该面是通过切削刃上选定点且平行于车刀安装底面(水平面)的平面。

(2) 切削平面,该面是通过主切削刃上选定点且与切削刃相切,并与基面垂直的平面。

(3) 正交平面,该面是通过主切削刃上选定点且同时垂直于基面和切削平面的平面。

在以上三个辅助平面上,可以确定车刀的六个角度。

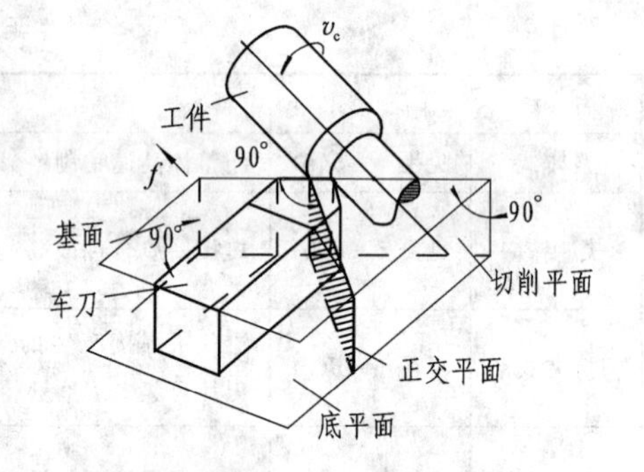

图 5-8　车刀的辅助平面

2. 车刀的几何角度及作用

车刀的几何角度分为标注角度和工作角度,如图 5-8 所示。工作角度是刀具处于工作状态的角度,其大小与刀具的安装位置、切削运动有关。标注角度一般是在三个互相垂直的坐标平面(辅助平面)内确定的,它是刀具制造、刃磨和测量所要控制的角度。

图 5-7 中,基面上有主偏角 K_r 和副偏角 K_r',正交平面上有前角 γ_0 和后角 α_0,副正交平面上有副后角 α_0',切削平面上有刃倾角 λ_s。

(1) 前角 γ_0。前刀面与基面(水平面)的夹角,可在正交平面中测量。它主要影响切屑变形、刀具寿命和加工表面的粗糙度。前角大则车刀锋利,切削力小,加工表面粗糙度小。但前角过大会使刀头强度降低,容易崩刃,反而使刀具寿命下降。一般用硬质合金切削钢件取 $\gamma_0=$

$10°\sim25°$；切削灰铸铁，$\gamma_0=5°\sim15°$；切削高强度钢和淬火钢，$\gamma_0=-15°\sim5°$。如果用高速钢车刀切削钢件，$\gamma_0=15°\sim25°$。

(2) 主后角 α_0。切削平面与后刀面间的夹角，可在正交平面中测量。它主要影响主后面与工件过渡表面的摩擦和磨损。后角增大，有利于提高刀具耐用度。但后角过大，也会减弱刀刃强度，并使散热条件变差。一般取 $\alpha_0=4°\sim12°$。粗加工或工件强度和硬度较高时，取 $\alpha_0=6°\sim8°$。精加工或工件材料强度和硬度较低时，取 $\alpha_0=10°\sim12°$。

(3) 主偏角 K_r。切削平面与通过主切削刃上选定点、垂直于基面并与进给方向平行的平面间的夹角，可在基面中测量。当主切削刃为直线时，主偏角就是主切削刃在基面上的投影与进给方向的夹角。其大小主要影响刀具的强度与寿命（刀具两次刃磨之间用于纯切削的时间）、加工表面粗糙度、切削力的分配和断屑效果。例如：在同样的 f 和 a_p 情况下，较小的主偏角可使主切削刃参加切削的长度增加，切屑变薄，使刀刃单位长度上的切削负荷减轻，切削较快；同时，也加强了刀尖强度，增大了散热面积，使刀具寿命延长。但主偏角减小会引起径向切削力增大，工件易产生振动和弯曲变形，断屑效果也较差。主偏角增大，可使径向切削力减小，适合加工细长轴，且断屑容易。主偏角一般由车刀类型决定，常用的有45°、60°、75°和90°等，如图5-9、图5-10所示。

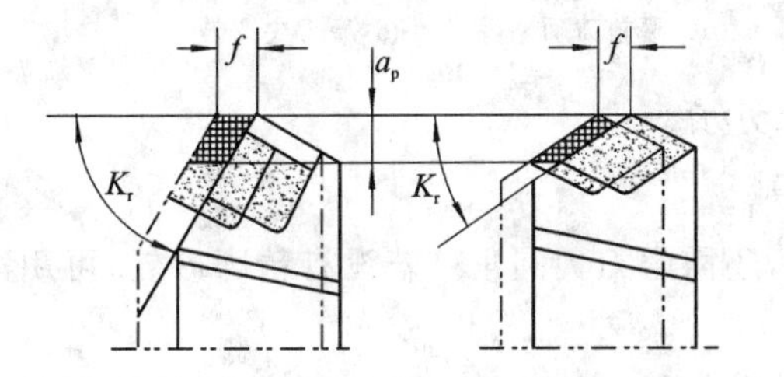

图5-9　主偏角对切削宽度和厚度的影响

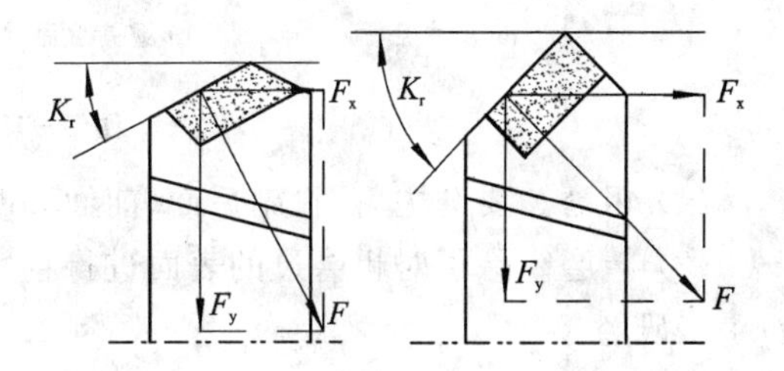

图5-10　主偏角对径向力的影响

(4) 副偏角 K_r'。副切削平面与假定工作面间的夹角，可在基面中测量。当副切削刃为直线时，副偏角就是副切削刃在基面上的投影与进给反方向的夹角。它主要影响加工表面粗糙度和刀具的强度。副偏角小，刀具的强度高，但会增加副后面与已加工表面之间的摩擦。选用合适的过渡刃尺寸，能改善上述不利因素，起到粗加工时提高刀具强度、延长刀具耐用度和精加工时减小表面粗糙度的作用，如图5-11所示。一般选 $K_r'=5°\sim15°$；粗加工时取大值，精加工时取小值。

(5) 刃倾角 λ_s。主切削刃与基面间的夹角，在切削平面中测量，如图5-7和图5-12所示。它主要影响切屑的流向和刀头强度。刃倾角有正负之分。当刀尖处于主切削刃最高点

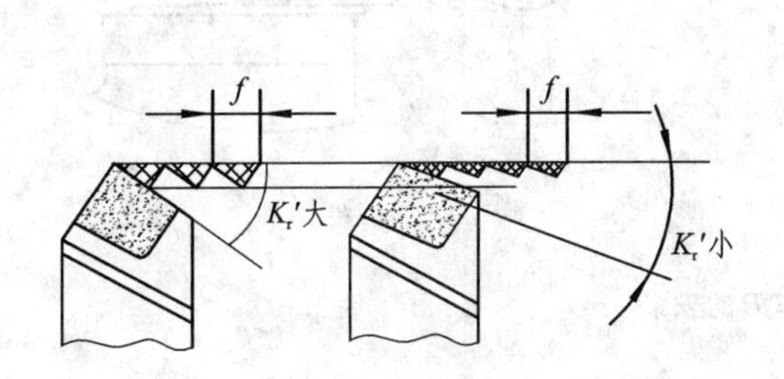

图5-11　副偏角对残留面积的影响

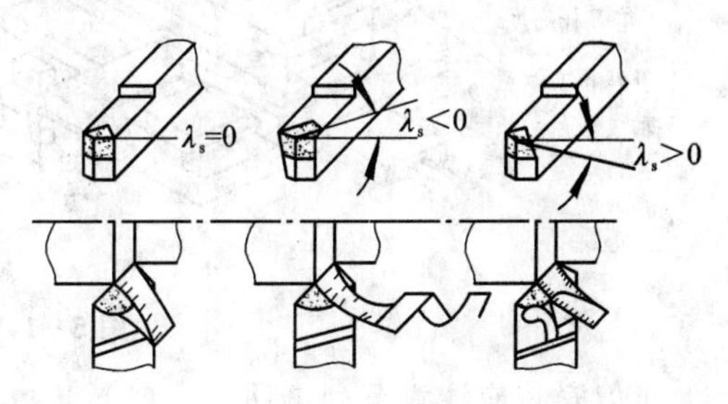

图5-12　刃倾角对排悄方向的影响

时,刃倾角为正值,切屑向待加工表面的方向流动,刀尖强度较差,适宜精加工;当刀尖处于主切削刃最低点时,刃倾角为负值,切屑向已加工表面的方向流动,受到该表面的阻碍而形成发条状的切屑,刀尖强度较好,适宜粗加工。

5.3.4　车刀的刃磨与安装

1. 车刀的刃磨

新的焊接车刀或高速钢车刀以及用钝后的车刀,必须刃磨,一般采用手工刃磨方式。白色氧化铝砂轮用于磨高速钢;绿色碳化硅砂轮用于磨硬质合金。刃磨车刀的步骤如下,如图 5-13所示。

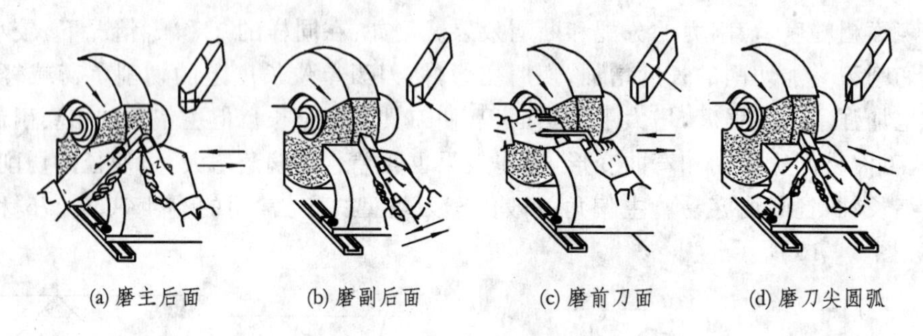

图 5-13　车刀刃磨

(1) 粗磨。要磨主后面、副后面、前面和断屑槽。

(2) 精磨。除了对粗磨过的表面进行精磨外,还需磨刀尖圆角。若没有精磨砂轮,可用油石手工研磨。

磨刀时,人要站在砂轮的侧面,以免砂轮意外破碎伤人。磨高速钢车刀时,应经常将车刀浸入水中冷却,以防止高速钢退火。磨硬质合金车刀时,不得把磨得发热的刀头浸入水中冷却,否则硬质合金会碎裂。

2. 车刀的安装

使用车刀时,为保证加工质量及车刀正常工作,必须正确安装车刀,如图 5-14 所示。

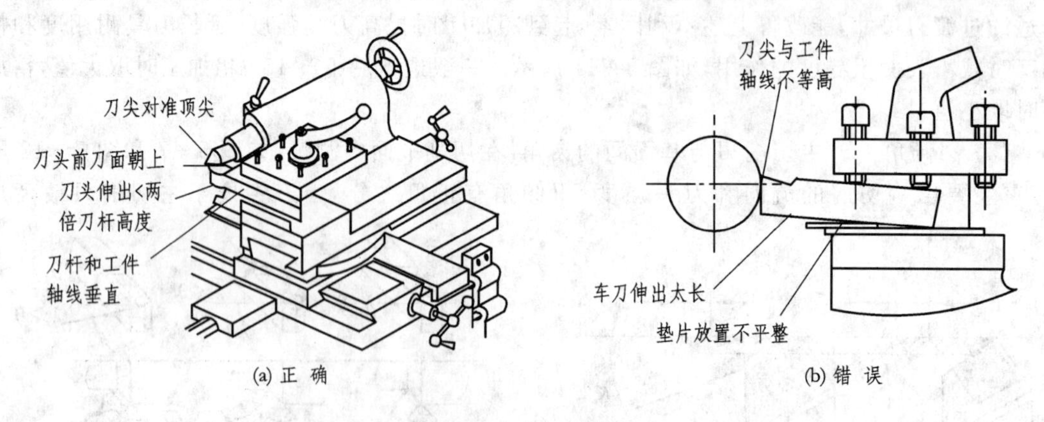

图 5-14　车刀的安装

车刀安装应注意下列事项:

(1) 车刀刀尖应与车床的主轴轴线等高;等高时可根据尾座顶尖的高度来调整。

(2) 车刀刀杆应与车床轴线垂直。

(3) 车刀应尽可能伸出短些。一般情况下，伸出长度不超过刀杆厚度的两倍，否则刀杆刚性减弱，车削时易产生振动。

(4) 刀杆下面的垫片应平整，并与刀架对齐，一般不超过2～3片。

(5) 车刀安装要牢固，一般用两个螺钉交替拧紧。

(6) 装好刀具后，应检查车刀在工件的加工极限位置时车床上有无相互干涉或碰撞的可能。

5.4　车削加工基础

5.4.1　车削用量的选择

车削用量(v_c、f、a_p)对加工精度、加工费用和生产效率都有很大的影响。合理地选择车削用量，就是要充分发挥车刀的切削性能和车床的功能，在保证加工质量的前提下，提高生产率和降低成本。

1. 车削用量与刀具耐用度的关系

在切削用量三要素中，切削速度对刀具耐用度的影响最大，其次是进给量，背吃刀量则最小。车削时，增加进给量或背吃刀量，刀具耐用度都会降低。

一般手册中查出的切削速度都是在一定耐用度下的切削速度。

2. 选择车削用量的步骤

粗加工时主要考虑切削效率，应优先考虑用大的背吃刀量，其次考虑用大的进给量，最后选定合理的切削速度。半精加工和精加工时首先要保证加工精度和表面质量，同时兼顾耐用度和生产率，一般选用较小的背吃刀量和进给量，在保证合理刀具耐用度前提下确定切削速度。

(1) 背吃刀量的选择。背吃刀量的选择按零件的加工余量而定，在中等功率的车床上，粗加工时可达8～10 mm，在保留后续加工余量的前提下，尽可能一次走刀切完。当采用不重磨刀具时，背吃刀量所形成的实际切削刃长度不宜超过总切削刃长度的三分之二。

(2) 进给量的选择。粗加工时，按刀杆强度和刚度、刀片强度、机床功率和转矩许可的条件，选大的进给量；精加工时，则在获得合适的表面粗糙度值的前提下加大进给量。

(3) 切削速度的选择。在背吃刀量和进给量已确定的基础上，再按一定的耐用度值确定切削速度(查手册)。车削速度决定后，再按工件最大部分直径 d_{max} 求出车床主轴转速(r/min)

$$n = 1\,000 \cdot v_c / \pi d_{max}$$

5.4.2　车削的正确步骤

车削时正确的车削步骤如图5-15所示。先开车再使车刀与工件接触，即对刀，如图5-15(1)所示，是为了寻找毛坯面的最高点，也是为了防止工件在静止状态下与车刀接触，容易损坏刀尖。如果只需走刀切削一次，即可省略图中的第(5)～(7)步；如需走刀切削三次、四次或更多，则要重复进行第(5)～(7)步。

车端面的切削步骤与上述相同，只是车刀运动方向不同。

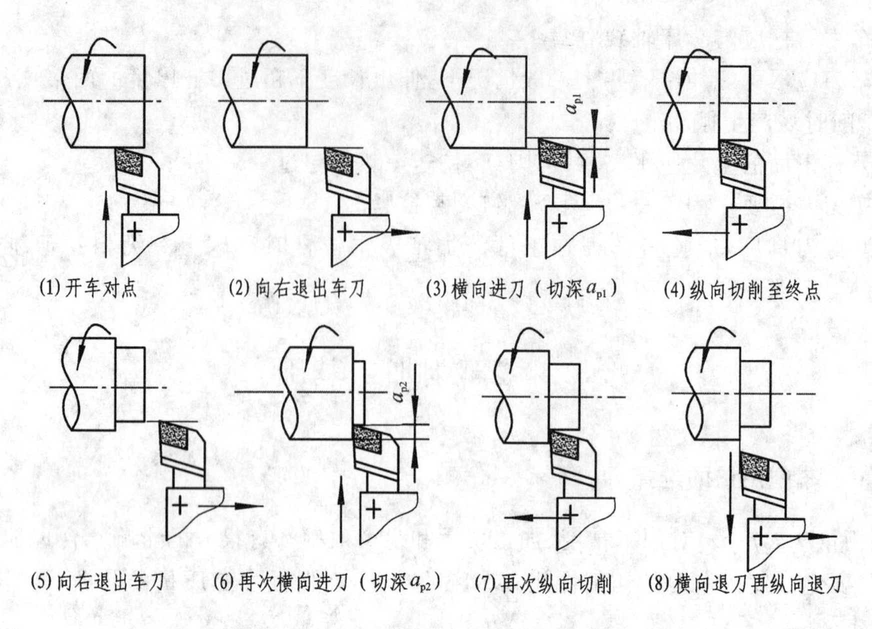

图 5－15　车外圆时正确的切削步骤

5.4.3　试切的作用和方法

(1) 试切的作用。由于刀架丝杠和螺母的螺距及刻度盘的刻线均有一定的制造误差，只按刻度盘定切深难以保证精车时所需的尺寸公差，因此，需要通过试切来准确控制尺寸。此外，试切也可防止进错刻度而造成废品。

(2) 试切的方法。车外圆的试切方法及步骤如图 5－16 所示。

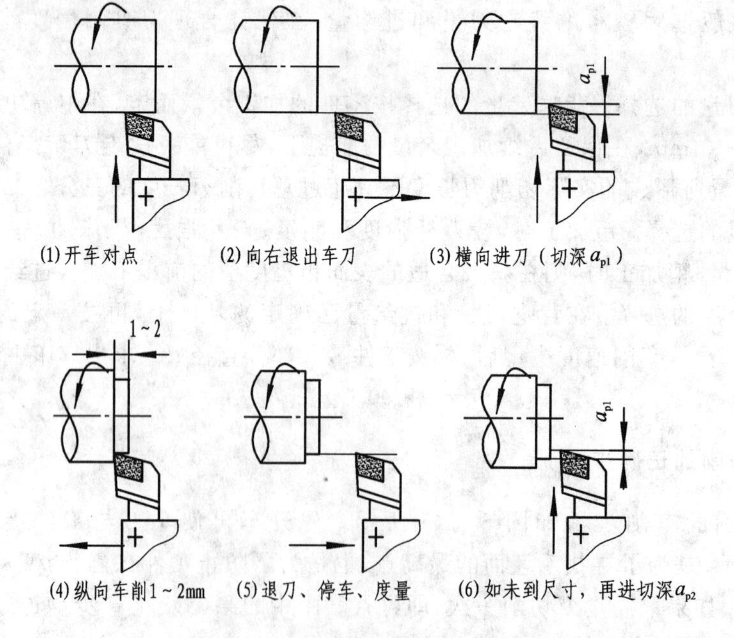

图 5－16　外圆的试切方法与步骤

图中(1)～(5)步是试切的一个循环。如果尺寸合格即可开车按切深车削整个外圆；如果未到尺寸，应在第(6)步之后再次横向进刀切深，重复第(4)，(5)步直到尺寸合格为止。各次所定的切深均应小于各次直径余量的一半。如果尺寸车小，可按图 5－17 所示的方法，按刻度将车刀横向退出一定的距离再进行试切直至尺寸合格。

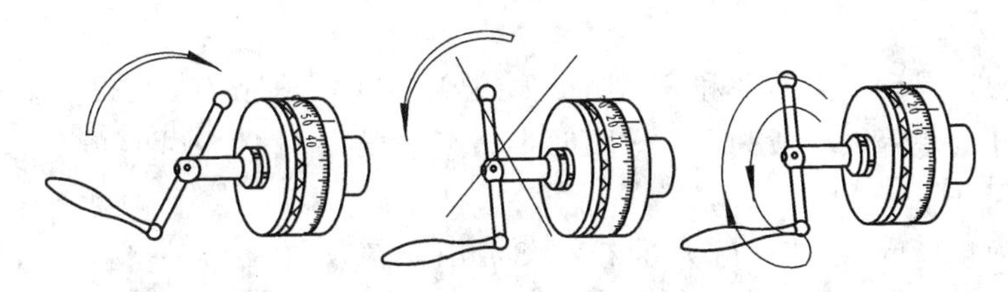

图 5－17　刻度盘的正确使用

5.4.4　刻度盘的正确使用

(1) 刻度盘的作用。中拖板及小刀架均有刻度盘，刻度盘的作用是为了在车削工件时能准确移动车刀，控制切深。中拖板的刻度盘与横向手柄均装在横丝杠的端部；中拖板和横丝杠的螺母紧固在一起，当横向手柄带动横丝杠和刻度盘转动一周时，螺母即带动中拖板移动一个螺距。因此，刻度盘每转一格，中拖板移动的距离＝丝杠螺距/刻度盘格数(mm)。

例如，C618K－1 车床中拖板的丝杠螺距为 4mm，其刻度盘等分为 100 格，故每转 1 格中拖板带动车刀在横向所进的切深量为 4 mm/100 ＝ 0.04 mm，从而使回转表面切削后直径的变动量为 0.08 mm。为方便起见，车削回转表面时，通常将每格的读数记为 0.08 mm，12.5 格的读数记为 1 mm。

加工外圆表面时，车刀向工件中心移动为进刀，手柄和刻度盘是顺时针旋转；车刀由中心向外移动为退刀，手柄和刻度盘是逆时针旋转。加工内圆表面时则相反。

(2) 刻度盘的正确使用。由于丝杠与螺母之间有一定的间隙，如果刻度盘多摇过几格(如图 5－17(a)所示)，不能直接退回几格(如图 5－17(b)所示)，必须反向摇回约半圈，消除全部间隙后再转到所需位置(如图 5－17(c)所示)。

小刀架刻度盘的作用、读数原理及使用方法与中拖板的作用相同，所不同的是小刀架刻度盘一般用来控制工件端面的切深量，利用刻度盘移动小刀架的距离就是工件长度的变动量。

5.4.5　粗车和精车

为了保证加工质量和提高生产率，加工零件应分为若干步骤。中等精度的零件，一般按粗车－精车的方案进行；精度较高的零件，一般按粗车-半精车-精车或粗车-半精车-磨的方案进行。

1. 粗车

粗车的目的是尽快地从毛坯上切去大部分加工余量，使工件接近要求的形状和尺寸。粗车应给半精车和精车留有合适的加工余量(一般为 1～2 mm)，而对精度和表面粗糙度无严格的要求。为了提高生产率和减小车刀磨损，粗车应优先选用较大的背吃刀量，其次适当加大进给量,而只采用中等或中等偏低的切削速度。使用硬质合金车刀进行粗车的切削用量推荐如下:切深 a_p 取 2～4 mm,进给量 f 取 0.15～0.4 mm/r,切速 v 取 40～60 mm/min(切钢)或 30～50 mm/min(切铸铁)。当卡盘夹持的毛坯表面凸凹不平或夹持的长度较短时,切削用量应适当减小。

2. 精车

精车的关键是保证加工精度和表面粗糙度的要求,生产率应在此前提下尽可能提高。

精车的尺寸公差等级一般为 IT8～IT6,半精车一般为 IT10～IT9,精车的尺寸公差等级主要靠试切来保证。

精车的表面粗糙度 R_a 值一般为 3.2～0.8 μm;半精车的 R_a 值一般为 6.3～3.2 μm。精车时为保证表面粗糙度值一般采取如下措施:

(1) 适当减小副偏角或刀尖磨有小圆弧,以减小切削残留量,如图 5-11 所示;

(2) 适当加大前角,将刀刃磨得更为锋利;

(3) 用油石仔细打磨车刀的前后刀面,使其 R_a 值达到 0.2～0.1 μm,可有效减小工件表面的 Ra 值;

(4) 合理选用切削用量。选用较小的切深和进给量 f 可减小切削残留量(如图 5-11 所示),使 R_a 值减小。车削钢件时采用较高的切速($v \leqslant 5$ m/min)都可获得较小的 R_a 值。低速精车生产率很低,一般只用于小直径零件。精车铸铁件,切速较粗车时稍高即可。因为铸铁导热性差,切速过高将使刀具磨损加剧。

5.4.6　切削液的选择和应用

切削液有冷却刀具、工件和切屑,润滑以降低摩擦和刀具磨损,清洗排屑和防锈的作用。合理使用切削液,可以延长刀具寿命、减小表面粗糙度、提高尺寸精度和降低功率消耗。

常用的切削液有水溶性切削液和油溶性切削液两大类。水溶性切削液中以乳化液为典型代表,是由水和油混合形成的乳白色液体,低浓度时以冷却作用为主,高浓度时具有良好的润滑作用。油溶性切削液最常用的是矿物油。

应根据工件及刀具材料、工艺要求等选用切削液。粗加工时切削用量大,切削液的主要目的是降低切削温度,应选用冷却作用好的低浓度的乳化液。精加工时,主要是提高工件表面质量和刀具耐用度,应选用润滑性好的油溶性切削液。

硬质合金和陶瓷刀具一般不用切削液;切削铸铁和青铜时,为了避免细碎切屑黏附划伤配合面一般也不用切削液。

5.4.7　机床附件及工件装夹

在车床上加工的零件多为轴类和盘套类零件,有时也可能在不规则零件上进行外圆、内孔或其他面的加工。故零件在车床上有不同的装夹方法。

1. 三爪卡盘装夹工件

三爪卡盘是车床上应用最广的通用夹具,三爪卡盘的结构如图 5-18 所示。三爪卡盘体内有三个小伞齿轮,转动其中任何一个,都可以使与它们相啮合的大伞齿轮旋转。大伞齿轮背面的平面螺纹与三个卡爪背面的平面螺纹相啮合。当大伞齿轮旋转时,三个卡爪就在卡盘体上的径向槽内同时作向心或离心移动,以夹紧或松开工件。

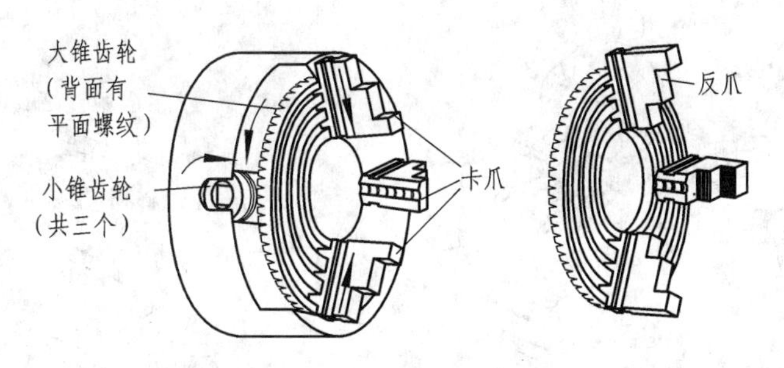

图 5-18　三爪卡盘的构造

三爪卡盘夹持工件能自动定心,定位与夹紧同时完成,使用方便。适合于装夹圆钢、六角钢及已车削过外圆的零件。图 5-19 为三爪卡盘安装工件的形式。

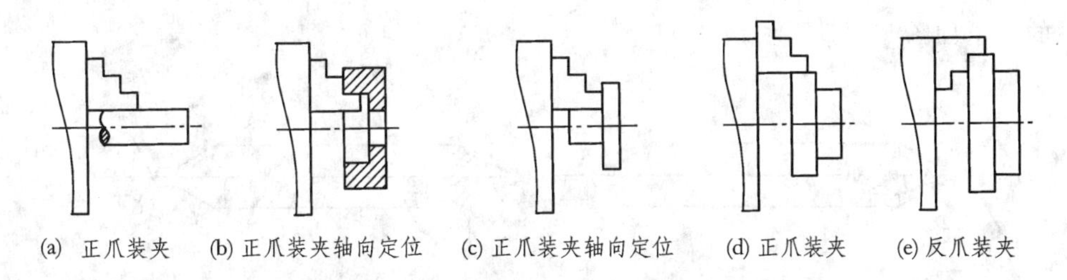

(a) 正爪装夹　(b) 正爪装夹轴向定位　(c) 正爪装夹轴向定位　(d) 正爪装夹　(e) 反爪装夹

图 5-19　三爪卡盘安装工件举例

用三爪卡盘安装工件可按下列顺序进行。

(1) 工件在卡爪之间放正,用卡盘扳手轻轻夹紧。若用已经精加工过的表面作为装夹面时,应包一层铜皮,以免板手损伤表面。

(2) 开动机床,使主轴低速旋转,检查工件有无偏摆。若有偏摆,表示工件未放正,应停车,用小锤轻敲校正,然后紧固工件。固紧后,必须立刻取下扳手,以免扳手在开车时飞出。

(3) 移动车刀至车削行程的左端。用手扳动卡盘,检查刀架等是否与卡盘或工件碰撞。

卡爪伸出卡盘的长度不能超过卡爪长度的一半。若工件直径过大,则应采用反爪装夹。三爪卡盘有正反两副卡爪,有的只有一副,可正反使用。各卡爪都有编号,应按编号顺序装配。

三爪卡盘的夹紧力较小。若需较大的加紧力,可更换成四爪卡盘。装拆卡盘时,必须停车进行,并在靠近卡盘的导轨上垫上木板。重量大的卡盘要使用吊装设备。

2. 四爪卡盘装夹工件

图 5-20 为四爪卡盘装夹工件,四爪卡盘上的四个卡爪分别通过转动螺杆而实现单动。它可用来装夹方形、椭圆形或不规则形状的工件,根据加工要求利用划线找正把工件调整至所需位置。此法调整费时费工,但夹紧力大。

3. 双项尖装夹工件

车削较长或加工工序较多的轴类零件时常使用双顶尖装夹,工件装夹在前、后顶尖之间(如图 5-21 所示),前顶尖为普通顶尖(死顶尖),装在主轴锥孔内,同主轴一起旋转;后顶尖为活顶尖,装在尾座套筒锥孔内。工件前端用卡箍(也称鸡心夹头)夹住,卡箍的弯曲拨杆插在拨盘 U 型槽内,拨盘装在车床主轴上,这样工件由卡箍、拨盘带动一起转动。用双顶尖加工,工件装夹方便,并使轴类零件各外圆表面保持较高的同轴度。双顶尖装夹只能承受较小的切削力,一般用于精加工。

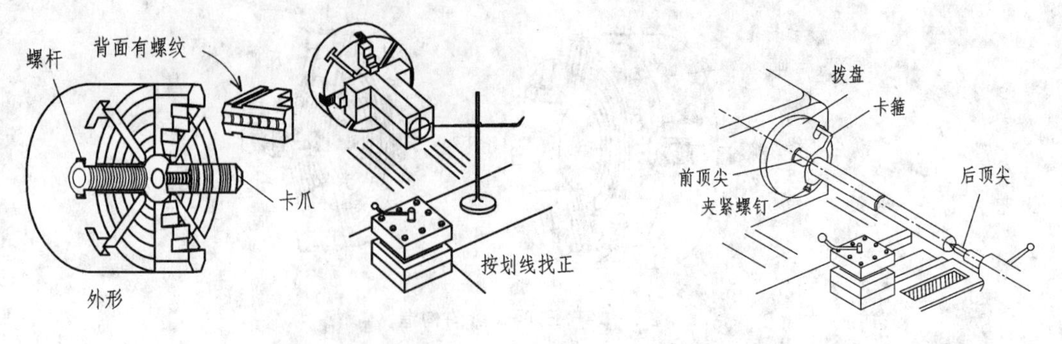

图 5-20　四爪卡盘装夹工作　　图 5-21　双顶尖装夹工件

用顶尖装夹时，工件两端要打中心孔，作为安装的定位基准。一般使用中心钻打中心孔。中心钻的类型如图 5-22 所示。

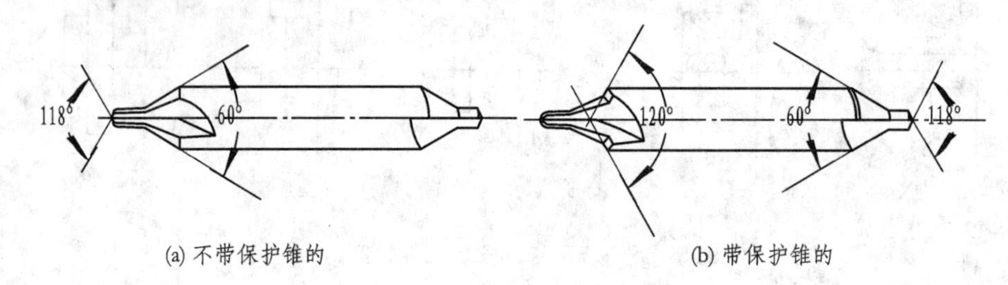

(a) 不带保护锥的　　(b) 带保护锥的

图 5-22　中心钻

中心孔上的60°锥孔与顶尖上的60°锥面相配合，里端的小圆孔保证锥孔与顶尖锥面配合贴切，并可存贮少量润滑油。图 5-22(b)中心孔外端的120°锥面又称保护锥面，用以保护60°锥孔的外缘不被碰坏。对于(a)型中心钻和(b)型中心钻，可在车床或专用机床上使用。加工中心孔之前一般应先将轴的端面车平。

4. 卡盘和顶尖装夹工件

对一端面已有中心孔或内孔的工件，常在一端用卡盘夹住，另一端用活顶尖顶住中心孔或内孔，以限制工件的轴向移动。

5. 心轴安装工件

有些形状复杂和位置公差(主要是同轴度和跳动)要求较高的盘套类零件，要用心轴安装加工。这时要先精加工孔(高于 IT8 和 R_a 1.6 μm)，然后以该孔定位，安装到心轴上加工外圆或端面。心轴在前后顶尖上的安装方法与轴类零件相同。

心轴的种类很多，常用的有锥度心轴、圆柱心轴和可胀心轴。

(1) 锥度心轴，如图 5-23 所示，其锥度为 1∶2 000～1∶5 000。工件压入后，靠摩擦力与心轴固紧。锥度心轴对中准确，装卸方便，但不能承受大的力矩。多用于盘套类零件外圆和端面的精车。

(2) 圆柱心轴，如图 5-24 所示，工件装入圆柱心轴后需加上垫圈，用螺母锁紧。其夹紧力较大，可用于较大直径盘类零件外圆的半精车和精车。圆柱心轴外圆与孔配合有一定间隙，对中比锥度心轴差。使用圆柱心轴时，工件两端面相对孔的轴线的端面跳动应在 0.01 mm 以内。

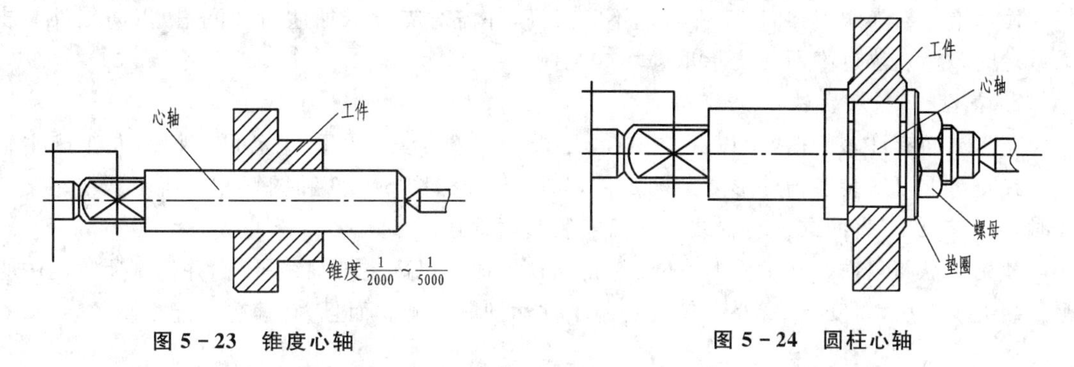

图 5－23　锥度心轴　　图 5－24　圆柱心轴

(3) 可胀心轴，如图 5－25 所示，工件装在可胀锥套上，拧紧螺母 1，使锥套沿心轴锥体向左移动而引起直径增大，即可胀紧工件，拧松螺母 1，再拧动螺母 2 来推动工件，即可将工件卸下。

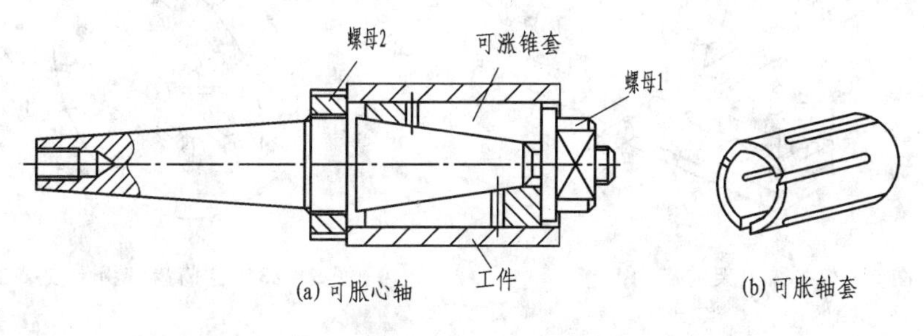

(a) 可胀心轴　(b) 可胀轴套

图 5－25　可胀心轴

6. 中心架和跟刀架

加工细长轴时，为了防止工件振动或受径向切削分力的作用而产生弯曲变形，常用中心架或跟刀架作为辅助支承。

加工细长阶梯轴的各外圆时，一般将中心架支承在轴的中间部位，先车右端各外圆，调头后再车另一端的外圆，如图 5－26(a)所示；加工长轴或长筒的端面或端部的孔和螺纹等时，可用卡盘夹持工件左端，用中心架支承右端，如图 5－26(b)所示。

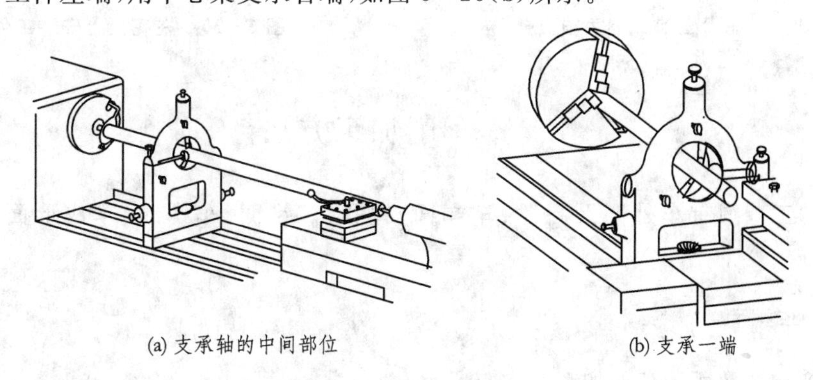

(a) 支承轴的中间部位　(b) 支承一端

图 5－26　中心架的应用

跟刀架固定在大拖板侧面上，如图 5－27 所示。跟刀架作纵向运动，以增加车刀切削处工件的刚度和抗振性。跟刀架主要用于细长光轴的加工，使用跟刀架需先在工件右端车削一段外圆，根据外圆调整跟刀架两支承爪的位置和松紧，然后即可车削光轴的全长。

使用中心架和跟刀架时,工件转速不宜过高,并需对支承爪加注机油润滑,以防工件与支承爪之间摩擦发热过高而使支承爪磨坏或烧损。

7. 花盘、压板及角铁

花盘端面有许多长槽,用以穿放螺栓、压板和角铁卡紧工件。花盘可直接装在车床主轴上。在花盘上可安装各种外形复杂的零件,如图 5-28、图 5-29 和图 5-30 所示。在装夹工件时,要使被加工表面的旋转轴线与花盘安装基面垂直。

使用花盘与角铁装夹工件时,还要校正角铁平面与机床主轴轴线平行,并达到所需的中心距。装夹工件后,要安置平衡块,使夹具与工件达到静平衡。而且,转速也不能太高。

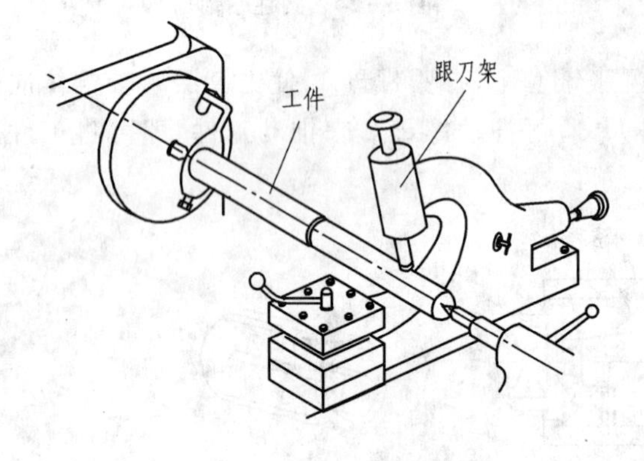

图 5-27　跟刀架的应用

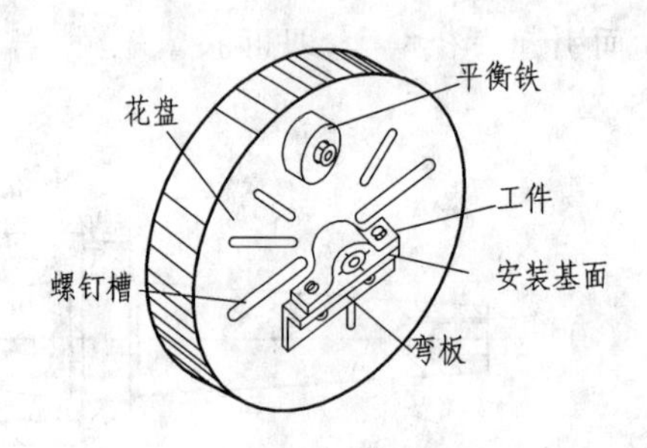

图 5-28　在药盘弯板上安装工件

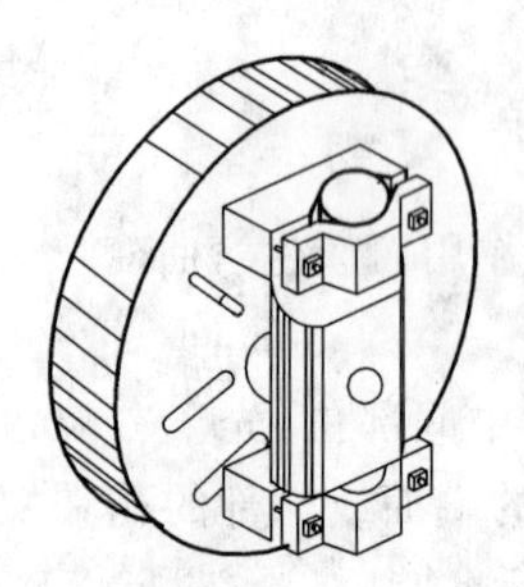

图 5-29　在花盘上加工十字轴内孔

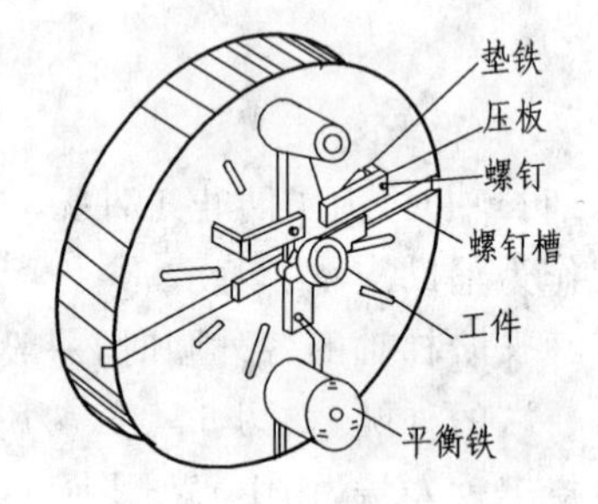

图 5-30　在花盘上安装工件

5.5　车削加工方法

车削的加工范围有车外圆及台阶、车端面、镗孔、车锥面、车螺纹、车成形面、切槽及切断等。

5.5.1　车端面

端面车削方法及所用车刀如图 5-31 所示。

车端面时刀尖必须准确对准工件的旋转中心,否则将在端面中心处车出凸台,极易崩坏刀尖。车端面时,切削速度由外向中心逐渐减小,会影响端面的粗糙度,因此工件切削速度应比车外圆时略高。

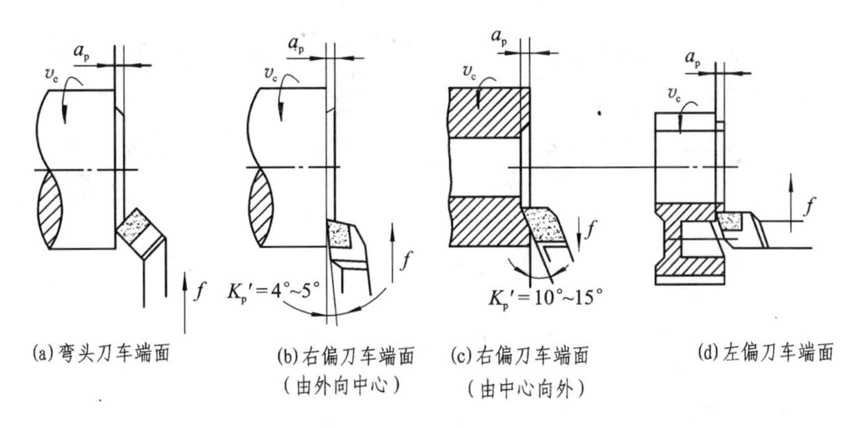

图 5-31　车端面

45°弯头刀车端面(如图 5-31(a)所示)，中心的凸台是逐步车掉的，不易损坏刀尖。右偏刀由外向中心车端面(如图 5-31(b)所示)，凸台是瞬间车掉的，容易损坏刀尖，因此切近中心时应放慢进给速度。对于有孔的工件，车端面时常用右偏刀由中心向外进给(如图 5-31(c)所示)，这样切削厚度较小，刀刃有前角，因而切削顺利，粗糙度 R_a 值较小。零件结构不允许用右偏刀时，可用左偏刀车端面(如图 5-31(d)所示)。

车削大的端面，要防止因车刀受力及刀架移动而产生凸凹现象(如图 5-32 所示)，应按图 5-33所示的方法将大拖板紧固在床身上。

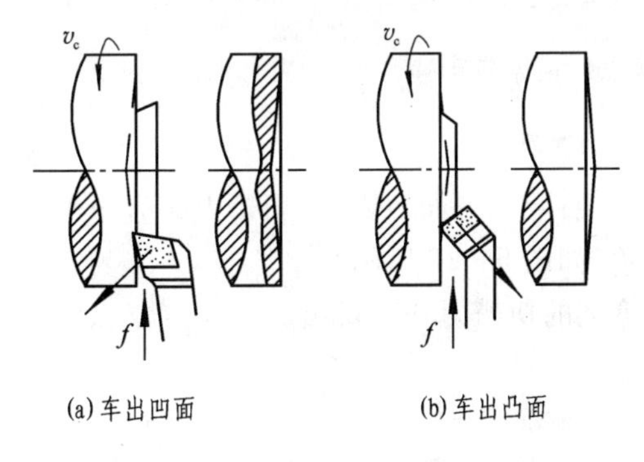

图 5-32　车大端面时产生凸凹现象

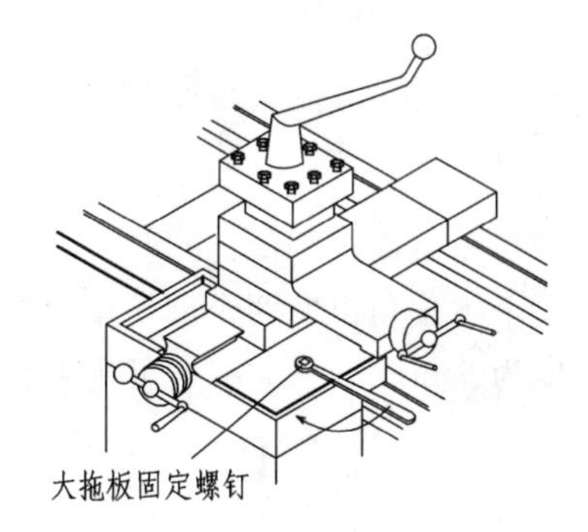

图 5-33　车大端面时锁紧大拖板

5.5.2　车外圆及台阶

外圆柱面零件有轴类与盘类两大类。轴类零件的原材料有热轧钢材和铸件两种。前者直径一般较小，后者直径一般较大。当零件长径比值较大时，可分别采用双顶尖、跟刀架和中心架装夹加工。

车削高度大于 5 mm 的台阶轴时，外圆应分层切除，再对台阶面进行精车，如图 5-34所示。

盘类零件的内孔、外圆和端面一般都有形位精度要求，加工方法大多采用“一次装夹”方法加工，俗称“一刀落”或“一刀活”。要求较高时可先加工好内孔，再用心轴装夹车削有关外圆与端面。

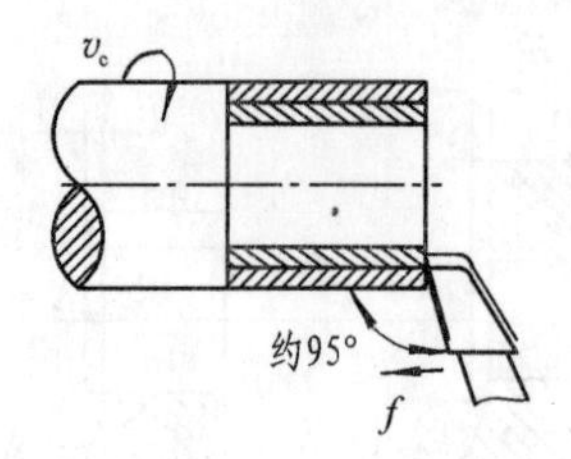

(a)偏刀主切削刃和工件轴线约成95°，分多次纵向进给车削

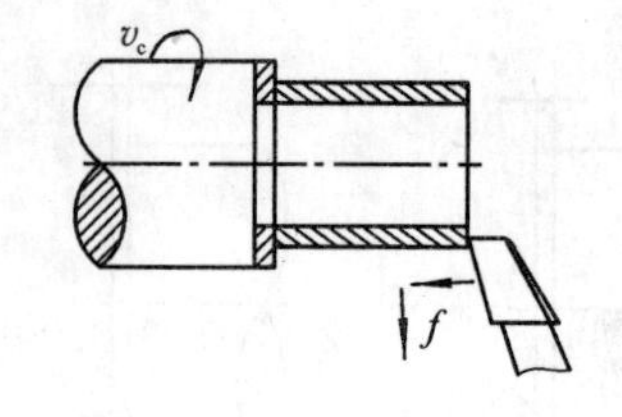

(b) 在末次纵向送进后车刀横向退出，车出90°台阶

图 5-34 车高台阶的方法

5.5.3 切槽与切断

1. 切 槽

车床上可切外槽、内槽与端面槽，如图 5-35 所示。

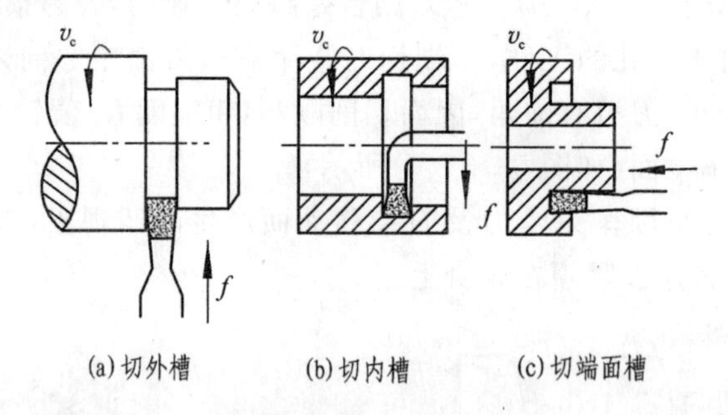

(a) 切外槽 (b) 切内槽 (c) 切端面槽

图 5-35 切槽及切槽刀

切槽与车端面很相似，如同左右偏刀同时车削左右两个端面。因此，切槽刀具有一个主切削刃和一个主偏角以及两个副切削刃和两个副偏角(如图 5-36 所示)。

宽度为 5 mm 以下的窄槽可用主切削刃与槽等宽的切槽刀一次切出。

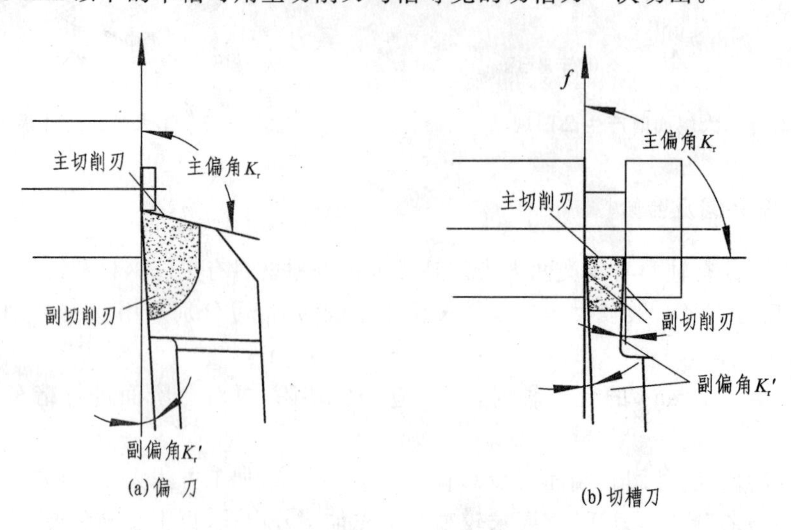

(a) 偏 刀 (b) 切槽刀

图 5-36 切槽刀与偏刀结构的对比

2. 切断

切断与切槽类似。但是，当切断工件的直径较大时，切断刀刀头较长，切屑容易堵塞在槽内，刀头容易折断。因此，往往将切断刀刀头的高度加大，以增加强度，将主切削刃两边磨出斜刃以利于排屑（如图 5－37 所示）。

切断一般在卡盘上进行（如图 5－38 所示），切断处应尽可能靠近卡盘。切断刀主切削刃必须对准工件旋转中心，较高或较低均会使工件中心部位形成凸台，并损坏刀头，如图 5－39 所示。切断时进给要均匀，快要切断时需放慢进给速度，以免刀头折断。切断不宜在顶尖上进行。

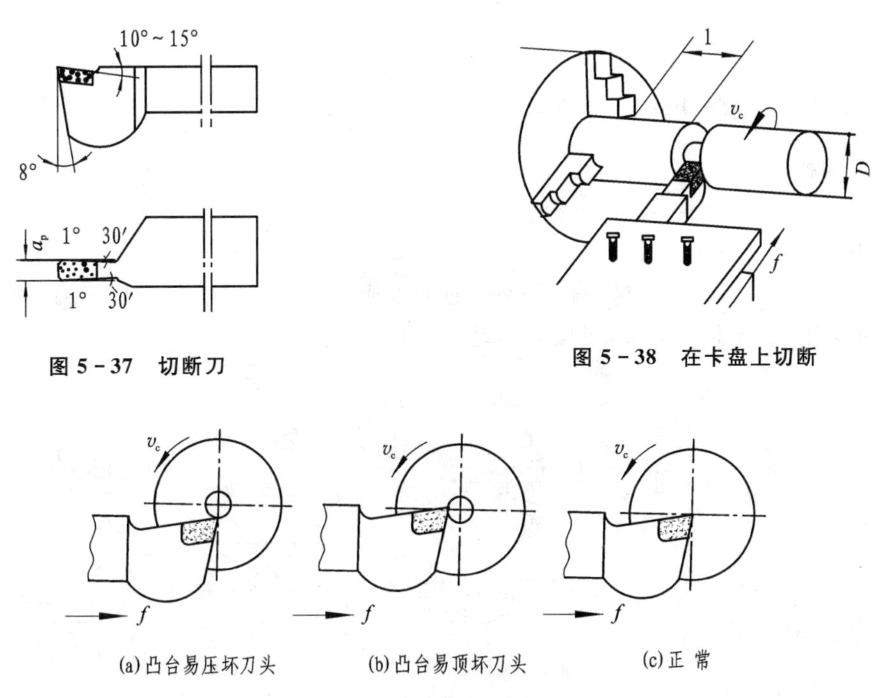

图 5－37　切断刀

图 5－38　在卡盘上切断

(a)凸台易压坏刀头　(b)凸台易顶坏刀头　(c)正 常

图 5－39　切断刀刀尖应与工件旋转中心等高

5.5.4　车圆锥

1. 车削圆锥的方法

在车床上车圆锥的方法很多，有转动小拖板法、偏移尾架法、机械靠模法、成形车刀车削法、轨迹法等。

(1) 转动小拖板法。求出工件圆锥的斜角($\alpha/2$)，将小拖板转过($\alpha/2$)角后固定。车削时，转动小拖板手柄，车刀就沿圆锥的母线移动，可车锥体和锥孔，如图 5－40 所示。这种方法简单，不受锥度大小的限制，但受小拖板行程的限制不能加工较长的圆锥，且表面粗糙度的高低靠操作技术控制，用手动进给实现，劳动强度较大。

(2) 偏移尾座法。把尾座偏移一个距离 S、使工件旋转轴线与车刀纵向进给方向相交成($\alpha/2$)斜角，如图 5－41 所示。此方法可以加工长锥体，但只能加工小锥度锥体，可用机动进给操作，劳动强度低。

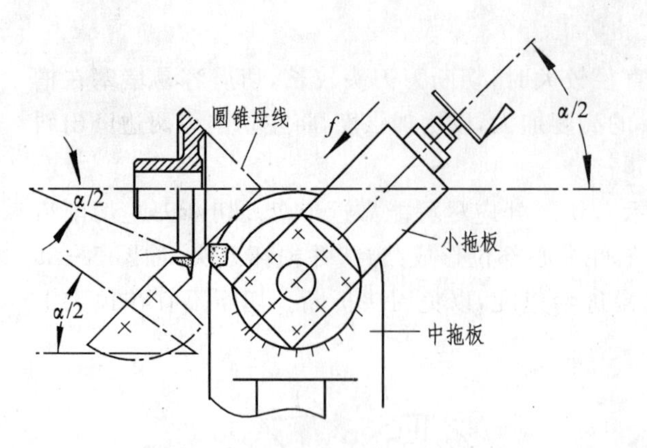

图 5 - 40 转动小拖板法车圆锥

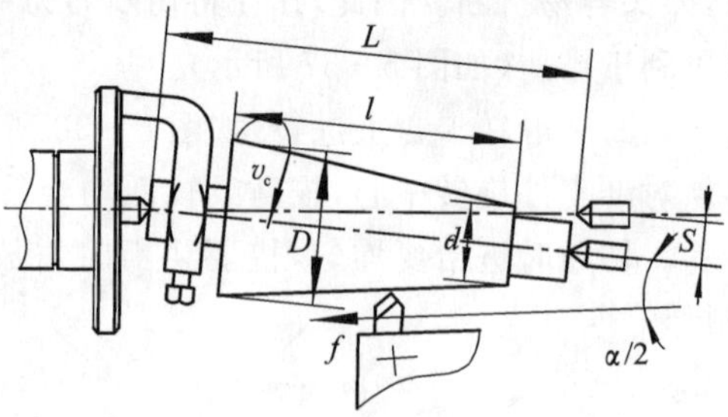

图 5 - 41 偏移尾座法车圆锥

尾座偏移量:

$$S = L \cdot (\alpha/2) = L \cdot (D - d)/(2l) = L \cdot \mathrm{tg}(\alpha/2)$$

式中,L 为工件长度(mm)。

(3) 成形车刀车削法。对于长度较短的圆锥成批加工时可磨制成形车刀,利用手动进给直接车出,此法径向切削力大,易引起振动,如图 5 - 42 所示。

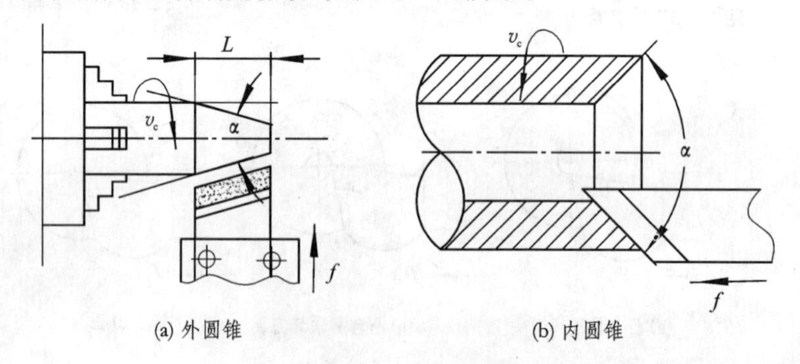

(a) 外圆锥　　(b) 内圆锥

图 5 - 42 成形车刀车削法车圆锥

(4) 机械靠模法。需用专用靠模工具,适用于成批加工锥度较小、精度要求高的圆锥工件,如图 5 - 43 所示。

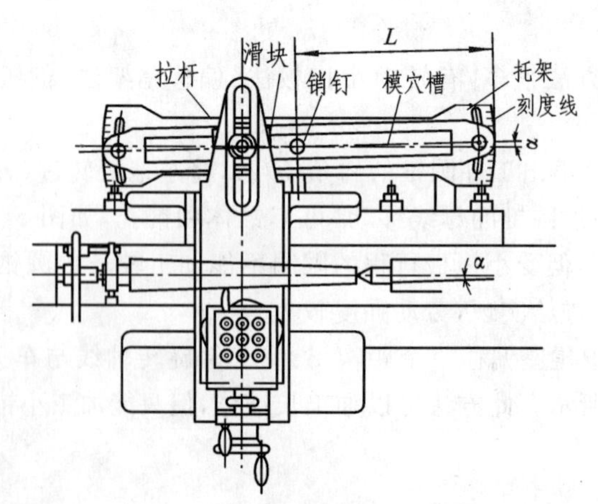

图 5 - 43 机械靠模法车圆锥

(5) 轨迹法。在数控车床上，车刀可根据编制的程序走出圆锥母线的轨迹，车出工件的圆锥。

2. 车圆锥操作示例

转动小拖板车圆锥是最常用的一种方法，现以车锥体（如图5－44所示）为实例，介绍其操作步骤。

(1) 根据零件图计算圆锥斜角（$\alpha/2$）：

$$\alpha/2 = \mathrm{arctg}[(D-d)/l] = \mathrm{arctg}(\alpha/2)$$

如图5－44所示锥体锥度 α 为 1∶20，即 $(\alpha/2)=\mathrm{arctg}(1/40)=1°25'$，并计算出D等于22 mm。

(2) 把锥体先车成圆柱体，其直径等于锥体大端直径，如图5－45所示。车出台阶 $\Phi20$、$\Phi22$，保证 $\Phi20$ 长15 mm，并在距台阶40 mm处刻出线痕。

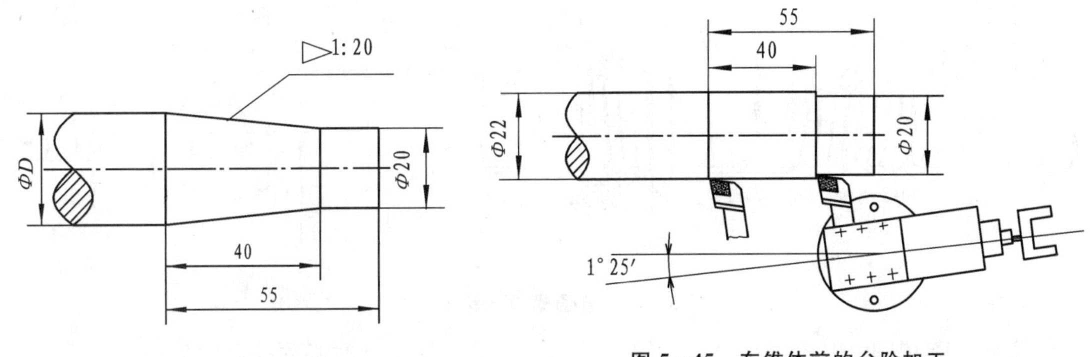

图5－44　圆锥零件图　　　图5－45　车锥体前的台阶加工

(3) 转动小拖板校正锥度。车右端为小端，左端为大端的锥体时，逆时针转动小拖板1°25′，然后用百分表接触 $\Phi22$ 的起点，记录读数，再转动小拖板 40/cos1°25′的距离，此时百分表的读数比原先的读数差1 mm，则小拖板转过的角度正好为1°25′，最后锁紧转盘及小拖板。

如有标准塞规或样件，用百分表校正时，移动小拖板可随时增减小拖板的转角量，使百分表指针不摆动，用这种方法校正锥度既准又快。

(4) 车圆锥时，先粗车，留0.2～0.5 mm余量进行精车。进给时，大拖板固定，用中拖板调整切刀深度，车削时，只能转动小拖板进行进给。进给结束后，移动中拖板将车刀退离工件，再反向转动小拖板，使车刀退到锥体右端的起始位置。在车削锥体的过程中，转动小拖板手柄应均匀。

车圆锥时，车刀中心要与车床主轴中心严格等高，否则圆锥母线会变成双曲线。

3. 圆锥表面的检测

检验锥体用套规，先在工件锥体母线均匀地涂上三条红丹粉线，把套规轻轻套入锥体，转动1/3～1/2转，拔出套规，如锥体上的红丹粉被均匀地擦去，说明锥度正确；若大端表面被擦去，小端表面末被擦去，说明锥度太小；反之则锥度太大。

检验锥孔用锥度塞规，红丹粉涂在塞规上进行检验，方法同检验锥体。

用锥度套规和塞规检验圆锥表面的另一种方法如图5－46所示，只要保证锥孔大端面在插入的塞规大端两条刻线处或锥体小端面

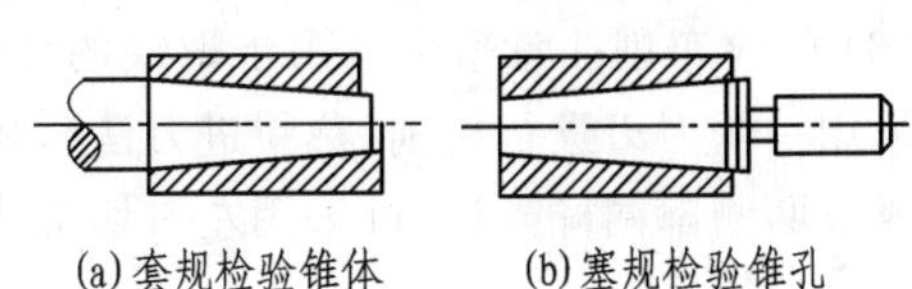

(a)套规检验锥体　　(b)塞规检验锥孔

图5－46　圆锥表面的检测

在套入的套规小端处的台阶孔间,即说明圆锥大端直径尺寸或小端直径尺寸在公差范围内。

对大锥度工件的锥度,可用万能角度尺检验或用样板检验。

5.5.5　螺纹车削

螺纹种类很多,按牙形可分为三角形螺纹、梯形螺纹和方牙螺纹等;按标准可分为公制螺纹和英制螺纹两种。公制螺纹三角螺纹的牙形角为60°,用螺距或导程来表示其主要规格;英制螺纹三角螺纹的牙形角为55°,用每英寸的牙数作为主要规格。各种螺纹都有左旋、右旋、单线、多线之分。公制三角螺纹应用最广,称普通螺纹。

1. 普通螺纹公称尺寸

GBl92～196－81规定了公称直径自1～50 mm普通螺纹的基本尺寸,如图5－47所示。

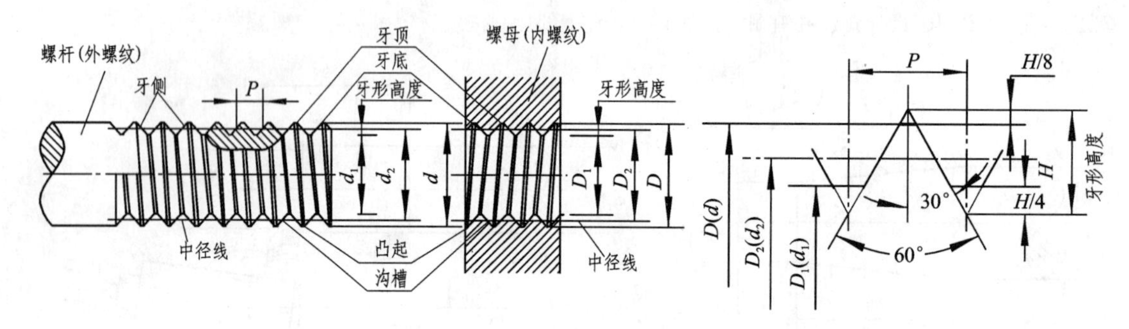

图5－47　普通螺纹名称及符号

其中大径、螺距、中径、牙形角是最基本要素,也是螺纹车削时必须控制的部分。

大径 D、d:外螺纹的外径(d),内螺纹的底径(D),是标注螺纹的尺寸。

中径 D_2、d_2:假想圆柱面直径,该处圆柱面上螺纹牙厚与螺纹槽宽相等。

螺距 P:指相邻两牙在轴线方向上对应点间的距离,由机床传动部分控制。

牙形角 α:螺纹轴向剖面上相邻两牙侧之间的夹角。

2. 螺纹车削

(1) 螺纹车刀及其安装。螺纹牙形角要靠螺纹车刀的正确形状来保证,因此三角螺纹车刀两刀刃的交角应为60°,而且精车时车刀的前角应等于0°,刀具用样板安装,应保证刀尖分角线与工件轴线垂直。

(2) 车床运动调整。为了得到正确的螺距 P,应保证工件转一转时,刀具准确地纵向移动一个螺距,即:

$$n_{丝} \cdot P_{丝} = n \cdot P$$

图5－48为车螺纹时传动简图,其中 n、$n_{丝}$ 分别表示工件和车床丝杠每分钟的转数,P、$P_{丝}$ 分别为加工工件和车床传动丝杠螺距。通常在具体操作时可按车床进给箱标牌上表示的数值按要加工工件螺距值,调整相应的进给调速手柄即可满足公式的要求。

(3) 螺纹车削注意事项。由于螺纹的牙形是经过多次走刀而形成的,一般每次走刀吃刀都是采用一侧刀刃进行切削(称斜进刀法),故这种方法适用于较大螺纹的粗加工。有时为了保证螺纹两侧都同样光洁,可采用左右切削法,采用此法加工时可利用小刀架先作向左或向右的少量进给。

在车削加工工件的螺距 P 与车床丝杠螺距 $P_{丝}$ 不是整数倍时,为了保证每次走刀时刀尖

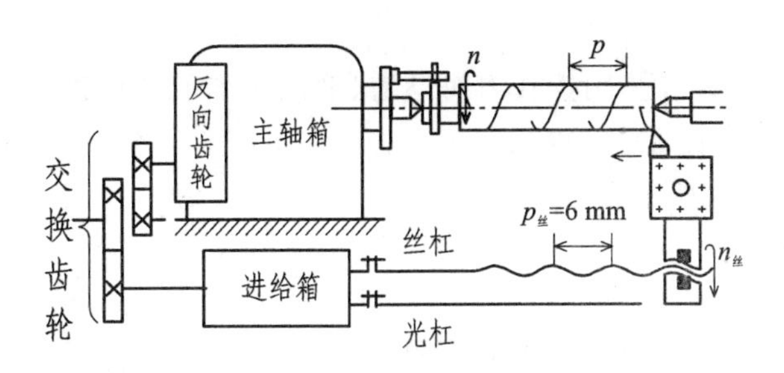

图 5-48　车螺纹传动简图

都正确落在前次车削好的螺纹槽内，不能在车削过程中提起开合螺母，而应采用反车退刀的方法。

车削螺纹时严格禁止以手触摸工件和以棉纱揩擦转动的螺纹。

5.5.6　孔加工

在车床上可以使用钻头、扩孔钻、铰刀等定径刀具加工孔，也可以使用内孔车刀镗孔。

内孔加工由于在观察、排屑、冷却、测量及尺寸控制等方面都比较困难，刀具的形状、尺寸又受内孔尺寸的限制而刚性较差，所以内孔的加工质量会受到影响。同时由于加工内孔不能用顶尖，因而装夹工件的刚性也较差。另外，在车床上加工孔时，工件的外圆和端面必须在同一次装夹中完成，这样才能靠机床的精度保证工件内孔、外圆表面的同轴度，以及工件轴线与端面的垂直度。因此，在车床上适合加工轴类、盘套类零件中心位置的孔，而不适合于加工大型零件及箱体、支架类零件上的孔。

1. 钻孔

在车床上钻孔与在钻床上钻孔的切削运动是不一样的，在钻床上加工的主运动是钻头的旋转，进给运动是钻头的轴向进给；而在车床上钻孔时（如图 5-49 所示），主运动由车床主轴带动工件旋转，钻头装在尾座的套筒里，用手转动手轮使套筒带着钻头实现进给运动。因此，在车床上加工孔，不需要划线，而且容易保证孔与外圆的同轴度及孔与端面的垂直度。

一般在车床上用麻花钻钻孔来完成低精度孔的加工，或作为高精度孔的粗加工。

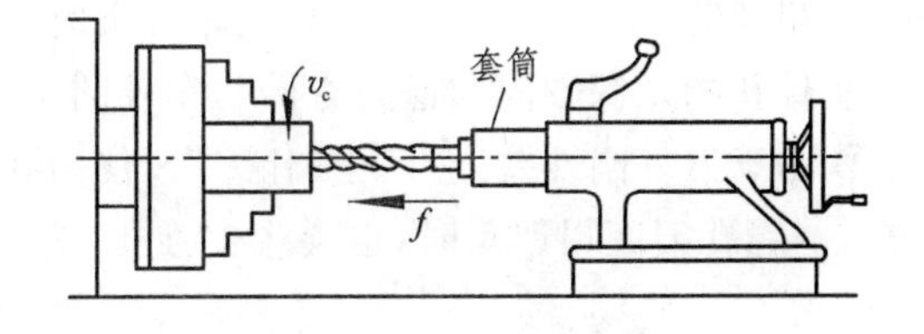

图 5-49　在车床上钻孔

在车床上钻孔应注意以下几点：

(1) 钻孔前，先车好端面，便于钻头定心。

(2) 钻孔时，要及时退钻排屑，用切削液冷却钻头。快钻透时，进给要慢，钻透后要退出钻头后再停车。

(3) 一般 Φ30 mm 以下的孔可用麻花钻直接在实心的工件上钻孔。若孔径在 Φ30 mm 以上，先用 Φ30 mm 以下的钻头钻孔后，再用该尺寸钻头扩孔。

2. 扩孔

扩孔就是把已用麻花钻钻好的孔再扩大的加工。一般单件低精度的孔可直接用麻花钻扩孔；精度要求高、成批加工的孔可用扩孔钻扩孔。扩孔钻的刚度好，进给量可较大，生产率较高。扩孔详见钳工中的有关内容。

3. 镗孔

(1) 镗孔及其操作。镗孔是用镗孔刀对已铸、锻或钻出的孔作进一步加工,以扩大孔径,提高孔的精度和降低孔壁表面粗糙度的加工方法。在车床上可镗通孔、镗盲孔、镗台阶孔及孔内环形沟槽等,如图 5-50 所示。

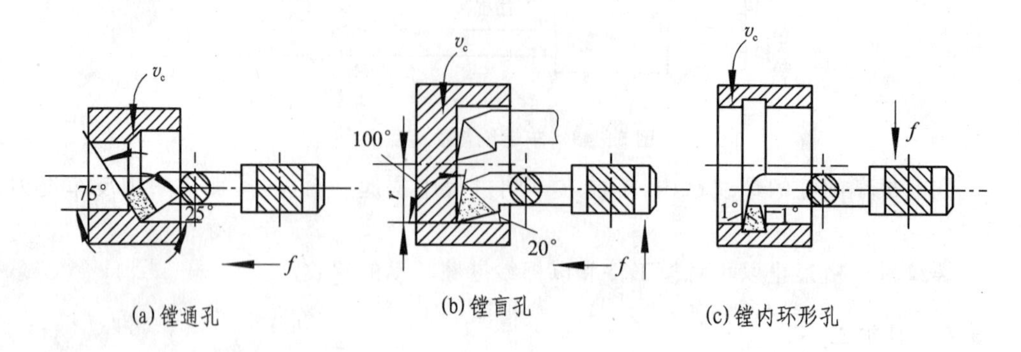

图 5-50 在车床上镗孔

通孔镗刀的主偏角 K_r 一般应小于 90°。镗盲孔或台阶孔的镗刀主偏角 K_r 应大于 90°。精镗通孔时,为防止切屑划伤已加工表面,镗刀刃倾角 λ_s 应取正值,以使切屑流向待加工表面,从孔的前端口排出。精镗盲孔时,镗刀的刃倾角 λ_s 应取负值,以使切屑从孔口及时排出。精车镗孔刀断屑槽要窄,以便于卷屑、断屑。

镗孔时,镗刀伸入孔内切削,由于刀杆尺寸受到孔径的限制,所以易出现刀杆刚性不足而产生弹性弯曲变形,使加工出的孔呈喇叭口形。为提高刀杆刚性,刀杆的直径尺寸应尽量大些,伸出长度应尽量短些,刀尖要略高于主轴旋转中心,以减小颤动和避免扎刀。

镗通孔时,在选截面尽可能大的刀杆的同时,应防止镗刀下部碰伤已加工表面。镗盲孔时,则要使刀尖至刀背面的距离小于孔径的一半,否则无法车平不通孔底的端面。

镗孔操作与车外圆操作基本相同,但应注意以下几点。

① 开车前先使车刀在孔内手动试走一遍,确认车刀不与孔干涉后,再开车镗孔。

② 粗镗时,切削用量(f、a_p)要比车外圆时略小。刀杆越细,背切刀量 a_p 也应越小。

③ 镗孔的切深方向和退刀方向与车外圆正好相反。

④ 由于刀杆刚性差,会产生"让刀"而使内孔成为锥孔,这时需降低切削用量,采取多次镗孔方式。镗孔刀磨损严重时,也会产生锥孔,这时需重磨车刀后再进行镗孔。

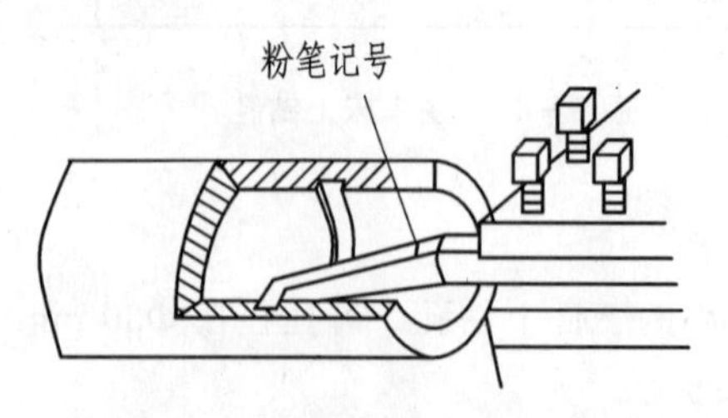

图 5-51 控制车孔深度的方法

(2) 镗孔尺寸的控制和测量。内孔的孔深可用如图 5-51 所示的方法初步控制镗孔深度后,再用游标卡尺或深度千分尺测量来控制孔深。

内径的测量:精度较高的孔径,用游标卡尺测量;精度高的孔径则用内径千分尺或内径百分表测量,如图 5-52 所示。对于标准孔径,可用塞规检验,如图 5-53 所示。过端能进入孔内,止端不能进入孔内,说明工件的孔径合格,这是内孔尺寸和形状的综合测量方法,适合成批加工时的检验。

4. 铰孔

铰孔是高效率成批精加工孔的方法,孔的加工质量稳定。钻—扩—铰连用是孔加工的典型方法之一,多用于成批生产,或用于单件小批生产中加工细长孔。

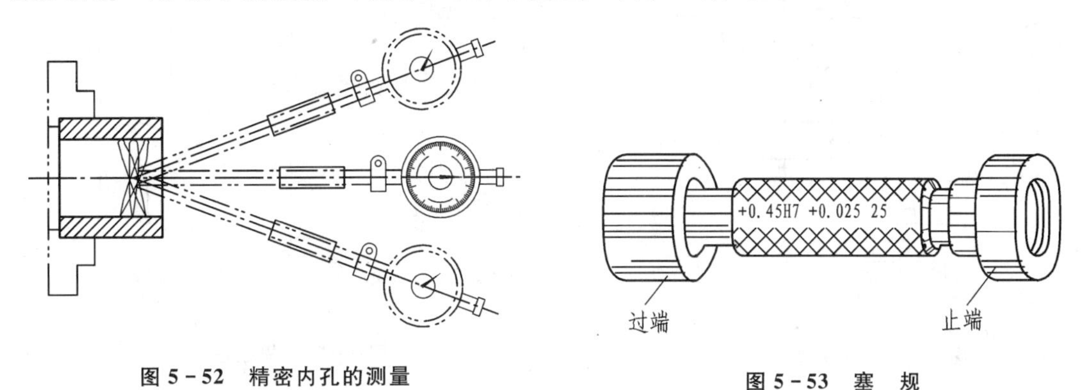

图 5-52　精密内孔的测量　　　　图 5-53　塞　规

5.5.7　其他车削加工

在车床上,还可车成形面、车偏心件、滚花、盘弹簧等。

1. 车成形面

手柄、手轮、圆球等成形表面可以在车床上车削出来。成形面车削方法有以下几种。

(1) 成形车刀法。用类似工件轮廓线的成形车刀车出所需工件的轮廓线,如图 5-54 所示。车刀与工件接触面较大,易振动,应选用较低的转速和小进给量。车床的刚度和功率应较大,成形面精度要求低,成形刀应磨出前角。在使用成形车刀以前,应先用普通车刀把工件车到接近成形面的形状,再用成形车刀精车。此法生产率较高,但刀具刃磨困难,故适用于批量较大、刚性较好、轴向长度短、且较简单的成形面零件。

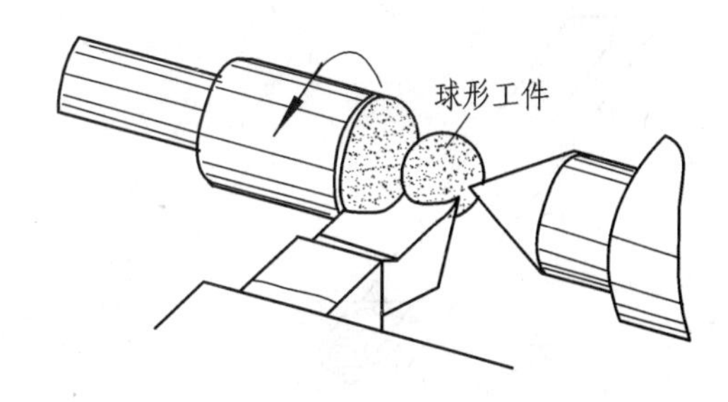

图 5-54　成形车刀法

(2) 双手操纵法。单件、小批量的成形面零件可用双手同时操纵纵向和横向手动进给进行车削,使刀尖的运动轨迹与工件成形面母线轨迹一致,如图 5-55 所示。右手摇小拖板手柄,左手摇中拖板手柄,也可在工件对面放一个样板,来对照所车工件的曲线轮廓。所用刀具为普通车刀,用样板反复检验,最后用锉刀和砂纸修整、抛光。这种方法要求熟练的操作技术,并且生产效率低。

(3) 靠模法。利用刀尖运动轨迹与靠模形状完全相同的方法车出成形面,如图 5-56 所示。靠模安装在床身后面,车床中拖板需与其丝杠脱开。其前端连接板上装有滚柱,当大拖板纵向进给时,滚柱即沿靠模的曲线槽移动,从而带动中拖板和车刀作曲线走刀而车出成形面。此法操作简单,生产率高,但需制造专用模具,适用于批量生产、车削较长和形状简单的成形面零件。

(4) 数控法。按工件轴向剖面的成形母线轨迹编制成数控程序,输入数控车床,车成形面。此法车出的成形面质量高,生产率也高,还可车复杂形状的零件。

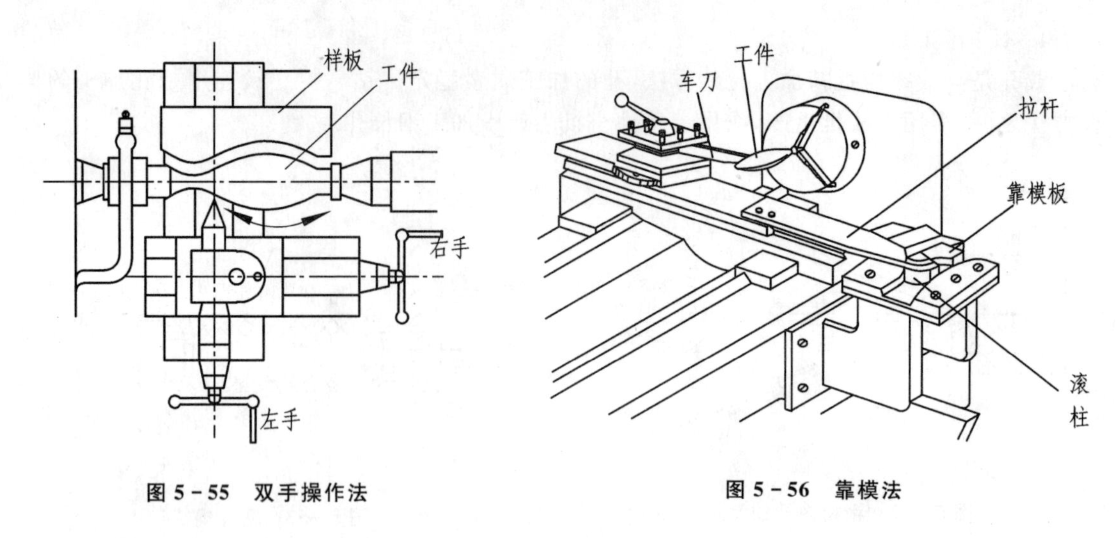

图 5－55　双手操作法　　　图 5－56　靠模法

2. 滚花

用滚花刀将工件表面压出直线或网纹的方法称为滚花,如图 5－57 所示。滚花刀按花纹分有直纹和网纹两种类型,按花纹的粗细分也有多种类型,按滚花轮的数量又将滚花刀分为单轮、双轮和三轮三种。

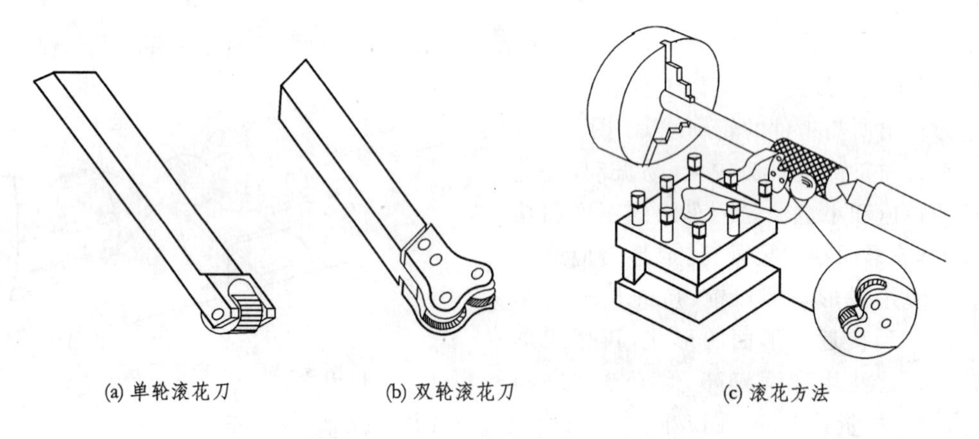

(a) 单轮滚花刀　(b) 双轮滚花刀　(c) 滚花方法

图 5－57　滚花刀及滚花方法

滚花时,工件以低速旋转,滚轮柄装夹在刀架上,横向进给,压紧工件表面。花纹深度与滚花轮压紧工件表面的程度有关,但不能一次压得太紧,应边滚边加深。为了避免研坏滚花刀和防止细屑滞塞在滚花刀内而产生乱纹,应充分供给切削液。

工件经滚花后,可增加美观程度,并便于握持,常用于螺纹环规、千分尺的套管、手拧螺母等。

5.6　典型零件车削工艺简介

5.6.1　制定零件加工工艺的要求

零件加工工艺是零件加工的方法和步骤。制定零件加工工艺必须保证该零件的全部技术要求,并使生产率最高、加工成本最低、加工过程安全可靠。

1. 制定零件加工工艺的主要内容与步骤

(1) 确定毛坯的种类。毛坯种类应根据零件的材料、形状、尺寸及工件数量来确定。

(2) 确定零件的加工顺序。零件加工顺序应根据尺寸精度、表面粗糙度和热处理等全部技术要求以及毛坯的种类和结构、尺寸来确定。

(3) 确定工艺方法及加工余量。即确定每一工序所用的机床、工件装夹方法、加工方法、测量方法及加工尺寸(包括为下道工序所留的加工余量)。

单件小批量生产中、小型零件的加工余量,可按下列数值选用(对内外圆柱面及平面均指单边余量)。毛坯尺寸大的,取大值;反之,取小值。

总余量:手工造型铸件约 3~6 mm;自由锻件约 3.5~7 mm;圆钢料约 1.5~2.5 mm。

工序余量:半精车约 0.8~1.5 mm;高速精车约 0.4~0.5 mm;低速精车约 0.1~0.3 mm;磨削约 0.15~0.25 mm。

2. 制定零件加工工艺的基本原则

(1) 精基面先行原则。零件加工必须选合适的表面作为在机床或夹具上的定位基面。作为第一道工艺定位基面的毛坯面,称为粗基面;经过加工的表面作为定位基面的,称为精基面。主要的精基面应先行加工。

(2) 粗精分开原则。对精度要求较高的表面,一般应在工件全部粗加工后再进行精加工。这样可消除工件在粗加工时因夹紧力、切削热和内应力引起的变形,也有利于热处理工序的安排;在大批量生产时,粗、精加工常在不同的机床上进行,这也有利于高精度机床的合理使用。

(3) "一次装夹"原则。在单件、小批量生产中,有位置精度要求的有关表面应尽可能在一次装夹中进行精加工。

5.6.2　典型零件车削加工实例

1. 盘、套类零件

盘、套类零件主要由孔、外圆与端面组成,除尺寸精度、表面粗糙度外,一般外圆及端面对孔均有位置精度的要求。在工艺上,一般分为粗车和精车。精车时,尽可能把有位置精度要求的外圆、端面与孔在一次安装中加工出来。否则,通常先将孔精加工出来,再以孔定位安装在心轴上精加工外圆和端面,也可在平面磨床上磨削端面。

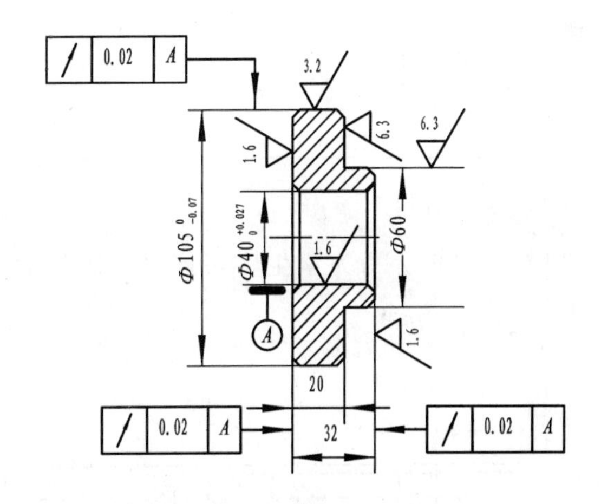

图 5-58　齿轮坯的零件图

如图 5-58 所示的齿轮坯是一种典型的盘类零件。图中表面粗糙度要求的 R_a 值 6.3~1.6 μm,故可用车削加工成形。根据齿轮坯的位置精度要求,车削时须保证大外圆及两端面对孔的跳动要求。其加工工艺过程如表 5-2 所示。

表 5－2　盘类零件的车削加工步骤及内容

序　号	工　种	工序内容	加工简图	刀　具	装夹方法
1	下　料	圆钢下料 $\Phi 110 \times 36$			
2	车	卡 $\Phi 110$ 外圆长 20 车端面见平，车外圆 $\Phi 63 \times 12$		右偏刀	三爪卡盘
3	车	卡 $\Phi 63$ 外圆，粗车端面，外圆至 $\Phi 107 \times 22$，钻孔 $\Phi 36$，粗精镗孔 $\Phi 40_{0}^{+0.027}$ 至尺寸，精车端面、保证总长 33，精车外圆 $\Phi 105^{0}_{-0.07}$ 至尺寸，倒内角 $1 \times 45°$，外角 $2 \times 45°$		右偏刀、45°弯头刀、麻花钻、镗孔刀	三爪卡盘
4	车	卡 $\Phi 105$ 外圆、垫铜皮、找正，精车台肩面保证厚度 20，车小端面、保证总长 32.3，精车外圆 $\Phi 60$ 至尺寸，倒内角 $1 \times 45°$，外角 $2 \times 45°$		右偏刀、45°弯头刀	三爪卡盘
5	磨(或用心轴车端面)	以大端面为基准，磨小端面，保证总长 32		砂　轮	电磁吸盘

2. 轴类零件

如图 5－59 所示为学生实习产品—榔头柄。图中表面粗糙度要求的 R_a 值为 3.2～

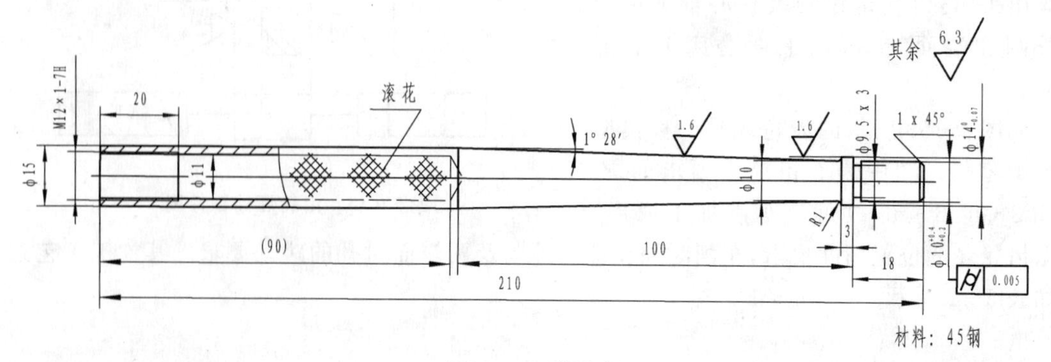

图 5－59　榔头柄

1.6 μm,可用车削加工成形。根据榔头柄的形状精度要求,车削时须保证 Φ10 处圆柱度的公差要求,以便磨削后与锤头孔配合。榔头柄的材料为 45 号钢,采用 Φ18 棒料。榔头柄车工工序工艺路线如表 5-3 所示。

表 5-3　榔头柄车工工序工艺路线图表

工　步	加工内容	加工简图	刀　具	切削用量 $n/(r \cdot min^{-1})$ $f(mm \cdot r^{-1})$
1	伸出长 20 夹紧,车两端面,车后长 210	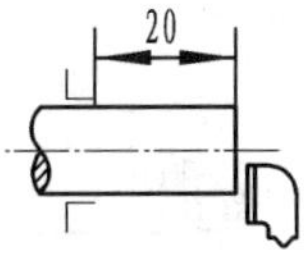 20	90°右偏刀	$n=477$ 手　动
2	伸出长 130 夹紧,钻中心孔	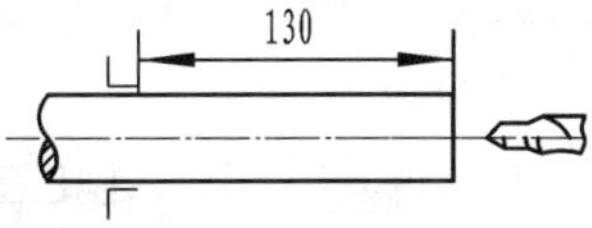 130	中心钻	$n=660$ 手　动
3	顶车外圆 Φ15×110	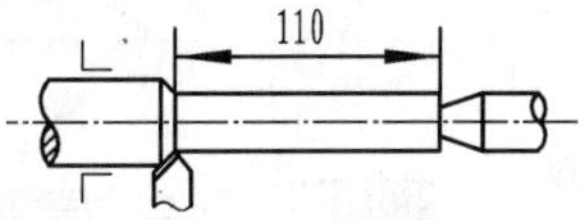 110	75°右偏刀	$n=477$ $f=0.08$
4	滚花长 100	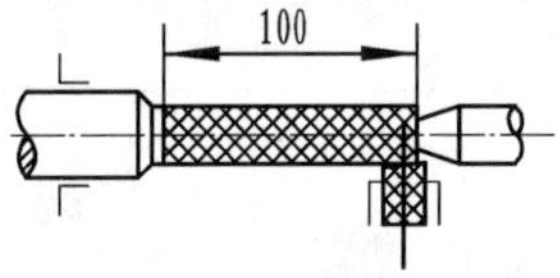 100	双轮滚花刀	$n=260$ $F=0.14$
5	钻孔深 90	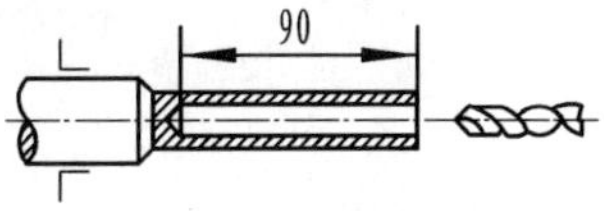 90	φ11 钻头	$n=260$ 手　动
6	攻　丝	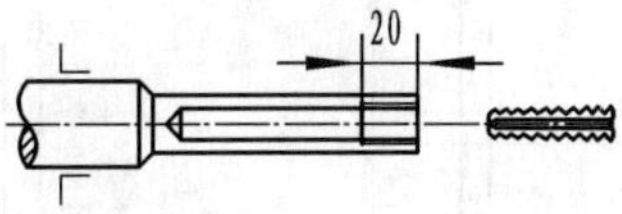 20	M12×1 丝锥	$n=40$ 手　动
7	伸出长 140 夹紧,钻中心孔	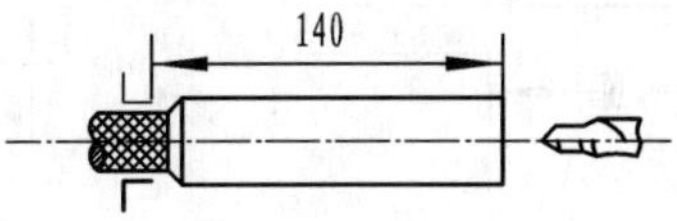 140	中心钻	$n=660$ 手　动
8	顶车外圆 Φ16×110,顶车外圆 $\Phi12^{0}_{-0.07}\times30$	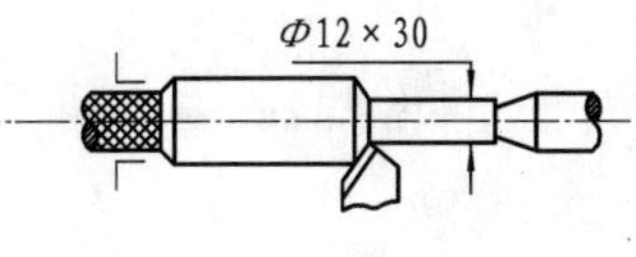 Φ12×30	75°右偏刀	$n=477$ $f=0.08$

续表 5-3

工　步	加工内容	加工简图	刀　具	切削用量 $n/(r \cdot min^{-1})$ $f(mm \cdot r^{-1})$
9	切槽 $\Phi 8\times 3$	18	切断刀	$n=260$ 手　动
10	车外圆 $\Phi 10\times 18$,倒角 $1\times 45°$(若为过盈配合,注意 $\Phi 10$ 处的公差)	$\Phi 10$	75°右偏刀	$n=477$ $f=0.08$
11	将小刀架扳成 1°28′车锥体		75°右偏刀 (圆头)	$n=477$ 手　动
12	套扣(当榔头杆与锤头为螺纹连接时)		M10 板牙	$n=40$ 手　动

如图 5-60 所示为学生实习产品——榔头柄堵头。榔头柄堵头采用 $\Phi 20$ 的铝合金(LY12)棒料,其加工工艺路线如表 5-4 所示。

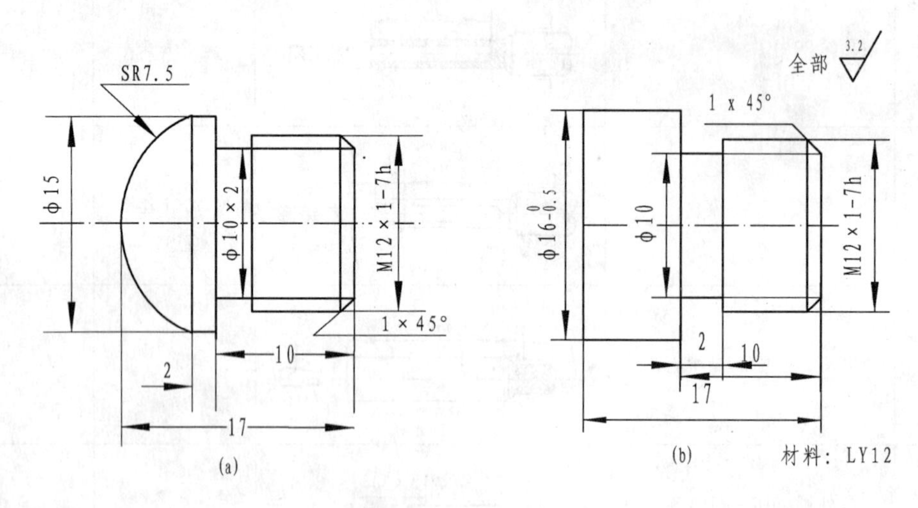

图 5-60　堵　头

表 5－4　榔头柄堵头工序工艺路线图表

工　步	加工内容	加工简图	刀　具	切削用量 $n/(\mathrm{r \cdot min^{-1}})$ $f(\mathrm{mm \cdot r^{-1}})$
1	伸出长 30 夹紧，车端面	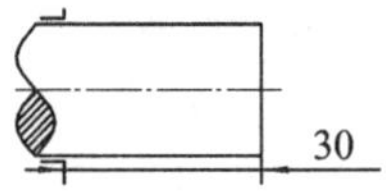 30	90°右偏刀	$n=660$
2	车外圆 $\Phi 16^{0}_{-0.5} \times 20$	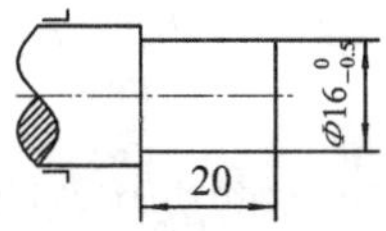 $\Phi 16^{0}_{-0.5}$ 20	90°右偏刀	$n=660$
3	车外圆 $\Phi 12^{0}_{-0.2} \times 10$	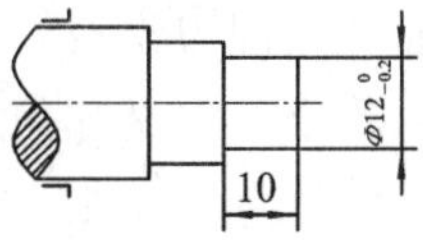 $\Phi 12^{0}_{-0.2}$ 10	90°右偏刀	$n=660$
4	切槽 $\Phi 10$	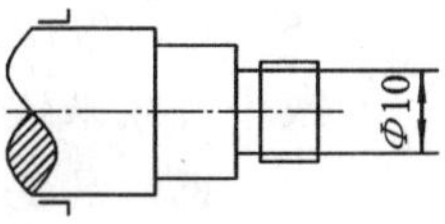 $\Phi 10$	切断刀	$n=660$
5	倒角 1×45°	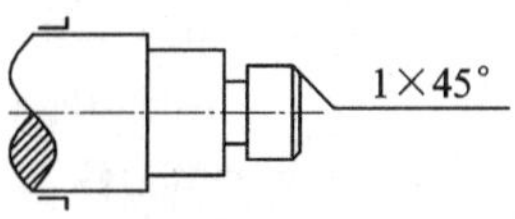 1×45°	45°右偏刀	$n=660$
6	套扣 M12×1	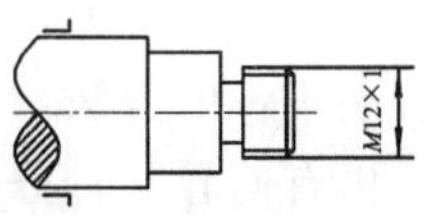 M12×1	M12×1 板牙	$n=40$
7	切断	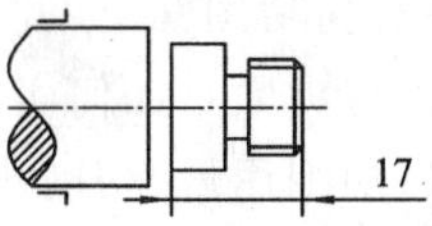 17	切断刀	$n=660$
8	将堵头旋入榔头柄，伸出长 20 mm，车圆弧		成形刀	$n=660$

思考练习题

1. 车削时工件和车刀都要运动,试说出哪些运动是主运动? 哪些运动是进给运动?

2. 试述普通车床上所能完成的工作。

3. 车削的加工精度一般可达到几级? 表面粗糙度 R_a 值可达到多少?

4. 普通车床有哪些主要组成部分? 各有何功用?

5. 车床上丝杠和光杠都能使刀架作纵向运动,它们之间有什么区别? 各适用在什么场合? 为什么?

6. 车床主轴前端有锥孔,而且是中空的,它起什么作用?

7. 车床尾座起什么作用?

8. 安装工件、安装刀具及开车操作时应注意哪些事项?

9. 试述常用车刀的名称及其用途。

10. 车刀切削部分由哪些表面和切削刃组成?

11. 外圆车刀的主要角度有哪几个? 定义如何,主要作用是什么? 如何选取?

12. 切槽刀和切断刀的形状有何特点? 切断刀容易折断的原因是什么? 如何防止?

13. 车细长轴的外圆时,为什么要用偏刀?

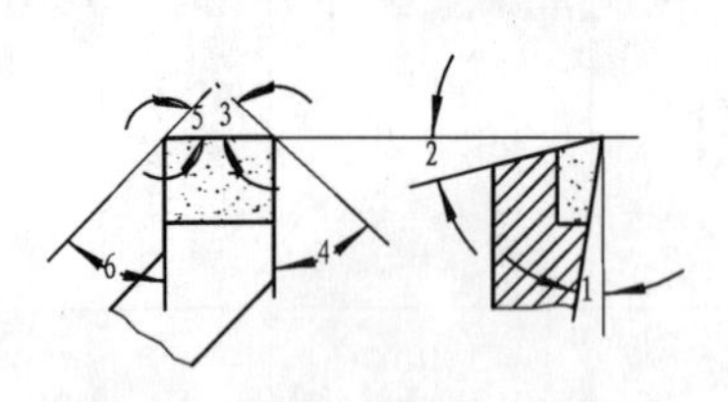

图 5-61　弯头刀

14. 为什么车刀的刀尖不是一个点,而常以小圆弧或小直线来代替?

15. 图 5-61 表示弯头刀的形状和切削角度。试在图上标出车外圆和车端面时的主切削刃、副切削刃、前角、后角、主偏角和副偏角。

16. 加工 45 钢和 HT200 铸铁时,各应选用哪类硬质合金车刀?

17. 车削时生产率与哪些因素有关? 提高生产率应采用哪些手段?

18. 为了保证车削零件各表面之间的位置公差常采用什么方法?

19. 试说出四种以上车床上装夹工件的方法。

20. 三爪卡盘和四爪卡盘的结构有何异同? 分别用在什么场合?

21. 什么样的工件适宜于用顶尖安装? 工件上的中心孔有何作用? 如何加工中心孔?

22. 跟刀架、中心架和心轴各有何功用?

23. 采用心轴装夹的工件定位与夹紧是如何实现的?

24. 试从加工要求、刀具形状、切削用量、切削步骤等方面说明粗车和精车的区别。

25. 你在实习过程中用过哪些切削液? 它们分别用在什么场合?

26. 在切削过程中进刻度时,若刻度盘手柄摇过了几格怎么办? 为什么?

27. 为什么要对刀、试切? 如果加工一批同样的工件,是否每件都必须试切? 为什么?

28. 车锥面、车外圆和车内圆时,刀尖低于工件轴线,分别会导致什么现象发生?

29. 车螺纹时,拖板箱返回前如果车刀不退出螺纹,将产生什么现象? 为什么?

30. 为什么车削时一般先车端面? 为什么钻孔前也要先车端面?

31. 车外圆时,若前后顶尖轴线不重合,会出现什么现象? 为什么? 如何解决?

32. 车螺纹时为何必须用丝杠带动刀架移动？主轴转速与刀具移动速度有何关系？

33. 如何防止车螺纹时的“乱牙”现象？试说明车螺纹的步骤。

34. 在车床上加工圆锥面和成形面的方法有哪些？

35. 试分析车削外圆时产生锥度的原因。

36. 镗孔与车外圆相比较在切削特点、刀具结构、装刀要求、切削用量上有何不同？

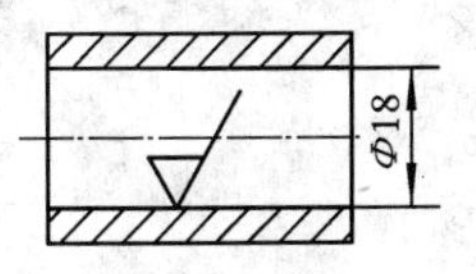

图 5-62 零 件

37. 加工如图 5-62 所示零件中 Φ18 的孔，若孔未注公差尺寸，表面粗糙度 R_a 为12.5 μm，则应采用何种方法加工？若尺寸公差等级为IT10，表面粗糙度值 R_a 为 6.3 μm，则应如何加工？

38. 在图 5-63 中，已知 $D=31.542$，$d=25.933$，$l=108$，$L=220$，求：(1)锥度；(2)用小滑板转位法车锥面时，小滑板应扳转多少角度？

39. 如图 5-64 所示为一盘类零件，应如何加工？试制定其车削工艺并画出工艺简图。

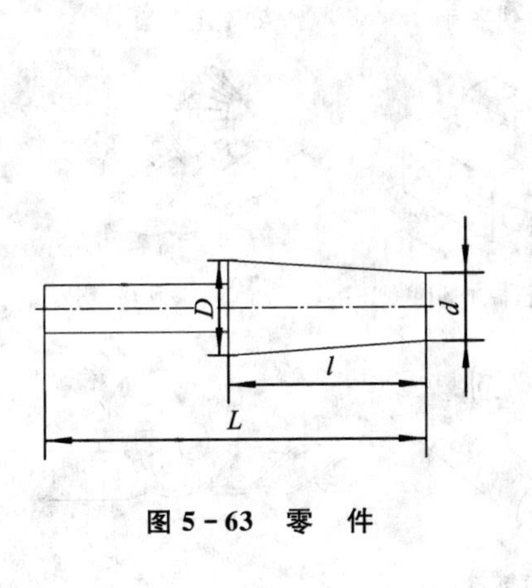

图 5-63 零 件

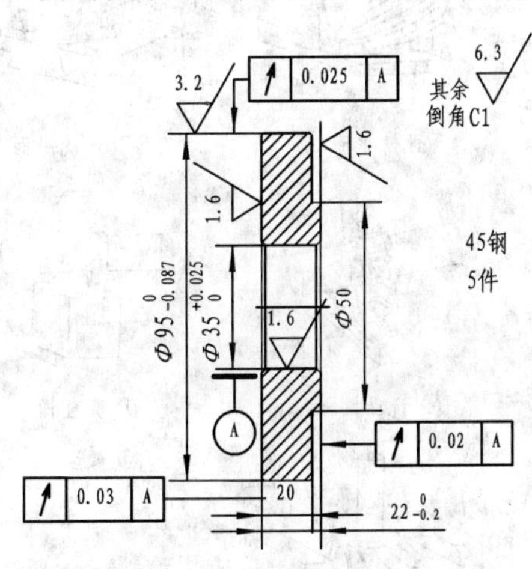

图 5-64 盘类零件

第6章 铣 工

6.1 概 述

在铣床上利用铣刀的旋转和工件的移动来完成零件切削加工的方法称为铣削加工。铣削主要用来加工平面、台阶、沟槽、成型表面、齿轮、切断和螺旋槽等，如图6-1所示。另外，利用

图6-1 铣削的加工范围

铣床还可以钻孔和镗孔加工。铣削加工是机械制造业重要的加工方法。在我国大多数机加工车间，铣床约占机床总数的25%，仅次于车床而占第二位。

铣削加工可达到的精度一般为IT9～IT7级，可达到的表面粗糙度 R_a 值为6.3～1.6 μm。铣削时，主运动为铣刀的快速旋转运动，进给运动多为工件的缓慢直线运动，如图6-2所示。

由于铣刀是旋转的多齿刀具，铣削时属于断续切削，因此铣刀的散热条件好，可以提高切

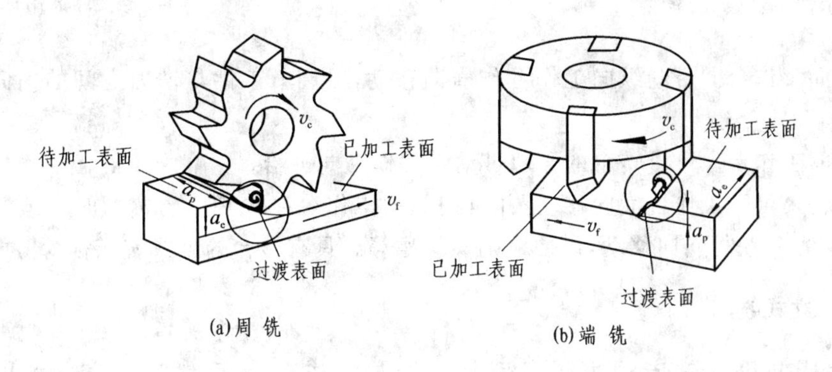

图 6-2　铣削运动及铣削要素

削速度，故生产效率较高。但由于铣刀刀齿的不断切入和切出，使切削力不断变化，因此会产生一定的冲击和振动。

6.2　铣床及主要附件

6.2.1　万能卧式铣床

在卧式铣床中，万能卧式铣床用得最多，图 6-3 为 X6132 型万能卧式铣床。

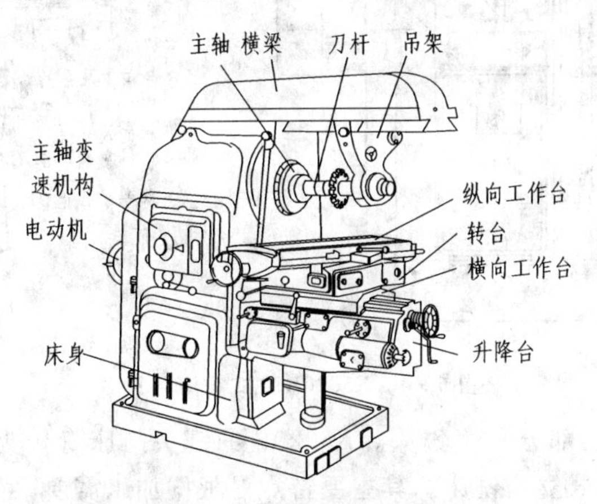

图 6-3　X6132 型万能卧式铣床

在编号 X6132 中，X 表示机床类别为铣床，6 表示卧式(5 为立式)，1 表示万能升降台铣床(0 为普通升降台)，32 表示工作台宽度为 320 mm。

该设备主要组成部分及作用介绍如下。

(1) 床身。用来支承和固定铣床各部件。其内部安装主轴及主轴变速机构等。

(2) 横梁。安装在床身上方燕尾导轨中，可安装吊架，用以支承刀杆以增加刀杆的刚性。横梁可根据工作要求沿燕尾槽导轨移动，以调节其伸出的长度。

(3) 主轴。带动铣刀旋转。其前端有 7∶24 的精密锥孔用以安装刀杆或直接安装带柄铣刀。

(4) 升降台。可沿床身的垂直导轨上下移动，用来调节工作台面到铣刀的距离，并可作垂直进给运动。

(5) 横向工作台。带动纵向工作台作横向移动,以调节工件与铣刀之间的横向位置或获得横向进给。

(6) 纵向工作台。可沿转台的导轨带动工件作纵向进给。

(7) 转台。可随工作台横向移动,并可使纵向工作台在水平面内按顺时针或逆时针方向扳转一定的角度,获得斜向移动,以便铣削螺旋槽等。具有转台的卧式铣床称为万能铣床。

6.2.2　立式铣床

立式铣床与卧式铣床的主要区别是主轴与工作台相垂直,X5020B 立式铣床外形如图 6-4 所示。

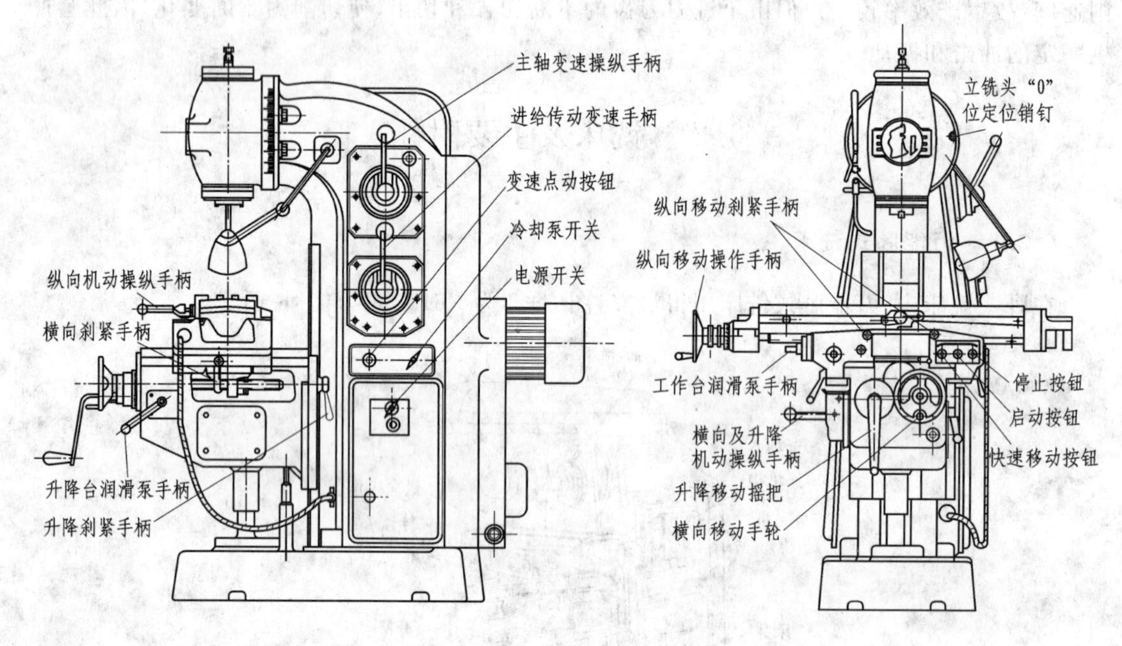

图 6-4　X5020B 立式铣床外形

立式铣床安装主轴的部分称为铣头。X5020B 的铣头与床身分为两部分,中间靠转盘相连接,这种铣床称为回转式立式铣床。其主要特点是根据加工需要,可将铣头主轴相对于工作台台面扳转一定的角度,使用灵活方便,生产中应用较广。立式铣床也是由床身、主轴、升降台、横向工作台及纵向工作台等几部分组成,其结构和功用与卧式铣床基本相同。

立式铣床的加工范围很广,可用端铣刀加工平面,还可加工键槽、T 形槽、燕尾槽等。

6.2.3　铣床附件及其使用和工件安装

常用铣床附件有万能分度头、万能铣头、平口钳、回转工作台等。

1. 平口钳

如图 6-5 所示为带转台的平口钳,主要由底座、钳身、固定钳口、活动钳口、钳口铁以及螺杆组成。底座下住往镶有定位键。安装时,将定位键放在工作台的 T 形槽内即可在铣床上获得正确位置。松开钳身上的压紧螺母,钳身就可以在水平面内扳转到所需的角度。工作时,工件安放在固定钳口和活动钳口之间，找正后夹紧。钳口铁需经过淬硬，其平面上的斜纹可防止工件滑动。

平口钳主要用来安装小型较规则的零件，如板块类零件、盘套类零件、轴类零件和小型支架等，如图6-6、图6-7所示。

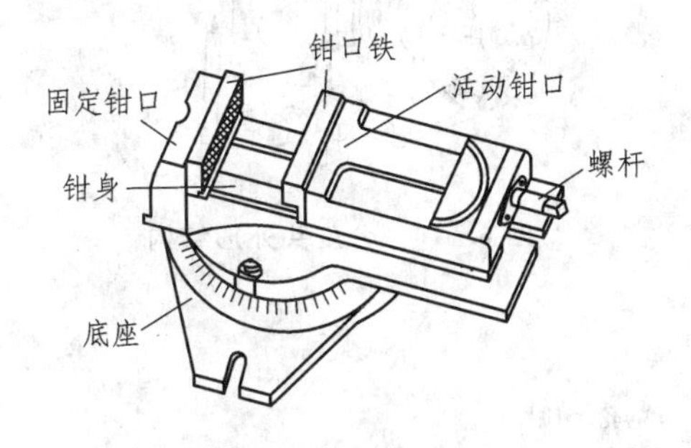

图6-5 平口钳

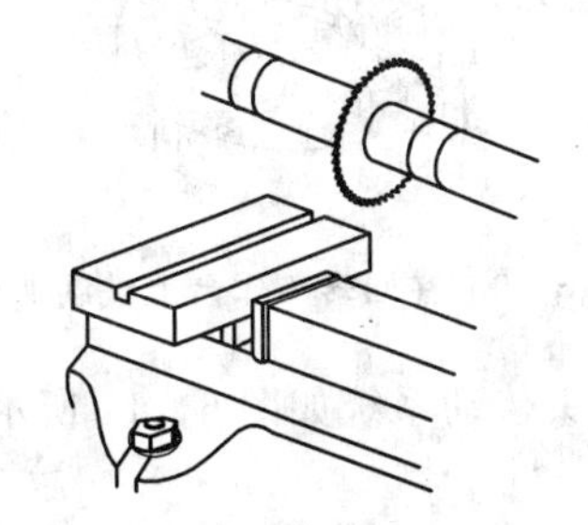
图6-6 平口钳装夹铣直角槽

用平口钳安装工件应注意下列事项：

(1) 工件的被加工面应高出钳口，必要时可用垫铁垫高工件。

(2) 为防止铣削时工件松动，需将比较平整的表面紧贴固定钳口和垫铁。工件与垫铁间不应有间隙，故需一面夹紧，一面用手锤轻击工件上部。对于已加工表面应用铜棒进行敲击。

(3) 为保护钳口和工件已加工表面，往往在钳口与工件之间垫以软金属片。

2. 回转工作台

回转工作台如图6-8所示，其内部为蜗轮蜗杆传动，通过摇动蜗杆手轮使转台转动。转台周围有刻度，用以确定转台位置。转台中央的孔用以找正和确定工件的回转中心。

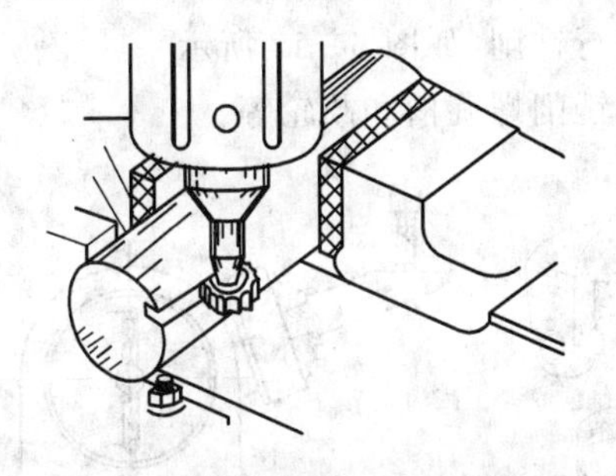
图6-7 平口钳装夹铣键槽

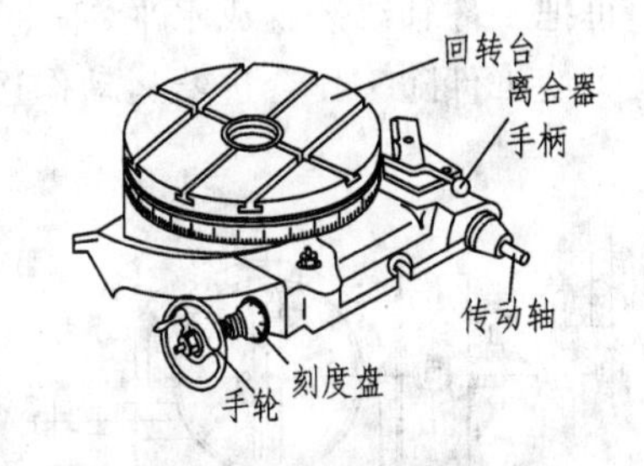

图6-8 回转工作台

回转工作台一般用于较大零件的分度工作和非整圆弧面的加工。如图6-9所示为铣圆弧槽的情况。用手均匀摇动手轮，使转台带动工件作缓慢的圆周进给，即可铣出圆弧槽。

3. 分度头

(1) 结构。分度头的外形结构如图6-10所示，由底座、转动体、分度盘、主轴及尾座顶尖等组成。底座上装有回转体，其内装有主轴。分度头主轴可随回转体在垂直平面内扳成水平、垂直或倾斜位置。分度时拔出定位销，摇动分度手柄，通过蜗杆蜗轮带动分度头主轴旋转进行分度。分度头常配有两块分度盘，其两面各有许多孔数不同的等分孔圈。第一块分度盘正面各圈孔数为：24，25，28，30，34，37；反面各圈孔数为：38，39，41，42，43。第二块分度盘正面各圈孔数为：46，47，49，51，53，54；反面各圈孔数为：57，58，59，62，66。分度时需利用分度盘，以解决分度手柄不是整数转的问题。

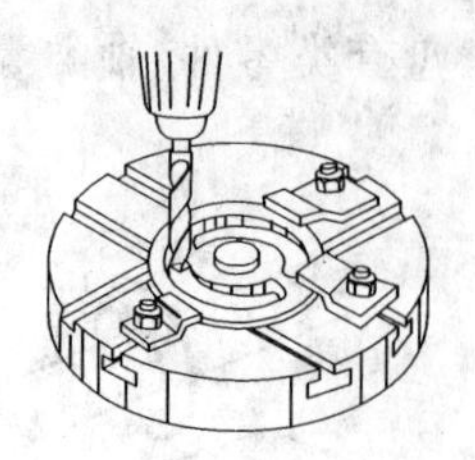

图 6-9　在回转工作台上铣圆弧槽

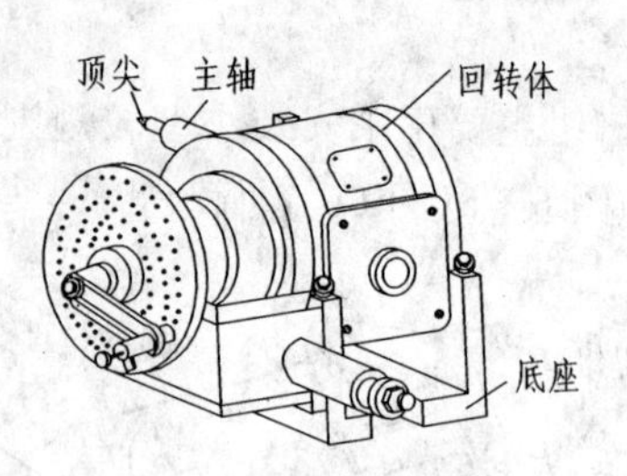

图 6-10　分度头外形结构

分度头传动系统如图 6-11 所示。

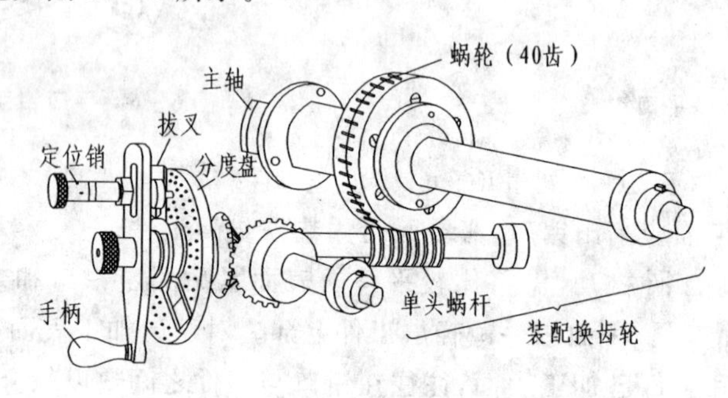

图 6-11　万能分度头传动系统图

(2) 作用。万能分度头是铣床的重要附件，其主要功用是：

① 使工件绕本身的轴线进行分度，以便铣削六方、齿轮、花键等。

② 可把工件轴线装置成水平、垂直或倾斜位置进行铣削(如图 6-12 所示)。

③ 可使工件随工作台进给运动作连续旋转，以便铣削螺旋槽和凸轮等。

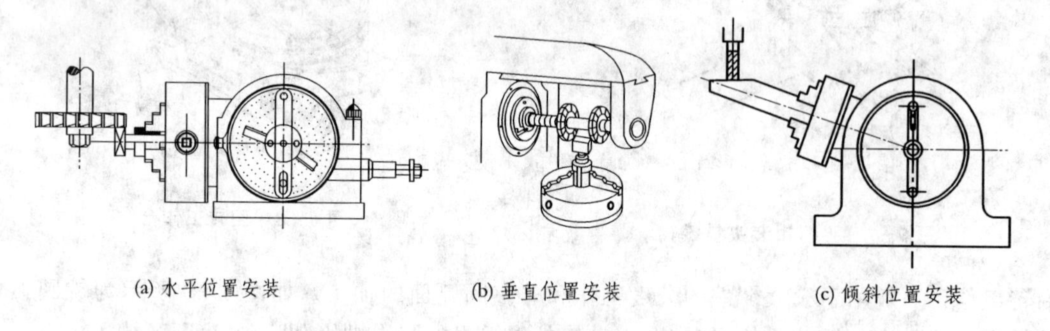

(a) 水平位置安装　(b) 垂直位置安装　(c) 倾斜位置安装

图 6-12　用分度头安装工件

(3) 分度头的传动比

$$i=\text{蜗杆的头数}/\text{蜗轮的齿数}=1/40$$

即当分度手柄通过速比为 1∶1 的一对直齿轮带动蜗杆转动一周时，蜗轮只能带动分度头主轴转过 1/40 周。如果工件整个圆周上的等分数 Z 为已知，则每一等分要求主轴转 $1/Z$ 周。这时，分度手柄所需转的周数 n 可由下式计算出：

$$1:40=(1/Z):n，\text{即 } n=40/Z。$$

式中，n 为手柄每次分度时的转数；Z 为工件的等分数；40 为分度头定数。

(4) 分度方法。使用分度盘分度方法有简单分度法、近似分度法、角度分度法、差动分度法等，最常用的方法是简单分度法。

简单分度时的计算公式为 $n=40/Z$。例如，铣削齿数为 $Z=32$ 的齿轮，每分一个齿手柄转数为

$$n = 40/Z = 40/32 = 1\frac{1}{4}$$

即每次分齿，手柄需转过 $1\frac{1}{4}$ 圈。这 1/4 圈就需通过分度盘来控制。

简单分度时，分度盘固定不动，将分度手柄上的定位销调整到孔数为 4 的倍数的孔圈上，每次分度时手柄转过一圈后，再转过 6 个孔距即可。如孔距为 24，$n=1\frac{6}{24}=1\frac{1}{4}$。

为迅速无误地数出所需的孔距数，可调整分度盘上的分度尺（又称扇形夹）的夹角，使之正好等于欲分的孔间距数。

(5) 利用分度头铣螺旋槽。铣削中经常会遇到铣螺旋槽的工作，如铣斜齿轮的齿槽、麻花钻的螺旋槽、立铣刀和螺旋圆柱铣刀的沟槽等，在万能卧式铣床上利用分度头就能完成此项工作，如图 6-13 所示即为利用分度头铣螺旋槽的情况。

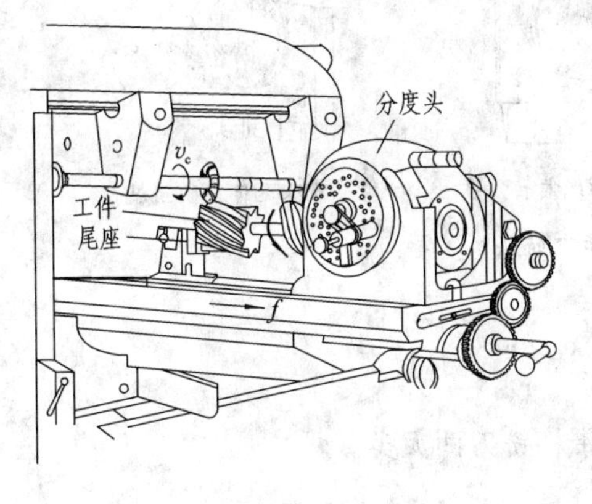

图 6-13 铣螺旋槽

铣削时工件一面随工作台作纵向直线移动，同时又被分度头带动作旋转运动，其传动情况如图 6-13(a)所示，运动关系为：当工件纵向移动一个欲加工螺旋槽的导程 L 时，被加工工件刚好转一圈，其运动是通过工作台的纵向丝杆与分度头之间的交换齿轮搭配来完成的，如图 6-14 所示。其运动关系式可写成：

$$l_{工件} \cdot 40 \cdot (Z_4/Z_3) \cdot (Z_2/Z_1) \cdot P = L$$

交换齿轮的传动比：

$$i = (Z_1/Z_2) \cdot (Z_3/Z_4) = 40P/L$$

式中，P 为工作台丝杆螺距(mm)；L 为欲加工工件螺旋槽导程(mm)；Z_1、Z_2、Z_3、Z_4 为交换齿轮齿数。

用成形盘铣刀在万能卧式铣床上铣螺旋槽时，槽的法向截面形状必须和铣刀断面形状一致，为此在加工螺旋槽时应将工作台旋转一个工件的螺旋角 β，如图 6-15 所示。加工左螺旋时，工作台应顺时针转，如图 6-15(a)所示；加工右螺旋时，工作台逆时针转，如图 6-15(b)所示。在立式铣床上铣螺旋槽时，工作台不必转角度。

4. 万能立铣头

在卧式铣床上装上万能立铣头可扩大卧式铣床的加工范围。立铣头的主轴可安装铣刀并根据铣削的需要在空间扳转成任意角度，使铣刀能在任意角度下进行铣削加工，如图 6-16 所示。

5. 工件其他安装方法

除了使用平口钳、分度头、回转工作台安装工件外，用抱钳安装轴类零件铣削加工时还可用螺钉压板压紧、用角铁或 V 型铁等将工件直接安装在铣床工作台上。

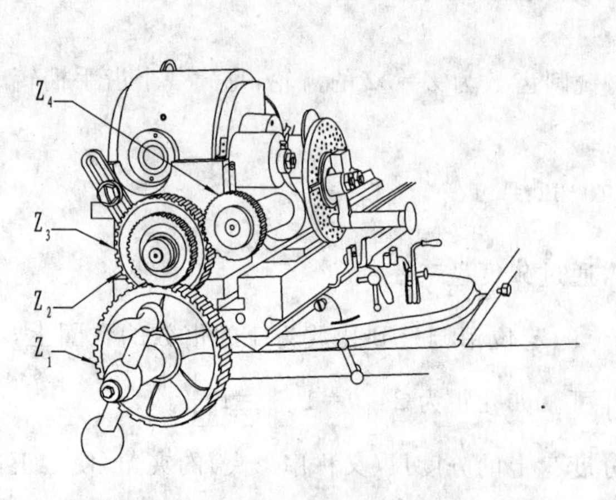

图 6-14 铣螺旋槽地的交换齿轮搭配情况

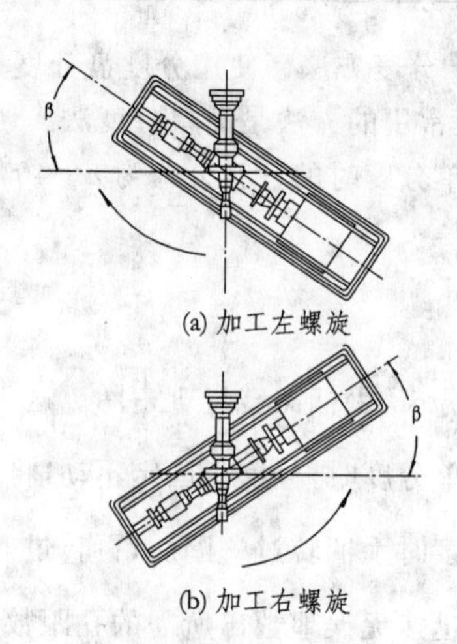

图 6-15 铣螺旋槽进工作台的偏转方向

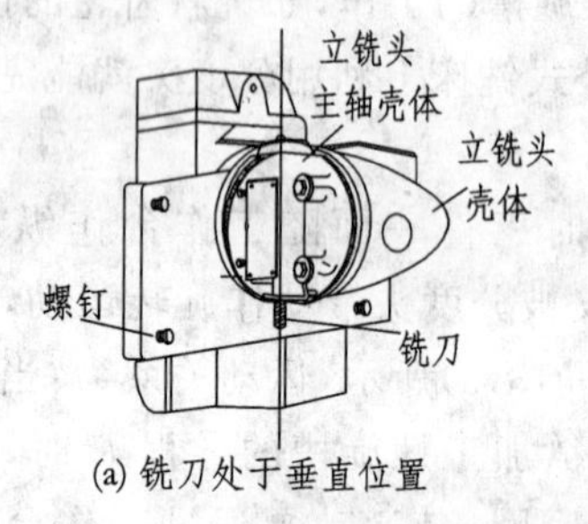

(a) 铣刀处于垂直位置

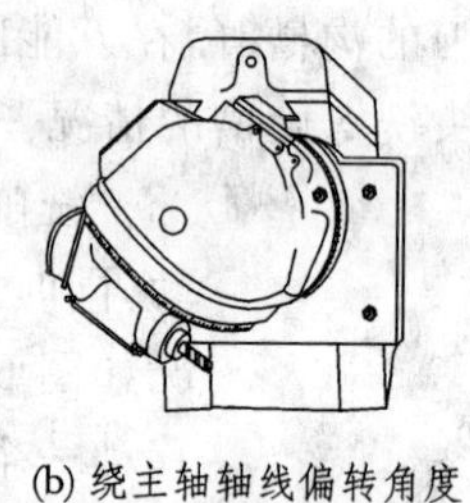

(b) 绕主轴轴线偏转角度

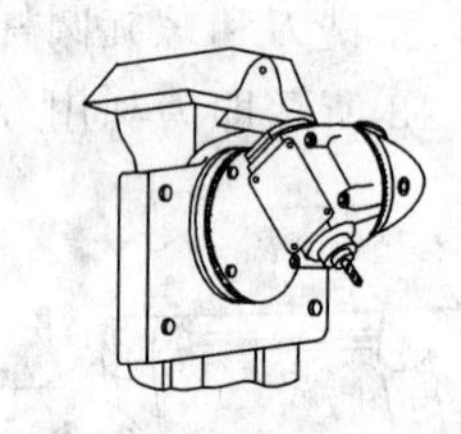

(c) 绕立铣头壳体偏转角度

图 6-16 万能立铣头

6.3 铣　刀

铣刀按其安装方式的不同可分为带孔铣刀和带柄铣刀两大类。

6.3.1 带孔铣刀及安装

采用孔安装的铣刀称为带孔铣刀,如图 6-17 所示,一般用于卧式铣床。

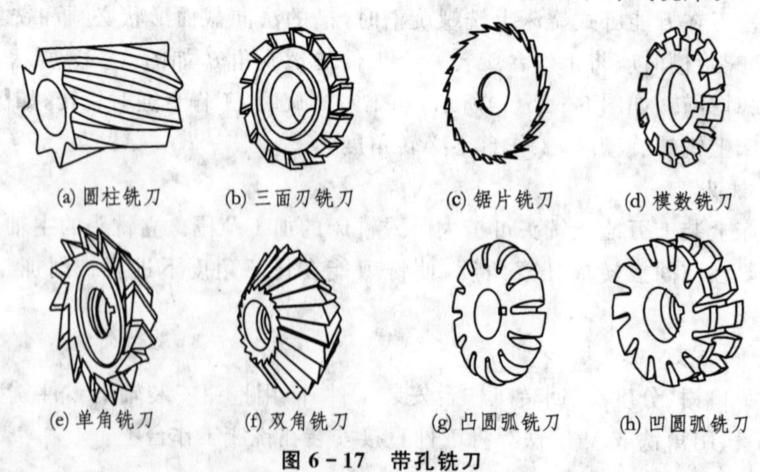

图 6-17 带孔铣刀

带孔盘铣刀一般安装在卧式铣床的刀杆上，如图 6－18 所示。铣刀应尽可能靠近主轴或支架上以增加刚性；定位套筒的端面与铣刀的端面必须擦净，以减少安装后铣刀的端面跳动；在拧紧刀杆压紧螺母前，必须先装上支架。拉杆的作用是拉紧刀杆，保证其外锥面与主轴锥孔紧密配合。

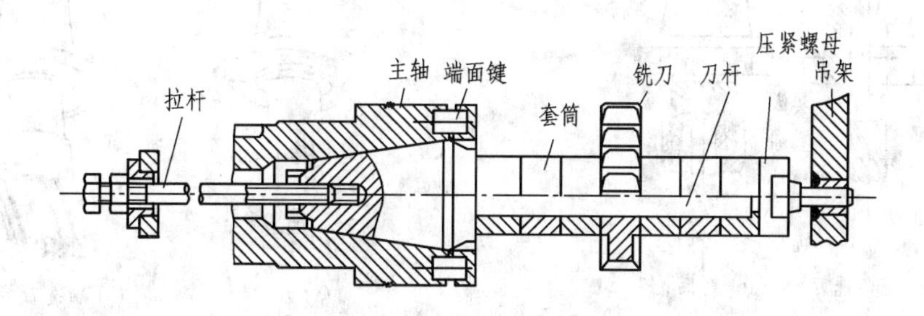

图 6－18　带孔盘铣刀的安装

6.3.2　带柄铣刀及安装

采用柄部安装的铣刀称为带柄铣刀。该种铣刀有锥柄和直柄两种形式，如图 6－19 所示。多用于立式铣床。各种铣刀的用途如图 6－1 所示。

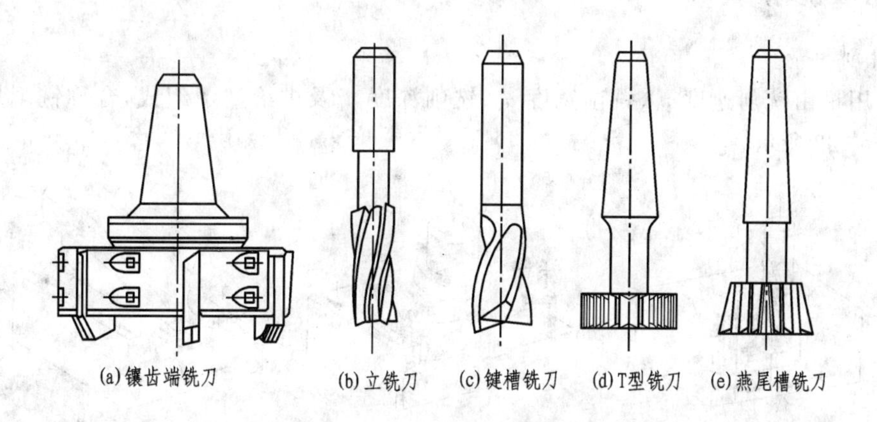

图 6－19　带柄铣刀

对于直径为 10～50 mm 的锥柄铣刀，可借助过渡套筒装入机床主轴孔中，如图 6－20(a)所示。应根据铣刀锥柄的尺寸选择合适的过渡锥套，用拉杆将铣刀及过渡锥套一起拉紧在主轴的端部锥孔内。

对于直径为 3～20 mm 的直柄立铣刀，可使用弹簧夹头装夹。弹簧夹头可装入机床的主轴孔中，如图 6－20(b)所示。由于弹簧夹头沿轴向有三个开口，用螺母压紧弹簧夹头的端面，使其外锥面受压而孔缩小，从而夹紧铣刀。

端铣刀一般中间带有圆孔，先将铣刀装在如图 6－21 所示的短刀轴上，再将刀轴装入机床的主轴并用拉杆螺丝拉紧。

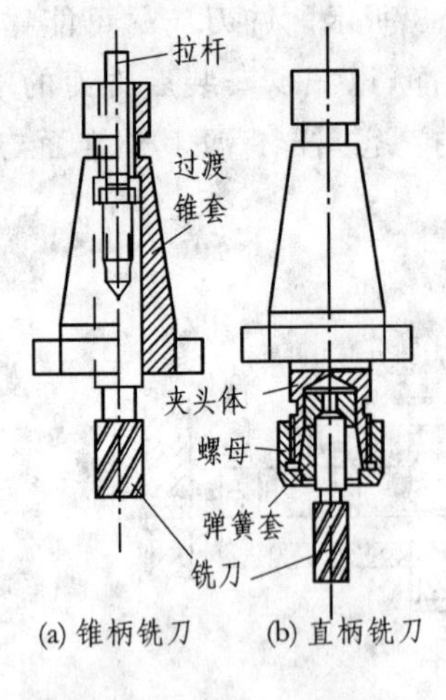

图 6-20　立铣刀的安装

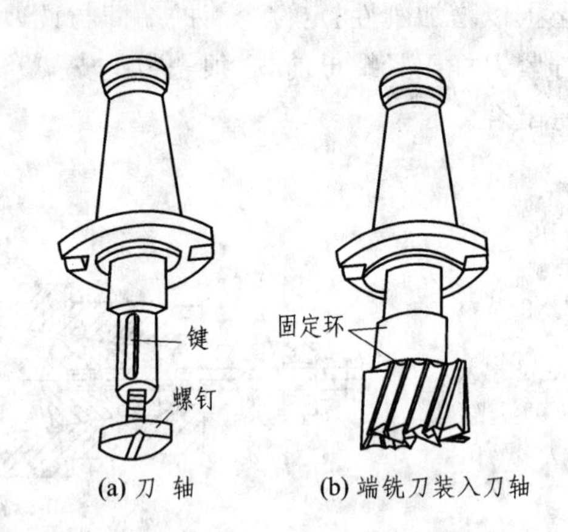

图 6-21　端铣刀的安装

6.4　铣削加工

6.4.1　铣削用量

1. 铣削用量

铣削用量由铣削速度 v_c、铣削宽度 a_e、铣削深度 a_p 及进给量 f 组成，合称铣削加工四要素，如图 6-22 所示。

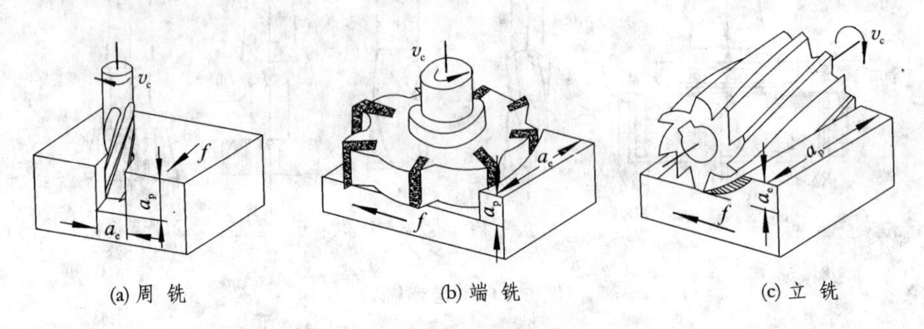

图 6-22　铣削用量

(1) 铣削速度 v_c。铣削速度指铣刀最大直径处的线速度(m/s)，可用下式计算：

$$v_c = (\pi D n)/(1\,000 \times 60)$$

式中，D 为铣刀直径(mm)；n 为铣刀每分钟转速(r/min)。

(2) 铣削深度 a_p。铣削深度指平行于铣刀轴线方向上切削层的尺寸，单位：mm。

(3) 铣削宽度 a_e。铣削宽度指垂直于铣刀轴线方向上切削层的尺寸，单位：mm。

(4) 进给量 f。进给量指铣削时工件在进给运动方向上相对刀具的移动量。由于铣刀为多刃刀具，计算时有三种度量方法。

① 每分钟进给量 u_f：指每分钟内工件相对铣刀沿送给方向移动的距离，单位：mm/min。

② 每转进给量 f：指铣刀每转过一转时，工件相对铣刀沿进给方向移动的距离，单位：

mm/r。

③ 每齿进给量 f_Z：指铣刀每转过一个齿时，工件相对铣刀沿进给方向移动的距离，单位：mm/Z。

2. 三种进给量之间的关系

其关系如下：

$$u_f = f \cdot n = f_Z \cdot Z \cdot n$$

式中，n 为铣刀每分钟转速(r/min)；Z 为铣刀齿数。

3. 铣削用量选择

选择铣削用量时，首先应选用较大的铣削宽度和铣削深度，再选较大的每齿进给量，最后确定铣削速度。

(1) 切削深度。切削深度根据工件的加工余量、加工表面质量和机床功率等来选定。当机床的功率和刚度允许时，通常以一次定刀切除全部加工余量较为经济。

对于圆柱铣刀，切削深度就是铣削宽度 a_e；对于端铣刀，切削深度就是铣削深度 a_p。当加工余量小于 5～6 mm 时，一次走刀就可铣去全部加工余量；若加工余量大于 5 mm 或加工精度要求较高或表面粗糙度 R_a 小于 6.3 μm 时，可分粗、精两次走刀，第二次走刀可取 0.5～1 mm左右。

(2) 进给量。进给量是根据工件的表面粗糙度、加工精度以及刀具、机床、夹具的刚度等因素而决定的。通常可以采用下列数据：

高速钢圆柱铣刀，加工普通钢材时可取 f_Z＝0.04～0.15 mm；加工铸铁时可取 f_Z＝0.06～0.5 mm。

高速钢端铣刀，加工普通钢材时可取 f_Z＝0.04～0.3 mm；加工铸铁可取 f_Z＝0.06～0.5 mm。

硬质合金端铣刀及三面刃盘铣刀加工钢材和铸铁时，可取 f_Z＝0.08～0.3 mm。

f_Z值确定后，可按 $u_f = f_Z \cdot Z \cdot n$ 来换算进给速度，并按铣床提供的数值选用近似值。

(3) 切削速度。切削速度是根据工件和刀具的材料、切削用量、刀齿的几何形状、刀具的耐用度等因素来确定。通常可从手册中查出，或由经验公式计算求得。

用硬质合金铣刀铣削钢材时，切削速度可取 3～5 m/s；铣削铝件时，切削速度可高达 6～10 m/s；铣削铸铁时，提高切削速度对加工表面质量改善不显著，故切削速度取低些。用高速钢圆柱铣刀铣削时，切削速度一般取 0.3～1 m/s。

按照所选定的切削速度 v_c，换算成相应的转数，再选取并调整与之相近的机床实际转数 n。

6.4.2　顺铣和逆铣

在卧式铣床上用圆柱铣刀的圆周刀齿铣削平面的方法称为周铣法。根据铣削运动的方式，又可分为顺铣和逆铣，如图 6-23 所示。在切削处刀齿的旋转方向和工件的进给方向相同时，为顺铣；相反时，为逆铣。

逆铣时，刀齿的载荷是逐渐增加的(切削厚度从零变到最大)；刀齿在切入前有滑行现象，这样就加速了刀具磨损，降低了工件的表面质量；逆铣时的垂直分力 P_y 向上，对工件的夹固不利，还会引起振动。

顺铣时，刀齿切入时的切削厚度最大，然后逐渐减小到零，因而避免了在已加工表面冷硬

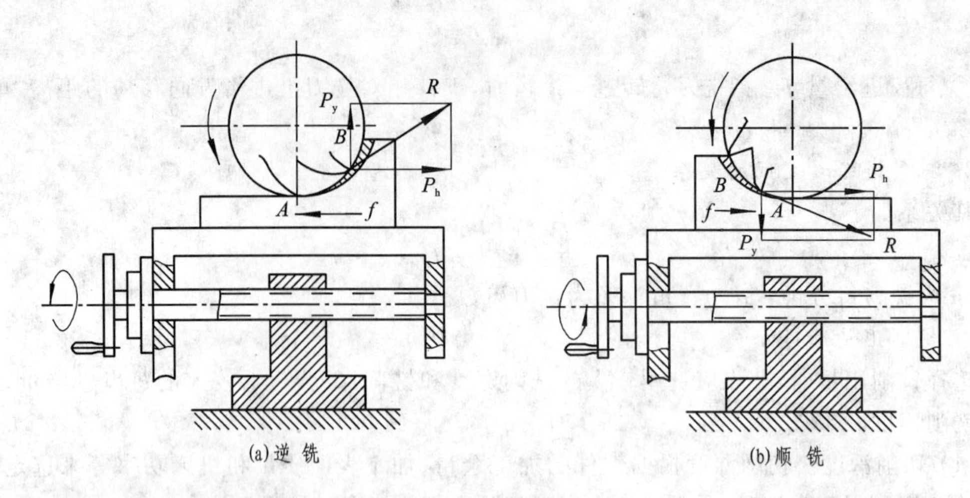

图 6-23　逆铣与顺铣

层上的滑行过程,所以刀齿后面的磨损减小。实践证明:顺铣时刀具耐用度可以提高2～3倍;工件的表面质量也有改善,尤其在铣削一些难以加工的航空材料时,效果更为显著。此外顺铣时的垂直分力 P_y 向下,对工件夹固有利;水平分力 P_h 与进给方向一致,能节省机床动力。但顺铣在刀齿切入时承受最大的载荷,因而当工件有硬皮时,刀齿会受到很大的冲击和磨损,使刀具的耐用度降低。所以顺铣法不宜用来加工有硬皮的工件。

若要提高刀具耐用度和工件表面质量,节省动力消耗和有利于工件装夹,在加工无硬皮工件时,一般以采用顺铣法为宜。

顺铣只能在铣床工作台的进给丝杠螺母装有间隙消除机构时才能采用,原因为:逆铣时,切削过程所产生的水平分力 P_h 的大小虽有变化,但其方向与进给方向始终相反,即始终与摩擦力 P_f 同向,因此使工作台的传动丝杠与螺母之间始终在一边贴紧,如图6-24(a)所示,其丝杠与螺母之间的间隙不会影响加工过程的进行。但顺铣时,切削过程所产生的水平分力 P_h 的大小是变化的,其作用方向与工作台的进给方向相同,由于传动丝杠与螺母之间有一定的间隙存在,当水平分力 P_h 大于摩擦力 P_f 时,丝杠与螺母紧贴一边,如图6-24(b)所示;当 P_h 小于 P_f 时,丝杠与螺母之间又会贴在另一边,如图6-24(c)所示。因此会造成铣削过程中的振动和进给不均匀,工作台会消除间隙向前窜动,使进给量突然增大,造成啃刀现象,甚至引起刀杆弯曲、刀头折断,影响加工表面质量,对刀具的耐用度不利,严重时会发生打刀现象。装有间隙消除机构的铣床则无上述情况。

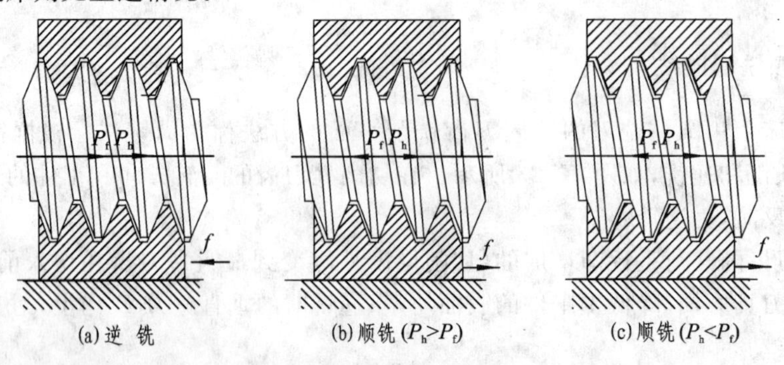

图 6-24　铣削时传动丝杠、螺母之间的间隙

综上所述，顺铣有利于提高刀具耐用度和已加工表面质量以及增加工件夹持的稳定性，所以被广泛采用。采用顺铣的铣床必须具备工作台丝杠与螺母的间隙调整机构，并在间隙已调整为零时才能采用顺铣。

6.4.3 铣平面

卧式铣床和立式铣床均可进行平面铣削。

1. 用圆柱铣刀铣平面

(1) 铣削步骤

① 根据工件的形状和加工部位选择合适的装夹方法并安装好工件。

② 选择并安装铣刀。采用排屑顺利、铣削平稳的螺旋齿圆柱铣刀。铣刀的宽度应大于工件待加工表面的宽度，以减少走刀次数。并尽量选用小直径铣刀，以防止产生振动。

③ 选取铣削用量。根据工件材料、加工余量、工件宽度及表面粗糙度要求等确定合理的切削用量。粗铣时，铣削宽度 $a_e=2\sim8$ mm，每齿进给量 $f_z=0.03\sim0.16$ mm/Z，铣削速度 $v_c=15\sim140$ m/min。精铣时，铣削速度 $v_c<10$ m/min 或 $v_c>50$ m/min，每转进给量 $f=0.1\sim1.5$ mm/r，铣削宽度 $a_e=0.2\sim1$ mm。

④ 调整铣床工作台位置。开车，使铣刀旋转，升高工作台使工件与铣刀稍微接触，停车，将垂直丝杠刻度盘零线对准。将铣刀退离工件，利用手柄转动刻度盘将工作台升高到选定的铣削深度位置，固定升降和横向进给手柄，调整纵向工作台自动进给挡铁位置。

⑤ 铣削操作。先用手动使工作台纵向进给，当工件被稍微切入后，改为自动进给，进行铣削。

(2) 铣削平面操作要点

① 粗铣时，铣削用量选择的顺序是：先选取较大的铣削宽度 a_e，再选取较大的进给量 a_f，最后选取合适的铣削速度 V_c。

② 精铣时，铣削用量选择的顺序是：先选取较低或较高的铣削速度 V_c，再选取较小的进给量 a_f，最后根据零件尺寸确定铣削宽度 a_e。

③ 当用手柄转动刻度盘调整工作台位置时，要注意"回间隙"的方法，即如果不小心把刻度盘多转了一些，要反转刻度盘时，必须把手柄倒转1周后，再重新仔细地将刻度盘转到原定位置。这是因为丝杠和螺母间存在间隙，仅把刻度盘退到原定刻度线上并不能带动工作台退回到所需的位置。

2. 用端铣刀铣平面

用端铣刀铣平面，可在立式铣床上进行，如图6-25所示，也可在卧式铣床上进行，如图6-26所示。由于端铣刀的刀杆短、刚性好、铣削中振动小，因而可用较大的切削用量铣平面，以提高生产效率。其铣削方法和步骤与圆柱铣刀铣平面相似。

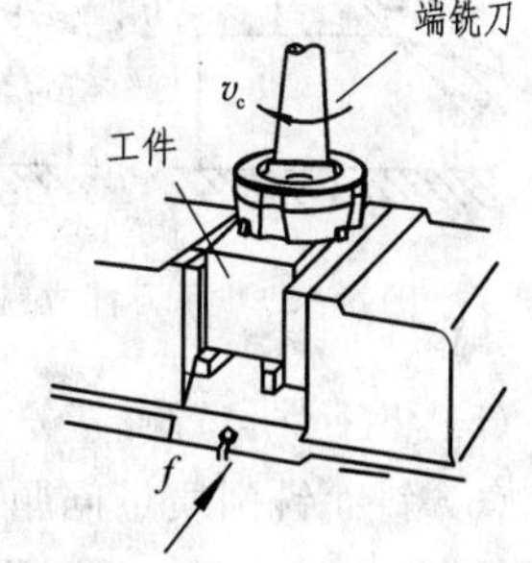

图6-25 在立式铣床上铣平面

3. 铣斜面

(1) 用倾斜垫铁铣斜面。按斜面的斜度选取合适的倾斜垫铁，垫在工件的基准面下，则铣出的平面就与基准面倾斜一定的角度，如图6-27所示。

(2) 用分度头铣斜面。用万能分度头将工件转到所需位置铣出斜面，常用于小型圆柱形工件的斜面铣削,如图 6-28 所示。

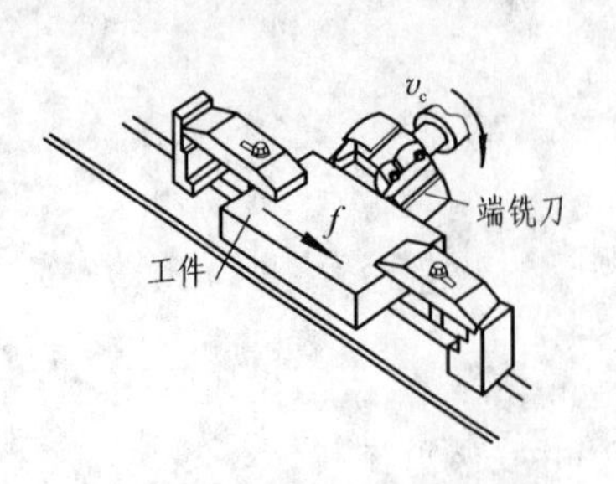

图 6-26　在卧式铣床上铣侧面

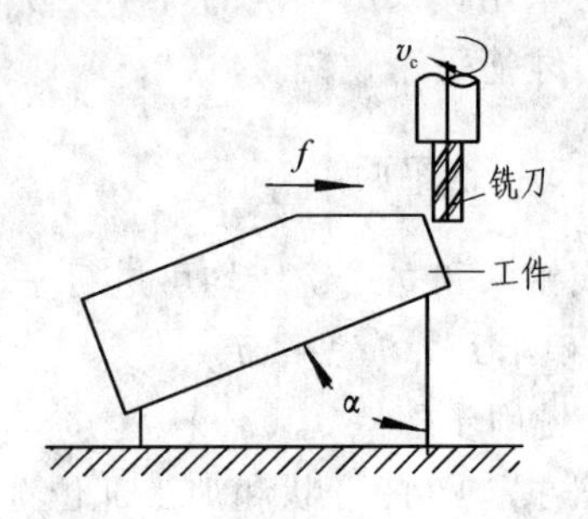

图 6-27　用倾斜垫铁铣斜面

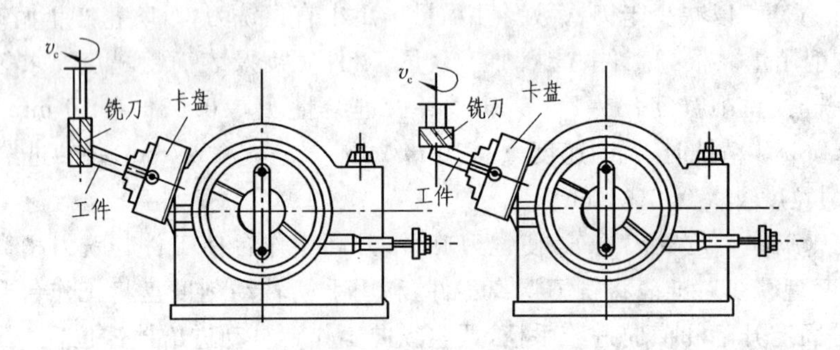

图 6-28　用分度头铣斜面

(3) 用万能立铣头铣斜面。万能立铣头能方便地改变刀轴在空间的位置,可使铣刀相对工件倾斜一个角度来铣斜面,如图 6-29 所示。

(4) 用角度铣刀铣斜面。较小的斜面可以用角度铣刀直接铣出,斜面的斜度由铣刀的角度保证,如图 6-30 所示。

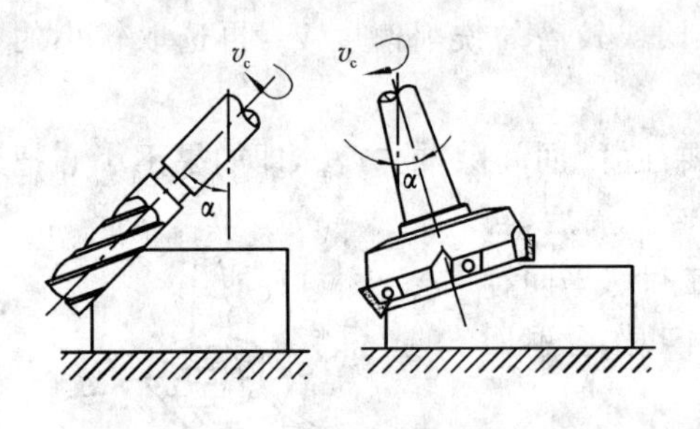

图 6-29　用万能立铣头铣斜面

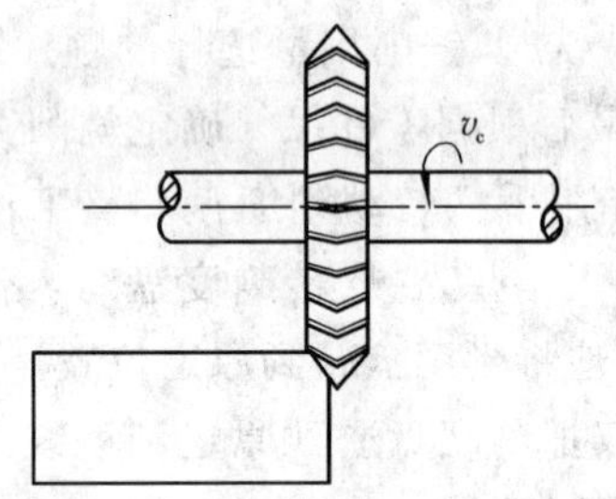

图 6-30　用角度铣刀铣斜面

(5) 将工件位置直接安装成一定角度,按工件划线找正直接铣出斜面。

(6) 斜面铣削质量问题。铣斜面时,通常出现的质量问题是倾斜角度不对,产生的主要原因是:工件垫衬不好,装夹不稳固,在铣削过程中产生移动;用万能分度头使工件倾斜的角度或用万能立铣头使铣刀倾斜的角度不准确。

6.4.4　铣沟槽

利用不同的铣刀在铣床上可加工直角槽、V 形槽、T 形槽、燕尾槽和键槽等多种沟槽。

1. 铣键槽

键槽有封闭式和敞开式两种。

(1) 铣削方法

① 用平口钳装夹，在立式铣床上用键槽铣刀铣封闭式键槽，如图 6－31 所示，适用于单件生产。

② 批量生产时，在键槽铣床上利用抱钳装夹工件，用键槽铣刀铣封闭式键槽，如图 6－32 所示。

③ 用 V 形铁和压板装夹，在立式铣床上铣封闭式键槽，如图 6－33 所示。

④ 用分度头装夹，在卧式铣床上用三面刃铣刀铣敞开式键槽，如图 6－34 所示。

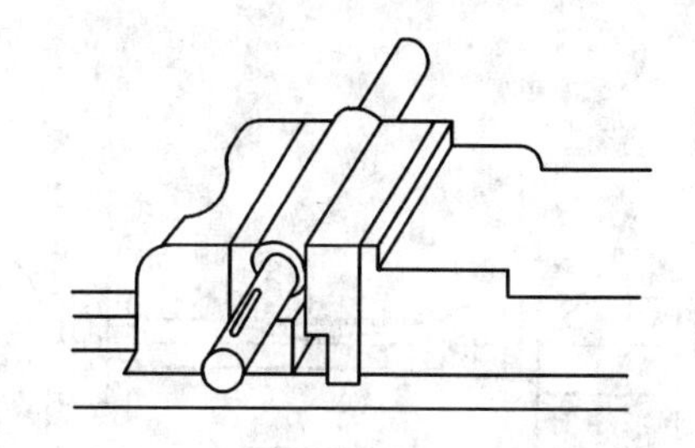

图 6－31　用平口钳安装铣封闭式键槽

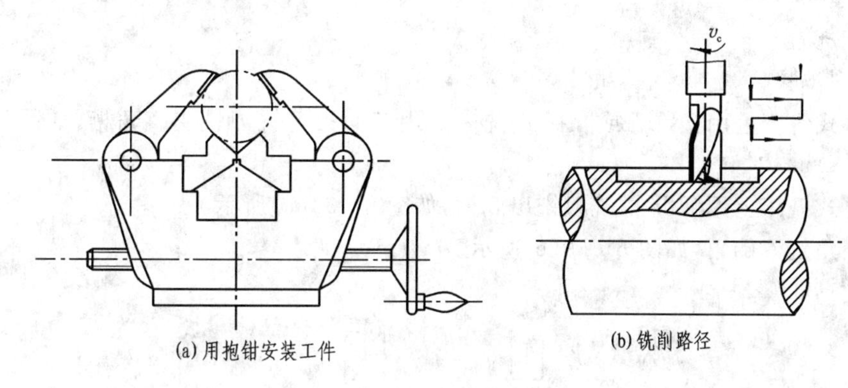

(a) 用抱钳安装工件　　(b) 铣削路径

图 6－32　用抱钳安装铣封闭式键槽

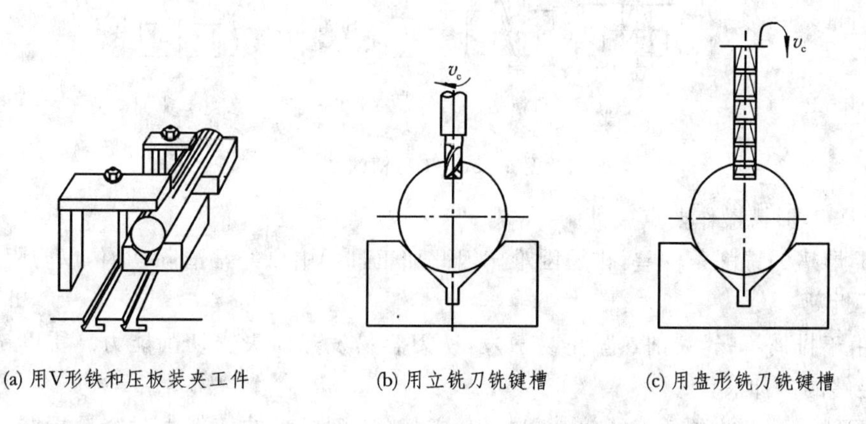

(a) 用V形铁和压板装夹工件　　(b) 用立铣刀铣键槽　　(c) 用盘形铣刀铣键槽

图 6－33　用 V 形铁和压板装夹工件铣键槽

(2) 铣键槽操作要点

① 为保证所铣键槽的对称性，在铣刀和工件安装好后，应进行仔细地对刀，以调整铣刀与工件的相对位置，使工件轴线与铣刀中心平面对准。最常用的对刀方法是切痕对刀法，如图 6－35所示。

② 为保证所铣键槽的两侧面和底面都平行于工件轴线，装夹工件时必须使工件轴线与工作台的进给方向一致并与工作台台面平行。

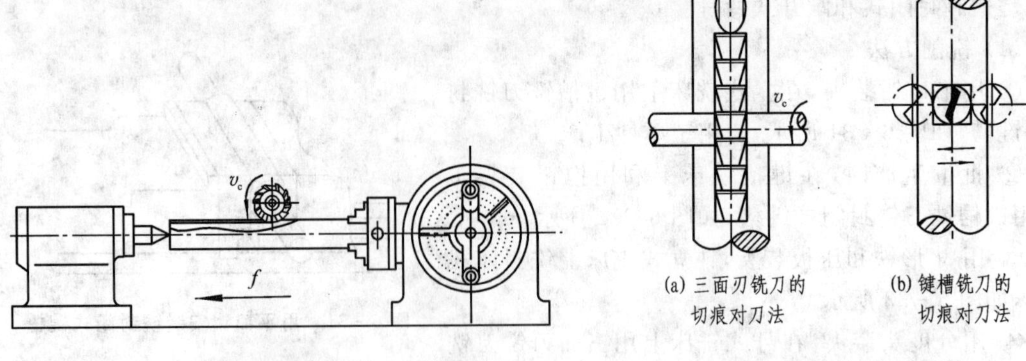

图 6－34　分度头装夹铣敞开式键槽　　图 6－35　切痕对刀法

2. 铣 T 形槽

(1) 铣削步骤

① 在立式铣床上用立铣刀或在卧式铣床上用三面刃盘铣刀铣出直角槽，如图 6－36(a)所示。

② 在立式铣床上用 T 形槽铣刀铣出底槽，如图 6－36(b)所示。

③ 用倒角铣刀倒角，如图 6－36(c)所示。

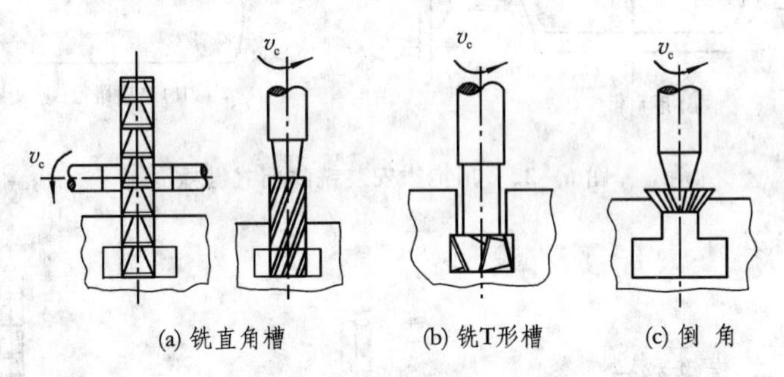

图 6－36　T 形槽的加工

(2) 铣 T 形槽操作要点

① T 形槽的铣削条件差，排屑困难。因此加工过程中要经常清除切屑，以防阻塞，否则易造成铣刀折断。

② 由于排屑不畅，切削热量不易散发，铣刀容易发热而失去切削能力。所以铣削过程中应使用足够的冷却液。

③ T 形槽铣刀的颈部直径较小，强度较差，当受到过大的切削力时容易折断。因此应选取较小的切削用量加工 T 形槽。

6.4.5　其他铣削加工

1. 铣成形面

通常在铣床上用成形铣刀加工各种型面，如图 6－37 所示。

2. 铣床镗孔

镗孔通常在车床或镗床上进行，在铣床上只适宜镗削中小型工件上的孔，其尺寸公差可达

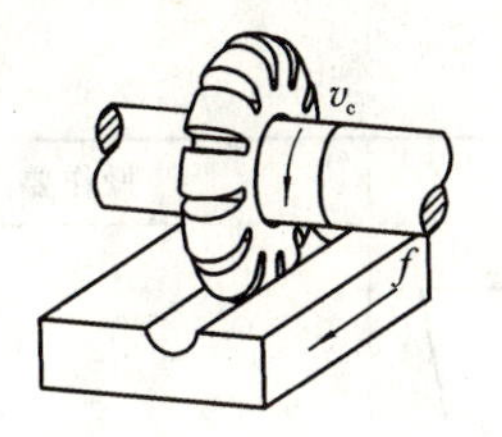

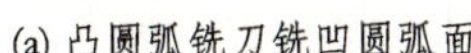

(a) 凸圆弧铣刀铣凹圆弧面

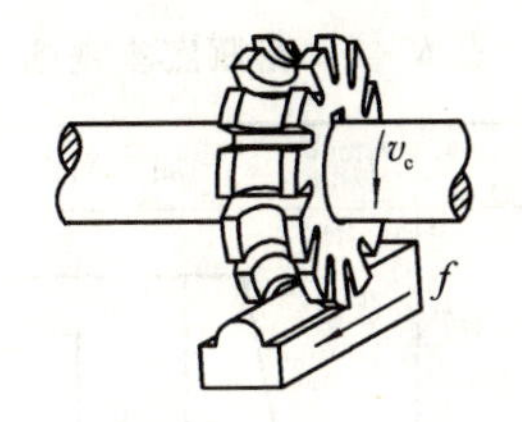

(b) 凹圆弧铣刀铣凸圆弧面

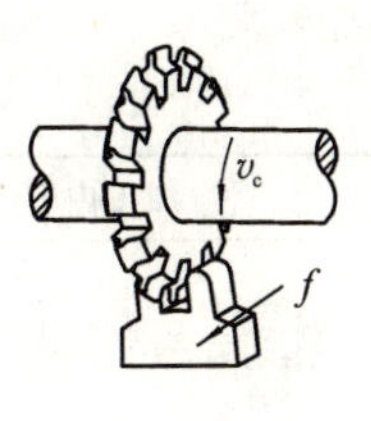

(c) 模数铣刀铣齿形

图 6-37　成形铣刀加工成形面

IT8～IT7，R_a 值可达 3.2～1.6 μm。

在卧式铣床上镗孔的方法如图 6-38 所示，孔的轴线应与定位面平行。可将镗刀刀杆外锥面直接装入主轴锥孔内镗孔，如图 6-38(a)所示。若刀杆过长，可用吊架支承，如图 6-38(b)所示。

在立式铣床上镗孔，如图 6-39 所示，孔的轴线与定位面应相互垂直。

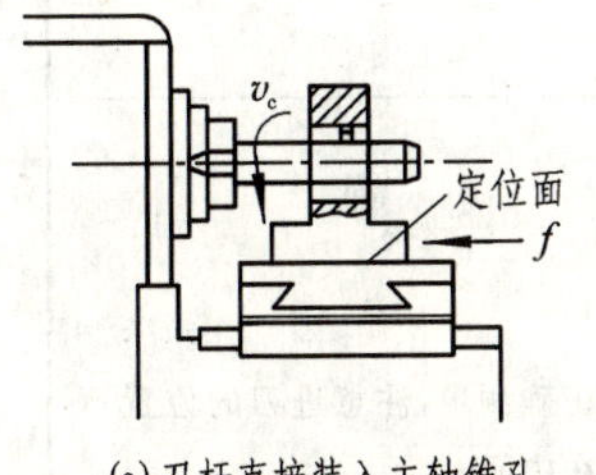

(a) 刀杆直接装入主轴锥孔

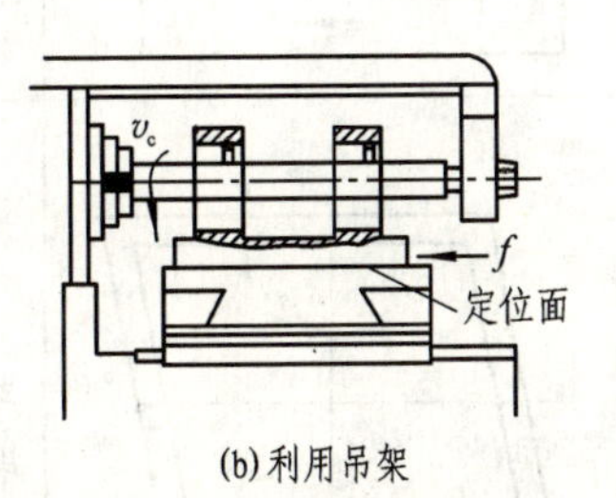

(b) 利用吊架

图 6-38　在卧式铣床上镗孔

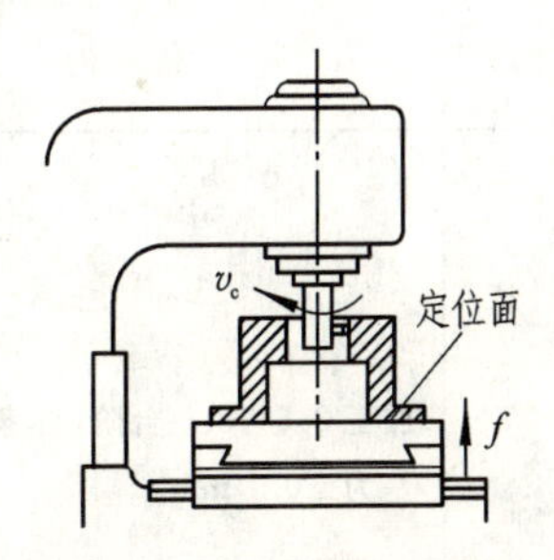

图 6-39　在立式铣床上镗孔

6.4.6　典型铣削工件

如图 6-40 所示为铝制花瓶底座零件，它使用铸铝毛坯，其铣削步骤表 6-1 所示。

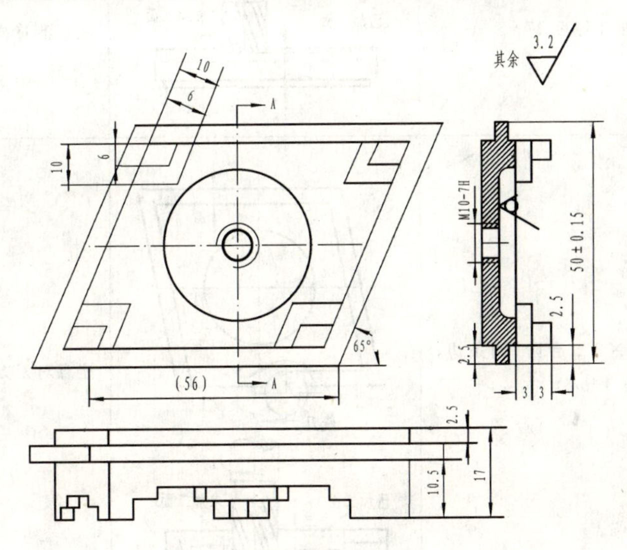

图 6-40　铝制花瓶底座零件图

表 6-1　花瓶底座铣削步骤

工序号	加工内容	加工简图	操作要点
1	用平口钳夹住 5～6 mm,加工四条边 50×50×65°(±0.15)	50 v_c 已加工面 铣刀 未加工面	装夹要稳固,角度要旋转正确
2	加工上表面	v_c 已加工面 未加工面 f	注意走刀次数(效率)
3	加工 2.5×2.5 台阶(四条边,公差为±0.1 mm)	2.5 v_c 已加工面 铣刀 f 未加工面	要正确测量,注意进刀的位置不能在中间
4	重新装夹加工厚度 17	v_c 已加工面 未加工面 17	注意测量方法
5	加工 10.5×2.5 台阶(四条边,公差为±0.1 mm)	2.5 v_c 已加工面 未加工面 铣刀 f v_c 已加工面 10.5 未加工面 f	注意对刀方法

续表 6-1

工序号	加工内容	加工简图	操作要点
6	加工大支脚 10 × 10 mm 和小支脚 6 × 6 mm（公差为 ±0.15 mm）		注意手柄旋向和工作台移动方向的关系
7	钻孔攻丝		注意丝锥的轴线要和上表面垂直

6.5　齿形加工

齿轮的种类很多，此处只限于渐开线齿轮。按加工原理的不同齿轮加工可分为成形法和展成法两种。

1. 成形法

成形法是采用与被动齿轮的齿槽形状相似的成形铣刀在铣床上利用分度头逐槽加工而成。图 6-41 为在卧铣床上用成形法加工齿形的情况。

(1) 铣齿刀。由于渐开线形状与齿轮的模数 m、齿数 z 和压力角 α 有关。通常 $\alpha=20°$，是标准值，因此，从理论上讲每一种模数和齿数的渐开线形状都是不一样的，故在加工某一种模数和齿数的齿形时，都需要一把相应的成形模数铣刀。

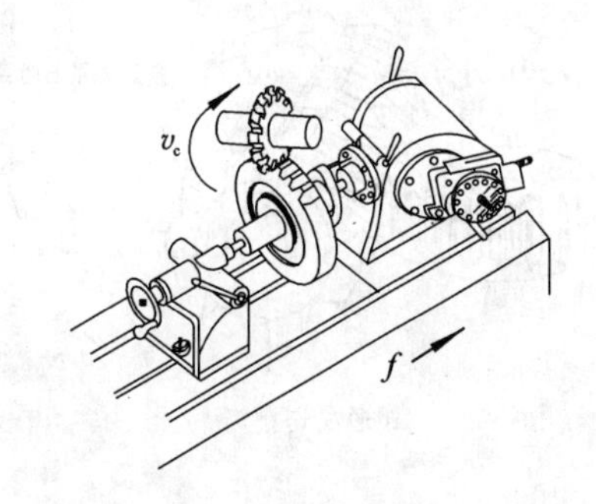

图 6-41　卧铣床上用成形法加工齿轮

生产中若每个齿数和模数都用各自的专用铣刀加工齿形是非常不经济的，所以齿轮铣刀在同一模数中分成 n 个号数，每号铣刀允许加工一定范围齿数的齿形，铣刀的形状是按该号范围中最小齿数的形状来制造的。最常用的是一组八把的模数铣刀。表 6-2 是一组 8 把铣刀号数及适用的齿数范围。选刀时，应先选择与工件模数相同的一组铣刀，再按所需铣齿轮齿数从表中查得铣刀号数即可。

表 6-2　模数铣刀的刀号及铣削加工范围

刀　号	1	2	3	4	5	6	7	8
加工齿数范围	12～13	14～16	17～20	21～25	26～34	35～54	55～134	135 以上及齿条

(2) 铣齿步骤。

① 把齿轮坯套在心轴上并用螺母压紧,再安装于卧式铣床分度头与尾座顶尖之间,如图 6-41 所示。

② 选择铣刀　选择模数盘状铣刀时,除铣刀的模数和压力角必须与被切齿轮相同外,还要根据被切齿轮的齿数选用相应刀号的铣刀。

③ 调整铣削深度　齿槽的深度 H 可按下式计算:

$$H = 2.25\ m$$

式中,H 为齿深,m 为模数。铣削时工作台的升高量等于齿深。

④ 每铣好一个齿槽后,就利用万能分度头进行一次分度,直到铣完全部轮齿。

(3) 铣齿的特点及应用范围。铣齿的优点是在普通铣床上即可进行铣齿加工,不需要专门的机床和昂贵的展成刀具,加工成本低。缺点是由于使用一个刀号的模数盘状铣刀加工一定范围的不同齿数齿轮,必然会产生齿形误差,使加工出的齿轮精度较低,只能达到 IT11～IT9 级;另外,每切一齿都会因切入、切出、退出和分度而花费较长的辅助时间,生产效率低。因此,铣齿多用于修配或单件生产中加工一些精度要求不高的齿轮。

2. 展成法

展成法是利用齿轮刀具与被切齿轮的啮合运转切出齿形的方法,常用的如滚齿和插齿。

(1) 滚齿。如图 6-42 所示为滚齿加工原理图。滚齿时刀具为滚刀,其外形像一个蜗杆,在垂直于螺旋槽方向开出槽以形成切削刃,如图 6-42(a)所示。其法向剖面具有齿条形状,因此当滚刀连续旋转时,滚刀的刀齿可以看成是一个无限长的齿条 1 在移动,如图 6-42(b)所示。同时刀刃由上而下完成切削任务,只要齿条(滚刀)2 和齿坯(被加工工件)3 之间能严格保持齿轮与齿条的啮合运动关系,滚刀就可在齿坯上切出渐开线齿形,如图 6-42(c)所示。

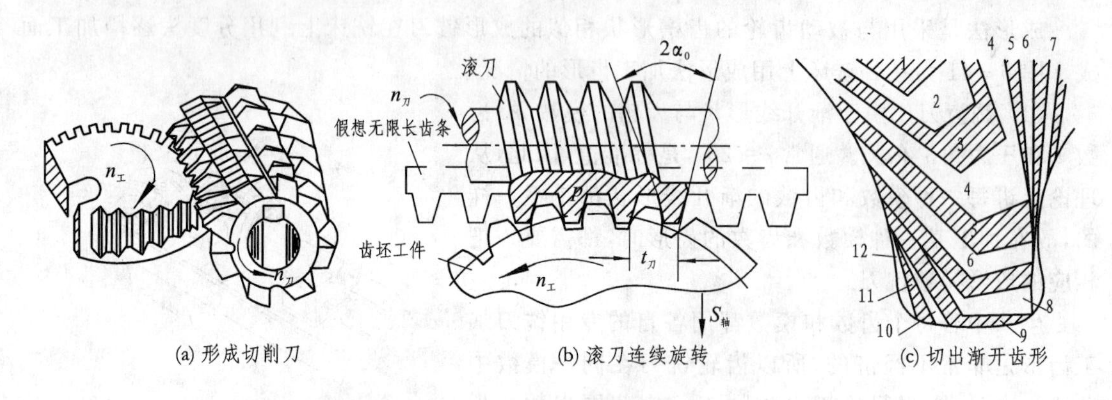

图 6-42　滚齿加工原理

滚齿加工是在滚齿机床上进行的,图 6-43 为滚床及其传动示意图。滚刀安装在滚刀杆上,工件则装在工件心轴上。滚齿时滚齿机必须有以下几个运动。

① 切削运动,亦称主运动,即滚刀的旋转运动 $n_刀$,其切削速度由变速齿轮的传动比 $i_切$ 来实现,如图 6-43(b)所示。

② 分齿运动,即工件的旋转运动。其运动的速度必须和滚刀的旋转速度保持齿轮与齿条的啮合关系。对于单线滚刀,滚刀每转一周时,被切齿坯需转过一个齿的相应角度,即 $1/Z$ 转(Z 为被加工齿轮的齿数),其运动关系由分齿挂轮的传动比 $i_齿$ 来实现,如图 6-43(b)所示。

③ 垂直进给运动，即滚刀沿工件轴线的垂直方向移动，这是保证切出整个齿宽所必需的。如图6-43(b)中为垂直向下的箭头所示，它的运动由进给挂轮的传动比 $i_{进}$ 再通过与滚刀架相连的丝杆螺母来实现。

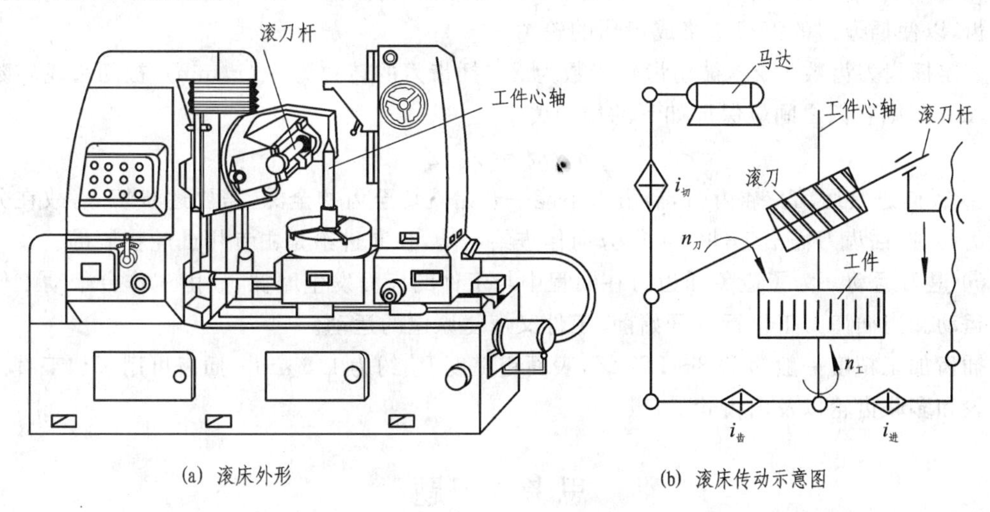

(a) 滚床外形 (b) 滚床传动示意图

图6-43 滚齿机床

滚齿加工精度一般为IT8～IT7级，表面粗糙度 R_a 为3.2～1.6 μm。滚齿是连续切削，生产效率较高。由于齿条与同模数的任何齿数的渐开线齿轮都能正确啮合，所以用一把滚刀可加工出模数相同而齿数不同的渐开线齿轮。滚齿主要用于加工直齿和斜齿的外圆柱齿轮和蜗轮。

(2) 插齿。图6-44为插齿机加工原理图。插齿机利用一对轴线相互平行的圆柱齿轮的啮合原理进行加工，插齿刀的外形像一个齿轮，在每一个齿上磨出前角和后角以形成刀刃，切削时刀具作上下往复运动，从工件上切除切屑。为了保证切出渐开线形状的齿形，在刀具上下作往复运动的同时，还要求刀具和被加工齿轮之间保持着一对渐开线齿轮的啮合传动关系。

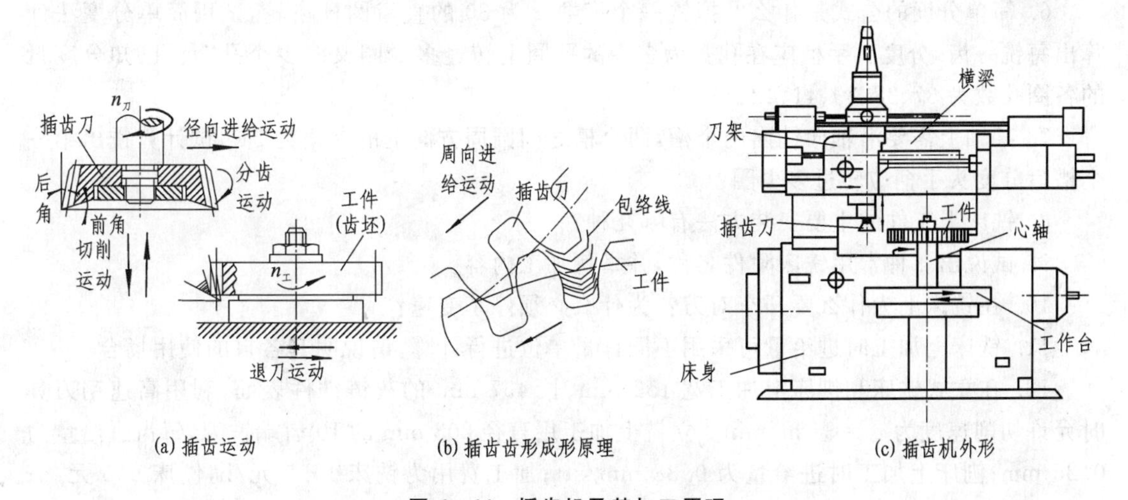

(a) 插齿运动 (b) 插齿齿形成形原理 (c) 插齿机外形

图6-44 插齿机及其加工原理

插齿加工是在插齿机上进行的，图6-44 (c)为其外形图。插削圆柱直齿轮时，插齿机必须有以下几个运动。

① 切削运动，即主运动，由插齿刀的往复运动来实现，如图6-44 (a)所示。通过改变机

床上不同齿轮的搭配可获得不同的切削速度。

② 周向进给运动,又称圆周进给运动,控制插齿刀转动速度。

③ 分齿运动,是完成渐开线啮合原理的展成运动,应保证工件转过一齿时刀具亦相应转过一齿,以使插齿刀的刀刃包络成齿形的轮廓。

假定插齿刀齿数为 Z_0,被切齿轮齿数为 Z_w,插齿刀的转数为 $n_0(r/\min)$,被切齿轮转数为 $n_w(r/\min)$,则它们之间应保证如下的传动关系:

$$n_w/n_0 = Z_0/Z_w$$

④ 径向进给运动。插齿时,插齿刀不能一开始就切至齿的全深,需要逐步切入,故在分齿运动的同时,插齿刀需沿工件的半径方向作进给运动,径向进给是由专用凸轮控制的。

⑤ 退刀运动。为了避免插齿刀在回程中与工件的齿面发生摩擦,故由工作台带动工件作退让运动。当插齿刀工作行程开始前,工件又恢复原位的运动。

插齿加工精度一般为 IT8～IT7 级,表面粗糙度 R_a 约为 1.6 μm。插齿可用于加工直齿圆柱齿轮和多联齿轮以及内齿轮。

思考练习题

1. 铣床的主轴和车床主轴一样都作旋转运动。能举出两种以上既能在车床上又能在铣床上加工表面的例子吗?并分析各自的主运动和进给运动。

2. 铣削加工的精度一般可达到几级?表面粗糙度值 R_a 为多少?

3. 为什么用端铣刀铣平面比用圆柱铣刀铣平面好?

4. 利用卧式铣床和立式铣床都能加工平面,试比较其优缺点和各自的适用场合。

5. 要在直径 D=75 mm 的铣刀毛坯上铣出一条右旋的螺旋槽,其螺旋角 $\omega=30°$,铣床工作台的进给丝杠螺距 $p=6$ mm,求分度头配换齿轮的齿数。

6. 简单分度的公式是什么?拟铣一个齿数 z 为 30 的直齿圆柱齿轮,试用简单分度法计算出每铣一齿,分度头手柄应在孔数为多少的孔圈上转过多少圈又多少个孔距?已知分度盘的各圈孔数为 37、38、39、41、42、43。

7. 某轴上需要沿轴向铣出两个槽,两个槽之间圆周方向上的夹角为 21°,试计算铣出第一个槽后分度头手柄应转过多少圈?

8. 铣床上工件的主要安装方法有哪几种?

9. 试说出 4 种常用铣床附件名称,并举例加工内容。

10. 在铣床上为什么要开车对刀?为什么必须停车变速?

11. 铣床上加工时进给量可采用不同计量单位进行计算,请说明其各自的使用场合。

12. 在立式铣床和刨床上加工宽 152 mm、长 457 mm 的灰铸铁件表面,利用高速钢刀具时允许切削速度为 $v_c=34$ m/min。立铣上加工用直径 203 mm 的 10 齿端铣刀,每齿进给量为 0.25 mm;刨床上加工时进给量为 0.38 mm/str;加工费用为铣床 14.5 元/h,刨床 6.5 元/h;工人费用都为 8.75 元/h。在铣床上装卸时间为 34 min,刨床上为 14 min。请分析用哪一种加工方法比较经济?

13. 用圆柱铣刀铣平面时,有顺铣和逆铣之分,它们的不同点是什么?在什么条件下才能使用顺铣?

14. 加工轴上封闭式键槽，常选用什么铣床和刀具？
15. 铣曲面的方法有哪几种？各自有何特点？
16. 成形法加工齿轮和展成法加工齿轮各有何特点？
17. 插齿和滚齿的工作原理有什么不同？各适用于加工什么样的齿轮？
18. 为什么滚齿和插齿均能用一把刀具加工同一模数任意齿数的齿轮？

第7章 磨 工

7.1 概 述

在磨床上用砂轮以较高线速度对工件进行切削加工的方法称为磨削加工。磨削加工是零件精加工的主要方法。磨削时可采用砂轮、油石、磨头、砂带等作磨具，而最常用的磨具是用磨料与结合剂制成的砂轮。通常磨削能达到的精度为IT7～IT5，表面粗糙度 R_a 一般为0.8～0.2 μm。采用超精磨削或研磨，工件的尺寸精度可达到IT5～IT3级，表面粗糙度 R_a 为0.1～0.05 μm。

磨削的加工范围很广，可用于零件的内孔、外圆、平面、螺纹、花键轴、曲轴、齿轮以及叶片等特殊成形表面的精加工，还可以代替车削、铣削、刨削作粗加工和半精加工用。常见的磨削方法如图7-1所示。

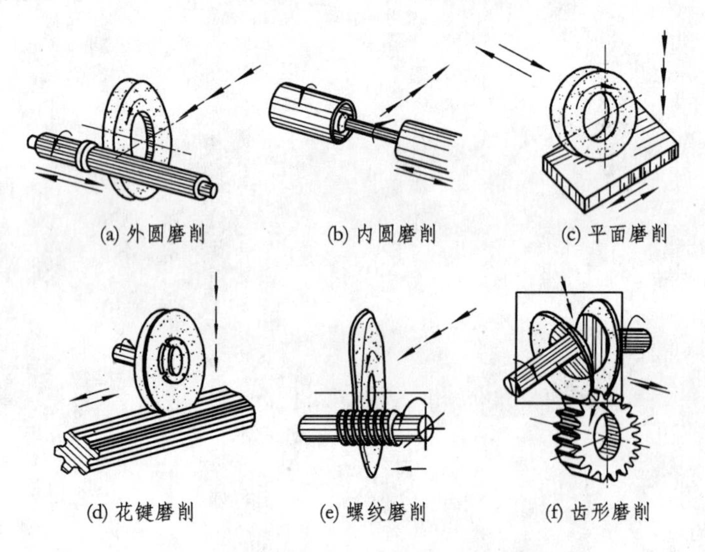

图7-1 常见的磨削方法

从本质上来说，磨削也是一种切削加工，它和通常的车削、铣削相比有以下的特点：

(1) 砂轮上每个磨粒相当于一把小铣刀，所以磨削相当于多刀刃的高速铣削。图7-2为磨粒切削示意图。

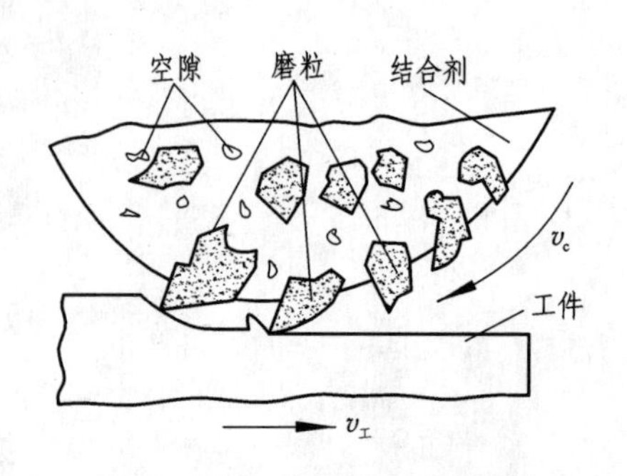

图7-2 磨粒切削示意图

(2) 磨削属于微刃切削，每个磨粒切削厚度极薄，可获得高质量的加工表面。

(3) 速度快、效率高，尤其是外圆磨和平面磨，砂轮线速度可达3 000～12 000 m/min。高速切削导致磨削区的瞬时高温可达近千摄氏度。因此，磨削时通常都使用切削液，以帮助散热降温并冲走磨屑。

(4) 由于磨粒硬度很高，因此磨削可以加工普通刀具难以完成的高硬度、高脆性材料的切削，如淬火钢、硬质合金、不锈钢、陶瓷和玻璃等。但磨削不适宜加工硬度低而塑性很好的有色金属材料，这是因为砂轮空隙易被软材料堵塞。

7.2　磨　床

1. 磨床类型与型号

磨床有外圆磨床、内圆磨床、平面磨床、齿轮磨床、导轨磨床、无心磨床和工具磨床等多种。常用的是外圆磨床和平面磨床。

2. 外圆磨床的主要组成

外圆磨床又分普通外圆磨床和万能外圆磨床。两者的主要区别是：万能外圆磨床的头架和砂轮架下面都装有转盘，能绕垂直轴线偏转较大角度，并增加了内圆磨头等附件。因此，万能外圆磨床不仅可以磨外圆柱面、端面及外圆锥面，还可以磨内圆柱面、内台阶面及锥度较大的内圆锥面。现以 M1432A 型万能外圆磨床为例进行介绍，如图 7 - 3 所示。在 M1432A 型号中，M 表示磨床类，1 表示外圆磨床组（2 为内圆磨床，7 为平面磨床），4 表示万能外圆磨床，32 表示最大磨削直径为 320 mm，A 表示性能和结构做过第一次重大改进。

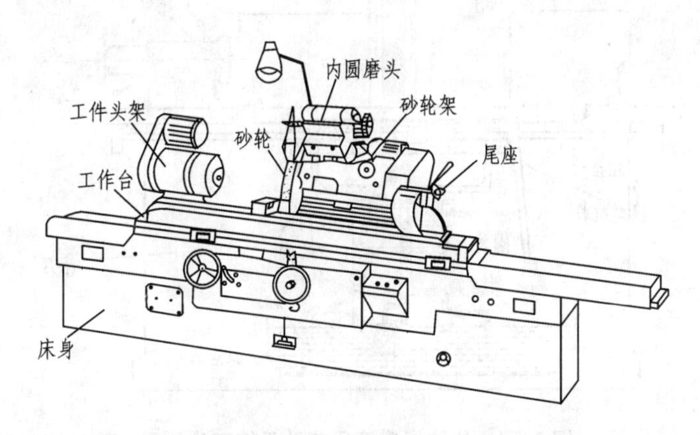

图 7 - 3　M1432A 型万能外圆磨床外形

(1) 外圆磨床主要组成部分及作用

① 床身。用来支撑各部件，上部有工作台和砂轮架，内部装有液压传动系统。

② 工作台。工作台装有头架和尾架。工作台有两层，下工作台可在床身导轨上作纵向往复运动；上工作台相对下工作台在水平面内能偏转一定的角度，以便磨削圆锥面。

③ 工作头架。头架内的主轴由单独的电动机经变速机构带动旋转，可得 6 种转速。主轴端部可安装顶针、拨盘或卡盘，工件可支撑在头架顶针和尾架顶针之间，也可用卡盘装夹。

④ 砂轮架。用于安装砂轮，并有单独的电动机带动砂轮高速旋转；砂轮架可在床身后部的导轨上作横向进给。进给的方法有自动周期进给、快速引进或退出和手动三种，前两种是靠液压传动来实现。

⑤ 尾座。用于支撑工件。

(2) 外圆磨床的液压传动

液压传动是在密闭的容器中将液体的压力能转换为机械能,它利用液体的不可压缩性来传递运动和动力。液压传动具有运动平稳,操作灵活,传动力大,可在较大范围内进行无级变速、零件在油液中工作磨损小和易于实现自动化等特点,在磨床中已得到广泛应用。在外圆磨床上,液压传动系统主要完成下列运动:

① 工作台纵向往复运动。

② 工作台纵向行程终了时,砂轮架带动砂轮作一定的横向进给运动。

③ 砂轮架的快速引进或退出。

图7-4为外圆磨床工作台纵向往复运动液压传动系统的工作原理图。工作时,油经过滤油器被吸入油泵,油泵排出的压力油经过换向阀进入油缸的右腔,推动活塞带动工作台向左移动,油缸左腔的油经换向阀、节流阀流回油箱。工作台行到左端时,固定在工作台侧面的挡块便自右向左推动换向手柄,同时换向阀活塞杆也左移到虚线位置,这时油泵排出的压力油经过换向阀进入油缸的左腔,推动活塞带动工作台向右移动,油缸右腔的油经换向阀、节流阀流回油箱。工作台行到右端时,固定在工作台侧面的挡块便自左向右推动换向手柄,同时换向阀活塞杆又右移到图中位置,这样就实现了工作台纵向往复运动。

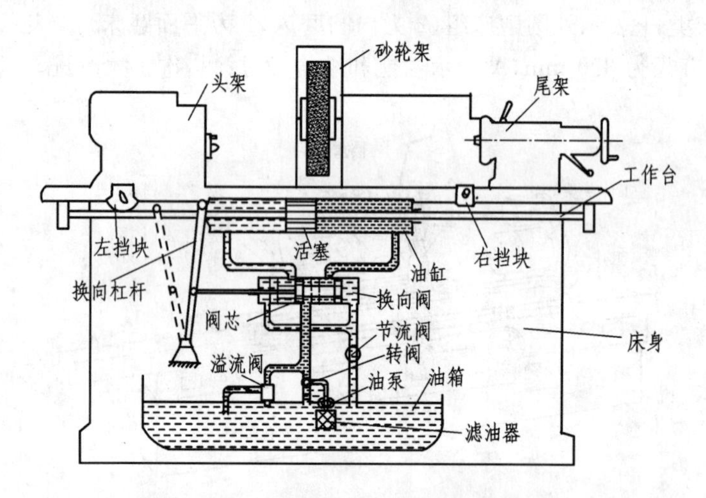

图7-4　外圆磨床液压传动系统工作原理

节流阀用于控制流回油箱的油量,以调节工作台的运动速度。当液压系统中油的压力大于溢流阀调定的压力时,溢流阀自动开启,压力油经溢流阀流回油箱。工作台行程长度可通过改变左、右挡块之间的距离来调整。

3. 内圆磨床

图7-5为M2120内圆磨床,它由床身、头架、磨具架和砂轮修整器等部件组成。头架可绕垂直轴转动角度,以便磨锥孔。工作台的往复运动也使用液压传动。

4. 平面磨床

平面磨床分为立轴式和卧轴式两类,立轴式平面磨床用砂轮的端面磨削平面;卧轴式平面磨床用砂轮的圆周面磨削平面。图7-6为M7120A卧轴式矩形平面磨床,它由床身、工作台、立柱、滑鞍、磨具架和砂轮修整器等部件组成。

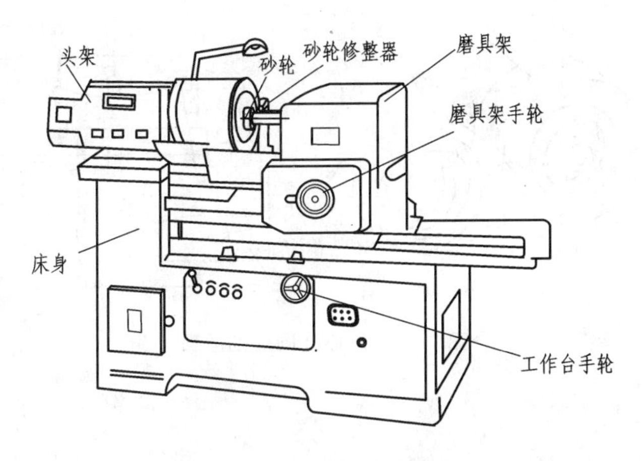

图 7-5 M2120 内圆磨床

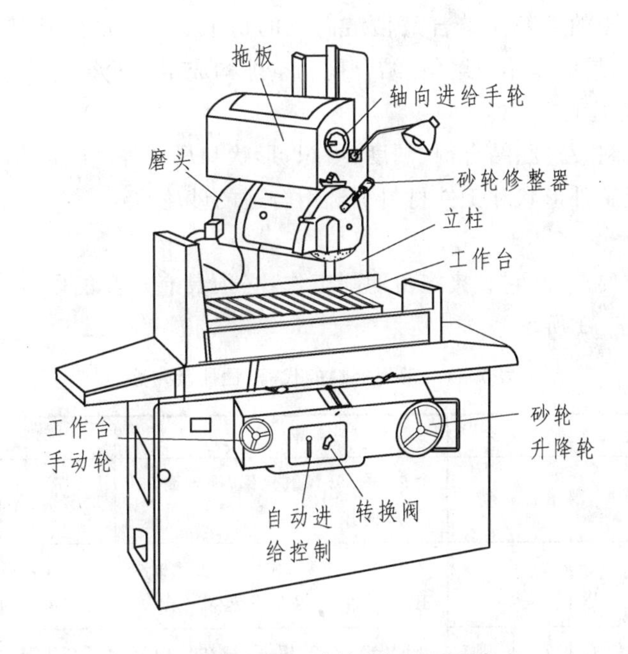

图 7-6 M7120A 卧轴式矩形平面磨床

矩形工作台装在床身的水平纵向导轨上，其上有安装工件用的电磁吸盘。工作台的往复运动使用液压传动，也可用手轮操纵。砂轮装在磨头上，由电动机直接驱动旋转。磨头沿拖板的水平导轨作横向进给运动，由液压驱动或手轮操纵。拖板可沿立柱的垂直导轨移动，以调整磨头的高低位置及作垂直进给运动，这个运动由手轮操纵可实现快速移动。

5. *无心磨床*

无心外圆磨削是一种高生产率、易于实现自动化的磨削方法。无心磨削原理如图 7-7 所示，工件不用顶尖支撑，也不用卡盘装夹，而是置于砂轮与导轮之间的托板上。工件的待加工表面就是定位基准。砂轮磨削产生的磨削力将工件推向导轮，导轮是橡胶结合剂的砂轮，它的轴线稍后倾一些，靠导轮与工件之间的摩擦力带动工件旋转并向前推进。工件在砂轮、托板、导轮间转动，利用三点成一圆的原理，将工件磨成圆形。

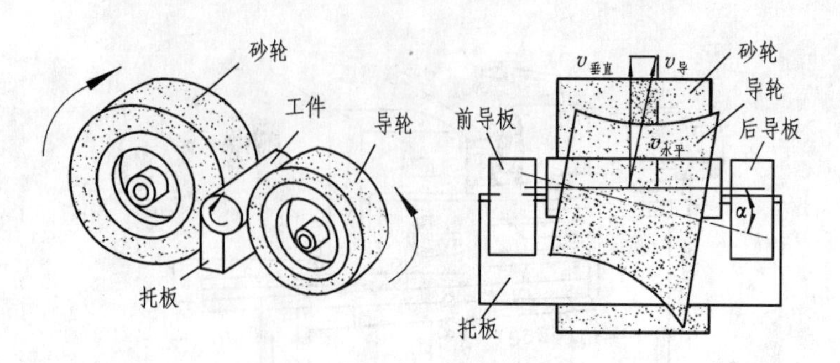

图 7-7　无心外圆磨削原理

7.3　砂　轮

砂轮是把许多极硬的磨粒用结合剂粘结而成的切削工具。磨料和结合剂之间有许多空隙,起着散热和容纳磨屑的作用。磨料、结合剂和空隙构成了砂轮结构的三要素。

1. 砂轮的特性与选用

砂轮特性包括磨料、粒度、结合剂、硬度、组织、形状和尺寸等。应根据工件的加工精度、表面粗糙度的要求以及工件形状和工件材料等选用合适的砂轮。

(1) 磨　料

磨料是砂轮的主要成分,它直接担负切削工作,必须具有很高的硬度、耐热性和一定的韧性,常用的磨料如表 7-1 所示。

表 7-1　常用磨料的代号、性能及用途

类别	名称	代号	颜色	特性	用途
刚玉类	棕刚玉	A	棕色	含91%～96%氧化铝,硬度高,韧性好,便宜	磨碳钢、合金钢、可锻铸铁、青铜
	白刚玉	WA	白色	含97%～99%氧化铝,硬度比棕刚玉高,韧性低,磨削发热少	精磨淬火钢、高碳钢、高速钢,易变形的钢件(如刀具、细长轴)
	铬刚玉	PA	粉红色	硬度与白刚玉相近,韧性比白刚玉好	磨高速钢、不锈钢、成形磨削、刀具刃磨和高表面质量磨削
碳化硅	黑色碳化硅	C	黑色或深蓝色	含95%以上的碳化硅,有光泽,硬度比白刚玉高,性脆而锋利,导热性能好	磨铸铁、黄铜、铝及非金属材料
	绿色碳化硅	GC	绿色	含97%以上的碳化硅,硬度和脆性比黑色碳化硅高,导热导电性能好	磨硬质合金、玻璃、宝石、玉石、陶瓷、钛合金等
高硬磨料	人造金刚石	MBD*	无色透明或淡黄色	性脆,硬度极高,价格贵	磨硬质合金、玻璃、宝石、难加工的高硬材料等
	立方氮化硼	CBN	黑色或淡白色	立方晶体,硬度略低于人造金刚石,耐磨,发热量小	磨高温合金、高钼、高钒、高钴合金、不锈钢等

* 人造金刚石的代号根据粒度范围不同有6种,此处只列出一种。

(2) 粒　度

粒度是指磨料颗粒的大小(粗细),可分磨粒与微粉两组。磨粒的粒度用筛选法分类,并用1英寸(25.4 mm)长的筛子上的孔网数来表示。粒度号越大,磨粒越细。如60粒度,表示刚能通过每英寸长度内有60个孔眼的筛网的磨粒。微粉是用显微测量法实际量到的磨粒尺寸,用在磨粒尺寸前加W来表示。因此用这种方法表示的粒度号越小,磨粒越细。通常,磨软材料时用粗磨粒,以防止砂轮堵塞;磨脆硬材料和精磨时,用细磨粒。

粒度大小对加工精度、表面的粗糙度和磨削效率有很大的影响。

(3) 结合剂

结合剂的种类与性质将影响砂轮的强度、耐热性、耐冲击性和耐腐蚀性等,对磨削温度和表面的粗糙度也有影响。常用的结合剂有陶瓷结合剂(V型)、树脂结合剂(B型)、橡胶结合剂(R型)和金属结合剂(M型)等。

(4) 硬　度

砂轮硬度是指砂轮上的磨粒受外力作用时脱落的难易程度。砂轮硬度较低的,磨粒易脱落;反之,不易脱落。所以,砂轮的硬度与磨粒的硬度不是一个概念。砂轮的硬度对磨削生产效率和加工的表面质量影响极大。

砂轮硬度常用代号表示,如E(超软)、H(软)、L(中软)、M(中)、Q(中硬)、T(硬)、Y(超硬)等。

一般情况下,工件材料越硬,砂轮的硬度应选得低些,使磨钝的砂粒及时脱落,以便露出有尖锐棱角的新磨粒,防止磨削温度过高而产生“烧伤”。工件材料越软时,砂轮的硬度应选得高些,以便充分发挥磨粒的切削作用。

(5) 组　织

砂轮中磨粒、结合剂和气孔三者的比例关系称为砂轮组织。砂轮的组织号是以磨粒所占砂轮体积的百分比来确定的,组织号越大,砂轮组织越松,磨削时不易堵塞,磨削效率高;但由于磨刃少,磨削后工件表面粗糙度较高。

(6) 形状与尺寸

为了适应在不同类型的磨床上磨削各种形状和尺寸的工件,砂轮也需制成各种形状和尺寸。表7-2为常用砂轮的形状和代号。

表7-2　常用砂轮的形状、代号及用途(GB/T 2484—1994)

砂轮名称	新代号	旧代号	简　图	主要用途
平形砂轮	1	P		用于磨外圆、内圆、平面、螺纹及无心磨等
双斜边形砂轮	4	PXX_1		用于磨削齿轮和螺纹
薄片砂轮	41	PB		主要用于切断和开槽等

表 7-2

砂轮名称	新代号	旧代号	简　图	主要用途
杯形砂轮	6	B		用于磨平面、内圆及刃磨刀具(铣刀、绞刀、拉刀)
碗形砂轮	11	BW		用于导轨磨及刃磨刀具(铣刀、绞刀、拉刀、车刀)
碟形砂轮	12a			用于磨铣刀、铰刀、拉刀等,大尺寸的用于磨齿轮端面

(7) 砂轮标志

砂轮标志是用符号和数字表示该砂轮的特性,标在砂轮的非工作表面上。例如:

P	400×40	×127	A	46	L	5	V	30
形状	外径厚度	孔径	磨料	粒度	硬度	组织号	结合剂	允许的磨削速度(m/s)

2. 砂轮的检查、平衡、安装和修整

由于砂轮在高速运转下工作,因此,在安装前应先进行外观检查,然后敲击听其响声,以此判断砂轮是否有裂纹。安装砂轮时,砂轮内孔与砂轮轴配合间隙要适当,过松会使砂轮旋转时偏向一边而产生振动,过紧则磨削时受热膨胀易将砂轮胀裂,一般配合间隙为 0.1～0.8 mm。砂轮可用法兰盘与螺母紧固,在砂轮与法兰盘之间垫以 0.3～3 mm 厚的皮革或耐油橡胶制垫片,如图 7-8 所示。

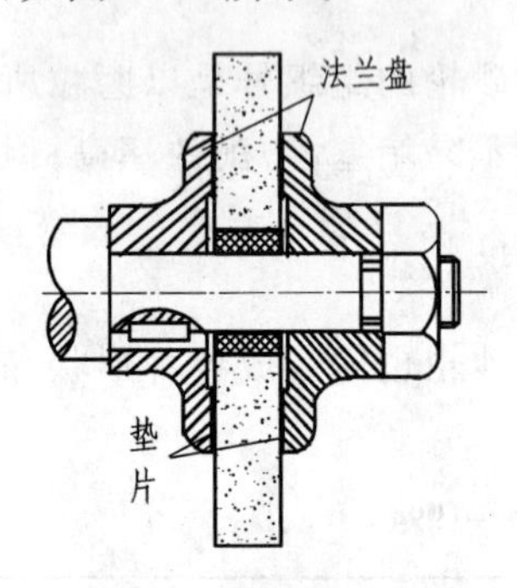

图 7-8　砂轮的安装

砂轮工作一段时间后,磨粒逐渐变钝,砂轮表面空隙堵塞,砂轮几何形状会失准,使磨削质量和生产效率下降,这时需要对砂轮进行修整。修整砂轮通常用金刚石刀进行。修整时,金刚石刀与水平面倾斜 5°～15°左右的角,与垂直面成 20°～30°角,刀尖低于砂轮中心 1～2 mm 以减少振动,如图 7-9 所示。修整时要用切削液充分冷却或干脆不用切削液,不可在点滴切削液下修整,以防止金刚石刀忽冷忽热而碎裂。

为了使砂轮平稳工作,必须对砂轮进行静平衡,如图 7-10所示,步骤是:

① 砂轮进行静平衡前,必须把砂轮法兰盘内孔、环形槽内、平衡块、平衡心轴和平衡架导轨等擦干净。

② 平衡架的两根圆柱导轨应事先校正到水平位置;砂轮进行静平衡时,平衡心轴轴线应与平衡架导轨轴线垂直。

③ 不断调整平衡块,如将砂轮转到任意位置砂轮都能停住,则砂轮的静平衡完毕。

④ 安装新砂轮时,砂轮要进行两次静平衡,第一次粗平衡后装上磨床,使用金刚石刀修整砂轮外圆和端面,卸下后再进行精平衡。

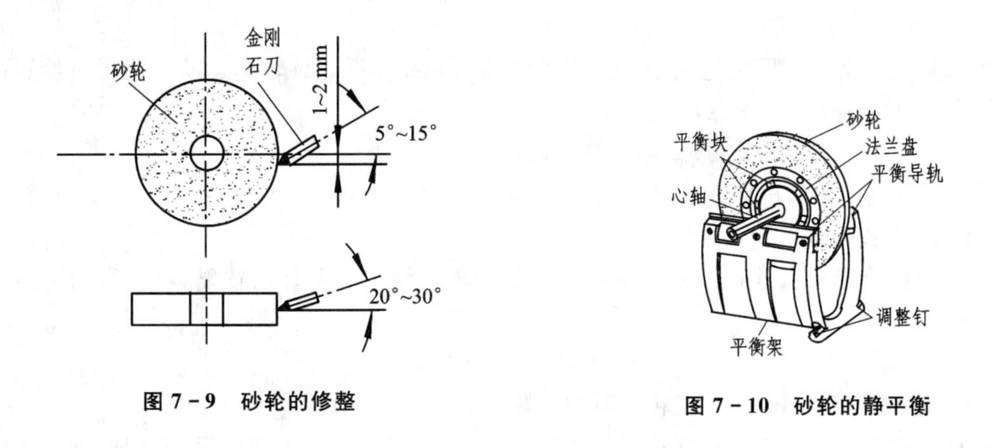

图 7-9　砂轮的修整　　图 7-10　砂轮的静平衡

7.4　磨削加工

7.4.1　磨削运动

磨削时，一般有一个主运动和三个进给运动。这四个运动参数即为磨削用量，如图 7-11 所示。

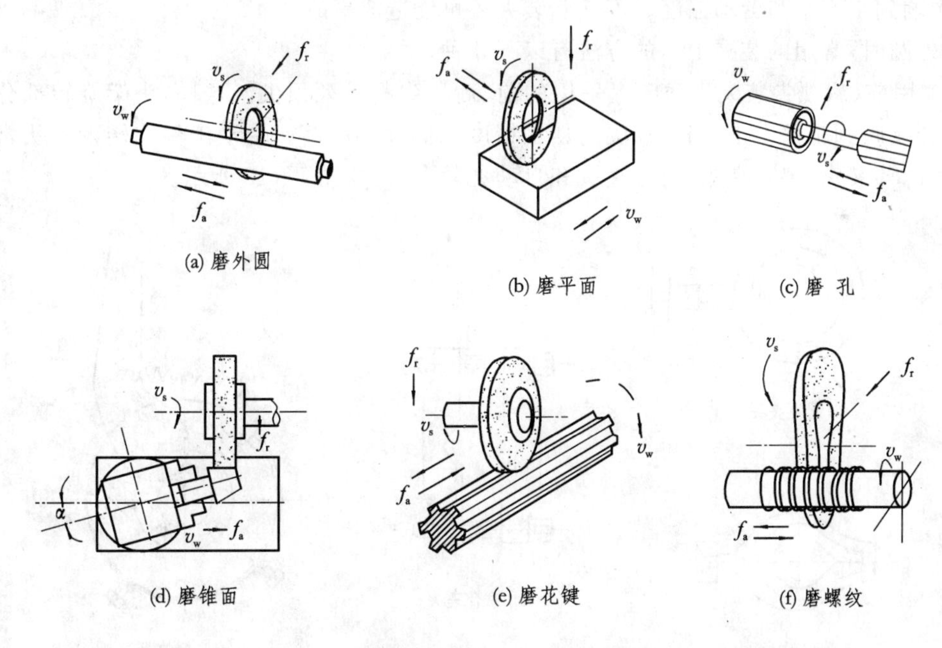

v_c——主运动速度；v_w——圆周进给速度；f_a——纵向进给量；f_r——横向进给量

图 7-11　磨削加工示例

(1) 主运动。主运动是砂轮的高速旋转运动。主运动速度以砂轮外圆处的线速度 v_s (m/s)表示，即：

$$v_s = (\pi D_s n_s)/(1\ 000 \cdot 60)$$

式中，D_s、n_s分别为砂轮的外径(mm)和转速(r/min)。一般磨削时，v_s 取 30～35 m/s；高速磨削时,v_s取 60～100 m/s。

(2) 圆周进给运动。圆周进给运动是工件绕本身轴线作低速旋转的运动。圆周进给速度以工件外圆处的线速度 v_w(m/s)表示

$$v_w = (\pi D_w N_w)/(1\,000 \cdot 60)$$

式中,D_w、N_w分别为工件被磨表面的直径(mm)和转速(r/min)。v_w取 0.2～0.4(m/s),粗磨时取上限,精磨时取下限。

(3) 纵向进给运动。纵向进给运动是工件沿砂轮轴线方向所作的往复运动,纵向进给量以 f_a(mm/r)表示

$$f_a = (0.2 \sim 0.8)B$$

式中,B 表示砂轮宽度(mm),f_a 值粗磨时取上限,精磨时取下限。

(4) 横向进给运动。工件每次往复行程终了时,砂轮径向切入工件的运动,即所谓的磨削深度。横向进给量以 f_r(mm/L 或 mm/2L)表示,其中 L 表示单行程,2L 表示往复双行程。一般 f_r=(0.005～0.05)mm,粗磨时取上限,精磨时取下限。

7.4.2 磨外圆

1. 工件的装夹

磨削加工时,工件装夹是否正确、稳固、迅速和方便,不但影响工件的加工精度和表面粗糙度,还影响到生产率和劳动强度。不正确装夹还可能造成事故。

磨外圆时,常用的装夹工件的方法有以下几种。

(1) 用前、后顶尖装夹。磨床上采用的前、后顶尖都是死顶尖。这样,头架旋转部分的偏摆就不会反映到工件上来,用死顶尖的加工精度比活顶尖的高。带动工件旋转的夹头常用的有 4 种,圆环夹头、鸡心夹头、对合夹头和自动夹紧夹头,如图 7-12 所示。

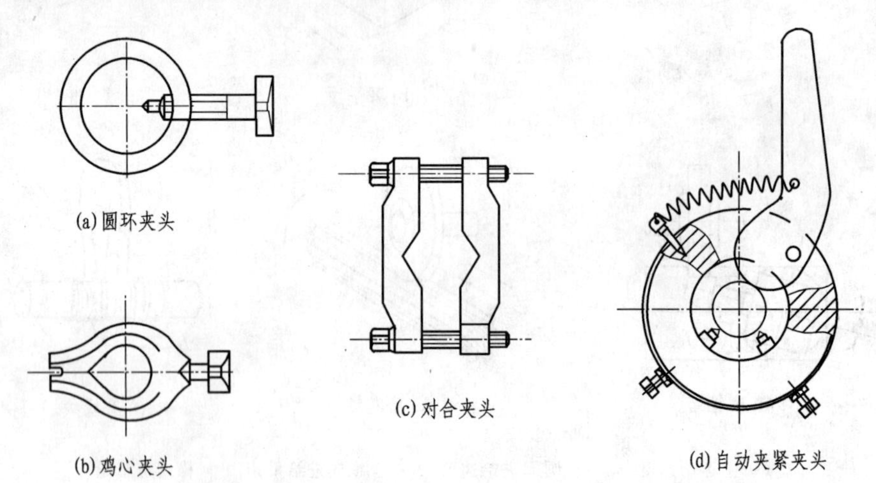

(a)圆环夹头　(b)鸡心夹头　(c)对合夹头　(d)自动夹紧夹头

图 7-12　常用的夹头

(2) 用心轴装夹。磨削套筒类零件时,常以内孔为定位基准,把零件套在心轴上,心轴再夹在磨床的前、后顶尖上。常用的有锥形心轴、带台肩圆柱心轴、带台肩可胀心轴等,如图 7-13 所示。

(3) 用三爪卡盘或四爪卡盘装夹。磨削端面上不能打中心孔的短工件时,可用三爪卡盘

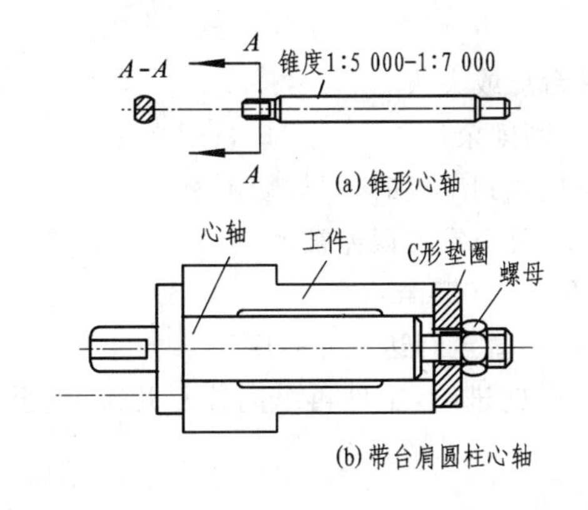

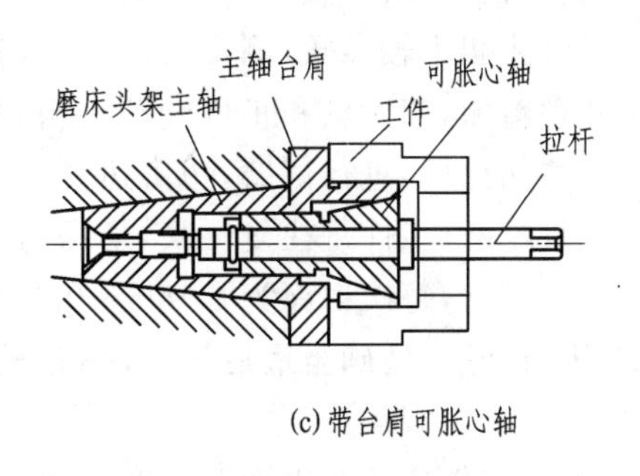

图 7-13 常用的心轴

或四爪卡盘装夹。四爪卡盘特别适于夹持表面不规则工件。

(4) 用卡盘和顶尖装夹。当工件较长,只有一端能打中心孔时,可一端用卡盘,一端用顶尖装夹工件。

2. *磨外圆的方法*

在外圆磨床上磨外圆的方法有纵磨法和横磨法,如图 7-14 所示。

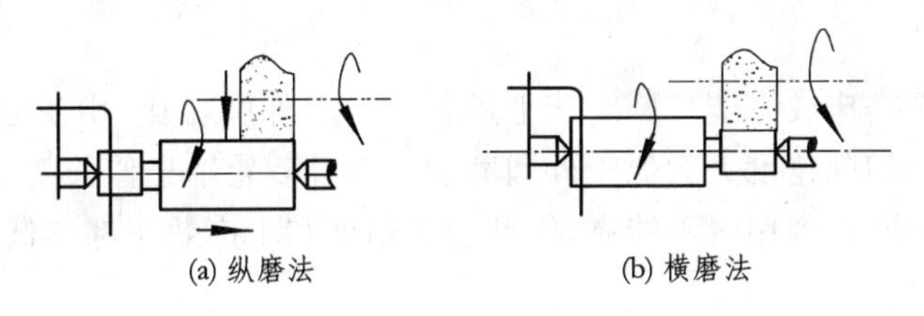

图 7-14 磨外圆的方法

(1) 纵磨法。磨削时工件作圆周进给运动,同时随工作台作纵向进给运动,每一纵向行程或往复行程结束后,砂轮作一次小量的横向进给。当工件磨削至最终尺寸时,无横向进给地纵向往复几次,至火花消失为止。纵磨时磨削深度小,磨削力小,磨削温度低,以及最后几次无横向进给的光磨,能逐步消除由于机床、工件和夹具弹性变形而产生的误差,所以其磨削精度较高。

纵磨法是最通用的一种磨削方法,其特点是可用同一砂轮磨削长度不同的工件,且加工质量好。在单件、小批量生产以及精磨时被广泛使用。

(2) 横磨法(切入磨法)。磨削时工件无纵向进给运动,采用比被磨表面宽(或等宽)的砂轮连续地或间断地向工件作横向(径向)进给运动,直至磨掉全部加工余量,此法又称径向磨削法或切入磨法。横磨法生产率高,但由于工件相对砂轮无纵向进给运动,相当于成形磨削,故砂轮的形状误差直接影响工件的形状精度。另外,砂轮与工件的接触宽度大,则磨削力大,磨削温度高,因此,砂轮要勤修整,切削液供应要充分,工件刚性要好。

横磨法主要用于磨削短外圆表面、阶梯轴的轴颈和粗磨等。

3. *用纵磨法磨外圆的操作步骤*

(1) 擦净工件两端中心孔,检查中心孔是否圆整光滑,否则需经过研磨。

(2) 调整头、尾座位置,使前后顶尖间的距离与工件长度相适应。

(3) 在工件的一端装上适当的夹头,两中心孔加入润滑脂后,把工件装在两顶尖之间,调整尾座顶尖弹簧压力至适度。

(4) 调整行程挡块位置,防止砂轮撞击工件台肩或夹头。

(5) 调整头架主轴转数,测量工件尺寸,确定磨削余量。

(6) 开动磨床,使砂轮和工件转动。当砂轮接触到工件时,开放切削液。

(7) 调整切深后,进行试磨,边磨边调整锥度,直至锥度误差被消除。

(8) 进行粗磨,工件每往复一次,切深为0.01～0.025 mm。

(9) 进行精磨,每次切深为0.005～0.015 mm,直至到达尺寸精度。

(10) 进行光磨,精确至最后尺寸时,砂轮无横向进给,工件再纵向往复几次,直至火花消失为止。

(11) 检验工件尺寸及表面粗糙度。

4. 磨外圆操作要点

(1) 注意启动砂轮步骤。

(2) 对接触点时,砂轮要慢慢靠近工件。

(3) 精磨前一般要修整砂轮。

(4) 磨削过程中,工件的温度会有所提高,测量时应考虑热膨胀对工件尺寸的影响。

7.4.3　磨内孔

磨内孔可在内圆磨床或万能外圆磨床上进行。与磨外圆相比,由于砂轮直径受到工件孔径的限制,一般较小,切削速度大大低于外圆磨削。而且砂轮轴悬伸长度又大,刚性较差,加上磨削时散热、排屑困难,磨削用量不能高,因此加工精度和生产效率都较低。

1. 工件的装夹

在内圆磨床上磨工件的内孔,如工件为圆柱体,且外圆柱体面已经过精加工,则可用三爪卡盘或四爪卡盘找正外圆装夹。如工件外表面较粗糙,或形状不规则,则以内圆本身定位找正安装。

2. 磨内孔的方法

磨削内孔一般采用纵向磨和切入磨两种方法,如图7-15所示。磨削时,工件和砂轮按相反的方向旋转。砂轮在工件孔中的磨削位置有前接触和后接触两种,如图7-16所示。一般在万能外圆磨床上采用前接触,在内圆磨床上采用后接触。

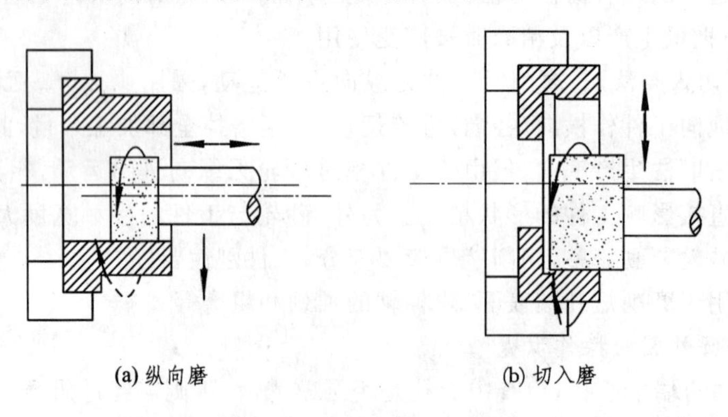

(a) 纵向磨　　(b) 切入磨

图7-15　磨内孔的方法

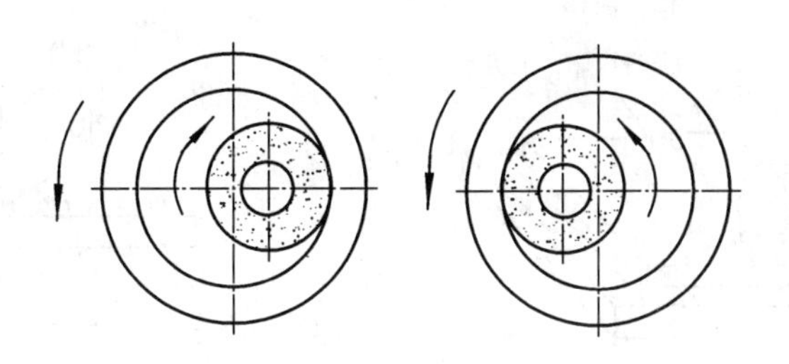

图 7-16　砂轮在工件孔中的磨削位置

7.4.4　磨圆锥面

1. 工件的装夹

圆锥面有外圆锥面和内圆锥面两种，这里只介绍磨外圆锥面的方法。工件的装夹方法可参照磨外圆和内圆的装夹。

2. 磨外圆锥面方法

在万能外圆磨床上磨外圆锥面有三种方法。

(1) 转动工作台。适合磨削锥度小而长度大的工件，如图 7-17(a)所示。

(2) 转动头架。适合磨削锥度大而长度短的工件，如图 7-17(b)所示。

(3) 转动砂轮架。适合磨削长工件上锥度较大的圆锥面，如图 7-17(c)所示。

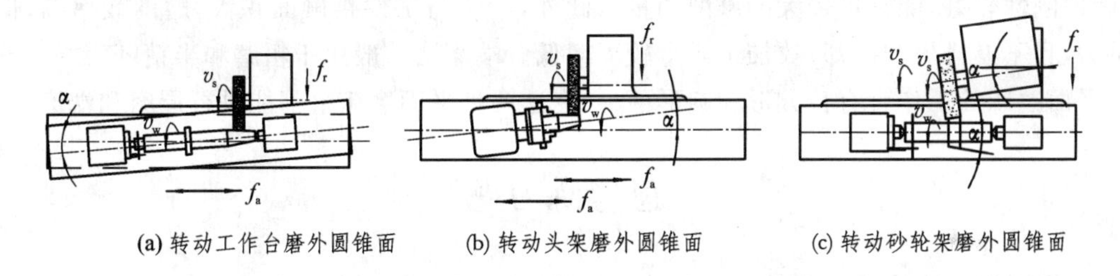

(a) 转动工作台磨外圆锥面　　(b) 转动头架磨外圆锥面　　(c) 转动砂轮架磨外圆锥面

图 7-17　磨外圆锥面方法

7.4.5　磨平面

1. 工件的装夹

磨平面使用的是平面磨床。平面磨床工作台常用电磁吸盘来安装工件，对于钢、铸铁等导磁性工件可直接安装在工作台上，对于铜、铝等非导磁性工件，要通过精密平口钳等装夹。电磁吸盘是按电磁铁的磁效应原理设计制造的。工件安放在电磁吸盘上通过磁力作用将工件吸住，如图 7-18 所示。

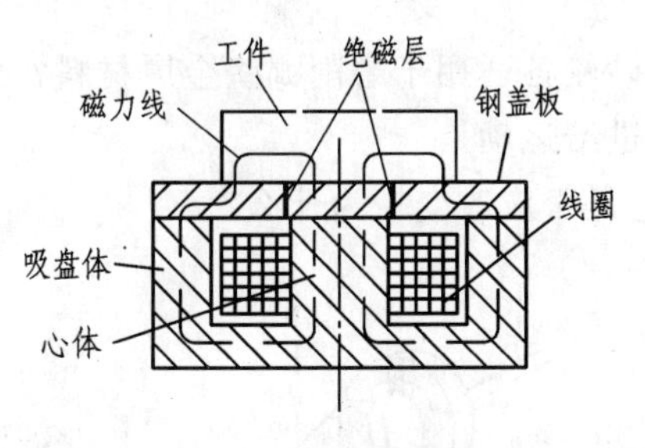

图 7-18　电磁吸盘

2. 磨平面的方法

根据磨削时砂轮工作表面的不同，磨平面的方法有两种，即周磨法和端磨法，如图 7-19 所示。

(1) 周磨法。用砂轮的圆周面磨削平面。周磨时砂轮与工件接触面积小，排屑和冷却条件好，工件发热量少，因此磨削易翘曲变形的薄片工件能获得较好的加工质量，但磨削效率低，一般用于精磨。

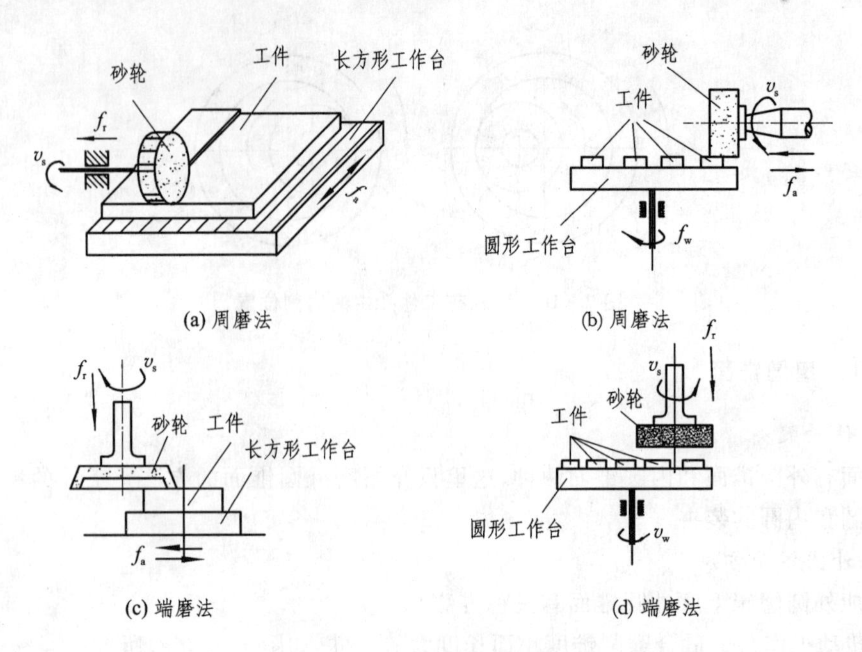

图 7－19　磨平面的方法

(2) 端磨法。用砂轮的端面磨削平面。端磨时,由于砂轮轴伸出较短,而且主要是受轴向力,因而刚性较好,能采用较大的磨削用量。此外,砂轮与工件接触面积大,磨削效率高,但发热量大,且不易排屑和冷却,故加工质量较周磨低。端磨法一般用于粗磨和半精磨。

平面磨床的工作台有长方形和圆形两种,在这两种平面磨床上都能进行周磨和端磨。

思考练习题

1. 磨削加工的精度一般可达到几级？表面粗糙度值 R_a 可达到多少？
2. 磨削加工有什么特点？适用于加工哪类零件？
3. 万能外圆磨床由哪几部分组成？各有何功用？
4. 磨床为什么要使用液压传动？磨床液压系统中的节流阀和溢流阀各有何用途？
5. 为什么磨硬材料要用软砂轮,而磨软材料要用硬砂轮？
6. 砂轮安装时要注意些什么？
7. 砂轮是怎样进行切削的？刚玉类砂轮和碳化硅砂轮各适用于磨削哪些金属材料？
8. 磨削时一般都需要哪些运动？请指出主运动和进给运动。
9. 磨削用量有哪些？在磨不同表面时,砂轮的转速是否应改变？为什么？
10. 在图 7－20 中用符号标注出切削用量。

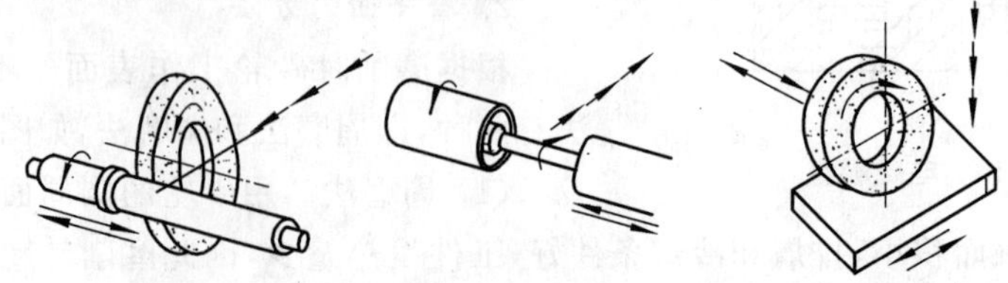

图 7－20　切削加工

11. 外圆磨床上的两顶尖安装和车床上的两顶尖安装是否有区别?

12. 外圆磨削方法有哪些? 各有什么特点? 现有一淬火钢销轴,要求两端不能有顶尖孔,应选择何种方法磨削?

13. 为什么要对中心孔进行修研? 怎样修研?

14. 磨内圆与磨外圆相比,有什么不同之处? 为什么?

15. 平面端磨法和周磨法各有何优缺点?

16. 常采用什么方法磨削外圆锥面?

17. 平面磨削中工件的装夹方法有什么特点?

第8章　钳　工

8.1　概　述

1. 钳工的作用

钳工是主要使用各种手动工具进行零件加工及完成机器装配、调试和维修等工作的工种。钳工的基本操作有划线、錾削、锯削、锉削、钻孔、扩孔、铰孔、锪孔、攻丝、套丝、矫正、弯曲、铆接、刮削、研磨、装配、调试、维修及基本测量等。

根据工作内容的不同,钳工可以分为普通钳工、划线钳工、模具钳工、装配钳工和维修钳工等。

钳工的应用范围很广,主要的工作有:

(1) 零件加工前的准备工作,如毛坯的清理、划线;

(2) 机器装配前对零件进行钻孔、铰孔、攻丝、套丝等;

(3) 对精密零件的加工,如刮研零件、量具的配合表面和制作模具、锉制样板等;

(4) 机器设备的装配、调试和维修等。

在机械生产过程中,从毛坯下料、生产加工到机器装配调试等,通常都由钳工连接各个工序和工种,起着不可替代的重要作用。虽然现在有了先进的加工设备,但仍不能全部代替钳工手工操作。这不但因为钳工使用的工具简单、操作灵活方便、能完成一般机械加工无法或不适宜加工的工作,而且零件加工之前的划线和精密零件的配钻、刮削、研磨等也都是由钳工来完成。因此钳工在机械制造和维修工作中占有很重要的地位。但是钳工劳动强度大,生产率低,对工人技术要求较高。随着工业技术的发展,钳工操作也正朝着半机械化和机械化方向发展,以降低劳动强度和提高生产率。

2. 钳工台和虎钳

钳工台和装在钳工台上用以夹持工件的虎钳是钳工工作岗位必需的主要设备。虎钳的规格通常用钳口的宽度表示,常用的有 100 mm、125 mm 和 150 mm 等几种。虎钳的结构如图 8-1 所示。

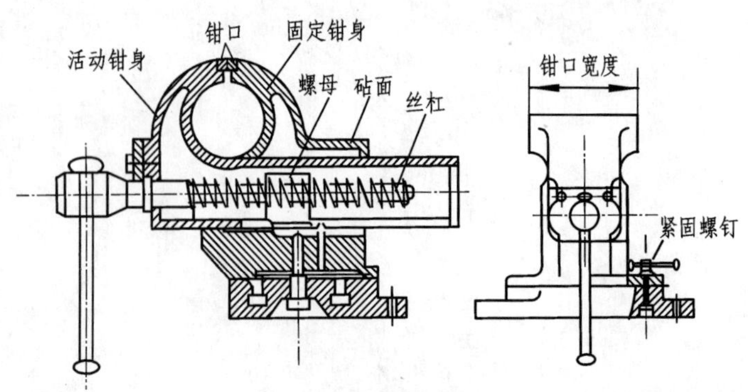

图 8-1　虎　钳

安装工件时转动手柄，使活动钳口开合，工件尽可能放在钳口中部，使钳口受力均匀。顺时针扳动手柄是将工件夹紧，反时针方向是松开。夹紧时用力要适当，若夹持太紧，丝杠螺母易被损坏。钳口部分经过淬火，硬度很高，装夹铝、铜等软材料时，钳口要护上软金属如铜片等防止工件夹伤。

8.2　划　线

8.2.1　划线概念

根据图样的要求，在毛坯或半成品上划出加工界线的操作称为划线。

1. 划线的作用

(1) 明确地表示出加工余量、加工位置，使机械加工有明确的尺寸界线。

(2) 便于复杂工件在机床上安装，可以按划线找正定位。

(3) 用来检查毛坯尺寸和形状是否合乎要求，避免不合格的毛坯投入后续机械加工造成损失。

(4) 采用借料划线可以使加工余量不大的毛坯得到补救，使加工后的零件仍能符合要求。

2. 划线的种类

划线分平面划线和立体划线两种，如图 8-2 所示。

(1) 平面划线：只需要在工件的一个表面上划线后即能明确表示加工界线的，称为平面划线。

(2) 立体划线：在工件上几个互成不同角度(通常是互相垂直)的表面上划线，才能明确表示加工界线的，称为立体划线。

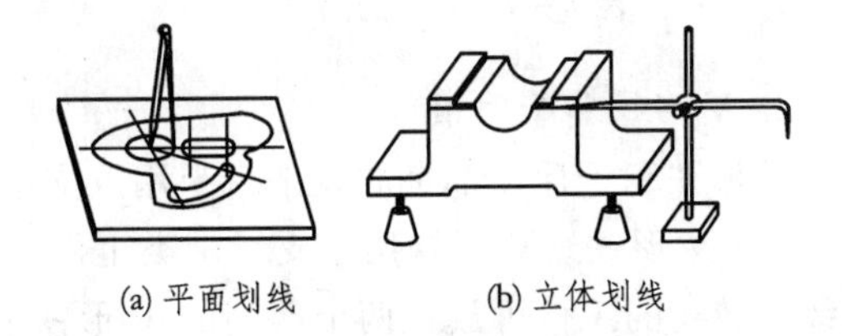

(a) 平面划线　　(b) 立体划线

图 8-2　划线种类

3. 划线要求及精度

划线要求：线条清晰均匀、尺寸准确、粗细一致、样冲眼分布均匀。划线精度：能达到 0.25～0.5 mm。通常不能依靠划线直接确定加工时的最后尺寸，而必须在加工过程中通过测量来保证尺寸的准确度。

8.2.2　划线工具

1. 划线平台

划线平台是划线的基准工具，如图 8-3 所示。划线平台通常用铸铁制成，表面经过刮削，平面度较好，用以放置划线的零件或划线工具，它是划线的基准平面。应该保持该平面的清洁，严禁敲击、碰撞。

2. 划针和划针盘

(1) 划针。划针是在工件上划线的工具，用弹簧钢丝或高速钢制成，如图 8-4 所示。划线时划针针尖应紧贴钢尺移动，尽量使线条一次划出，使线条清晰、准确，如图 8-5 所示。

(2) 划针盘。划针盘是划线和校正工件位置时用的工具，如图 8-6 所示。划线时划针盘上的划针装夹要牢固，伸出长度要适中，底座应紧贴划线平台，移动平稳，不能摇晃。

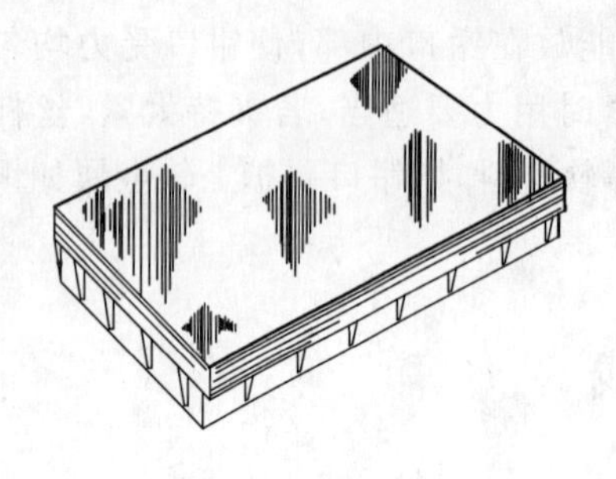

图 8-3　划线平台

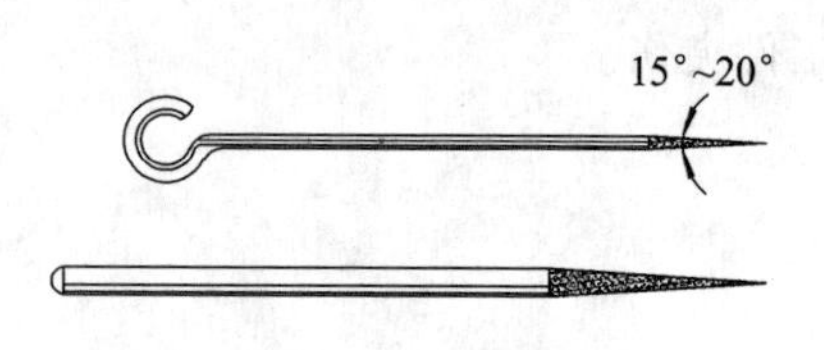

图 8-4　划　针

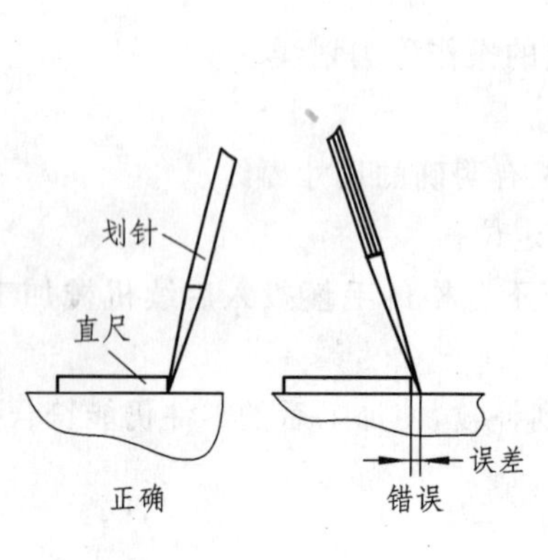

图 8-5　划针的用法

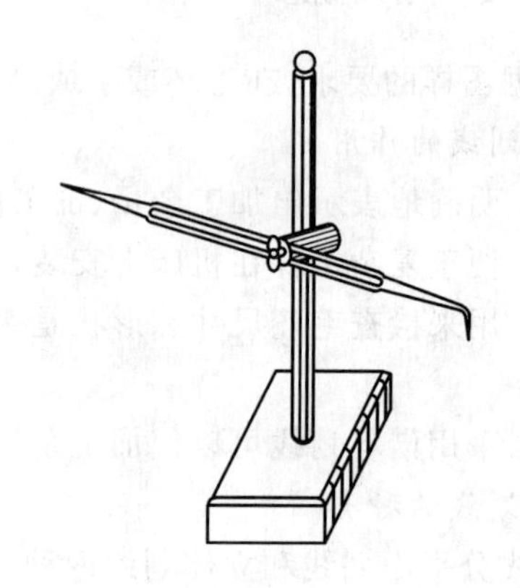

图 8-6　划针盘

3. V形铁和千斤顶

V形铁和千斤顶都是放在平台上用以支承工件的工具。

(1) V形铁。V形铁用于支承轴类工件,使工件轴线与平台平行,便于找出中心和划出中心线。较长的工件可放在两个等高的V形铁上,如图8-7所示。

(2) 千斤顶。用于支承较大或不规则的工件,如图8-8所示。一般3个千斤顶为一组,分别调节它们的高度,对工件进行调正,如图8-2(b)所示。

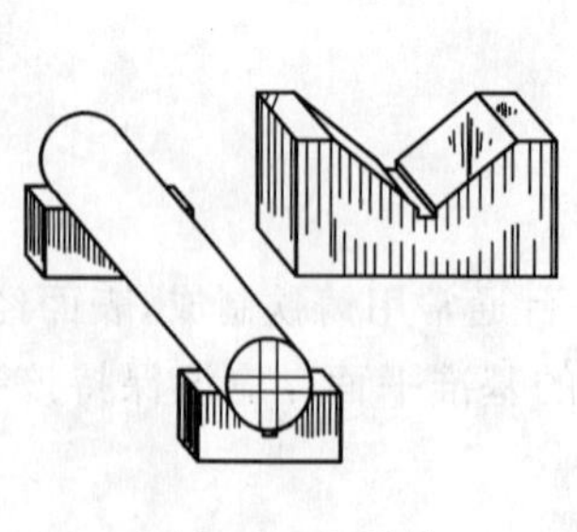

图 8-7　V形铁

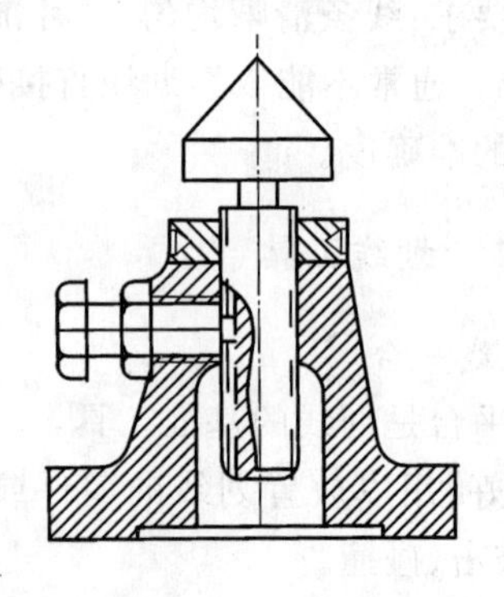

图 8-8　千斤顶

4. 方箱

划线用方箱是一个空心箱体,相邻表面相互垂直,相对表面相互平行,其中一个平面有V形槽和压紧装置,如图8-9所示。方箱用于夹持较小且需要划线表面较多的工件,通过翻转方箱，可在工件表面划出互相垂直或平行的线条。轴类工件可夹持在V形槽内，翻转方箱便可划出中心线或找出工件中心。

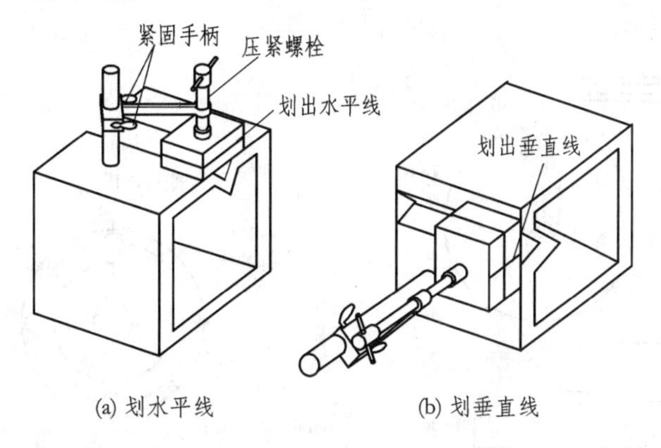

(a) 划水平线　　(b) 划垂直线

图8-9　方箱的应用

5. 划线量具

(1) 钢尺。钢尺是长度量具，用于测量工件尺寸和划直线。

(2) 直角尺。用于划垂直线及检查工件的垂直度。

(3) 高度游标尺。是附有硬质合金划线脚的精密工具，如图8-10所示。既可测量零件高度，也可用于半成品的精密划线。测量精度有0.02 mm、0.05 mm两种，不能对锻铸等毛坯零件进行测量及划线。

6. 划规和划卡

(1) 划规。是划圆、圆弧和等分线段的平面划线工具。它分普通划规、定距划规等几种，如图8-11所示。

(2) 划卡。又称单脚规，是用于确定轴和孔中心位置的工具，如图8-12所示。使用划卡时，弯脚到工件端面的距离应保持一致。

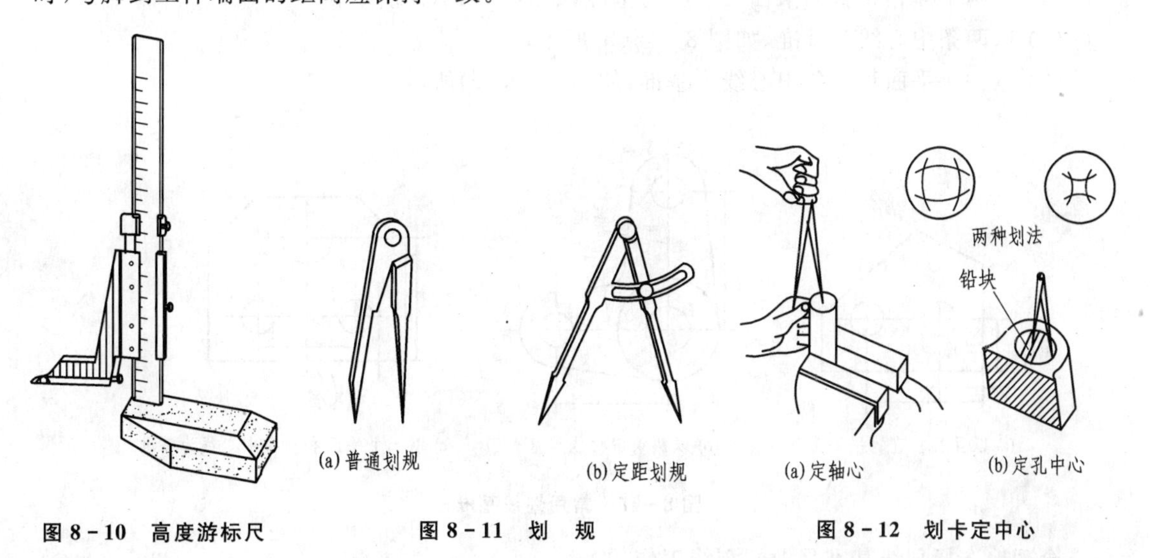

(a) 普通划规　　(b) 定距划规　　(a) 定轴心　　(b) 定孔中心

图8-10　高度游标尺　　**图8-11　划　规**　　**图8-12　划卡定中心**

7. 样　冲

样冲是在划出的线条上打出样冲眼的工具。样冲眼使划出的线条留下不会被擦掉的位置标记,如图 8－13 所示。在圆弧和圆心上打样冲眼有利于钻孔时钻头的定心和找正,如图 8－14所示。

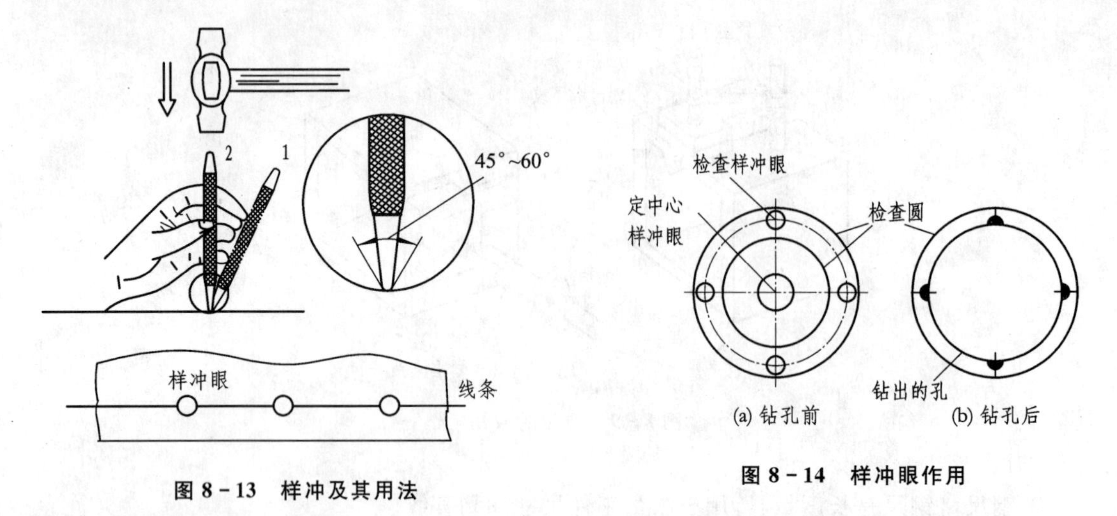

图 8－13　样冲及其用法

图 8－14　样冲眼作用

8.2.3　划线基准及其选择

1. 划线基准

设计基准:在零件图上用来确定其他点、线、面位置的基准,称为设计基准。

划线基准:在划线时选择工件上的某个点、线、面作为依据,用它来确定工件的各部分尺寸、几何形状及工件上各要素的相对位置。

2. 常用划线基准及选择

常用划线基准有:

(1) 以两个互相垂直的平面(或线)为基准,如图 8－15(a)所示;

(2) 以两条中心线为基准,如图 8－15(b)所示;

(3) 以一个平面和一条中心线为基准,如图 8－15(c)所示。

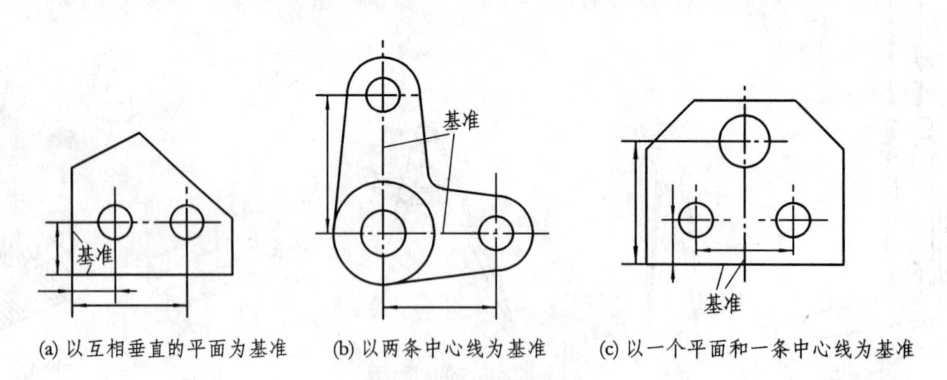

图 8－15　常用划线基准

合理地选择划线基准是做好划线工作的关键。

划线基准选择应遵循以下几个方面:

(1) 划线基准与设计基准尽量一致,这样能够直接量取划线尺寸,简化换算过程。

(2) 尽量选用工件上已加工过的表面,如图 8-16(a)所示。

(3) 工件为毛坯时,应选用重要孔的中心线为基准,如图 8-16(b)所示。

(4) 毛坯上没有重要孔时,可选用较大的平面为基准。

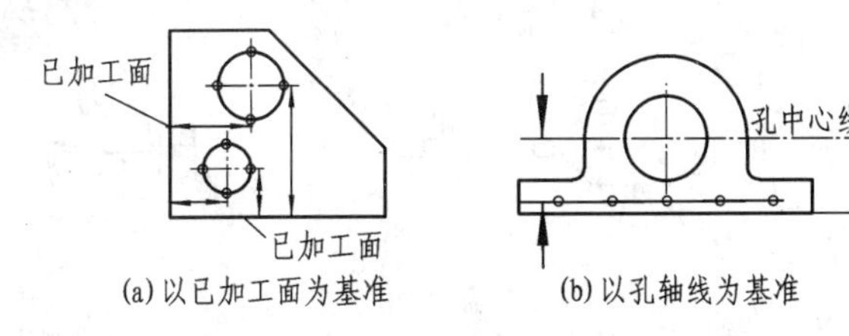

(a) 以已加工面为基准　(b) 以孔轴线为基准

图 8-16　划线基准选择

8.2.4　划线步骤和示例

1. 划线一般步骤

(1) 熟悉图样并选择划线基准。

(2) 检查和清理毛坯并在划线部位表面涂涂料,如铸锻件毛坯用石灰水或防锈漆,半成品件用蓝油(孔雀绿加虫胶和酒精),以保证划线清晰。

(3) 工件上有孔时,可用木块或铅块塞孔,找出孔中心。

(4) 正确安放工件并选择划线工具。

(5) 进行划线。首先划出基准线,然后划出水平线、垂直线、斜线,最后划出圆、圆弧和曲线等。

(6) 根据图纸检查划线的正确性。

(7) 在线条上打出样冲眼。

2. 划线示例

(1) 平面划线。平面划线与机械制图相似,所不同的是使用划线工具。图 8-17 为在齿坯上划键槽的示例。它属于半成品划线,步骤如下:

① 先划出基准线 A—A;

② 在 A—A 线两边间隔 2 mm 划出两条平行线,为键槽宽度界线;

③ 从 B 点量取 16.3 mm 划与 A—A 线的垂直线,为键槽的深度界线;

④ 校对尺寸无误后,打上样冲眼。

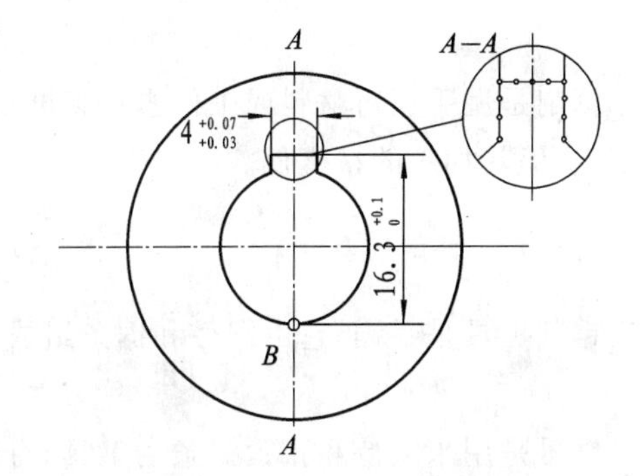

图 8-17　平面划线(齿坯键槽)

(2) 立体划线。划线时注意工件支承要牢固、稳当,以防滑倒或移动。同时尽量做到在一次支承中,把需要划出的平行线划全,以免补划时费工、费时并带来误差。

图 8-18(a)是轴承座的零件图。由图可知,该零件的底面、轴承座内孔及其两个大端面、两螺栓孔及其孔口需加工。加工这些部位的界限线和找正线需要划出。这些线条分布在三个互相垂直的表面上,所以是立体划线。

划线步骤如图 8-18(b)～(f)所示。

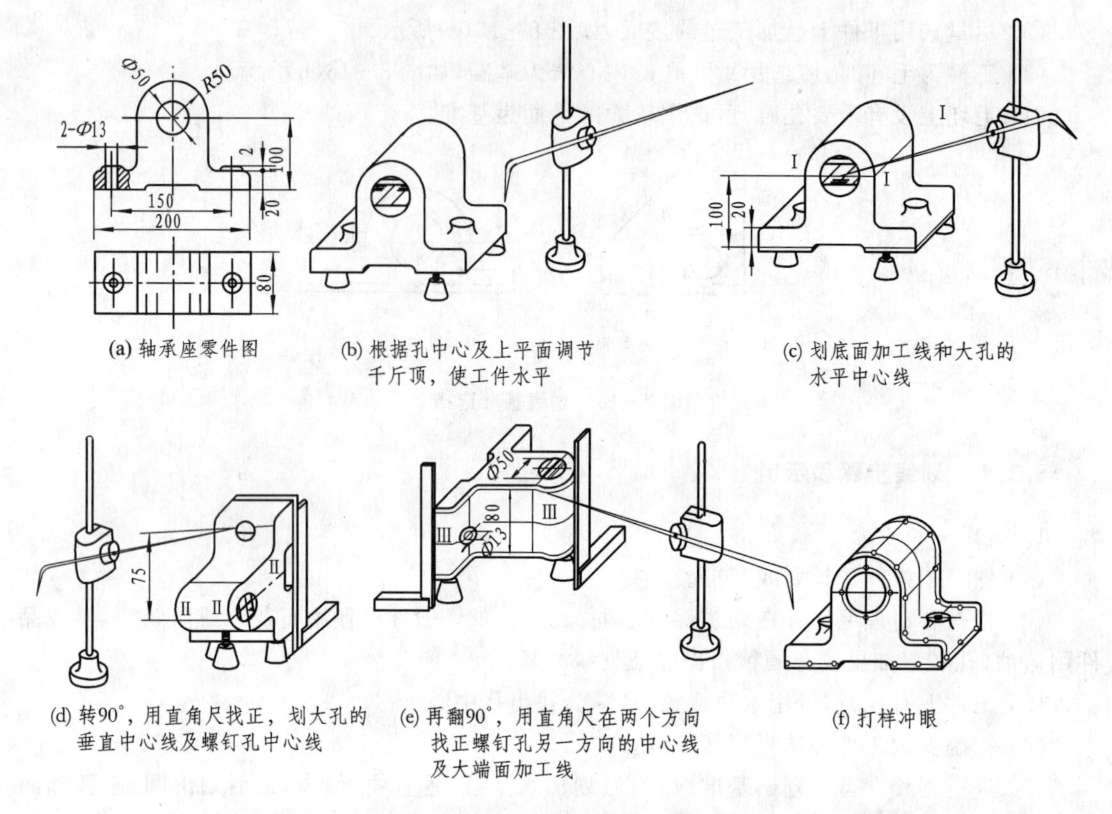

(a) 轴承座零件图　(b) 根据孔中心及上平面调节千斤顶，使工件水平　(c) 划底面加工线和大孔的水平中心线

(d) 转90°，用直角尺找正，划大孔的垂直中心线及螺钉孔中心线　(e) 再翻90°，用直角尺在两个方向找正螺钉孔另一方向的中心线及大端面加工线　(f) 打样冲眼

图 8-18　轴承座的立体划线

8.3　锯　削

锯削是用手锯对材料或工件进行切断或切槽等的加工方法。锯削具有方便、简单和灵活的特点，但其加工的精度低。

8.3.1　锯削工具

锯削工具是手锯，它由锯弓和锯条组成。

1. 锯弓

锯弓是用来夹持和张紧锯条的工具，有固定式和可调式两种。可调式锯弓的弓架分前后两段，如图 8-19 所示。由于前段在后段套内可以伸缩，因此可以安装几种长度规格的锯条。

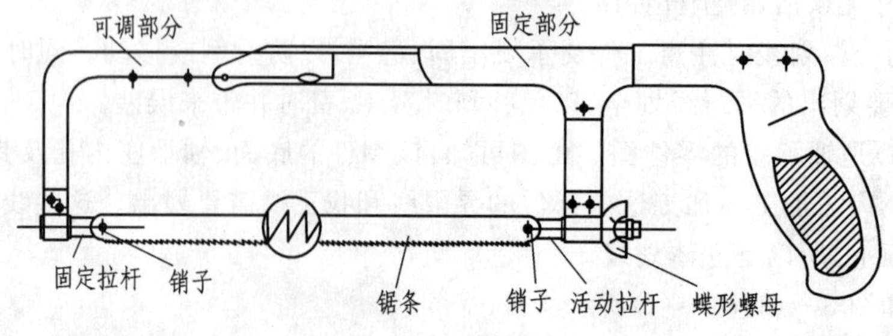

图 8-19　可调试锯弓

2. 锯条及选用

锯条由碳素工具钢(T10A、T12A)制成,热处理后其锯齿部分硬度达HRC62以上,但两端装夹部分硬度低,韧性好,装夹时不致断裂。

锯条规格以锯条两端安装孔中心距来表示。常用的锯条长300 mm、宽12 mm、厚0.8 mm。锯条由许多锯齿组成。每个锯齿相当于一把切割刀(车刀),如图8-20所示。锯齿按左右错开形成交叉或波浪形排列,如图8-21所示,用来形成锯路。锯路在锯削时,可以避免锯条卡在锯缝里和减少锯条与锯缝间的摩擦,提高锯条的使用寿命。锯条按齿距大小可分为粗齿、中齿、细齿三种,各自的用途如表8-1所示。

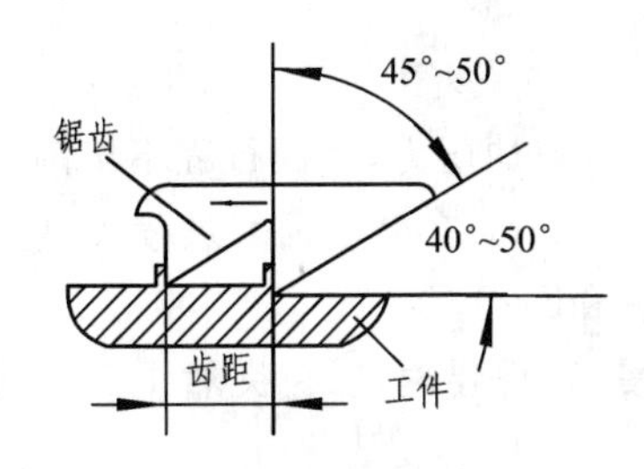

图8-20 锯齿的切削作用机理

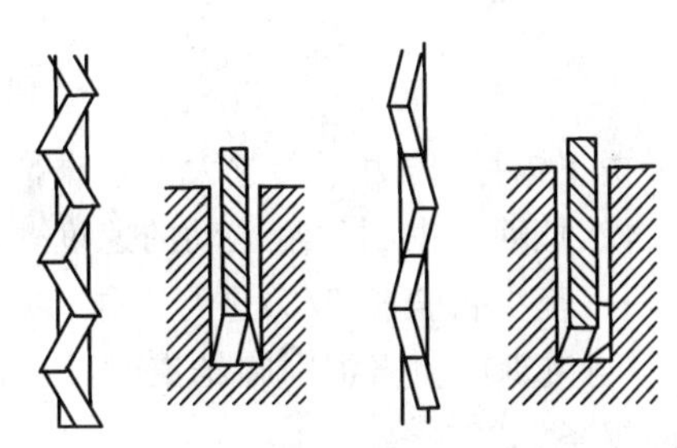

图8-21 锯齿排列

表8-1 锯条种类及用途

锯齿粗细	每25 mm长度内含齿数	用 途
粗齿	14～18	锯割铝、铜等软金属及厚件
中齿	24	锯割普通钢、铸铁及中厚度工件
细齿	32	锯割硬钢、板料及薄壁管件

3. 锯条安装

手锯是在向前推时起切削作用,因此锯条安装在锯弓上时,锯齿齿尖的方向朝前。锯条安装后,要保证锯条平面与锯弓中心平面平行,不得倾斜和扭曲。锯条的松紧应适中,否则锯切时易折断锯条或锯偏。

8.3.2 锯削方法和示例

1. 锯削方法

(1) 工件安装。工件伸出钳口部分应尽量短,约为10～20 mm,以防止锯削时产生振动。工件要夹紧,但要防止变形,对已加工表面,可在钳口上衬垫软金属。

(2) 锯削操作。分起锯、锯削和结束锯削三个阶段。

① 起锯。起锯时,右手满握锯弓手柄,锯条靠住左手大拇指,锯条应与工件表面倾斜一定锯角(约10°～15°)。起锯角太小,锯齿不易切入工件,会产生打滑;但也不宜过大,以免崩齿,如图8-22所示。起锯时的压力要小,往复行程要短,速度要慢,待锯痕深度达到2 mm左右时,将手锯逐渐处于水平位置进行正常锯削。

② 锯削。正常锯削时,右手满握锯柄,左手轻扶在锯弓前端。锯条应与工件表面垂直,作直线往复运动,不能左右晃动,用力要均匀。锯割运动时,推力和压力由右手控制,左手主要配

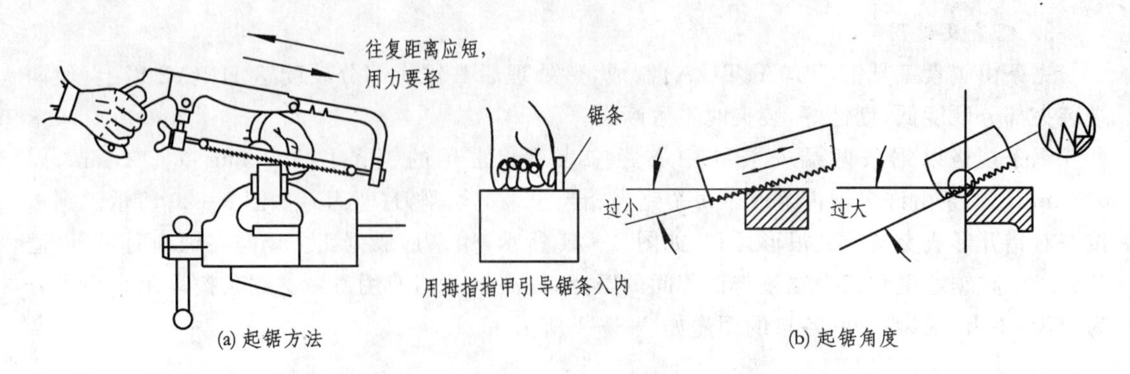

(a) 起锯方法　(b) 起锯角度

图 8-22　起　锯

合右手扶正锯弓，压力不要过大。手锯推出时为切削行程，施加压力，返回行程不切削，不加压力，作自然拉回。锯削往复运动的速度一般为 40～60 str/min。在整个锯削过程中，应尽量用锯条全长(至少占全长 2/3)进行工作，以防锯条局部发热和磨损。

③ 结束锯削。当锯削临结束时，用力要小，速度要慢，行程要短，以免突然锯断，碰伤手臂和折断锯条。

2. 锯削示例

(1) 锯圆管

锯圆管时，先在一个方向锯到圆管内壁处，然后把圆管向推锯的方向转过一定角度，并从原锯缝下锯锯到圆管内壁处，依次不断转动，直至锯断，如图 8-23(a)所示。如不转动圆管，则是错误的锯法，如图 8-23(b)所示，因为当锯条切入圆管内壁后，锯齿在薄壁上锯削应力集中，极易被管壁勾住而产生崩齿或折断锯条。

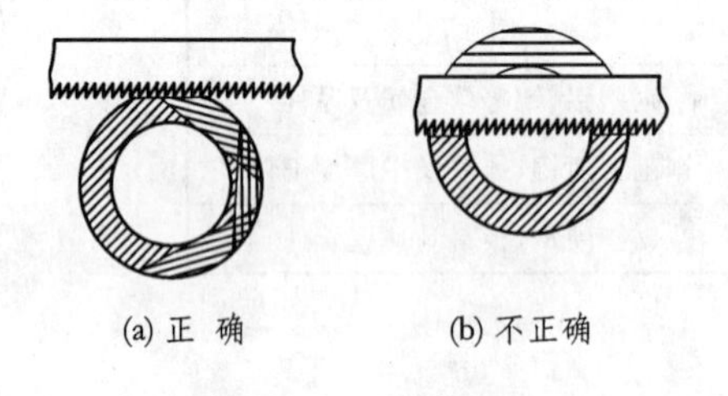
(a) 正 确　(b) 不正确

图 8-23　据圆管方法

(2) 锯厚件

① 锯削厚件当锯缝深度超过锯弓高度时，如图 8-24(a)所示，应将锯条转过 90°安装，如图 8-24(b)所示。

② 当锯削部分宽度超过锯弓高度时，锯条可转过 180°安装，如图 8-24(c)所示。

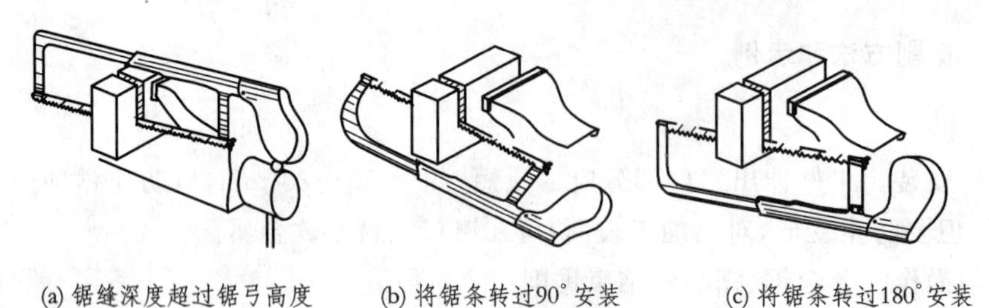
(a) 锯缝深度超过锯弓高度　(b) 将锯条转过90°安装　(c) 将锯条转过180°安装

图 8-24　锯切厚件

(3) 锯薄件

① 从薄件宽面起锯，以使锯缝浅而整齐，如图 8-25(a)所示。

② 从薄件窄面锯削时，薄件应夹在两木板当中，从增加薄件刚性，减少振动，并避免锯齿被卡住而崩齿或崩断，如图 8-25(b)所示。

③ 薄件太宽,虎钳夹持不便时,可采用横向斜锯削,如图 8－25(c)所示。

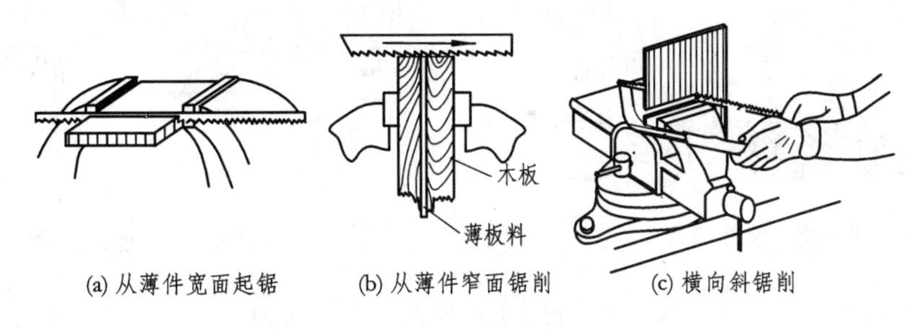

(a) 从薄件宽面起锯　(b) 从薄件窄面锯削　(c) 横向斜锯削

图 8－25　锯切薄件

8.4　锉　削

锉削是用锉刀对工件进行切削加工,使工件达到所要求的尺寸、形状和表面粗糙度的操作。一般用于錾削和锯削等之后的进一步加工,或在机器装配时对工件的修整。锉削能够提高工件的精度和减小表面粗糙度值。锉削是钳工的基本操作,应用广泛,可以加工平面、曲面、内外圆弧面和沟槽等,如图 8－26 所示。

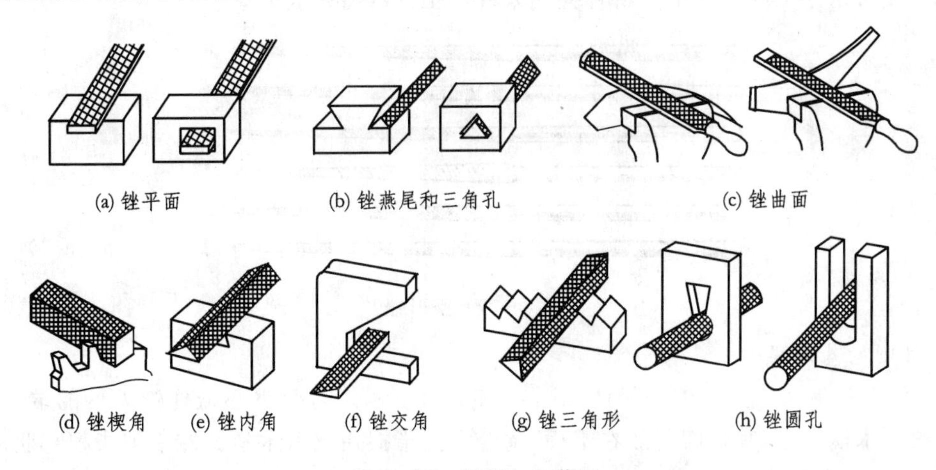

(a) 锉平面　(b) 锉燕尾和三角孔　(c) 锉曲面

(d) 锉楔角　(e) 锉内角　(f) 锉交角　(g) 锉三角形　(h) 锉圆孔

图 8－26　锉削加工范围

8.4.1　锉　刀

1. 锉刀的构造

锉刀是用碳素工具钢(如 T12、T12A、T13A 等)制成,经热处理淬硬,锉齿可达 HRC62。锉刀的构造如图 8－27 所示。锉刀的齿纹有单齿纹和双齿纹两种,如图 8－28 所示。双齿纹的刀齿是交叉排列,锉削时每个齿的锉痕不重叠,铁屑易碎裂,工件表面光滑,所以常用双齿纹锉刀锉削硬材料。锉刀规格以其工作部分长度表示,如 100 mm、150 mm 等。

2. 锉刀种类及应用

锉刀分为普通锉、整形锉(什锦锉)和特种锉三种,最常用的是普通锉刀。普通锉刀按其断面形状分为平锉、方锉、圆锉、半圆锉、三角锉等,应根据不同形状的工件表面选择锉刀。

锉刀的粗细按每 10 mm 锉面上齿数的多少划分。粗齿、中齿、细齿和油光锉及各自特点和应用如表8－2所示。

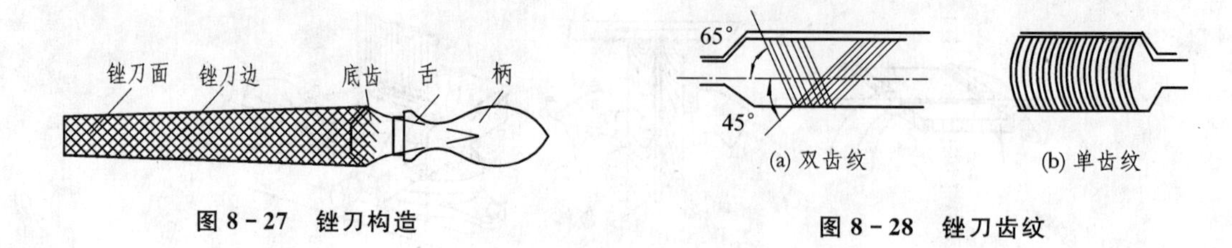

图8－27　锉刀构造

图8－28　锉刀齿纹

表8－2　锉刀刀齿粗细及特点和应用

锉齿粗细	10 mm长度内齿数	特点和应用
粗　齿	4～12	齿间大，不易堵塞，适宜粗加工或锉铜、铝等有色金属
中　齿	13～24	齿间适中，适于在粗锉之后加工
细　齿	30～40	锉光表面、锉硬金属或半精加工
油光锉	50～62	精加工时，修光表面

整形锉由若干把不同断面形状的锉刀组成一套，如图8－29所示。主要用于修整工件的细小部位或对精密工件的加工。特种锉用来锉削工件的特殊表面。

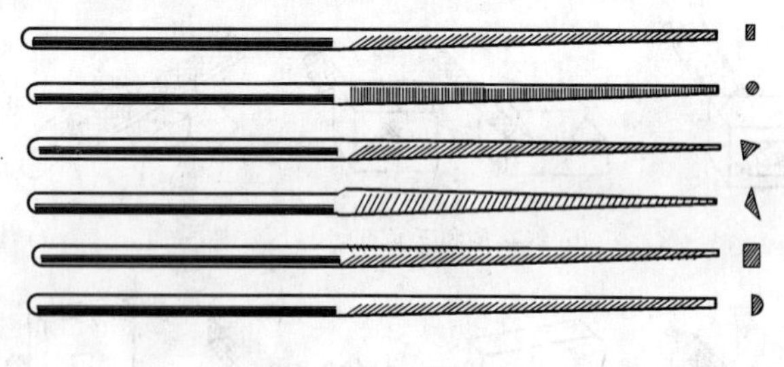

图8－29　整形锉

3. 锉削的基本操作

(1) 锉刀的握法。大锉刀的握法如图8－30(a)所示。右手掌心抵住锉刀柄的端部，大拇指放在锉刀木柄上面，其余四指放在下面，配合大拇指握住锉刀木柄。左手拇指根部肌肉压在锉刀头上，拇指自然伸直，其余四指弯向手心，用中指、无名指捏住锉刀前端。

中锉刀的握法如图8－30(b)所示。右手握法与大锉刀的握法相同，左手用大拇指和食指握住锉刀的前端。

小锉刀的握法如图8－30(c)所示。右手拇指和食指伸直，拇指放在锉刀木柄上面，食指靠在锉刀的刀边，左手几个手指压在锉刀中部。

什锦锉刀的握法如图8－30(d)所示。一般只用右手拿着锉刀，食指放在锉刀上面，拇指放在锉刀的左侧。

(2) 锉削姿势。锉削时的姿势如图8－31所示。两手握住锉刀放在工件上面，左臂弯曲，小弯与工件锉削平面的左右方向保持基本平行，右小臂要与工件锉削面的前后方向保持基本平行，但要自然，身体应与锉刀一起向前，右腿伸直并且稍向前倾，重心在左脚，左膝部呈弯曲状态；锉刀前行锉至约3/4行程时，身体停止前进，两臂则继续将锉刀向前锉到头，同时左腿自然伸直并随着锉削时的反作用力将身体重心后移，使身体恢复原位，并顺势将锉刀收回；当锉

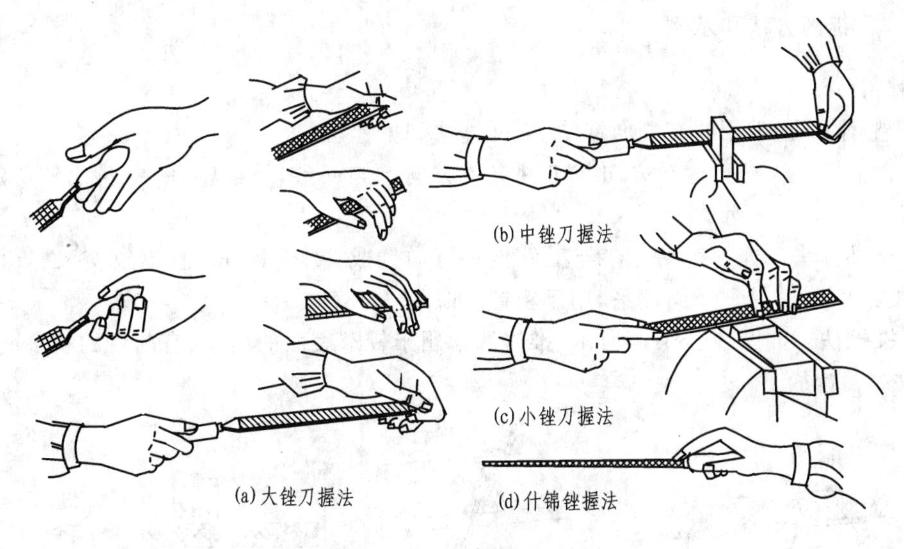

图 8－30　锉刀的握法

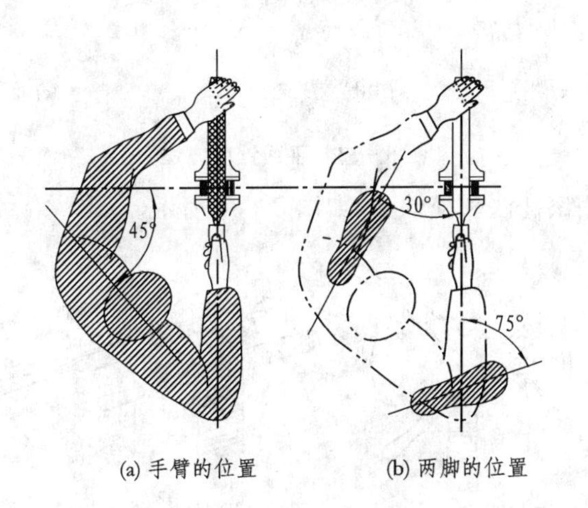

图 8－31　锉削时的站立步位和姿势

刀收回将近结束时，身体又开始前倾，作第二次锉削的向前运动。

（3）锉削时的用力。锉削时，两手用力是变化的。推锉开始时左手压力大，右手压力小，但推力要大；推到中间时两手的压力相同；继续推进时左手压力逐渐减小，右手压力逐渐增大，如图 8－32 所示。锉刀在任意位置时，都应保持水平，否则工件就会出现两边低中间高的现象。锉刀返回时不加压，以免磨钝锉齿和损伤工件已加工表面。

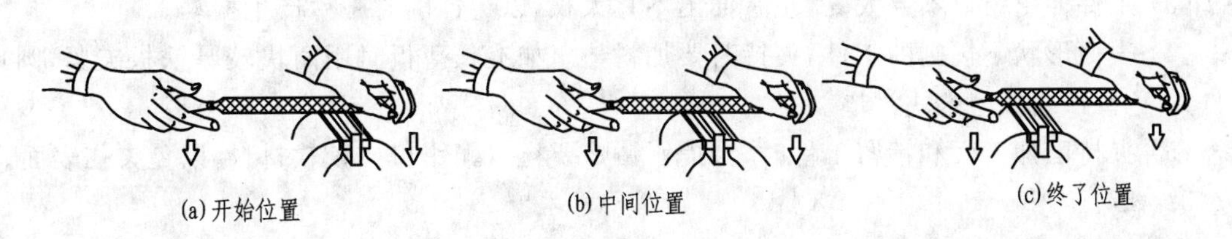

图 8－32　锉削时用力情况

8.4.2 锉削方法和示例

1. 锉削方法

平面锉削方法，常用的有顺向锉法、交叉锉法和推锉法。

(1) 顺向锉法。锉刀运动方向与工件夹持方向始终一致，锉纹整齐一致，比较美观，用于精锉，如图 8-33(a)所示。

(2) 交叉锉法。锉刀运动方向与工件夹持方向约成 30°～40°角，且锉纹交叉。由于锉刀与工件的接触面大，易把平面锉平，用于粗锉，如图 8-33(b)所示。

(3) 推锉法。如图 8-33(c)所示，推锉法常用于较窄表面的精锉、有凸台的狭平面及圆弧面顺锉纹等精锉加工。

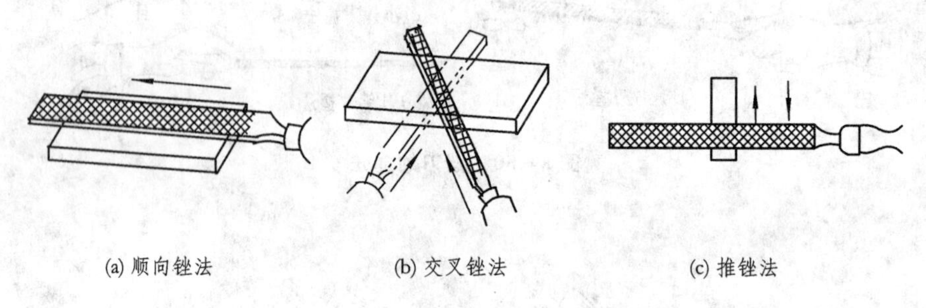

(a) 顺向锉法　(b) 交叉锉法　(c) 推锉法

图 8-33　平面锉削方法

曲面锉削方法，常用滚锉法和横锉法，如图 8-34 所示。

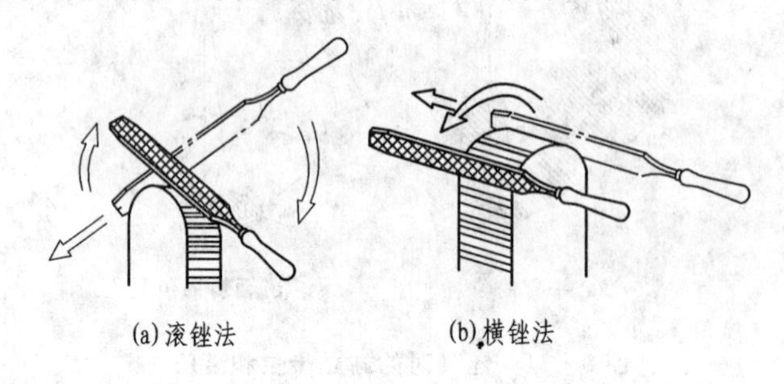

(a) 滚锉法　(b) 横锉法

图 8-34　外圆弧面锉削

2. 工件的夹持

工件夹持的正确与否，直接影响着锉削的质量。工件夹持应符合下列要求：

(1) 工件最好夹在台虎钳的中部。

(2) 工件夹持要牢固，但不能使工件变形。

(3) 工件伸出钳口不要太高，左右伸出不宜太长，以免锉削时工件产生振动。

(4) 表面形状不规则的工件，夹持时要加衬垫。如夹长薄板时用两块较厚铁板夹紧，圆形工件用 V 型铁或弧型木块衬垫。

(5) 夹持已加工面和精密工件时，台虎钳钳口要衬以铜钳口或较软材料，以免夹伤表面。

3. 锉削示例

(1) 平面锉削

① 用平锉刀，以交叉锉法进行粗锉，将平面基本锉平。

② 用顺向锉法将工件表面锉平、锉光。

③ 用推锉法对较窄或前端有凸台的平面进行光整或修正。

(2) 外圆弧面锉削

① 用滚锉法进行锉削如图 8-34(a)所示。用平锉刀顺着圆弧面向前推进的同时，绕圆弧面中心转动。锉刀前推是完成锉削，转动是保证锉出圆弧面形状。

② 用横锉法进行锉削，如图 8-34(b)所示。用平锉刀沿着圆弧面的横向进行锉削，这种锉削方法适用锉削余量较大的外圆弧面。

(3) 内圆弧面锉削

用圆锉、半圆锉或椭圆锉进行内圆弧面锉削。锉削时，锉刀要同时完成三个运动：前推运动、左右移动和自身转动，如图 8-35(a)。圆弧面可用样板检验。

(4) 锉通孔

锉通孔时应根据工件通孔的形状、工件材料、加工余量、表面粗糙度来选择所需的锉刀。通孔的锉削方法如图 8-35(b)所示。

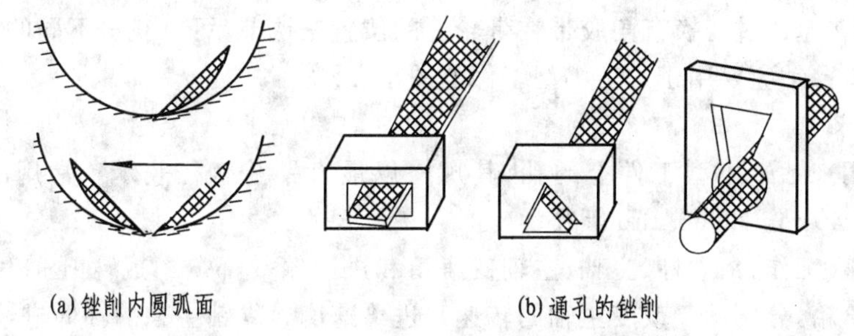

(a) 锉削内圆弧面　　(b) 通孔的锉削

图 8-35　内圆弧面锉削和通孔的锉削

4. 锉削操作注意事项

(1) 铸件、锻件毛坯上的硬皮、砂粒等，应预先用旧锉刀或锉刀有齿侧边锉掉，再进行锉削，以免锉齿磨损过快。

(2) 不要用手去摸加工表面，手上的汗水、油污等会使锉削时打滑。

(3) 发现锉刀被锉屑堵塞后，要及时用锉刷清除。

(4) 要注意安全，不能用手清理锉屑，不能用口去吹铁屑，锉刀上的柄要装紧。

8.4.3　锉削质量分析

(1) 直线度检查。用刀口尺、直角尺通过透光法检查，如图 8-36(a)所示。

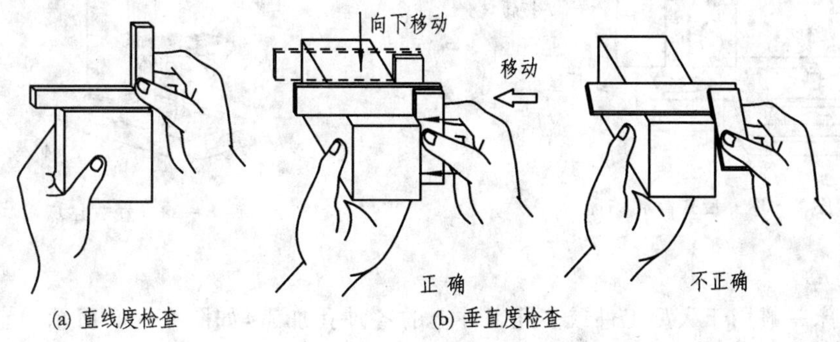

(a) 直线度检查　　(b) 垂直度检查

图 8-36　平面质量检查

(2) 垂直度检查。用直角尺通过透光法检查,如图 8－36(b)所示。

(3) 尺寸检查。用钢直尺、游标卡尺、千分尺等测量各部分尺寸。

(4) 表面粗糙度检查。用表面粗糙度样板对照等。

8.5 孔加工

钳工使用各种钻床和孔加工刀具完成钻孔、扩孔、铰孔和锪孔等加工。

8.5.1 钻床种类和用途

钳工常用的钻床种类有台式钻床、立式钻床和摇臂钻床。

1. 台式钻床

台钻放在工作台上使用,其钻孔直径一般在 Φ13 mm 以下。台钻由底座、工作台、立柱、变速箱、主轴、电动机、进给手柄等部分组成,如图 8－37 所示。主轴下端有锥孔,用以安装钻夹头或钻套,主轴转速通过变换三角胶带在带轮上的位置来调节,可以获得不同的转速。进给运动由手动实现。台钻主要用于加工小型工件上的小孔。

2. 立式钻床

立钻一般用来钻中小型工件上的孔,其规格以最大钻孔直径表示。常用的立钻规格有 25 mm、35 mm、40 mm 和 50 mm 等几种。

立钻由机座、工作台、立柱、主轴、主轴变速箱和进给箱等部分组成,如图 8－38 所示。主轴变速箱和进给箱,分别用于改变主轴的转速和进给速度。立钻主轴的轴向进给为自动进给,也可作手动进给。在立钻上加工多孔工件可通过移动工件来完成。立钻也可用于扩孔、锪孔、铰孔和攻螺纹等加工。

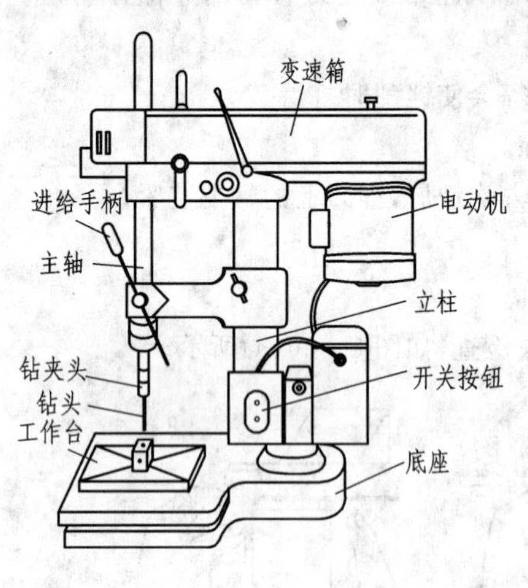

图 8－37　台式高速钻床

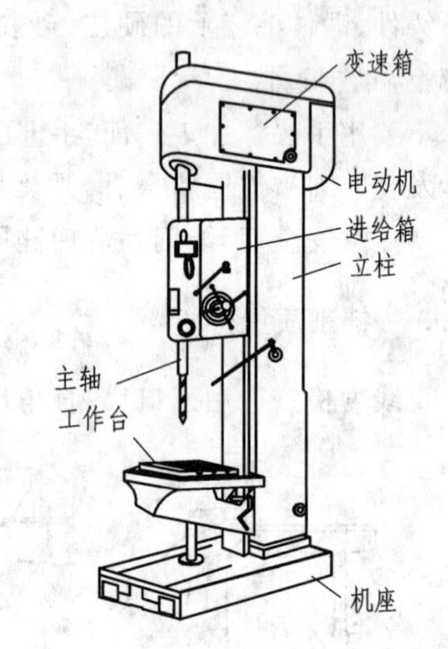

图 8－38　立式钻床

3. 摇臂钻床

摇臂钻床一般用于大型工件或多孔工件上的各种孔加工,如图 8－39 所示。它有一个能绕立柱旋转 360°的摇臂,摇臂上装有主轴箱,可随摇臂一起沿立柱上下移动,并能在摇臂上作横向移动,可以方便地将刀具调整到所需的位置对工件进行加工。

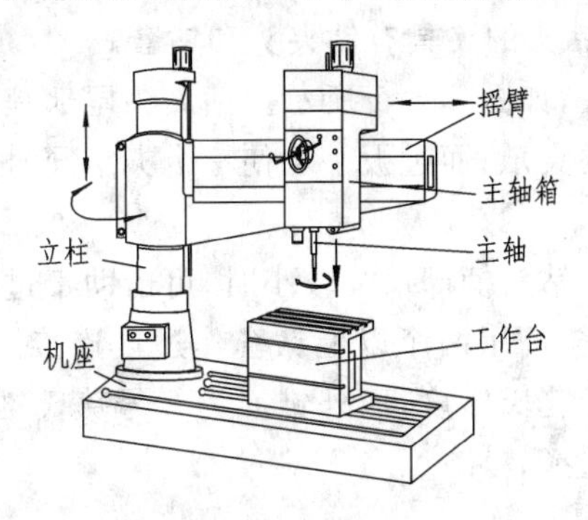

图 8-39 摇臂钻床

8.5.2 孔加工

通常孔加工包括钻孔、扩孔、铰孔和锪孔等。

1. 钻孔

在实心工件上加工出孔的方法。钻孔加工精度低,一般为 IT10 以下,表面粗糙度 R_a 值为 50～25 μm。

(1) 钻头。钻头(俗称麻花钻)是由工作部分、颈部和柄部(尾部)组成,如图 8-40 所示。麻花钻通常由高速钢制造,经热处理后工作部分硬度达 HRC62 以上。

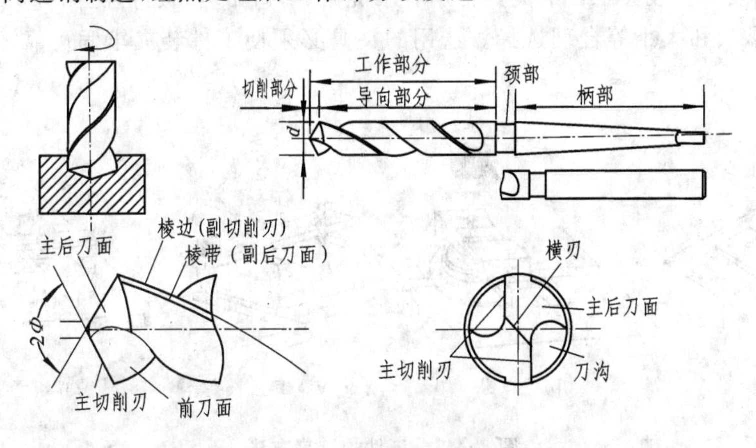

图 8-40 标准麻花钻头

钻头工作部分包括切削和导向两部分。切削部分由前刀面、主后刀面、副后刀面、主切削刃、副切削刃和横刃等五刃六面组成。前刀面是两条螺旋槽表面,切屑沿此表面排出。主后刀面是切削部分顶端的两个曲面,与工件的孔底相对。副后刀面是与孔壁相对的棱带表面。主切削刃是前刀面和后刀面的交线。副切削刃是前刀面和副后刀面的交线。横刃是两个后刀面的交线。标准钻头切削部分共有五条刀刃:两条对称的主切削刃和一条横刃分别起切削作用和挤压作用,两条副切削刃起修光孔壁及导向作用。两条主切削刃之间的夹角称为顶角,用 2Φ 表示,其值为 $118°\pm2°$。

导向部分除在钻孔时起引导方向外,又是切削部分的后备部分。它的直径由切削部分向柄部逐渐减小,成倒锥形,倒锥量为每 100 mm 长度上减小 0.03～0.12 mm。

(2) 钻孔用夹具。钻孔夹具包括装夹钻头夹具和装夹工件的夹具。

① 钻头夹具。常用装夹钻头的夹具有钻夹头和钻套。

钻夹头用于装夹直柄钻头,如图 8-41 所示。钻夹头尾部是圆锥面,可装在钻床主轴的锥孔里。头部有三个自动定心的夹爪,通过扳手可使三个夹爪同时合拢或张开,起到夹紧和松开钻头的作用。

钻套又称过渡套筒。锥柄钻头柄部尺寸较小时,可借助于过渡套筒进行安装,如图 8-42 所示。若用一个钻套仍不适宜,可用两个以上钻套作过渡连接。钻套有 5 种规格(1～5 号),例如 1 号钻套其内锥孔为 1 号莫氏锥度,而外锥面为 2 号莫氏锥度。选用时可根据麻花钻锥柄及钻床主轴内锥孔锥度来选择。

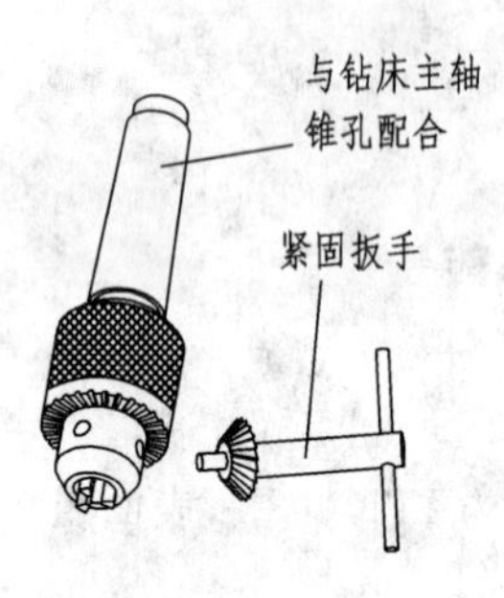

图 8-41　钻夹头

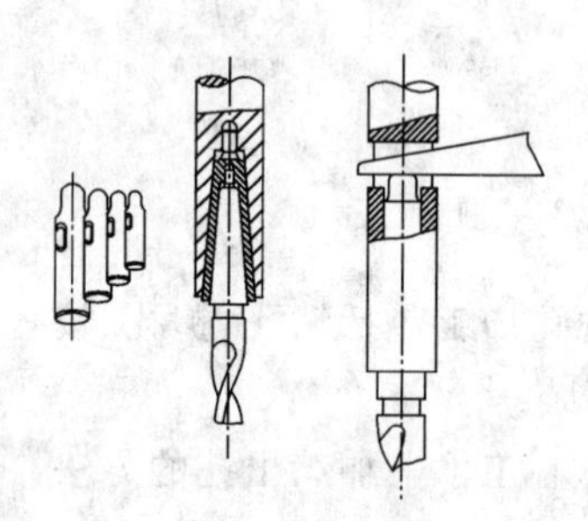

图 8-42　钻套及其安装和拆卸

② 工件的装夹。装夹工件的夹具常用有手虎钳、平口钳、压板等,见图 8-43 所示。按钻孔直径,工件形状和大小等合理选择。选用的夹具必须使工件装夹牢固可靠,不能影响钻孔质量。

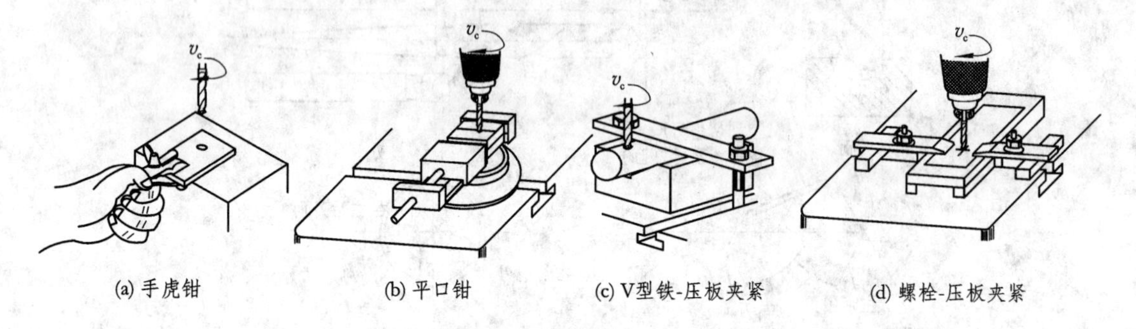

图 8-43　工件的装夹方法

薄壁小件可用手虎钳夹持;中小型平整工件用平口钳夹持;大件用压板和螺栓直接装夹在钻床工作台上。

(3) 钻孔操作要点。

① 钻孔前要划线定心,划出加工圆和检查圆,在加工圆和孔中心打出样冲眼,孔中心眼要打得大一些,可使起钻时不易偏心。

② 根据工件确定装夹方式,装夹时要使孔中心线与钻床工作台垂直,安装要稳固。

③ 先对准样冲眼钻一浅孔,如有偏位,可用样冲重新打中心孔纠正或用錾子錾几条槽来纠正,如图 8-44 所示。

④ 钻深孔时,孔深与直径之比大于 5 时,钻头必须经常退出排屑,防止切屑堵塞、卡断钻

头或使钻头头部温度过高而烧损。

⑤ 孔将被钻穿时，进给量要减小。如果是自动进给，这时要改成手动进给，以免工件旋转甩出、卡钻或折断钻头。

⑥ 注意安全。钻孔时不准带手套，不准手拿棉纱头等物。钻床主轴未停稳前不准用手去捏钻夹头。不准用手去拉切屑或用口去吹碎屑。清除切屑应停车后用钩子或刷子进行。

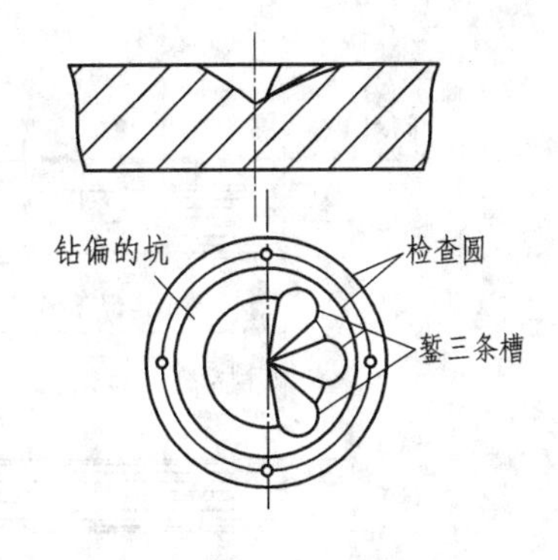

图 8-44　钻偏的纠正方法

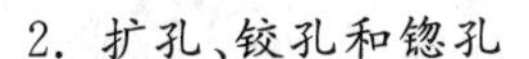

2. 扩孔、铰孔和锪孔

(1) 扩孔

用扩孔钻将已有的孔（铸出、锻出或钻出的孔）扩大的加工方法称为扩孔，如图 8-45 所示。

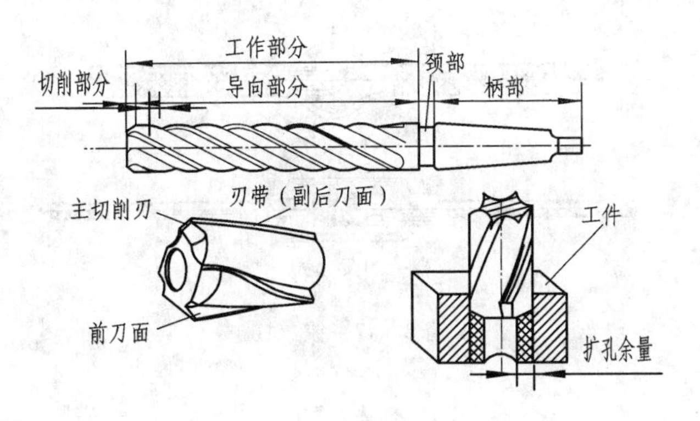

图 8-45　扩孔钻及其应用

扩孔钻的形状和钻头相似，但前端为平面，无横刃，有三条或四条切削刃，螺旋槽较浅，钻芯粗大，刚性好，扩孔时不易弯曲，导向性好，切削稳定。扩孔可以适当地校正孔轴线的偏斜，获得较好的几何形状和较低的表面粗糙度，加工精度可达到 IT10～IT9，表面粗糙度 R_a 值为 25～6.3 μm。扩孔可以作为孔加工的最后工序或铰孔前的准备工序。

(2) 铰孔

是用铰刀对工件上已有的孔进行精加工，如图 8-46 所示。铰孔的加工精度一般可达到 IT9～IT7，表面粗糙度 R_a 值为 1.6 μm。

① 铰刀

铰孔用的刀具称为铰刀，铰刀切削刃有 6～12 个，容屑槽较浅，横截面大，因此铰刀刚性和导向性好。

铰刀有手用和机用两种。手用铰刀柄部是直柄带方榫，工作部分较长；机用铰刀工作部分较短。

手工铰孔时，将铰刀的方榫夹在铰杠的方孔内，转动铰杠带动铰刀旋转进行铰孔。

铰杠是用来夹持手用铰刀的工具。常用有固定式和活动式两种，如图 8-47 所示。活动式铰杠可以转动一边的手柄或螺钉调节方孔大小，以便夹紧各种尺寸的铰刀。

铰孔余量要合适，太大会增加铰孔次数；太小会使上道工序留下的加工误差不能纠正。一般粗铰时，铰孔余量为 0.15～0.5 mm，精铰时为 0.05～0.25 mm。

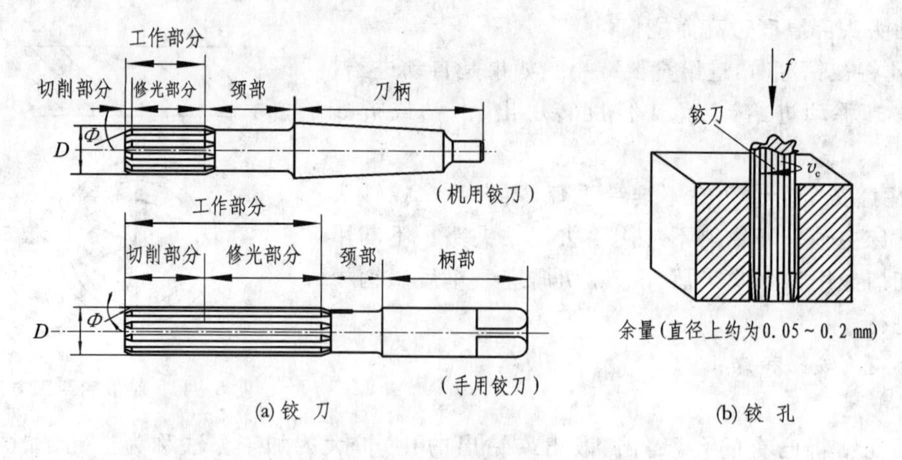

(a) 铰 刀　　(b) 铰 孔

图 8-46　铰刀和铰孔

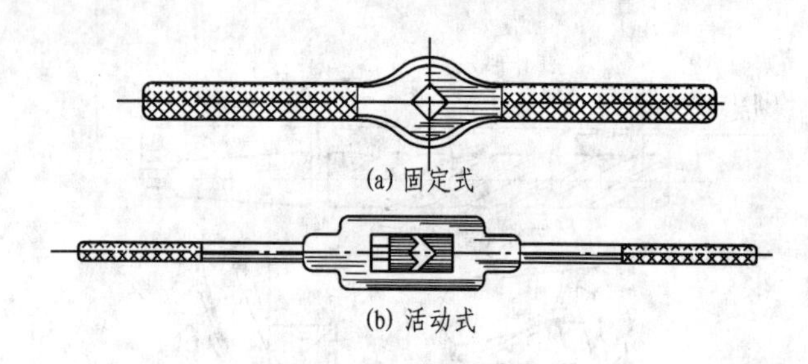

(a) 固定式

(b) 活动式

图 8-47　铰　杠

② 铰孔操作要点

- 铰杠只能顺时针方向带动铰刀转动,绝对不能倒转,否则切屑会嵌在铰刀后刀面和孔壁之间,划伤孔壁或使刀刃崩裂。
- 手工铰孔过程中,两手用力要一致,发现铰杠转不动或感到很紧时,不应强行转动和倒转,应慢慢地在顺转的同时向上提出铰刀。检查铰刀是否被切屑卡住或碰到硬质点,在排除切屑后,再慢慢铰下去,铰完后仍需顺时针旋转退出铰刀。
- 铰孔时,应选用合适的切削液。铰铸铁用煤油,铰钢件用乳化液。

(3) 锪孔

是对工件上的已有孔进行孔口型面的加工,如图 8-48 所示。锪孔用的刀具称为锪钻,它的形式很多,常用的有圆柱形埋头锪钻、锥形锪钻和端面锪钻等。

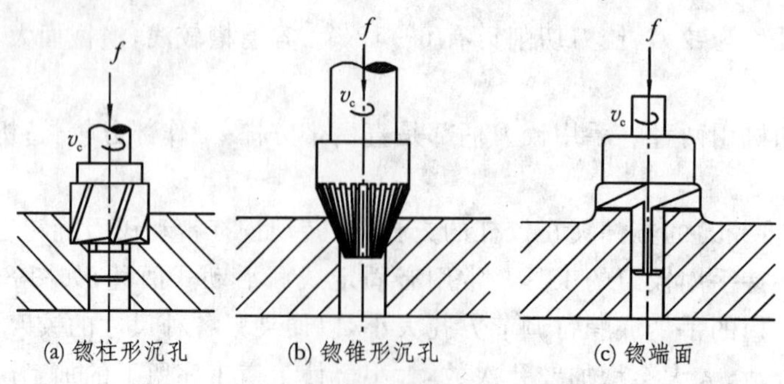

(a) 锪柱形沉孔　　(b) 锪锥形沉孔　　(c) 锪端面

图 8-48　锪　孔

8.6　攻丝和套丝

钳工中的螺纹加工是指攻丝(或称攻螺纹)和套丝(或称套螺纹、套扣)。

8.6.1　攻　丝

攻丝是用丝锥在孔中加工出内螺纹的操作。

1. 攻丝工具

丝锥是加工内螺纹的标准刀具,手用丝锥材料通常是 T12A 或 9SiCr。丝锥的结构如图 8-49 所示,它由工作部分和柄部组成。柄部带有方榫可以与铰杠配合传递扭矩。工作部分由带锥度的切削部分和不带锥度的校准部分组成。切削部分主要起切削作用,其顶部磨成圆锥形使切削负荷由若干个刀齿分担。校准部分有完整的齿形,主要起修光和引导作用。丝锥上有三条或四条容屑槽,起容屑和排屑作用。通常 M6～M24 的丝锥一组有两个;M6 以下及 M24 以上的手用丝锥一组有三个,分别称为头锥、二锥和三锥。这样分组是由于小丝锥强度不高,容易折断,大丝锥切削量大,需要几次逐步切削,减小切削力。每组丝锥的外径、中径和内径相同,只是切削部分长度和锥角不同。头锥切削部分稍长,锥角较小;二锥和三锥切削部分稍短,锥角较大。

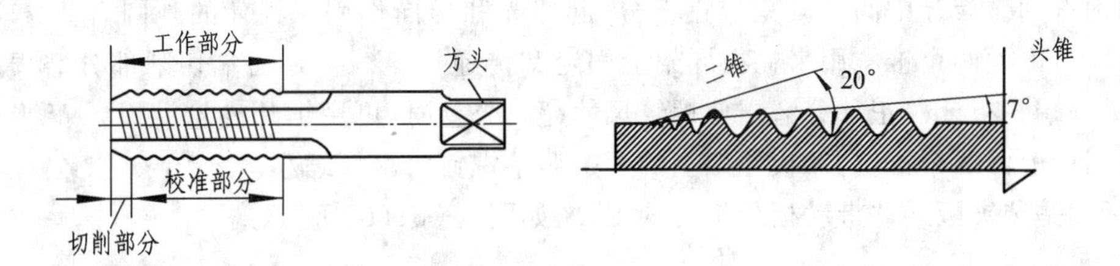

图 8-49　丝　锥

2. 螺纹底孔直径的确定

攻丝前需要钻孔。攻丝时,除了切削金属外,还有挤压金属的作用。材料塑性越大,挤压作用越明显。被挤出的金属嵌入丝锥刀齿间,甚至会接触到丝锥内径将丝锥卡住。因此螺纹底孔的直径应大于螺纹标准规定的螺纹内径。确定螺纹底孔直径 d_0 可用下列经验公式计算:

钢材及其他塑性材料:$d_0=D-P$

铸铁及其他脆性材料:$d_0=D-(1.05\sim1.1)P$

式中:d_0 为底孔直径(mm);D 为螺纹公称直径(mm);P 为螺距(mm)。

攻盲孔(不通孔)时,由于丝锥顶部带有锥度,使螺纹孔底部不能形成完整的螺纹,为了得到所需的螺纹长度,钻孔深度 h 应大于螺纹长度 l,可按下列公式计算:

$$h=l+0.7D$$

式中:h 为钻孔深度(mm);l 为所需螺纹长度(mm);D 为螺纹公称直径(mm)。

3. 攻丝操作要点

(1) 螺纹底孔孔口应倒角,以便于丝锥切入工件。

（2）将头锥垂直放入螺纹底孔内，用目测或直角尺校正后，用铰杠轻压旋入。丝锥切削部分切入底孔后，则转动铰杠不再加压。丝锥每转一圈应反转1/4～1/2圈，便于断屑，如图8－50所示。

（3）头锥攻完退出用二锥和三锥时，应先用手将丝锥旋入螺孔1～2圈后，再用铰杠转动，此时不需加压，直到完毕。

（4）攻丝时，要用切削液润滑，以减少摩擦，延长丝锥寿命，并能提高螺纹的加工质量。加工塑性材料用机油润滑，脆性材料用煤油润滑。

（5）攻盲孔时，底孔要钻深些，以保证攻出的螺孔有足够的有效深度。

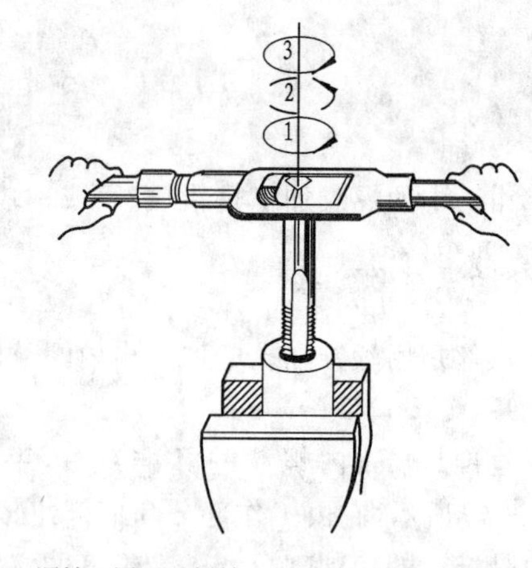

1—顺转1圈；2—倒转1/4圈；3—再继续顺转

图8－50　攻丝操作

8.6.2　套　丝

1. 套丝工具

板牙是加工外螺纹的刀具，有固定板牙和开缝板牙两种。其结构形状像圆螺母，如图8－51(a)所示，由切削部分、校正部分和排屑孔组成。板牙两端是带有60°锥度的切削部分，起切削作用。板牙中间一段是校正部分，起修光和导向作用。板牙的外圆有一条V形槽和四个锥坑，下面两个锥坑用来在板牙架上固定和传递扭矩。板牙一端切削部分磨损后可翻转使用另一端。板牙校正部分磨损使螺纹尺寸超出公差时，可用锯片砂轮沿板牙V形槽将板牙锯开，利用上面两个锥坑，靠板牙架上的两个调整螺钉将板牙缩小。

板牙架是装夹板牙并带动板牙旋转的工具，如图8－51(b)所示。

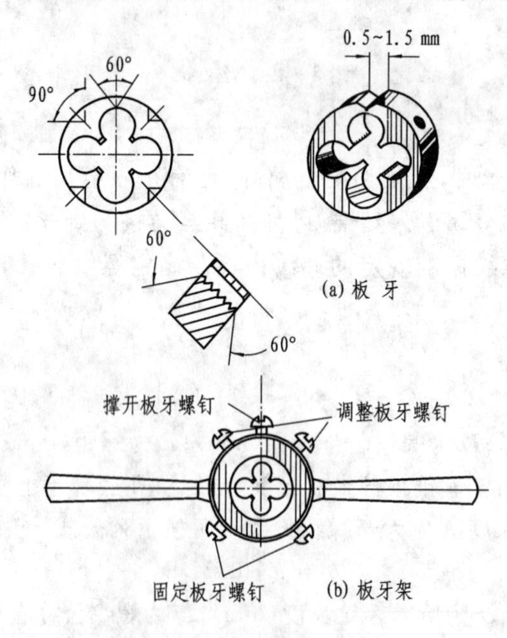

图8－51　板牙与板牙架

2. 套丝操作要点

(1) 套丝前，先确定圆杆直径，直径太大，板牙不易套入；太小，套丝后螺纹牙型不完整。圆杆直径可按以下经验公式计算：

$$d_0 = D - 0.13P$$

式中：d_0为圆杆直径(mm)；D 为螺纹公称直径(mm)；P 为螺距(mm)。

(2) 圆杆端部倒角 60°左右，使板牙容易对准中心和切入，如图 8-52(a)所示。

(3) 将板牙端面垂直放入圆杆顶端。为使板牙切入工件，开始施加的压力要大，转动要慢。套入几牙后，可只转动板牙架不再加压，但要经常反转来断屑，如图 8-52(b)所示。

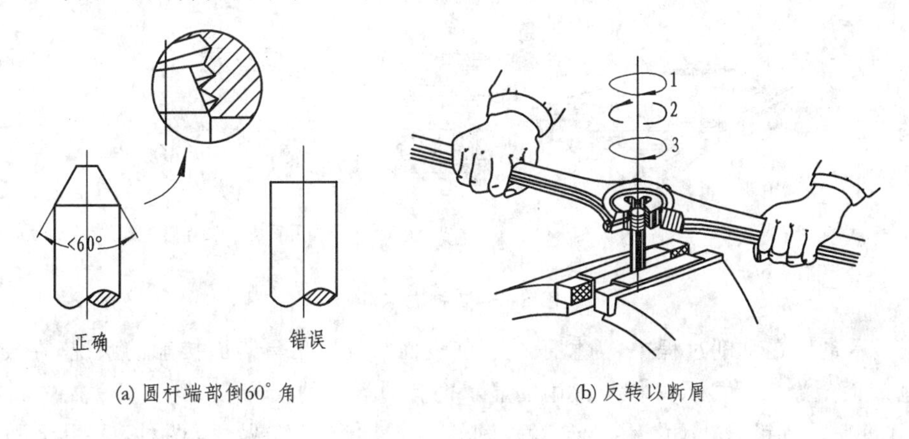

(a) 圆杆端部倒60°角　　(b) 反转以断屑

图 8-52　套　丝

(4) 套丝部分离钳口应尽量近些，圆杆要夹紧。为了不损坏圆杆已加工表面，可用硬木或铜片做衬垫。在钢制件上套丝需加切削液，以提高螺纹加工质量和延长板牙寿命。

8.7　刮　削

用刮刀从工件表面刮去一层极薄的金属称为刮削。刮削能够消除机械加工留下的刀痕和微观不平，提高工件的表面质量；可以使工件表面形成存油间隙，减少摩擦阻力，提高工件的耐磨性；还可以获得美观的工件表面。刮削属于一种精加工方法，表面粗糙度 R_a 可达到 0.4～0.1 μm，常用于零件相配合的滑动表面的加工，如机床导轨、滑动轴承、钳工划线平台等。刮削的劳动强度大，生产效率低，一般用于难以用磨削加工的场合。

1. 刮削工具

(1) 刮刀。刮刀是刮削用的刀具，一般用碳素工具钢或轴承钢锻制而成。刮削硬工件时，可用焊有硬质合金刀头的刮刀。

刮刀有平面刮刀和曲面刮刀两种。如图 8-53(a)所示是最常用的一种平面刮刀；如图 8-53(b)所示是一种曲面刮刀，也称三角刮刀，用来刮削内曲面，如滑动轴承的轴瓦内表面等。

(2) 校准工具。该工具用来与刮削表面磨合，显示出接触点多少和分布情况，为刮削提供依据；它还可用于检验刮削表面精度。常用的校准工具有校准平台、桥式直尺、工字形直尺和角度直尺等，如图 8-54 所示。

刮削内圆弧面时，一般采用与其相配的轴作为校准工具。

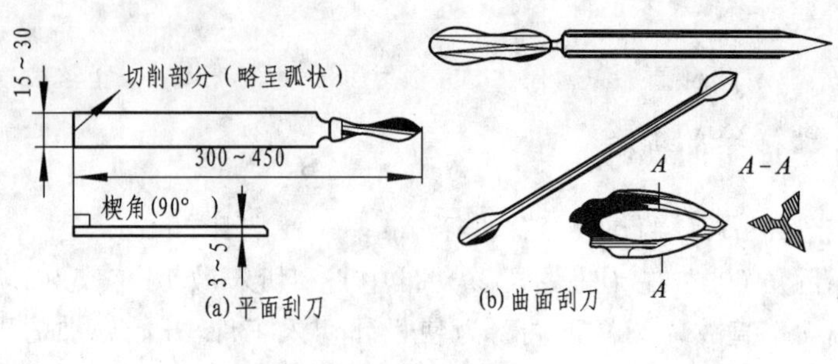

图 8-53　刮　刀

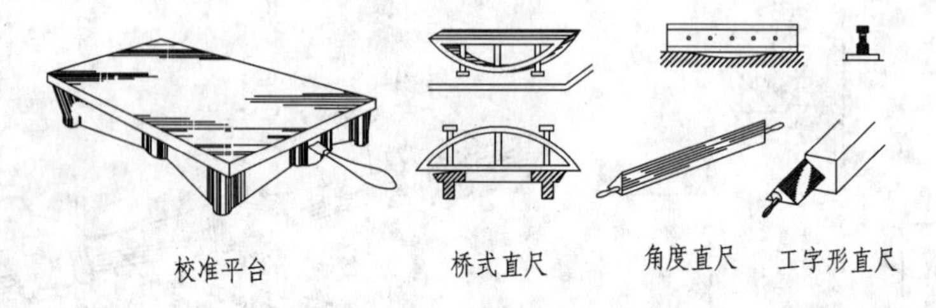

图 8-54　校准工具

(3) 显示剂。在刮削过程中,为显示被刮削表面与校准工具表面接触的状况,在校准工具或被刮削表面上涂一层显示材料。常用的显示剂有如下几种:

① 红丹粉。有铅丹(氧化铅、桔红色)和铁丹(氧化铁、红褐色)两种,多用于刮削钢和铸铁。

② 蓝油。由普鲁士蓝颜料和蓖麻油混合而成,呈深蓝色,多用于精密工件、有色金属及其合金工件的刮削。

2. 刮削质量检查

刮削质量一般是以每 25 mm×25 mm 刮削面积上均匀分布的研合点点数表示。研合点越多、点子越小则刮削质量越好。

检验时,先将校准工具和工件的刮削表面揩干净,然后在校准工具上均匀涂一层红丹粉,再将工件的刮削表面与校准工具配研,如图 8-55 所示。配研后,工件表面上高点处的红丹粉被研掉而成亮点(研点),成为刮研的目标。

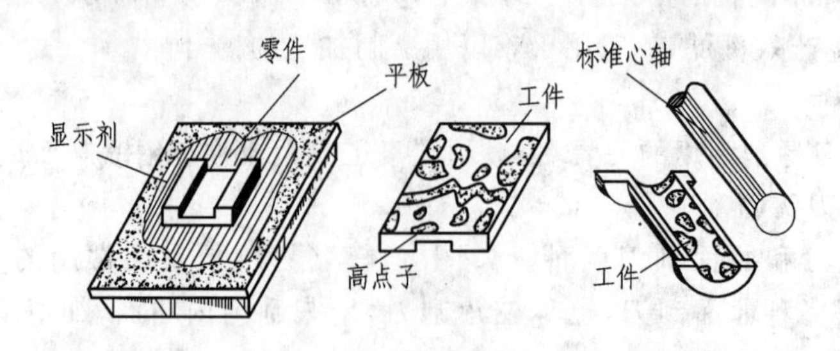

图 8-55　研　点

3. 刮削过程

(1) 确定刮削余量。切削加工后,留下的刮削余量不能太多。一般是根据工件刮削面积的大小而定,刮削余量通常为 0.05~0.2 mm。

（2）粗刮。用粗刮刀在刮削面上均匀地铲去一层较厚的金属。可采用连续推铲的方法，刀迹要连成长片，当粗刮到每 25 mm×25 mm 的方框内有 2～3 个研点时，即可转入细刮，如图 8－56 所示为平面刮削方法。

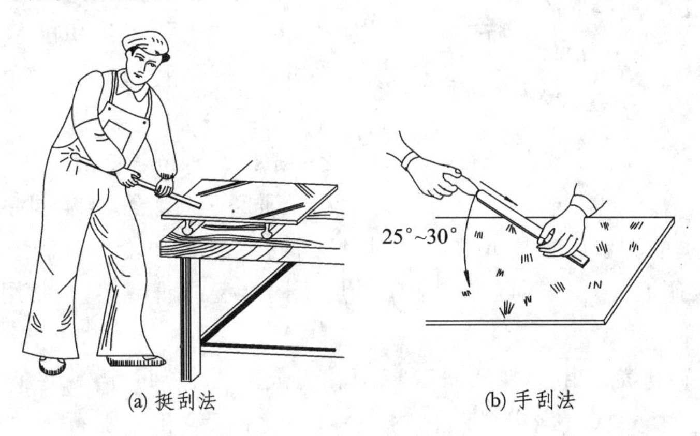

(a) 挺刮法　　(b) 手刮法

图 8－56　平面刮削方法

（3）细刮。用细刮刀在刮削面上刮去稀疏的大块研点。细刮时采用短刮法，刀痕宽而短。每刮同一遍时，须按相同方向刮削（一般要与平面的边成一定角度），刮下一遍时要交叉刮削，以消除原方向的刀痕。在整个刮削面上达到 12～15 点/(25 mm×25 mm)时，细刮结束。

（4）精刮。用精刮刀更仔细地刮削研点，目的是增加研点，改善表面质量。精刮时采用点刮法，刀迹短，压力要小，提刀要快。当研点增加到 20 点/(25 mm×25 mm)以上时，精刮结束。

（5）刮花。是在刮削面或机器外观表面上用刮刀刮出装饰性花纹，目的是使刮削面美观，并使滑动件之间形成良好的润滑条件。常见的花纹有三角花纹、斜花纹和燕子花纹等，如图 8－57 所示。

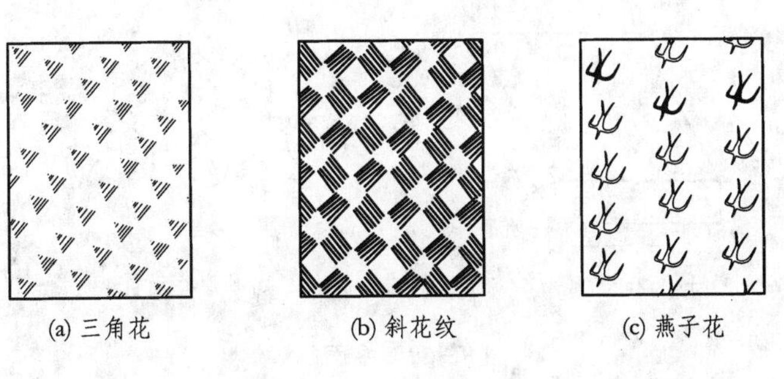

(a) 三角花　　(b) 斜花纹　　(c) 燕子花

图 8－57　刮削花纹

8.8　研　磨

用研磨工具和研磨剂从机械加工过的工件表面上磨去一层极微薄的金属，称为研磨。研磨是精密加工，它能使工件达到精确的尺寸、准确的几何形状和很小的表面粗糙度（一般 R_a＝1.6～0.1 μm，最小可达 0.012 μm）。研磨能用于碳钢、铸铁、铜等金属材料，也能用于玻璃、水晶等非金属材料。

1. 研磨原理

夹在工件和研具之间的研磨剂受到压力后,一部分嵌入研具表面,一部分处于工件与研具之间。在研磨过程中,每一磨粒不重复自己的运动轨迹,对工件表面产生切削和挤压作用,某些研磨剂还起化学作用。经过研磨可以将精加工后残留在工件表面上的高点磨掉,如图 8-58 所示。

(a) 机械加工后的表面

(b) 研磨后的表面

图 8-58 研磨作用

2. 研磨工具和研磨剂

(1) 研磨工具。研磨工具的材料应比工件材料软,这样研磨剂里的磨粒才能嵌入研磨工具的表面,不致刮伤工件。研磨淬硬工件时,用灰铸铁或软钢等制成研磨工具。不同形状的工件用不同类型的研磨工具,常用的有研磨平板、研磨环和研磨棒等。

(2) 研磨剂。研磨剂是由磨料和研磨液调和而成的混合剂。磨料在研磨中起切削作用,常用的磨料有氧化物磨料(氧化铝)、碳化物磨料(碳化硅等)和金刚石磨料(人造金刚石)等。常用研磨液有煤油、汽油和机油等。目前,工厂大都使用研磨膏,它是在磨料中加入黏结剂和润滑剂调制而成,使用时应用油稀释。

3. 研磨方法

(1) 研磨余量。研磨属于微量切削,每研磨一遍,磨去的金属层不超过 0.002 mm,研磨的余量很小,一般控制在 0.005~0.030 mm 之间。有时研磨余量直接留在工件的公差范围内。

研磨前工件必须经过精镗或精磨,粗糙度 R_a 为 0.8 μm。粗研时,磨料粒度较粗,压力重,运动速度慢;精研时,磨料粒度细,压力轻,运动速度快。

(2) 平面研磨。平面研磨在研磨平板上进行。用煤油或汽油把平板擦洗干净,再涂上适量研磨剂。将工件的被研表面与平板贴合,手按工件并在平板的全部表面上作“8”字形或螺旋形运动轨迹进行研磨,如图 8-59 所示。研磨时用力要均匀,研磨速度不宜太快。

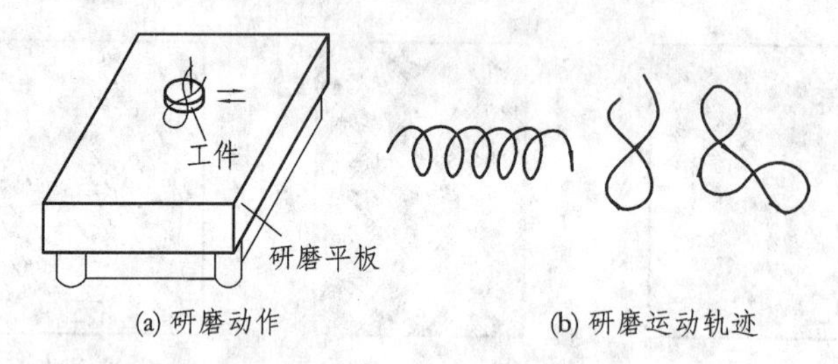

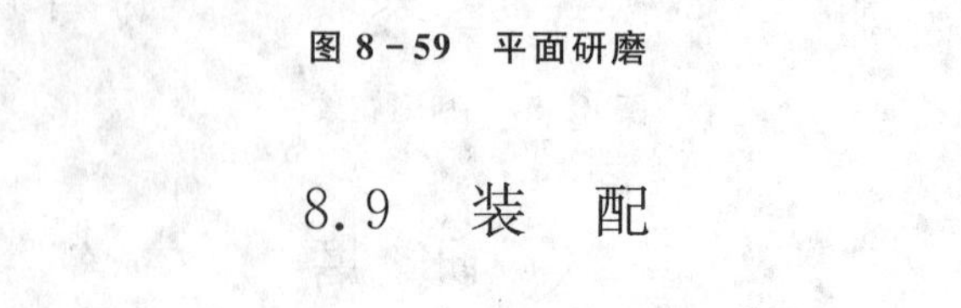

(a) 研磨动作　(b) 研磨运动轨迹

图 8-59 平面研磨

8.9 装 配

8.9.1 装配基础知识

1. 装配的概念

装配是指把已加工好的并且检验合格的单个零件,按照装配图纸和装配工艺的规程,依次组合成组件、部件和整台机器的过程。

单个零件通常包括基础零件(如床身、床座、机壳、轴等)、标准零件(如螺钉、螺母、销子、垫圈等)和外购零件(如滚动轴承、密封圈、电器元件等)。

一般按先下后上,先内后外,先难后易,先精密后一般,先重后轻的顺序进行装配。

2. 装配工作的重要性

装配是机器生产过程的最后一道工序,对产品质量起着重要作用。一台机器质量好坏,固然很大程度上决定于零件的加工质量,但是如果装配方法不正确或工作者责任心不强,即使有高质量的零件,也装不出高质量的产品,甚至会导致产品工作精度低、性能差、消耗大、易磨损、缩短使用寿命等缺陷。航空产品如果装配不合格会造成机毁人亡的事故。

3. 常用的装配方法

装配常用的方法有以下几种。

(1) 完全互换法。在同类零件中,任选一个装配零件,不经修配,并能达到规定的装配要求,这种装配方法称为完全互换法。完全互换法的优点是装配操作简便,生产效率高,适用于组成环数少、精度要求不高或大批量生产。

(2) 选择装配法。将零件的制造公差适当放大到经济可行的程度,然后选择合适的零件进行装配,以保证规定的装配精度。并按公差范围把零件分成若干组,然后一组一组地进行装配,以达到规定的配合要求。选择装配法的优点是降低加工成本,分组选择后零件的配合精度高。常用于大批量生产中装配精度要求很高、组成环数较少的场合。

(3) 修配法。指修去指定零件上预留修配量以达到装配精度的装配方法。修配法的优点是可降低对零件的制造精度要求,适用于单件小批量生产以及装配精度要求高的场合。

(4) 调配法。调整某个零件的位置或尺寸以达到装配精度的装配方法,如调换垫片、垫圈、套筒等控制调整件的尺寸。调配法的优点是零件可按经济公差精度加工零件。适用于除必须采用分组选配的精密配件外,一般可用于各种装配场合。

8.9.2 装配工艺

1. 装配工艺过程

(1) 装配前的准备工作。装配前的准备工作包括熟悉装配图,确定装配方法和顺序,准备所用工具和零件清洗等。

(2) 装配工作。装配按组件装配→部件装配→总装配的次序进行。

① 组件装配。指将若干零件安装在一个基础零件上的工作。如机床主轴箱内的各个轴系组件。

② 部件装配。指将两个以上的零件、组件安装在另一个基础零件上的工作。部件应是一个独立的结构,如减速箱部件。

③ 总装配。将零件和部件结合成一台完整的产品过程。

(3) 调整、检验和试车阶段。

① 调整是指调节零件或机构的相互位置、配合间隙等,目的是使机构或机器工作协调,如轴承间隙、镶条位置的调整。

② 精度检验包括几何精度检验和工作精度检验等。

③ 试车是试验机构或机器运转的灵活性、振动、工作温升、噪音、转速和功率等性能是否符合要求。

(4) 涂油、装箱。

2. 装配时应注意的几项要求

(1) 检查装配所用零件是否合格,有无变形和损坏等。

(2) 固定连接的零、部件之间不允许有间隙,活动连接件能在正常的间隙下灵活地按指定方向运动。

(3) 检查各运动部件是否有充足的润滑油,并做到油路畅通。密封件是否漏油,查明原因,及时补救。

(4) 高速运转的零部件外壳连接后,不能突出工作面,如螺钉头和销钉头。

(5) 装配全部完成后应按一定的程序试车,先检查电路是否畅通,手柄操纵是否灵活、位置是否准确。在确保安全的前提下进行试车,试车时应做到:运行速度要先慢后快,启动电路要运转灵活,工作状态要噪音小,工作温度正常,振动小,密封不渗油。

8.9.3 常见零件的装配

1. 螺纹连接的装配

螺纹连接是可拆的固定连接,具有结构简单、连接可靠、装拆方便等优点,在机械中应用广泛。螺钉和螺母装配有以下几项要求:

(1) 螺母配合应能用手自由旋入,然后用扳手拧紧。

(2) 螺母端面应与螺纹轴线垂直,使其受力均匀。

(3) 零件与螺母的贴合面应平整,否则螺纹连接易松动。

(4) 装配一组螺纹连接时,应根据被连接件的形状、螺栓分布等情况,按一定顺序逐次拧紧。在拧紧长方形布置的成组螺母时,应从中间开始,逐渐向两边对称地扩展;在拧紧圆形或方形布置的成组螺母时,必须对称地进行。即按照对称性、对角线和分次序等原则逐渐加力拧紧,如图 8-60 所示。以防止螺栓受力不均而产生变形。

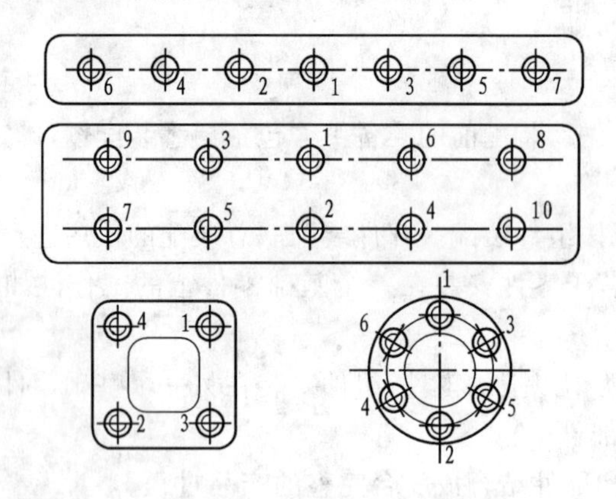

图 8-60　成组螺纹连接顺序

对于在振动、冲击、交变载荷作用下的螺纹连接,为防止螺钉或螺母松动,必须装有可靠的防松装置,如开口、销弹簧垫圈等。

2. 滚动轴承的装配及拆卸

(1) 滚动轴承的装配

滚动轴承具有摩擦小、效率高、周向尺寸小、装拆方便等优点。滚动轴承一般由外圈、内圈、滚动体和保持架组成。由于滚动轴承的精度一般比较高,在装配时注意压力应直接加在待配合的套圈端面上,绝不能通过滚动体传递压力。不能直接用手锤击打滚动轴承的内、外圈,而应使用垫套或铜棒,防止引起局部变形等损伤。

轴承座圈压入方法及所用工具的选择应由配合过盈量的大小而定:

① 若配合过盈量较小,可用小铜锤或铜垫棒轻敲就位。

② 若配合过盈量较大,可用压力机压入,在轴承与压头间应垫套筒,如图 8-61 所示。

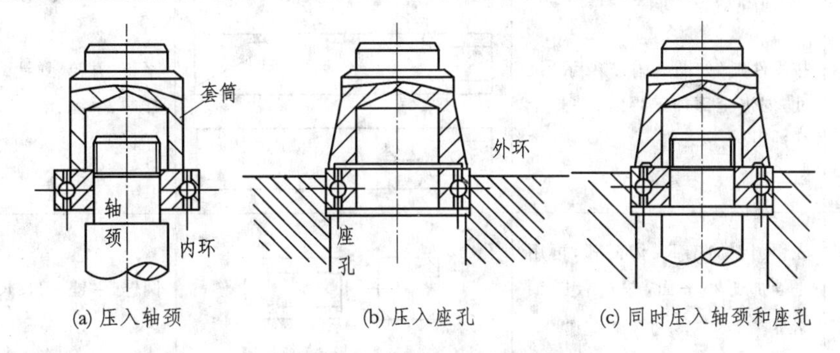

图 8-61　用套筒装配轴承

③ 若过盈量很大,可用温差法装配。即将轴承加热,待加热至 80 ℃～100 ℃时与常温轴配合。

(2) 滚动轴承的拆卸

对于拆卸后还要重复使用的轴承,拆卸时不能损坏轴承的配合面,不能将拆卸的作用力加在滚动体上。圆柱孔轴承的拆卸,可以用压力机,也可用拉出器。

8.10　典型工件

1. 手锤头的制作

手锤头零件图如图 8-62 所示。手锤头制作步骤如表 8-3 所示。

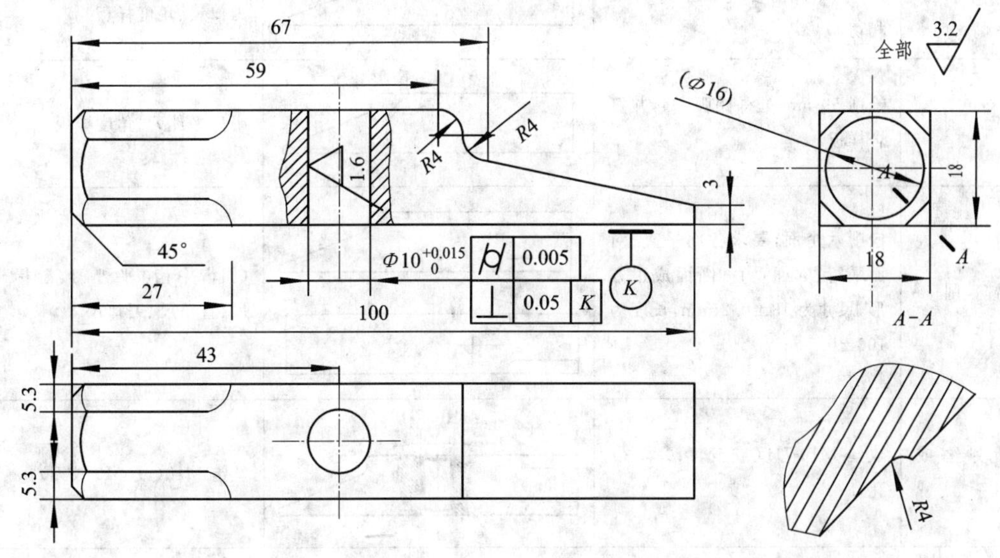

技术要求:1. 两端淬火 HRC49～56(深 4～5 mm);2. 发黑或电镀(若与锤杆螺纹连接,Φ10 孔为 M10 螺纹)

图 8-62　手锤头零件

表 8－3　手锤头制作步骤

制作序号	加工内容	加工简图	工具、量具或设备
1. 备　料	锯割成 102 mm×18 mm×18 mm 的 45 钢坯料	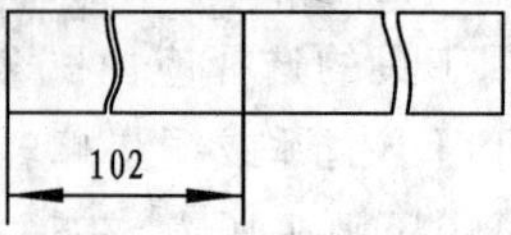 102	钢锯、钢尺
2. 划　线	按零件图（如图 8－62 所示）尺寸，划出全部加工界线，并打上样冲眼	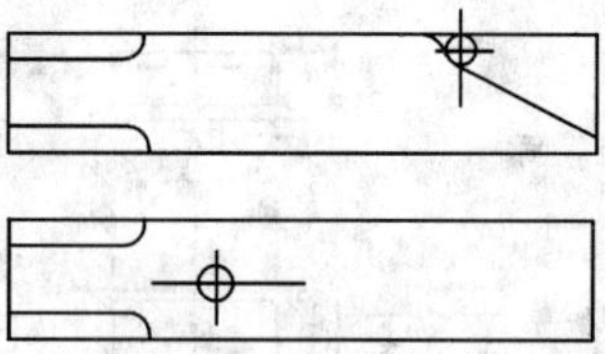	平板、方箱、划针、划规、钢尺、样冲、手锤、游标高度尺、角度样板等
3. 锉　削	先用圆锉加工 R4 内圆弧，再用平锉加工小平面，并符合图纸要求。	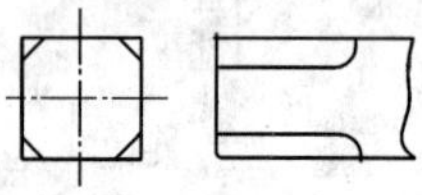	圆锉、平锉、刀口尺、游标卡尺
4. 钻　孔	1. 钻 $\Phi8$ 孔；2. 钻 $\Phi8.5$ 孔（攻丝用）或用 $\Phi9.9$ 麻花钻钻孔（铰孔用）；3. 锪 1×45°锥孔	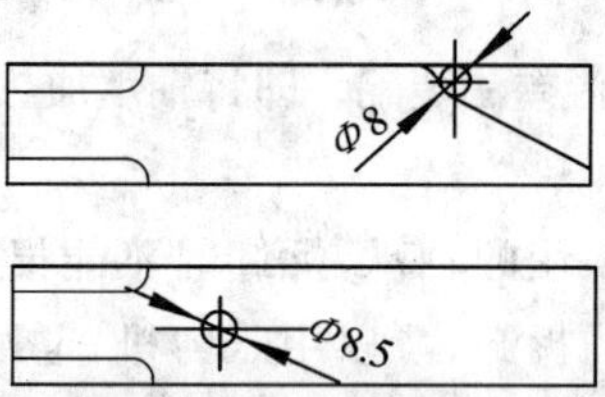 $\Phi8$ $\Phi8.5$	钻床、$\Phi8$、$\Phi8.5$（或 $\Phi9.9$）麻花钻、90°锪钻
5. 锯　割	锯割斜面，要求锯痕平整并留有 0.5 mm 锉削余量	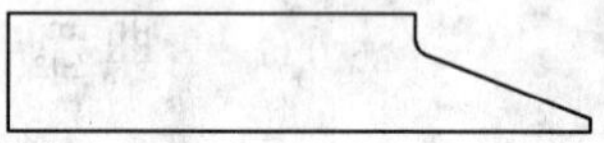	钢锯
6. 锉削斜面	锉削斜面保证平面度、直线度及尺寸 3，斜面要与 R4 内圆弧相切	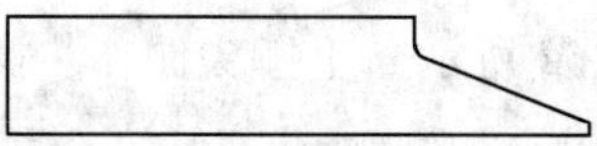	（粗齿中齿）平锉刀、直角尺、刀口尺、角度样板
7. 锉　削	锉削 59 mm 处外圆弧 R4，并符合样板	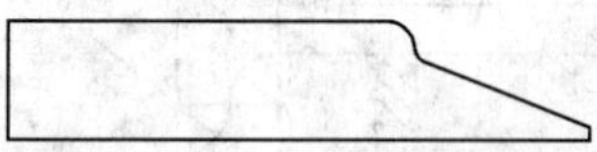	中齿平锉刀、角度样板
8. 锉　削	锉削六个面，要求各面平直、对面平行、邻面垂直，断面成正方形，尺寸为 18±0.2 mm，长度为 100±0.7 mm	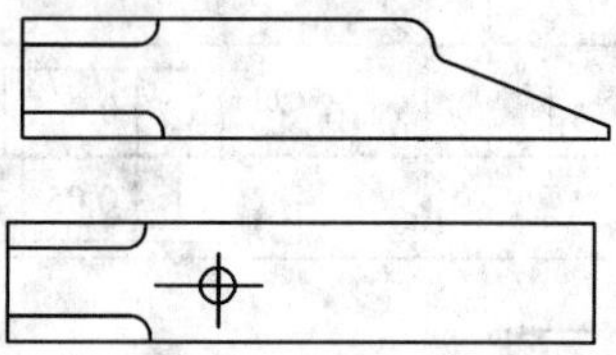	（粗齿中齿）平锉刀、游标卡尺、直角尺、刀口尺
9. 攻丝或铰孔	攻丝 M10-7H（或铰 $\Phi10_{0}^{+0.015}$ 孔）	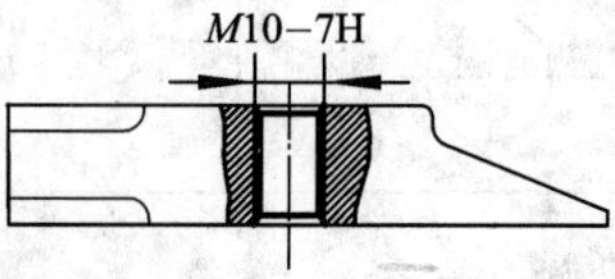 M10－7H	丝锥 M10（或 $\Phi10$ 铰刀）

续表 8－3

制作序号	加工内容	加工简图	工具、量具或设备
10. 倒角	用中齿平锉倒角 45°，达到图纸要求	Φ16	中齿平锉
11. 修光	用细平锉和砂布修光各平面，用圆锉和砂布修光各圆弧面		细平锉、圆锉、砂布
12. 热处理	两头锤击部分硬度为 HRC49～56，心部不淬火		感应加热炉、电阻炉等
13. 打磨	将需要表面处理的部位打磨或抛光		砂纸或抛光机
14. 表保	发黑或电镀		镀槽、电源等
15. 装配	装配手锤头与手锤柄，配钻 Φ3.2 孔并用销钉固定		压力机、钻床、手锤

2. 航空 KY-2 空气压缩机拆装

(1) KY-2 空气压缩机的构造

航空 KY-2 空气压缩机，如图 8－63 所示由机匣、连杆、偏心轴、涨圈、活塞和气缸等主要零件组成。

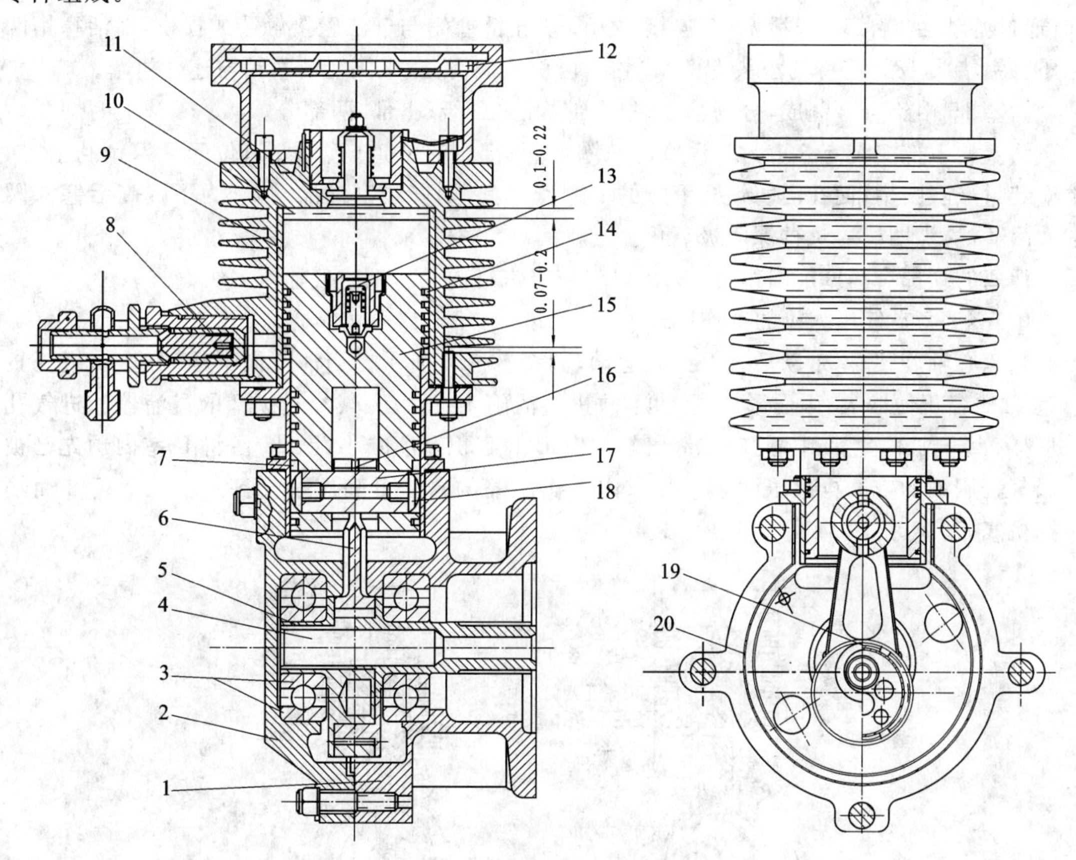

图 8－63 航空 KY-2 空气压缩机

压缩机的机匣为可拆式，用铝合金制成，包括机匣前半部 2 和后半部 1，两者之间用五个螺栓连接。在机匣后半部 1 上有前后两个安装边：前安装边与机匣前半部 2 连接，后安装边则用以将整个压缩机固定在发动机上。在机匣后半部与发动机相联的结合面上，有一个

Φ15 mm的通孔,用于从发动机引进压力油润滑压缩机,另外三个 Φ8 mm 的通孔用于回油和通气。机匣前、后半部的结合面用丝线 20 封严。

机匣前、后半部的内腔各有一个安装球轴承 3 的安装孔;机匣的上部还有一个用以和二级连接的安装边。

压缩机的汽缸由两部分组成:一级气缸 10 和二级气缸 7。

一级气缸由铝合金铸件 10 和压入其中的钢套 9 组成。二级气缸 7 为钢制件,其上有两个凸缘,上凸缘为圆形,有 8 个直径 6.4 mm 的螺栓通过孔,用以和一级气缸连接;下凸缘为方形,通过 4 个螺栓固定在压缩机的机匣上。

一级气缸的顶部装有进气活门组合 11 和空气过滤器 12,过滤器的作用是使吸入的空气清洁。在一级气缸的侧面,有一水平凸耳,装有带管接头的增压活门组合 8,二级气缸中的压缩空气经此接管头输往气瓶。

偏心轴 4 和偏心轴颊状物 5 均由钢制成,为可拆式;其两端有两个轴颈,供安装球轴承 3 用。偏心轴 4 的后端有花键,用作偏心轴的传动接头。偏心轴的前端安装有颊状物 5。

连杆 6 用钢制成,大头的一端带滚针轴承 19 装在偏心轴颈上,小头的一端压有青铜衬套 16,通过游动活塞销 17 与活塞 15 连接。为了防止活塞销与气缸壁接触造成损伤,在活塞销两端压有铝堵头 18。连杆的小头有两个通孔,可引入润滑油,来润滑活塞销与连杆衬套。

活塞 15 由铝合金制成,分为第一级(上部)和第二级(下部)两部分。

活塞的上部安装有 5 道封严涨圈的涨圈槽,下部则有 6 道(其中 5 道位于活塞销孔上方,供安装封严涨圈用;而在活塞销孔下方的一道涨圈槽,则安装刮油涨圈)。为了提高活塞涨圈槽的耐磨性,涨圈槽应进行深阳极氧化。

活塞的顶部有活塞活门组合 13,用以将一级汽缸内的压缩空气输入二级汽缸。

(2) KY-2 空气压缩机的工作原理

当偏心轴旋转时,带动活塞 2 往复运动,如图 8－64 所示。当活塞向下运动时,一级气缸内室 A 的容积便增大,因而形成真空度,故进气活门 4 打开,大气经过顶部的过滤器和进气孔 5 进入一级气缸内室 A 中,此时二级气缸内室 B 的容积渐渐减小,因此,便将 B 室内预先已被一级气缸压缩的空气再次压缩。在 B 室内再次压缩的这部分高压空气打开增压活门 3 而输往随机气瓶。

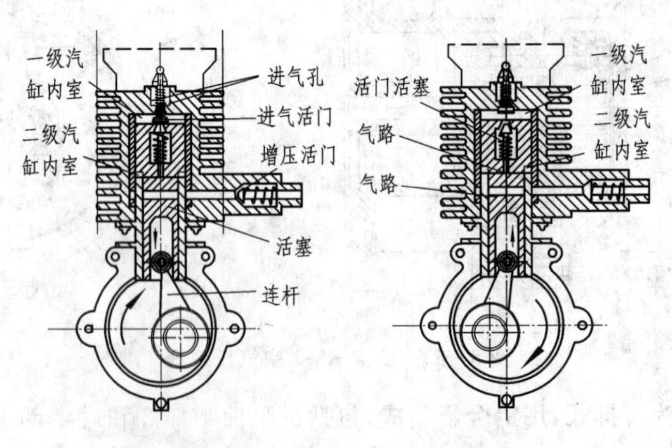

图 8－64　KY-2 空气压缩机的工作原理

当活塞向上运动时，A 室的容积渐渐减小，因而将 A 室的空气压缩到 0.5～0.6 Mpa，此时，B 室的容积渐渐增大，因而 A 室的压缩空气便打开活塞活门 6 经气路 7、8 进入二级气缸 B 室中。

当活塞往下运动时，活塞活门 6 又关闭，而二级气缸 B 室内的压缩空气再次打开增压活门 3 而输往随机气瓶。

(3) KY-2 空气压缩机拆装顺序，如图 8－65 所示。

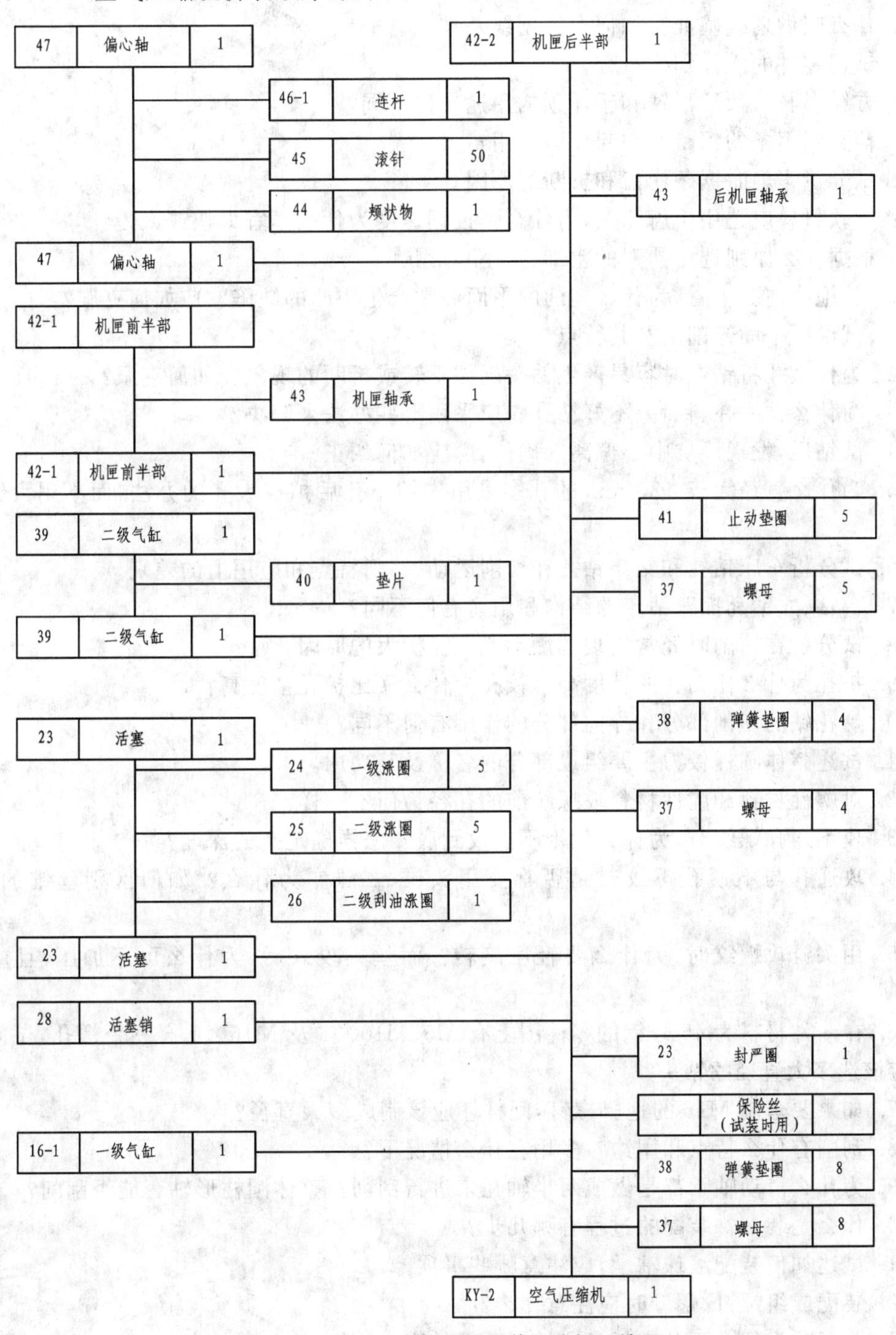

图 8－65　KY-2 空气压缩机装配分解系统图

思考练习题

1. 为什么划线能使某些加工余量不均匀的毛坯免于报废？在哪些情况下可以不划线？

2. 用 V 形铁支持圆柱形工件有何优点？

3. 什么叫做划线基准？如何选择划线基准？

4. 试述零件的立体划线过程。

5. 方箱、划针盘、V 形铁和千斤顶的用途有何不同？

6. 什么叫锯条的锯路？它起什么作用？

7. 试分析锯削时锯条崩齿和折断的原因。

8. 锯软材料应选用粗齿锯条，为什么？推锯速度为什么不宜太快或太慢？

9. 根据什么原则选用锉刀的粗细、大小和形状？

10. 从施力情况来看，为什么锉削的平面经常产生中凸的缺陷？应如何克服？

11. 试说明平面锉削法及其特点。

12. 为什么孔将钻通时容易产生钻头轧住不转或折断的现象？如何克服？

13. 为什么钻头在斜面上不好钻孔？应采用哪些办法来解决？

14. 试钻后，发现浅坑中心偏离准确位置，应如何纠正？

15. 为什么直径大于 Φ30 mm 的孔多采用先钻小孔后扩成大孔的办法，而不用大钻头一次钻孔？

16. 试分析车床钻孔和钻床钻孔在切削运动、钻削特点和应用上的差别。

17. 台钻、立钻和摇臂钻床的结构和用途有何不同？

18. 试分析在钻削时经常出现的颤动或孔径扩大的原因。

19. 扩孔为什么比钻孔的精度高？铰孔为什么又比扩孔精度高？

20. 麻花钻的切削部分和导向部分的作用有何不同？

21. 试述整体圆柱铰刀主要组成部分的名称及其功用。

22. 对塑性材料和脆性材料攻螺纹前的孔径为何不一样？

23. 攻不通孔螺纹时，为什么丝锥不能攻到底？怎样确定孔的深度？

24. 攻通孔与不通孔螺纹时是否都要用头锥、二锥？为什么？如何区别丝锥的头锥、二锥？

25. 用头锥攻螺纹时，为什么要轻压旋转？而丝锥攻入后，为什么可不加压，且应时常反转？

26. 在一件材料为 45 号钢的零件图上有 M6、M10×1 及 M16×1.5 三个螺孔，试问加工底孔应该选多大直径的钻头？

27. 如果要套制 M16 的地脚螺钉，问杆坯应该制成多大直径？

28. 刮削有什么特点和用途？多用在什么情况下？

29. 为什么滑动轴承都是做成两半轴瓦来进行刮削？整体圆柱形轴套能否刮削？

30. 什么是装配？装配的过程有哪几步？

31. 试述如何装配滚珠轴承，应注意哪些事项。

32. 装配成组螺钉、螺母时应注意什么？

33. 装配时为什么不允许任意加长扳手杆长度？

第9章　数控加工基础

9.1　概　论

数控即数字控制(Numerical Control,缩写为NC),在机床领域指用数字化信号对机床运动及其加工过程进行控制的一种方法。数控机床即采用了数控技术的机床。数控机床是一种灵活性极强的、高效能的自动化加工机床。

9.1.1　数控机床的组成

数控机床主要由程序介质、数控装置、伺服系统、检测反馈系统和机床五部分组成

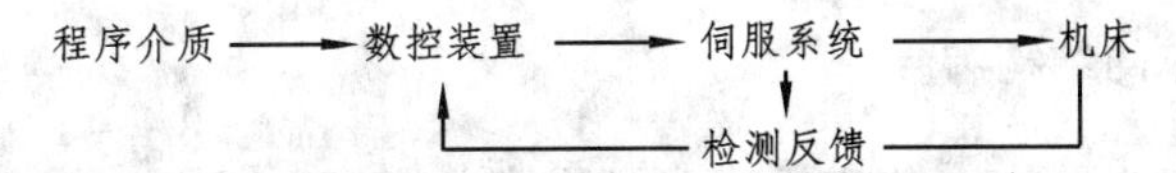

程序介质用于记载各种加工信息,常用的有磁带和磁盘等。

数控装置是控制机床运动的中枢系统,它的功能是按照规定的控制算法进行插补运算等,并将结果经由输出装置送到各坐标控制的伺服系统。

伺服系统是数控系统的执行部分,包括驱动主轴运动的控制单元、主轴电动机、驱动进给运动的控制单元及进给电动机,它按照数控装置的输出指令控制机床上的移动部件作相应的移动,并对定位的精度和速度进行控制。

输出指令通常以脉冲信号形式发出,每一个脉冲信号使机床移动部件产生一个最小单位的移动量,称为脉冲当量。

检测反馈装置的作用是对机床进行直接测量或对伺服执行机构进行间接测量,对其实际运动速度、方向、位移量以及加工状态进行检测,并把检测结果反馈给数控装置。

9.1.2　数控加工的特点

(1) 自动化程度高。数控机床不但可以减轻工人的体力劳动强度和改善劳动条件,也是计算机辅助制造系统的基础。

(2) 加工精度高、加工质量稳定可靠,加工误差一般能控制在0.01 mm左右。数控机床进给传动链的反向间隙与丝杠螺距误差等均可由数控装置进行补偿,数控机床的传动系统与机床结构都具有很高的刚度和热稳定性。

(3) 加工生产率高。数控机床能够有效地减少换刀、试切、测量、计算等的辅助时间,因而加工生产率比普通机床高得多。

(4) 对零件加工的适应性强、灵活性好,能加工形状复杂的零件。

目前,在机械行业中,随着市场经济的发展,产品更新周期越来越短,中小批量的生产所占有的比例越来越大,对机械产品的精度和质量要求也在不断地提高。所以,普通机床越来越难

以满足加工的要求。同时,由于技术水平的提高,数控机床的价格在不断下降,数控机床在机械行业中的使用将越来越普遍。

9.1.3 数控机床的分类

数控机床的种类很多,功能各异,分类方法也不同。一般按机械运动的轨迹可分为点位控制系统、直线控制系统和连续控制系统。按伺服系统的类型可分为开环伺服系统、闭环伺服系统和半闭环伺服系统。按控制坐标数可分为两坐标数控机床、三坐标数控机床和多坐标数控机床等。

但人们更习惯的是按机床加工方式或能完成的主要加工工序来分类,可分为以下几种类型。

(1) 金属切削类。属于此类的有数控车床、铣床、钻床、镗床、磨床、齿轮加工机床和加工中心等。

(2) 金属成形类。属于此类的有数控折弯机、弯管机、冲床、旋压机等。

(3) 特种加工类。属于此类的有数控线切割机、电火花加工机床以及激光切割机等。

(4) 其他类。如数控火焰切割机床、数控激光热处理机床、三坐标测量机等。

9.1.4 数控机床的结构特点

(1) 应有较高的静动刚度。数控机床为了提高生产率和效益,其切削速度和刀具移动速度快、机床负载大、运转时间长,所以要求数控机床比普通机床有更高的静动刚度。

(2) 应有很小的热变形。数控机床的切削用量大于传统机床的切削用量,长时间连续加工,产生的热量也比传统机床多。因此要采取措施减少热变形对加工精度的影响。

(3) 运动件之间的摩擦要小。数控机床在对刀、工件找正时常常要求速度很低,这就要求工作台对数控装置发出的指令要作出准确响应,而不允许工作台发生窜动,为此数控机床普遍采用滚动导轨、静压导轨、滚珠丝杠等。

(4) 进给系统应无间隙传动。由于加工的需要,数控机床各坐标轴的运动都是双向的,传动元件之间的间隙无疑会影响机床的定位精度及重复定位精度。因此,必须采取措施消除进给传动系统中的间隙,如齿轮副、丝杠螺母的间隙。

9.2 数控机床控制原理

9.2.1 数控系统插补原理

1. 概 述

机床数控系统轮廓控制的主要问题,就是怎样控制刀具或工件的运动轨迹。一般情况是已知运动轨迹的起点坐标、终点坐标、曲线类型和走向,由数控系统实时地算出各个中间点的坐标,即需要“插入、补上”运动轨迹各个中间点的坐标,通常将这个过程称为“插补”。

插补结果是输出运动轨迹的中间点坐标值,机床伺服系统根据此坐标值控制各坐标轴的相互协调的运动,走出预定的轨迹。

由于插补功能直接影响系统的控制精度和速度,是系统的主要技术性能指标,因此插补软件是 CNC 系统的核心软件之一。

2. 逐点比较插补法

逐点比较法是一种逐点计算、判别偏差并纠正刀具与所需插补曲线(理论轨迹)的方法,在插补过程中每走一步要完成以下 4 个工作节拍。

(1) 偏差判别。判别当前动点偏离理论曲线的位置。

(2) 进给控制。确定刀具进给坐标及进给方向。

(3) 新偏差计算。刀具进给后到达新位置,计算出新偏差值,作为下一步判别的依据。

(4) 终点判别。查询一次,终点是否到达。

逐点比较法常用于直线插补和圆弧插补,如图 9-1 所示。

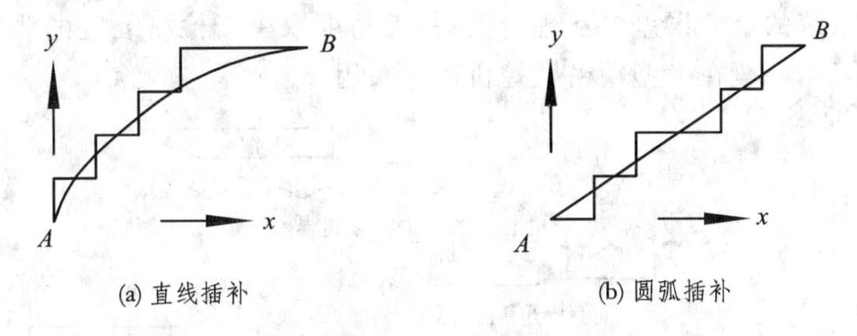

图 9-1　直线插补和圆弧插补

3. 数字积分插补法

数字积分法,又称数字微分分析法(DDA),是利用数字积分运算的方法,计算刀具沿各坐标轴的位移,使得刀具沿着所加工的曲线运动。数字积分法具有运算速度快、脉冲分配均匀、易实现多坐标联动、可实现直线、二次曲线和其他函数的插补运算等优点。因此,数字积分法在轮廓控制数控系统中应用广泛。

9.2.2　刀具半径补偿

用铣刀铣削或线切割的金属丝切割工件的轮廓时,刀具中心或金属丝中心的运动轨迹并不是加工工件的实际轮廓。如图 9-2 所示,加工内轮廓时,刀具中心要向工件的内侧偏移一个距离;而加工外轮廓时,同样,刀具中心也要向工件的外侧偏移一个距离,这个偏移,就是所谓的刀具半径补偿,或称刀具中心偏移。图中粗实线为工件轮廓,虚线为刀具中心轨迹,图中偏移量为刀具的半径值。而在粗加工和半精加工时,偏移量则为刀具半径与加工余量之和。这种根据程序中的工件轮廓编制程序和预先设定偏置参数,实现自动计算出刀具轨迹的功能称为刀具半径补偿功能。

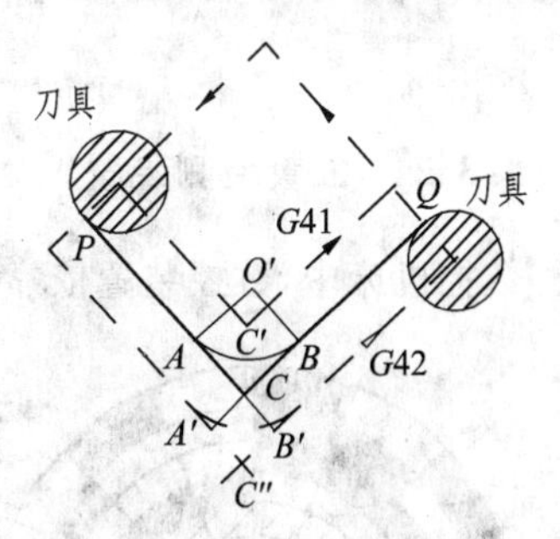

图 9-2　刀具半径补偿原理

9.3　数控机床的伺服系统和测量系统

9.3.1　伺服系统

伺服系统是数控机床的重要组成部分。其主要功能是接受来自数控装置的指令来控制电动机驱动机床的各运动部件,从而准确地控制它们的速度和位置,达到加工出所需工件的形状和尺寸的最终目标。

按伺服系统调节理论,伺服系统可分为开环、闭环和半闭环系统,如图9-3所示。开环型系统中无检测元件,也无反馈回路,控制方式虽然简单,但精度难以保证,仅在要求不高的经济型数控机床上得到广泛应用。半闭环型系统是从电动机轴上进行位置检测,因此它能够有效地控制电动机的转速和电动机的轴位移,其优点是环路短、刚度好、间隙小,所以稳定性好、快速性好、动态精度高。其缺点是如果机械传动部分误差过大或其误差值又不稳定,那么就难以补偿,所以半闭环系统只适于中小型机床。闭环型系统是从机床工作台上进行位置检测,从而消除了进给传动系统的全部误差。从理论上说,其精度取决于检测装置的测量精度。闭环系统结构复杂,价格贵,一般在大型精密数控机床上采用。

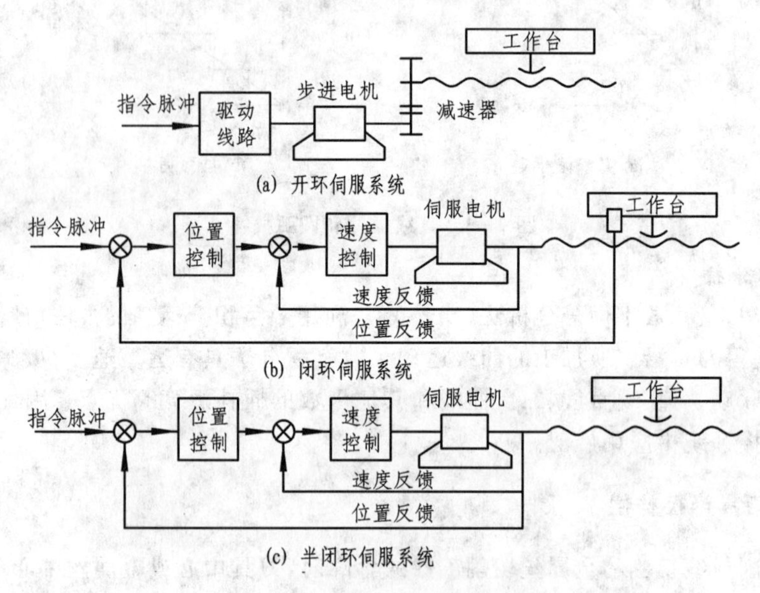

图9-3　伺服系统

9.3.2　位置检测装置

数控机床中,数控装置依靠指令值与位置检测装置的反馈值进行比较来控制工作台运动。数控机床检测元件的种类很多,应用最为广泛的是数字式位置检测装置,包括光电编码器、光栅等。

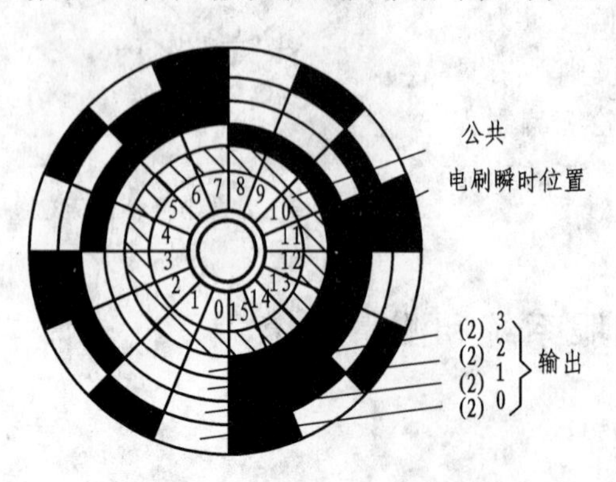

图9-4　绝对式编码器

1. 光电式编码器

编码器是一种旋转式的检测角位移的传感器。如图9-4所示是一种编码器的工作原理图。其中白的部分表示透光,黑的部分表示不透光。这样,当光源通过透光部分并为光电接收器接收时表示"1"信息,反之表示"O"信息。最里层的表示最高位,最外层的表示最低位。例如,在一个9位光电编码器的光电盘上，有 9 圈数字码道，它在 360°范围内可编数码 $2^9=512$ 个。一个直径约为 110 mm 的绝对式编码器，每转绝对位置值可达 $2^{20}=1\ 048\ 576$ 个，绝对测量步距约 1.2″。

2. 光栅

光栅是在透明玻璃或金属反射镜面上刻制的平行等距条纹。光栅通常用于数字孔系统，检测高精度直线位移和角位移。光栅传感器的空间分辨率一般可达 1 μm 左右，单根光栅的长度可达 600 mm 以上，主光栅能够进行拼接，测量范围可达几米以上。

光栅传感器由照明系统、光栅副和光电接收元件组成，如图 9－5 所示。其中光栅副由主光栅 G_1（也称标尺光栅）和指示光栅 G_2 组成。主光栅 G_1 固定在机床活动部件上，长度相当于工作台移动的全行程。指示光栅 G_2 装在机床上的固定部件上。

计量光栅按其形状和用途可以分为长光栅和圆光栅两类，前者用于测量长度，后者用于测量角度。

透射光栅是在玻璃表面上制成一系列平行等距的透光缝隙和不透光的栅线，如图 9－6 所示光栅的放大图。反射光栅是在金属的镜面上制成全反射和漫反射间隔相等的条纹。图 9－6中 a 为栅线宽，b 为栅线缝隙宽，相邻两栅线间的距离 $W=a+b$，称为光栅常数（或称光栅栅距）。

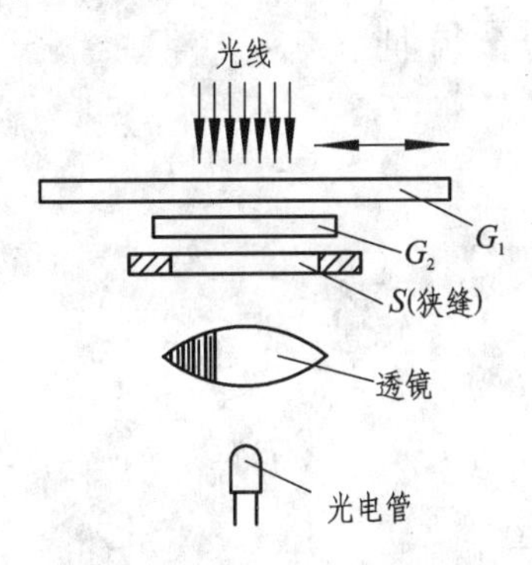

图 9－5　莫尔条纹的形成

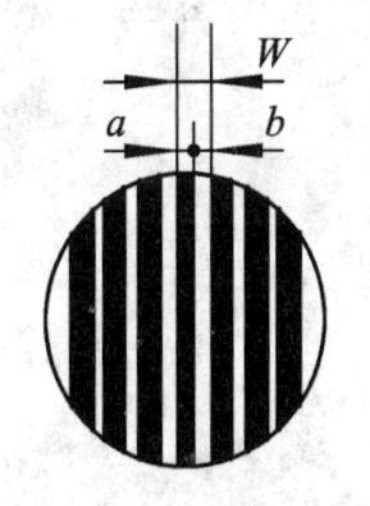

图 9－6　光栅的放大图

3. 光栅测量的基本原理

若两光栅面相对叠合，中间留有很小的间隙，并使两者栅线之间保持很小的夹角 θ，透射光就会形成明暗相间的莫尔条纹。光栅主要是利用莫尔条纹实现测量的。

莫尔条纹的形成，实际上是光通过一对光栅时所产生的衍射和干涉的结果。光在先后经过两叠合的光栅副时，其中任何一块光栅的不透光狭缝都会对光起遮光作用。这样，两光栅的透光狭缝和透光狭缝的交点成为亮点，这些亮点的连线，便组成了一条透光的亮线；而不透光狭缝和透光狭缝的交点的连线，则构成一条不透光的暗线，如图 9－7 所示。

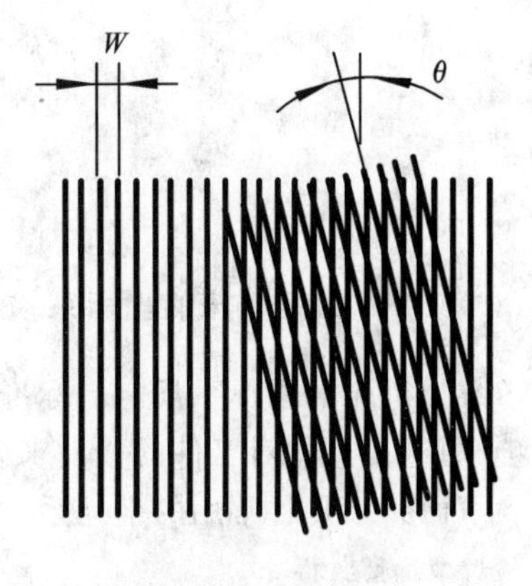

图 9－7　莫尔条纹的形成

9.4　数控机床程序编制中的工艺处理

在编制数控加工程序前，必须对所加工的零件进行工艺分析、拟定加工方案、选择合适的刀具和夹具、确定切削用量等。在编程中，还需进行工艺处理，如确定对刀点等。

在通用机床上加工零件时，很多工艺问题都是由操作工人确定并用手工操作完成的。而在数控机床加工时，整个过程是预先编程并自动进行的，因而形成了以下的工艺特点：

(1) 数控加工工艺的内容要具体详细，各种具体工艺问题如工步的划分、对刀点、换刀点、走刀路线等必须正确地选择并编入加工程序。

(2) 数控加工的工艺处理要严密精确，在进行数控加工的工艺处理时，必须注意到加工过程中的每一个细节，考虑要十分严密。实践证明，数控加工中出现差错或失误的主要原因多为工艺方面考虑不周或计算与编程时粗心大意。

(3) 数控加工工艺要求特殊，如工序集中、首件试切等。

具体的工艺处理要求见本书数控铣和数控车的有关章节。

9.5　数控加工的程序编制

数控机床编程内容与步骤如图9-8所示。

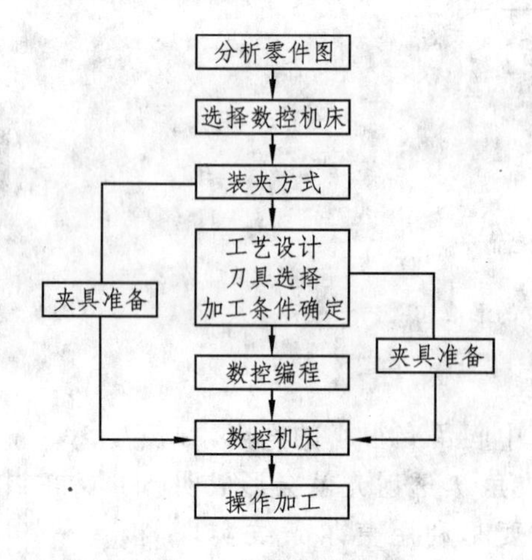

图9-8　数控编程步骤

9.5.1　数控机床的坐标系

数控机床的坐标系规定已标准化，按右手直角坐标系确定，如图9-9所示，一般假设工件静止，通过刀具相对工件的移动来确定机床各移动轴的方向。

下面介绍几种常用的坐标系。

1. 机床坐标系

机床坐标系是机床上固有的坐标系，机床坐标系的方位是参考机床上的一些基准确定的。机床上有一些固定的基准线(如主轴中心线)和固定的基准面(如工作台面、主轴端面、工作台侧面、导轨面等)，不同的机床有不同的坐标系。

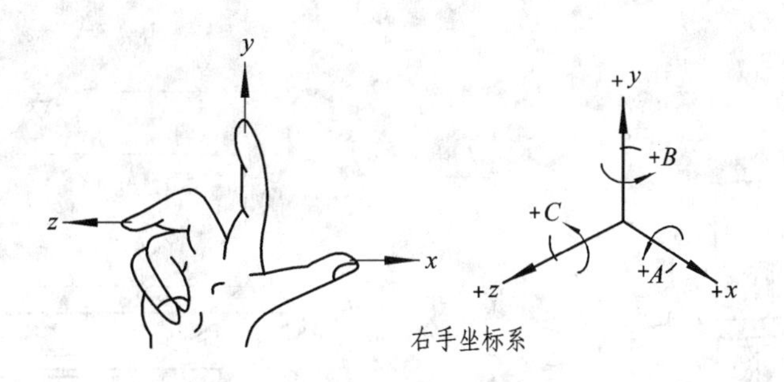

图 9-9　右手直角笛卡尔坐标系

在标准中，规定平行于机床主轴（传递切削力）的刀具运动坐标轴为 z 轴，取刀具远离工件的方向为正方向（$+z$）。当机床有多个主轴时，则选一个垂直于工件装夹面的主轴为 z 轴。

x 轴为水平方向，且垂直 z 轴并平行于工件的装夹面。对于工件作旋转运动的机床（车床、磨床），取平行于横向滑座的方向（工件径向）为刀具运动的 x 轴坐标，取刀具远离工件的方向为 x 的正方向。对于刀具作旋转运动的机床（如铣床、镗床、钻床等），当 z 轴为水平的时，沿刀具主轴后端向工件方向看，向右的方向为 x 的正方向；如 z 轴是垂且的，则从主轴向立柱看时，对于单立柱机床，x 轴的正方向指向右边。上述正方向都是刀具相对工件运动而言。

当某一坐标上刀具移动时，用不加撇号的字母表示该轴运动的正方向；当某一坐标上工件移动时，则用加撇号的字母（如 w'、x'等）表示。加与不加撇号所表示的运动方向正好相反。

在确定了 x、z 轴的正方向后，可按右手直角笛卡尔坐标系确定 y 轴的正方向，即在 $z-x$ 平面内，从 $+z$ 到 $+x$ 时，右螺旋应沿 $+y$ 方向前进，常见机床的坐标方向如图 9-10、图 9-11、图 9-12 所示。

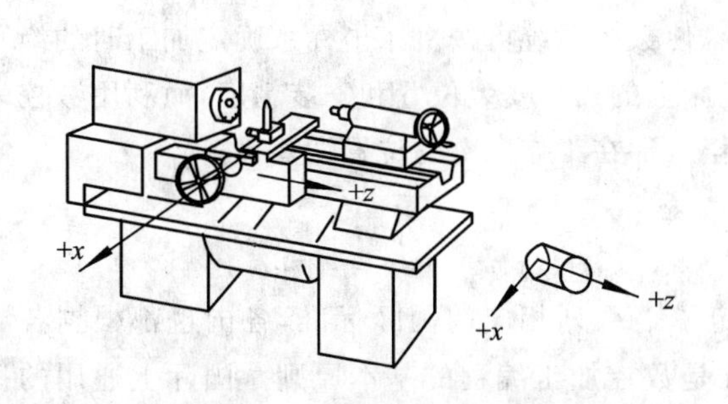

图 9-10　数控车床坐标系

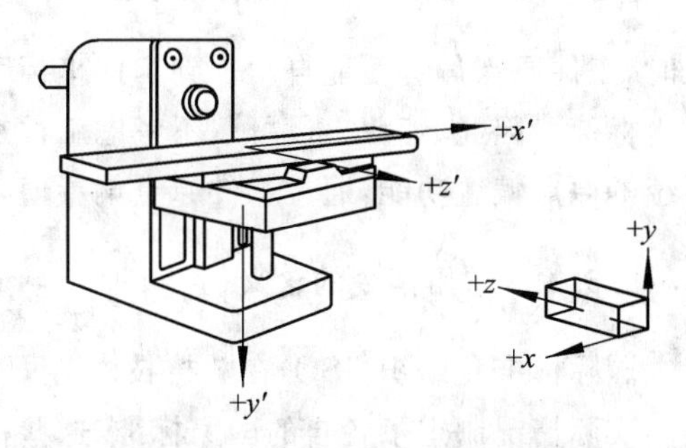

图 9-11　卧式数控铣床坐标系

由于工件与刀具是一对相对运动物体，所以在数控编程中，为使编程方便，一律假定工件固定不动，全部用刀具运动的坐标系来编程，即用标准坐标系 x、y、z 和 A、B、C 进行编程。这样，即使编程人员不知是刀具运动还是工件运动，也能编出正确的程序。实际编程时，正号可省略，负号不可省且紧跟在字母之后。

机床原点（机械原点）是机床坐标系的原点，它的位置是在各坐标轴的正向最大极限处，如图 9-13 所示。

机床坐标系不能直接用来供用户编程，它是帮助机床生产厂家确定机床参考点（原点）的。机床参考点由厂家设定后，用户不得随意改变，否则会影响机床的精度。

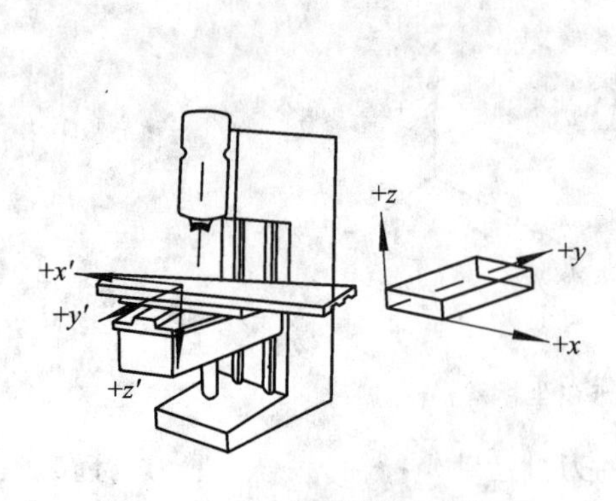

图 9-12 立式数控铣床坐标系

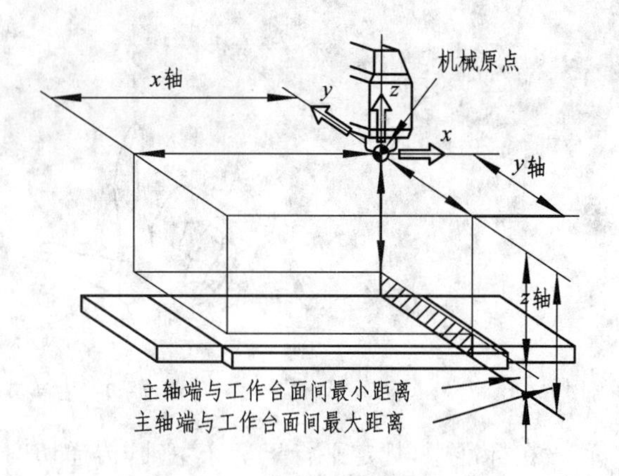

图 9-13 立式铣床机床原点

2. 工件坐标系

工件坐标系是编程人员在编程和加工时使用的坐标系，是程序的参考坐标系，故也称编程坐标系。工件坐标系和机床坐标系通过机床零点发生联系，一般在一个机床中可以设定 6 个工件坐标系。编程人员以工件图样上的某点为工件坐标系的原点，称工作原点。而编程时的刀具轨迹坐标点是按工件轮廓在工作坐标系中的坐标确定。在加工时，工件随夹具安装在机床上，这时工件原点与机床原点间的距离，称作工件原点偏置，如图 9-14 所示。该偏置值需预存到数控系统中，在加工时，工件原点偏置便能自动加到工件坐标系上，使数控系统可按机床坐标系确定加工时的绝对坐标值。因此，编程人员可以不考虑工件在机床上的实际安装位置和安装精度，而利用数控系统的原点偏置功能，通过工件原点偏置值，补偿工件在工作台上的位置误差。

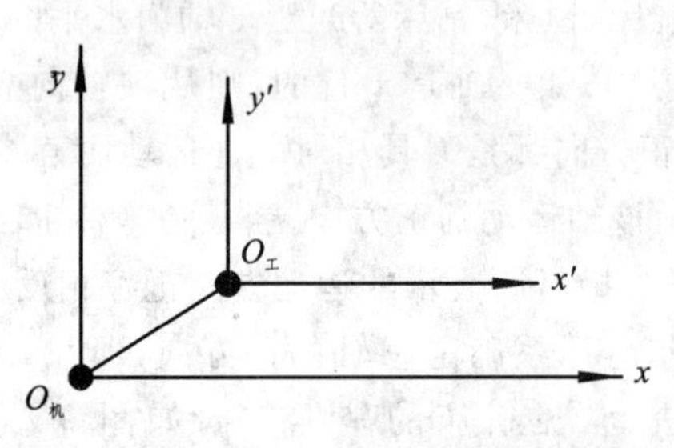

图 9-14 工件坐标系与机床坐标系

9.5.2 常用指令的含义

国际标准化组织(ISO)在数控技术方面制定了一系列相应的国际标准，各国也都根据各国的实际情况制定了各自的国家标准，这些标准是数控加工编程的基本原则。国际上通用的有 ELA(美国电子工业协会)和 ISO(国际标准化协会)两种代码，代码中有数字码(0～9)、文字码(A～Z)和符号码。应当指出的是，对于不同的数控系统，如日本 FANUC、德国 SIEMENS、中国华中数控、航天数控等，和不同的数控设备种类(如数控车与数控铣)，有些代码的含义是不同的，在编程时必须根据具体数控设备的说明书进行编写。下面以 FANUC 数控系统为例，对常用指令作简要的介绍。

1. 准备功能 G 指令

准备功能 G 指令，用来规定刀具和工件的相对运动轨迹即指令插补功能、机床坐标系、坐标平面、刀具补偿、坐标偏置等多种加工操作。G 指令由字母 G 及其后面的二位数字组成。

G 指令有模态和非模态两种类型。模态指令(又称续效指令)一旦在一个程序段中指定，便保持有效直到以后的程序段中出现同组的另一代码。非模态指令，即只有书写了该指令的语句中有效。

(1) G00——快速定位指令。刀具以点位控制方式从当前所在位置按数控系统预先设定的速度快速移动到指令给出的目标位置，只能用于快速定位，不能用于切削加工。例如语句“G00 X0 Y0 Z100.;”，使刀具快速移动到(0,0,100)的位置。

(2) G90和G91——分别表示采用绝对坐标编程方式和使用增量坐标编程方式。如图9-15所示加工三个孔P1、P2和P3，采用绝对坐标编程和增量坐标编程的格式如表9-1所示。

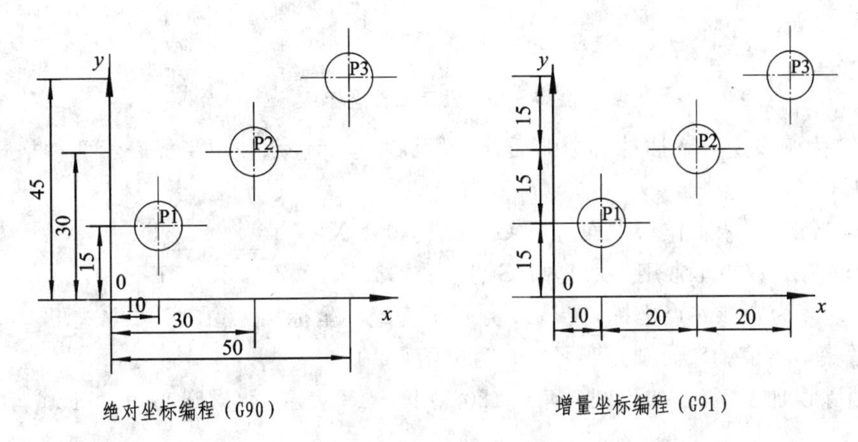

图9-15　绝对坐标编程和增量坐标编程

表9-1　采用G90和G91编程的格式

加工时的移动路线	使用G90时的语句	使用G91时的语句
O点至P1	G90 G00 X10.0 Y15.0	G91 G00 X10.0 Y15.0
P1至P2	G90 G00 X30.0 Y30.0	G91 G00 X20.0 Y15.0
P2至P3	G90 G00 X50.0 Y45.0	G91 G00 X20.0 Y15.0

(3) G54～G59——设定工件坐标系。一般数控机床可以预先设定6个(G54～G59)工件坐标系，这些坐标系的坐标原点在机床坐标系中的值可预先设置，存储在机床存储器内，在机床重开机时仍然存在，在程序中可以分别选取其中之一使用。一旦指定了G54～G59之一，则该工件坐标系原点即为当前程序原点，后续程序段中的工件绝对坐标均为相对此程序原点的值。例如：在图9-16所示的坐标系中，先取G54为当前工件坐标系快速移动到A点，再取G59为工件坐标系快速移动到B点，其程序为

```
N01 G54 G00 G90 X40 Y40;
N02 G59;
N03 G00 X30 Y30;…
```

(4) G01——刀具以指定的进给速率进行直线插补式运动。例如语句“G01 X10. Y20. Z20. F80.;”，使刀具从当前位置以80 mm/min的进给速度沿直线运动到(10,20,20)的位置。

(5) G02、G03——刀具在指定的坐标平面内以指定的进给速度进行圆弧插补运动：从当前位置(圆弧的起点)沿圆弧移动到指令给出的目标位置，切削出圆弧轮廓。G02为圆弧顺时

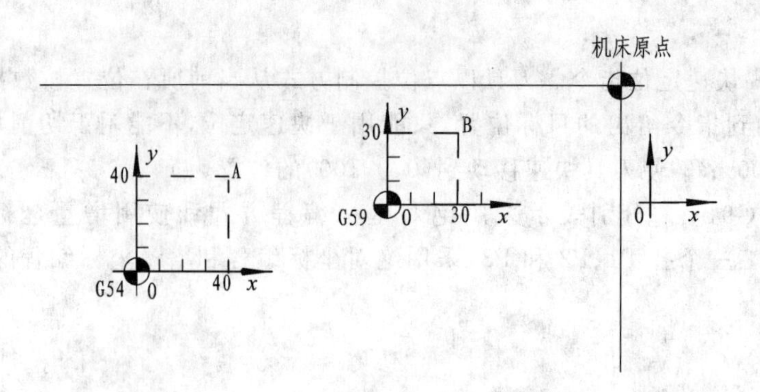

图 9－16　设定工件坐标系

针插补，G03 为圆弧逆时针插补。圆弧插补有用圆心坐标表示和用半径表示两种格式，用半径 R 其格式如下。

在 xOy 平面(铣床工作台平面)内：G02(或 G03) X＿ Y＿ R＿ F＿

在 xOz 平面(数控车常用平面)内：G02(或 G03) X＿ Z＿ R＿ F＿

格式中：X、Y、Z 为圆弧终点坐标，在 G90 方式下为绝对坐标尺寸；在 G91 方式下，是相对于圆弧起点的增量坐标值。R 为圆弧半径。F 为进给量。

为了消除误加工，规定如果圆心角≤180°，用“＋R”表示，如果圆心角 ＞180°，用“－R 表示”。

例如：刀具加工轨迹如图 9－17 所示，圆弧为逆时针方向，图中采用英制单位，绝对坐标编程，则加工程序如下：

```
…
N50 G01 X－0.6875 F0.15;              直线加工到位置 2
N60 Y0.5;                             直线加工到位置 3
N70 G03 Y1.0625 X－1.25 R0.5625;      加工 R0.5 圆弧到点 4
N80 G01 X－1.5;                       直线加工到位置 5
…
```

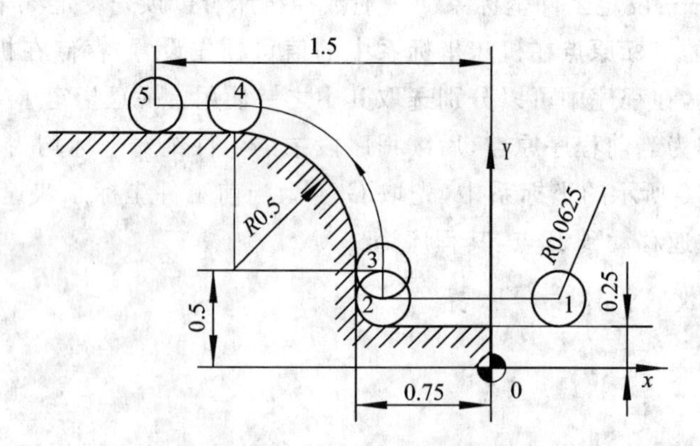

图 9－17　逆时针圆弧加工

(6) G28、G29——分别表示刀具经过指定的中间点快速自动返回参考点，刀具从参考点经过中间点快速移动到被指令的位置。该指令一般用于自动换刀。

例如,在图 9-18 所示的坐标系中,指定刀具先从 A 点经过中间点 B 到达参考点 R,换刀(M06 为换刀指令)后再从 R 点经过中间点 B 到达 C 点,则程序如下:

N10 G91 G28 X1000.0 Y200.0; 由 A 到 B,并返回参考点(注意:参考点的位置可根据换刀方便而预先设定)

N20 M06; 换刀

N30 G29 X500.0 Y－400.0; 从参考点经由 B 到 C(C 点相对于 B 点的增量坐标)

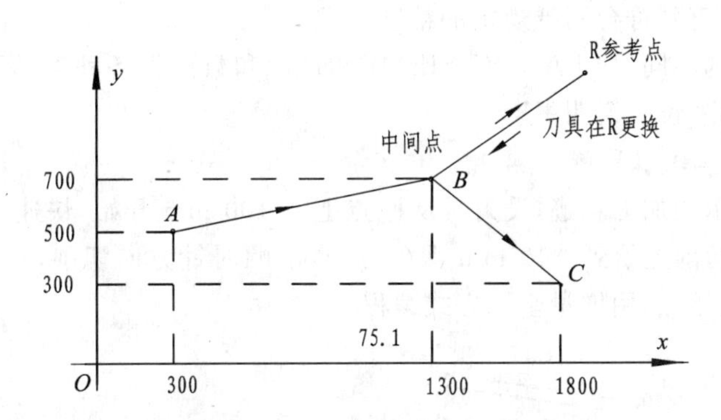

图 9-18　返回机床参考点指令

(7) G20、G21——分别为英制单位和公制单位。系统在通电开机时默认为 G21。

(8) G41、G42 、G40——分别为刀具半径左补偿、刀具半径右补偿和刀具半径补偿取消指令(在数控铣章节将详细介绍)。

2. 辅助功能 M 指令

M 指令也有续效指令与非续效指令之分。现介绍几个常用的 M 指令。

(1) M02——程序结束指令。当全部程序结束后,用此指令使主轴、进给、冷却全部停止,并使机床复位。该指令必须出现在程序的最后一个程序段中。

(2) M03、M05——分别为主轴正向(顺时针)旋转和主轴停止指令。

(3) M08、M09——分别为冷却液打开和关闭指令。

(4) M30——程序结束指令。与 M02 不同的是 M30 执行后使程序返回到开始状态。

(5) M98、M99——分别为调用子程序指令和子程序返回指令。

3. 其他指令

(1) F——进给速度指令。该指令为续效指令,如 F100 表示进给速度为 100 mm/min。

(2) S——主轴转速指令。该指令是续效指令,如 S100 表示主轴转速为 100 r/min。

(3) T——刀具号指令。该指令用来选择所需的刀具,如 T××,"××"表示刀具编号。

(4) P、X——暂停时间指令,如 P1000 表示暂停时间为 1 000 ms,P1.0 表示暂停 1 秒。

(5) O、P——分别为主程序号指令和子程序号指令。

(6) D、H——偏置号指令,常用来表示刀具半径补偿和刀具长度补偿。

9.5.3　手工编程

1. 简　介

手工编程步骤包括确定工艺过程(如选定机床、刀具、夹具、工序、切削用量等)、计算加工轨迹和加工尺寸(如几何要素的起点、终点、圆心、交点或切点等)、编制加工程序及初步校验、制备控制介质(或直接键盘输入)、程序校验和试切削。

手工编程完成后,必须经过校验和试切削才能用于正式加工,通常的方法是空运转检查。对于平面工件可用笔代替刀具在坐标纸空运行绘图;对于空间曲面零件,可用木料或塑料工件进行试切。在具有图形显示的机床上,用图形的静态显示(在机床闭锁的状态下形成的运动轨迹)或动态显示(模拟刀具和工件的加工过程)则更为方便,但这些方法只能检查运动轨迹的正确性,无法检查工件的加工误差。首件试切发现错误时,应分析错误的性质,或修改程序单,或调整刀具补偿尺寸,直到符合图纸规定的精度要求为止。

由于数控系统的不同(如 FANUC、SIEMENS 等)和数控设备种类的不同,手工编程的差异很大,在编程应参考设备说明书。

2. *数控铣削加工编程举例*

如图 9-19 所示的加工轨迹,设刀具从原点上方 100 mm 开始,快速运动到 A 点,Z 轴降到 2 mm 高处开始切削进给到−10 mm 深(B 点),沿顺时针方向切削,在 B 点快速运动到 A 点,最后返回至主起始点,用增量坐标方式编程。

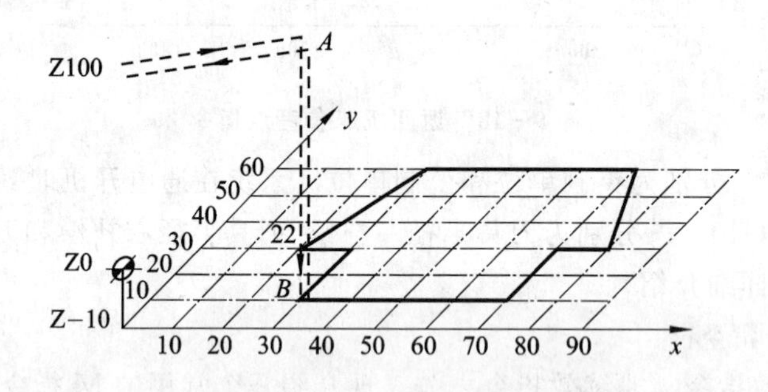

图 9-19　数控铣削编程举例

程序	说明
o001	“o”表示主程序,“001”为程序号
N10 G91 G54 G00 X30.0 Y10.0 S1000 M03;	主轴正转,转速 1000 r/min,刀具快移到 A 点
N20 Z−98.0;	刀具快移到距工件上表面 2 mm 处
N30 G01 Z−12.0 F100 M08;	刀具以 100 mm/min 的进给速度沿 z 向切削到 B 点
N40 Y20.0;	刀具开始在 xOy 平面内沿工件轮廓顺时针切削
N50 X−10.0;	从(30,30)到(20,30)
N60 X10.0 Y30.0;	从(20,30)到(30,60)
N70 X40.0;	从(30,60)到(70,60)
N70 X10.0 Y−30.0	从(70,60)到(80,30)
N90 X−10.0;	从(80,30)到(70,30)
N100 Y−20.0;	从(70,30)到(70,10)
N110 X−40.0;	刀具切削又回到了 B 点(30,10)
N120 G00 Z110.0 M09;	沿 z 向抬刀,快移到 A 点,关闭冷却液
N130　X−30.0　Y−10.0;	将刀具快速移回到工件坐标系原点
N140 M30;	程序结束

3. *数控车加工编程举例*

半精加工如图 9-20 所示的零件,工件坐标系选在 Φ50 端面中心,刀具运动轨迹是:刀具从起点(10,40)快移至 $z=0$、$x=26$ 点,然后光端面,再从右向左依次加工圆锥面、$\Phi60\times10$ 圆柱面、$\Phi80\times20$ 圆柱面、R70 圆弧面和 $\Phi80\times10$ 圆柱面，最后刀具快移到刀具起点。用增量坐标编程，程序如下：

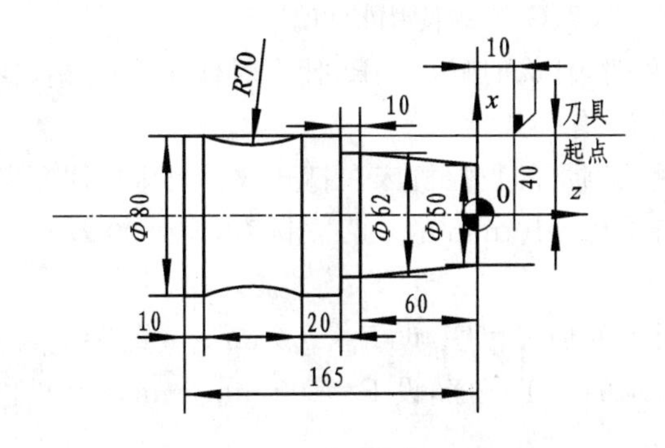

图 9-20　数控车加工编程举例

o001	加工时调用"o001"号程序即可执行加工
N10 G91 G54 ；	采用增量坐标编程，取工件坐标系
N20 G00 X52.0 Z0 S550 M03；	刀具从起点快速移到指定位置处，同时主轴启动
N30 G01 X0 F30；	刀具用指定的进给速度光端面
N40 G00 X50.0 Z2.0；	快速回退（注意：采用了直径编程方式）
N50 G01 X62.0 Z−60.0 F30；	用指定的进给速度加工锥面
N60 Z−10.0；	加工 $\Phi60\times10$ 圆柱面
N70 X80.0；	加工台肩侧面
N80 Z−20；	加工 $\Phi80\times20$ 圆柱面
N90 G03 X80.0 Z−65.0 R70.0；	加工圆弧面
N100 G01 Z−10；	加工 $\Phi80\times10$ 圆柱面
N110 G00 X82.0 Z175.0；	快速抬刀，避免退刀时划伤工件表面
N120 X80.0 ；	刀具按要求回到起点
N130 M30；	程序结束

思考练习题

1. 什么是数控？数控机床的加工原理是什么？
2. 数控机床由哪几个部分组成？各有什么作用？
3. 数控机床的伺服系统应满足哪些要求？为什么？
4. 什么是开环、闭环、半闭环数控机床？它们之间有什么区别？
5. 数控机床对结构的要求有哪些？
6. 数控机床常用位置检测装置有哪些？各有何应用特点？
7. 叙述光栅检测装置的工作原理。
8. 数控编程的工艺处理内容是什么？
9. 简述数控编程的基本内容和步骤。
10. 什么是工件零点，工件零点如何选定？
11. 机床坐标系与工件坐标系的区别是什么？

12. 常用的准备功能 G 有哪几种？

13. G00　X20　Y15 与 G91　X20　Y15 有什么区别？

14. 试说明 G00、C01、G02、G03 的使用特点。

15. 用 G02、G03 编程时，什么时候用＋R，什么时候用－R，整圆编程为什么不能用 R？

16. 常用的辅助功能 M 有哪几种？

17. 试说明采用增量式测量的数控机床在打开数控机床后回参考点的意义。

18. 在数控加工中若采用 Φ10 mm 的 4 刃立铣刀，S＝800 r/min，F＝96 mm/min，则单刃切削量应为多少？

19. 编制图 9－21 所示的加工程序，设 F＝100 mm/min，S＝800 r/min(使用绝对坐标)。

20. 编制图 9－22 所示的加工程序，设 F＝100 mm/min，S＝900 r/min(使用增量坐标)。

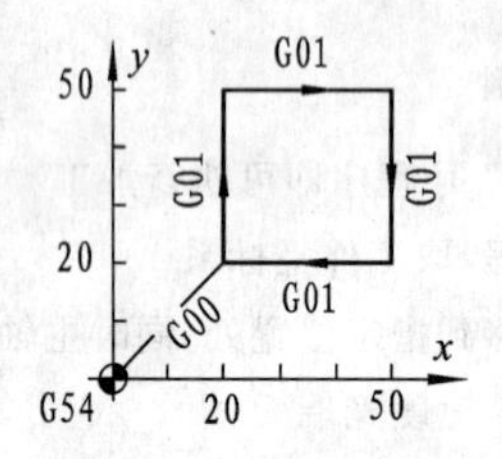

图 9－21　加工轨迹

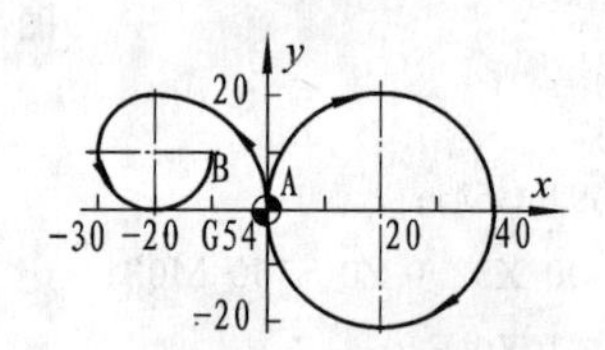

图 9－22　加工轨迹

第 10 章　数控铣

10.1　数控铣床简介

一般的数控铣床主要组成部分有床身、电器部分、变速箱、铣头、工作台、升降台、润滑及冷却装置等组成。图 10－1 所示为 XK6325B 型数控铣床外形图，表 10－1 是其主要技术参数。

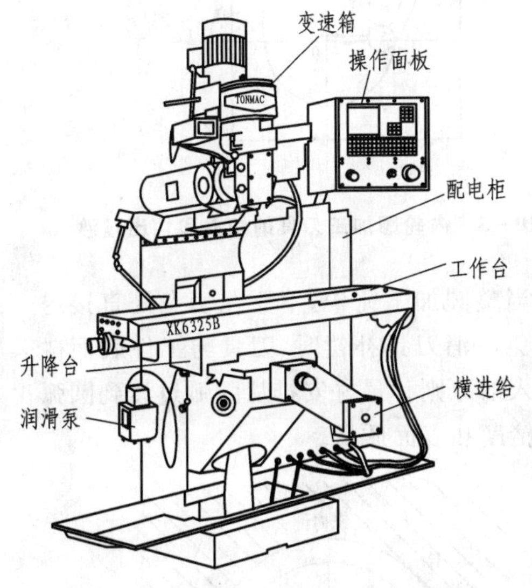

图 10－1　XK6325B 型数控铣床外形图

表 10－1　XK6325B 型数控铣床主要技术参数

工作台最大行程	680 mm×350 mm
工作最大重量	250 kg
主轴套筒行程	100 mm
主轴转速	65～4 760 r/min
进给速度	铣削进给速度范围 0～1 m/min
	快速移动速度 2 m/min
数控方式	三坐标联动，半闭环控制
插补方式	直线插补、圆弧插补
最小输入单位	0.001 mm
定位精度	X 轴 0.06 mm Y 轴 0.05 mm Z 轴 0.04 mm

XK6325B 型数控铣床的主要特点是操作方便、编程简单、重复定位精度高、能加工较复杂的零件。机床铣头具有两个机械式旋转自由度，比较灵活。该机床的数控系统为北京凯恩帝(KND)数控系统(与 FANUC 数控系统相近)。适用于多品种小批量零件的生产，对各种复杂曲线的凸轮、样板、弧形槽等零件的加工效能尤为显著。

10.2　数控加工工序的设计

数控加工工序设计的主要任务是进一步确定具体加工内容、切削用量、工艺装备、定位夹紧方式及刀具运动轨迹等，为编制加工程序作好准备。

10.2.1　确定走刀路线和安排工步顺序

走刀路线是刀具在整个加工工序中的运动轨迹，它不但包括了工步的内容，也反映出工步的顺序。走刀路线是编写程序的依据之一。在确定走刀路线时，主要考虑遵循下列原则。

(1) 确定的加工路线应能保证零件的加工精度和表面粗糙度要求。

当铣削平面零件外轮廓时，一般采用立铣刀侧刃切削。刀具切入工件时，应避免沿零件外廓的法向切入，而应沿外廓曲线延长线的切向切入，以避免在切入处产生刀具的刻痕，保证零件曲线平滑过渡，如图 10-2 所示。同理，在切离工件时，也应避免在工件的轮廓处直接退刀，要沿零件轮廓延长线的切向逐渐切离工件。

铣削封闭的内轮廓表面时，如图 10-3 所示，因内轮廓曲线不允许外延，刀具只能沿轮廓曲线的法向切入和切出，此时刀具的切入和切出点应尽量选在内轮廓曲线两几何元素的交点处。

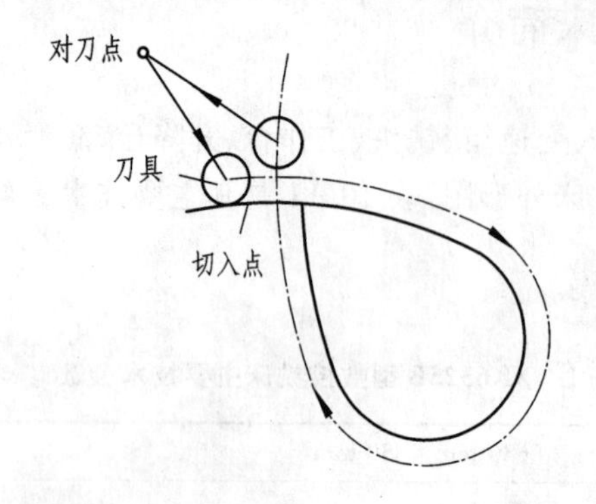

图 10-2　刀具的切入和切出过渡

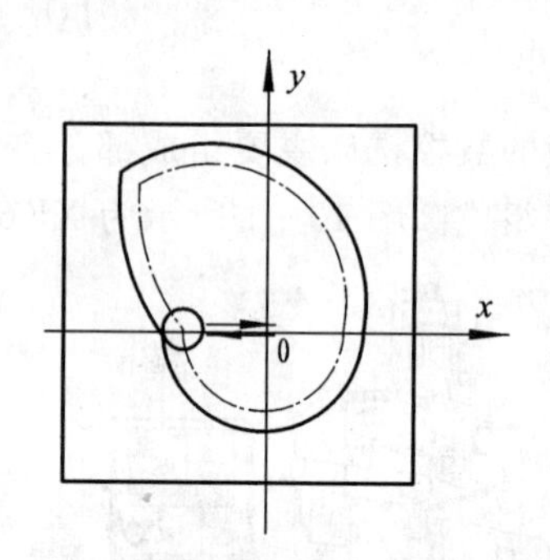

图 10-3　内轮廓加工刀具的切入和切出过渡

用圆弧插补方式铣削外整圆时，如图 10-4 所示，当整圆加工完毕，不要在切点处直接退刀，要让刀具多运动一段距离，最好是沿切线方向，以免取消刀具补偿时，刀具与工件表面碰撞，造成工件报废。铣削内圆弧时，也要遵守从切向切入的原则。最好安排从圆弧过渡到圆弧的加工路线，如图 10-5 所示，以提高内孔表面的加工精度和表面质量。

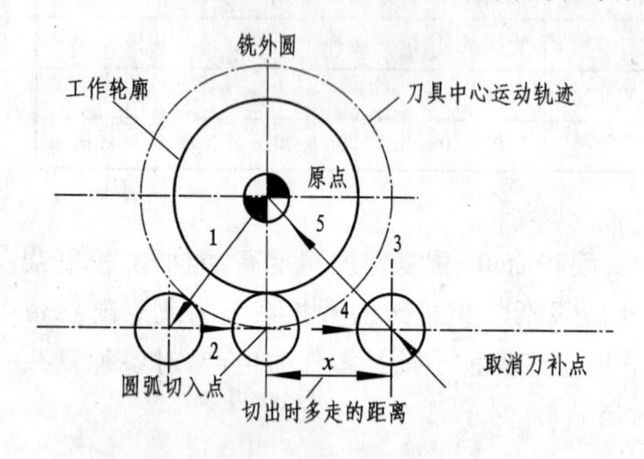

图 10-4　铣削外圆

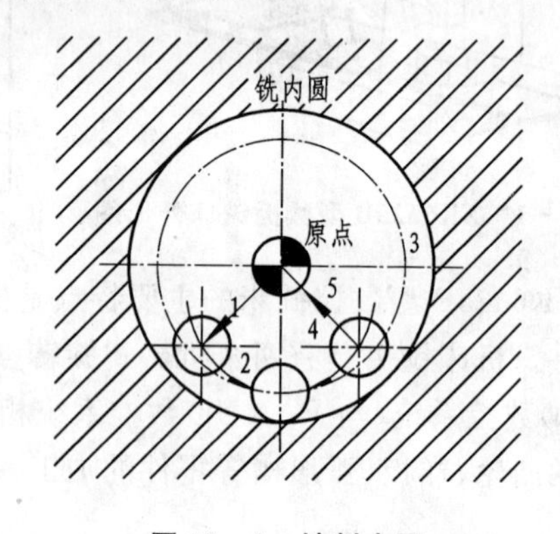

图 10-5　铣削内圆

此外，轮廓加工中应避免进给停顿。因为加工过程中会引起工件、刀具、机床系统的相对变形。进给停顿，切削力减小，刀具会在进给停顿处的零件轮廓处留下划痕。

为了提高铣削表面质量和精度，可以采用多次走刀的方法，使最后精加工留量较少。一般以 0.20～0.50 mm 为宜。精铣时应尽量用顺铣，以提高被加工零件表面的粗糙度。

(2) 为提高生产效率，应尽量缩短加工路线，减少刀具空行程时间。图 10-6 是正确选择钻孔加工路线的例子。按照一般习惯，应先加工均布于同一圆周上的 8 个孔，再加工另一圆周上的孔，如图 10-6(a)所示。但对点位控制的数控机床，这并不是最短的加工路线，应按如图 10-6(b)所示的加工路线进行加工，使各孔间距离的总和最小，以节省加工时间。

(3) 为减少编程工作量,还应使数值计算简单,程序段数量少,程序短。

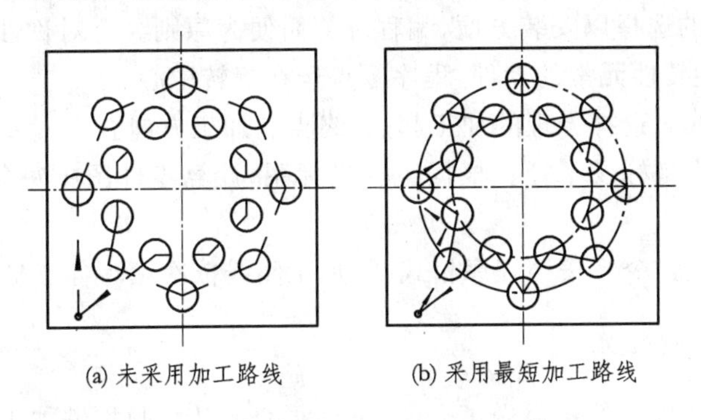

(a) 未采用加工路线　(b) 采用最短加工路线

图 10－6　最短加工路线的选择

10.2.2　确定对刀点与换刀点

对刀点是指在数控机床上加工零件时,刀具相对零件运动的起始点。对刀点应选择在对刀方便、编程简单的地方。

对于采用增量编程坐标系统的数控机床,对刀点可选在零件孔的中心上及夹具上的专用对刀孔上,或两垂直平面(定位基面)的交线(即工件零点)上,但所选的对刀点必须与零件定位基准有一定的坐标尺寸关系,这样才能确定机床坐标系与工件坐标系的关系,如图 10－7 所示。

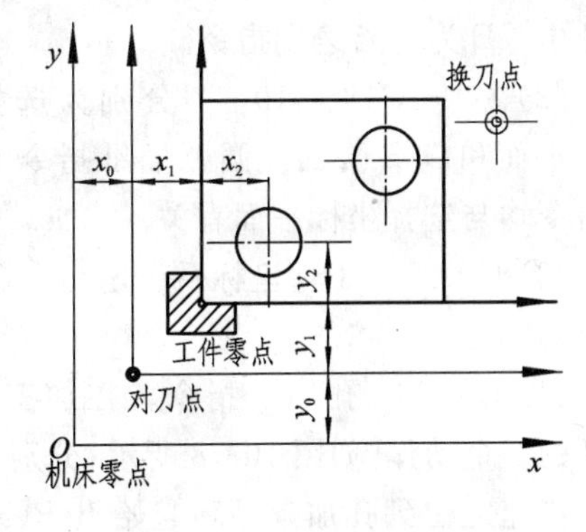

图 10－7　对刀点和换刀点

对于采用绝对编程坐标系统的数控机床,对刀点可选在机床坐标系的机床零点上或距机床零点有确定坐标尺寸关系的点上。因为数控装置可用指令控制自动返回参考点(即机床零点),不需人工对刀。但在安装零件时,工件坐标系与机床坐标系必须要有确定的尺寸关系。

对刀时,应使刀具刀位点与对刀点重合。所谓刀位点,对于立铣刀是指刀具轴线与刀具底面的交点;对于球头铣刀是指球头铣刀的球心;对于车刀或镗刀是指刀尖。

10.2.3　切削用量的确定

数控加工中切削用量的确定,要根据机床说明书中规定的允许值,再按刀具耐用度允许的切削用量复核。也可按切削原理中规定的方法计算,并结合实践经验确定。

10.3　数控铣编程

10.3.1　数控铣加工工艺过程

(1) 工艺分析。参照机床坐标系,建立工件坐标系(参见第 9 章)。程序零点可设置在工件上任意一点,用 G92　X_Y_Z_* 来建立;而 X0 Y0 Z0 即程序零点,X_Y_Z_为程序起点。程序零点的选择以安装方便、编程计算简便为原则。有对称性元素的零件,程序零点选在对称轴上;有旋转性元素的零件,程序零点选在旋转中心。

(2) 制定加工路线。选择合理的加工起点、终点和加工方向。

(3) 确定线弧的点坐标及半径。根据工件坐标系,计算零件图中每条直线和圆弧的端点坐标及圆弧半径。

(4) 填写点坐标及指令。按照程序格式,沿加工路线依次填写各点坐标和控制指令。

10.3.2　常用指令介绍

在第 9 章已经对一些数控指令做了介绍,下面再介绍几个数控铣加工编程常用指令。

(1) G41、G42、G40——分别为刀具半径左补偿,刀具半径右补偿和取消刀具半径补偿指令,属模态指令,默认为 G40。

在 Oxy 平面的编程格式为:　G41(或 G42) G01　　X　　Y　　D# #　　F

建立和取消刀具半径补偿必须与 G01 或 G00 指令组合来完成,实际编程时建议与 G01 组合。D 以及后面的数字表示刀具半径补偿代号,具体刀具半径数值可预先输入到代号为 D# #的地址中。F 为进给速度指令。

(2) G17、G18、G19——分别为选择 Oxy 平面、Oxz 平面和 Oyz 平面。圆弧插补指令和刀具半径补偿指令均与选择坐标平面有关。

(3) G92——工件坐标系设定指令(与 G54～G59 相似)。

(4) G81——孔加工指令。在加工孔时,孔加工循环的 6 个动作,如图 10-8 所示,分别为:① $A \to B$,刀具快速定位到孔加工循环起始点 $B(x,y)$; ② $B \to R$,刀具沿 z 方向快速运动到参考平面 R; ③ $R \to E$,孔加工过程,如钻孔、镗孔、攻螺纹等; ④ E 点,孔底动作,如进给暂停、主轴停止、主轴准停、刀具偏移等; ⑤ $E \to R$,刀具快速退回到参考平面 R; ⑥ $R \to B$,刀具快速退回到起始点 B。

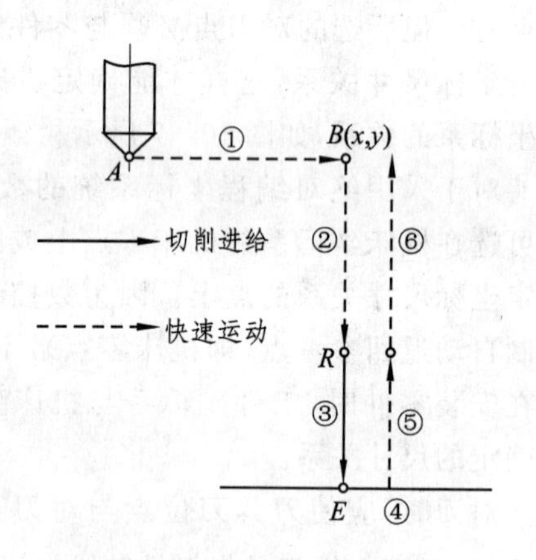

图 10-8　钻孔循环动作

G81 可以实现的功能有主轴正转、刀具以进给速度向下运动钻孔、到达孔底位置后和快速退回(无孔底动作如暂停等)。

G81 钻孔加工循环指令格式为:G81 X　Y　Z　F　R　K;

其中:X、Y 为孔的中心位置坐标,Z 为孔底位置坐标,F 为进给速度,R 为参考平面位置,K 为重复次数。

10.3.3　编程举例 1

加工如图 10-9 所示的平面图形,编程如下。

```
O1234
N10 G21 G92 X26.386 Y37.441 Z0 ;           起刀点
N20 M03;                                   主轴旋转
N30 G01 G90 X0.5 Y－0.6 F2000;            铣刀第一次(直线)移动
N40 Z－2. F500 ;                           下刀
N50 X1.586 Y－8.746;                       开始走箭头
N60 X－8.166 Y8.144;
N70 X10.62 Y－4.396 ;
N80 X0.5 Y－0.6 ;
N90 Z0 ;                                   抬刀
N100 X－4. Y0.5;                           到另一初始点
N110 Z－2. ;                               下刀
N120 G03 X－7.062 Y－2.997 R20.91;        开始走椭圆
N130 X－5.524 Y－6.518 R2.23; *
N140 X7.604 Y0.99 R20.91; *
N150 X5.524 Y4.59 R2.23 ;
N160 X－0.358 Y3.94 R20.91 ;
N170 G01 Z0 ;
N180 X26.386 Y37.441 F2000;
N190 M30 ;
```

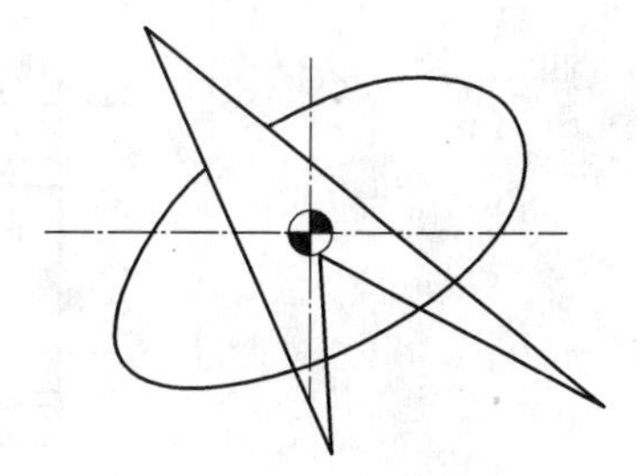

图 10－9　简单零件

10.3.4　编程举例 2

有一矩形零件尺寸为 130 mm×80 mm×20 mm，坐标原点在零件上表面对称中心，如图 10－10 所示。加工四周和 4 个孔，孔深 10 mm，使用刀具为 T01 Φ20 立铣刀 D01，T02 Φ4.2 钻头。加工程序编写如下。

```
O4321
N10 T1 M98 P8888;                    调用换刀子程序，换 Φ20 立铣刀
N20 G90 G54 G00 X0.0 Y0.0 S500 M03;  采用绝对坐标，取工件坐标系，快速移动到原点，主轴正转，
                                     转速 500 r/min
N30 Z100.0 M08;                      抬刀，开冷却液
N40 X－80.0 Y－60.0;                 刀具快速运动到矩形零件边缘
N50 Z5.0;                            刀具快速降到离工件上表面 5 mm 处
N60 G01 Z－10.0 F100;                以 100 mm/min 进给率沿 z 向下降到工件底面(尚未切削)
N70 G41 X－65.0 Y－50.0 D01 F50;     刀补，沿顺时针方向以 50 mm/min 速率切入轮廓左下角
N80 Y40.0;                           进给速率保持不变切削轮廓左侧
N90 X65.0;                           切削轮廓长边
N100 Y－40.0;                        切削轮廓右侧
N110 X－75.0;                        切削轮廓另一长边
N120 G40 X－80.0 Y－60.0;            取消刀补，刀具仍以进给速率回到点(－80.0,－60.0,－10.0)
N130 G00 Z100.0;                     抬刀到点(－80.0,－60.0,100.0)
N140 T2 M98 P8888;                   调用换刀子程序，换 Φ4.2 钻头
```

N150 G90 G54 G00 X0.0 Y0.0 S500 M03；(含义同前)

N160 Z100.0 M08；　　　　抬刀，开冷却液

N170 G81 X－50.0 Y－25.0 R5.0 Z－10.0 F30；以 30 mm/min 进给速率钻左下角孔，然后离开表面 5 mm

N180 Y25.0；　　　　钻第二个孔

N190 X50.0；　　　　钻第三个孔

N200 Y－25.0；　　　　钻第四个孔

N210 M30；　　　　程序结束

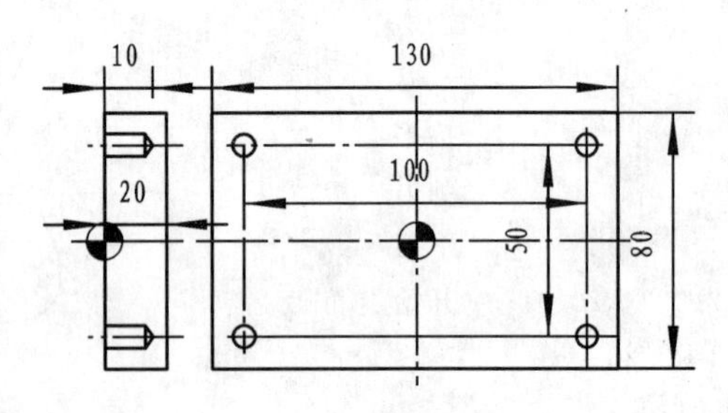

图 10－10　矩形零件轮廓和孔加工

10.4　数控铣加工操作

1. 操作面板

XK6325B 型数控铣床机床操作面板如图 10－11 所示，其中附加面板如图 10－12 所示。

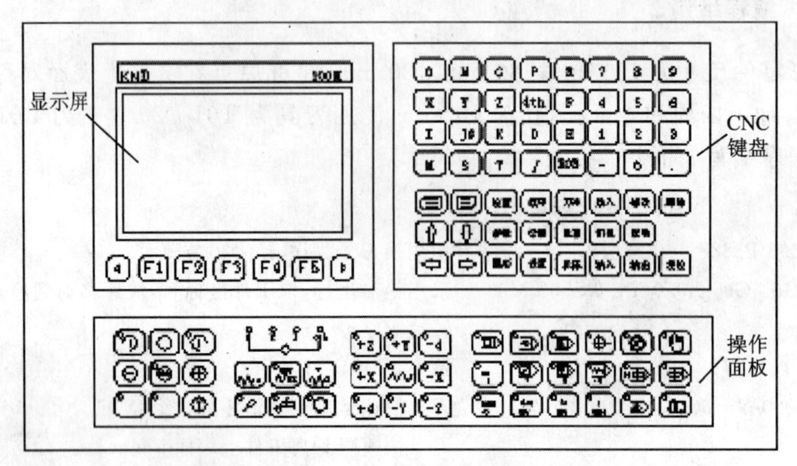

图 10－11　XK6325B 型数控铣床操作面板

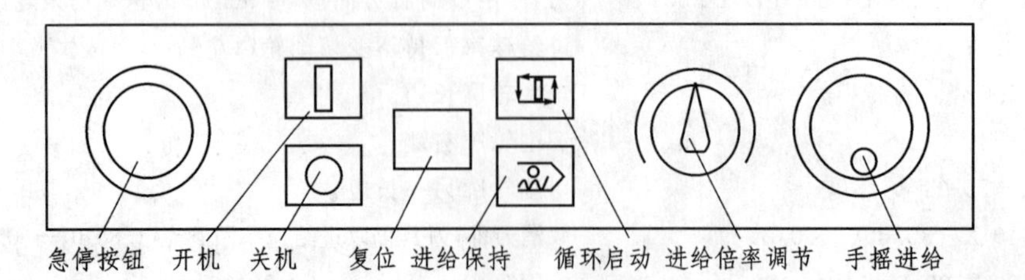

图 10－12　机床附加操作面板

2. 注意事项

(1) 机床的设定数值不得任意改动。

(2) 在多人共同工作时，所有一起工作的人员应合作并能相互沟通。

(3) 注意不要按错按钮。操作按钮前，检查一下操作面板上的按钮开关。

(4) 装夹工件之前，必须将工件和刀具上的切屑和异物清除干净。

(5) 自动运行前，检查所有开关和运动部件是否处于正确位置。

(6) 首次运行新程序前，先从头至尾检查一下该程序，纠正程序中出现的错误，然后采用单段操作方式逐段运行程序。如一切正常无误，再采用自动方式运行。

(7) 自动运行时，当心不要碰动任何开关。

(8) 发生故障时，按紧急停止开关来迅速停止机床运行。

10.5　加工实例

10.5.1　在平面上铣图案

在一个直径为 40 mm 的圆片上铣刻图案，如图 10－13 所示。

(1) 零件图工艺分析

这个零件是在一个直径为 40 mm 的圆片上刻图案，工艺上无特殊要求。刀具选用 Φ1.5 的中心钻，铣刀半径忽略为零，编程时不考虑刀具半径补偿和尖角过渡(暂不使用 G41、G42、G39、G40)。

图 10－13　简单图案

(2) 确定装夹方案

零件必须固定并且使加工部位敞开，因为零件是个薄板圆片，装夹时需要制作专用胎具才能满足加工要求。胎具可为矩形(用平口钳装夹)或圆柱形(三爪卡盘固定装夹)，在胎具的上表面铣出一个 Φ40.2×1 的凹坑，使圆片能够放入，再用两个半圆头螺钉将圆片固定在胎具上，如图 10－14 所示。

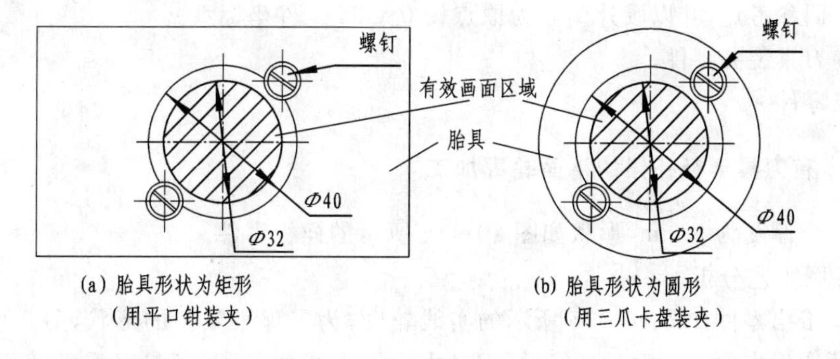

(a) 胎具形状为矩形(用平口钳装夹)　(b) 胎具形状为圆形(用三爪卡盘装夹)

图 10－14　工件装夹

(3) 选择加工参数

① 加工顺序：以最短路径依次加工出图形。

② 选择刀具:用一把 $\Phi1.5$ 的中心钻。

③ 切削用量:如表 10-2 所示。

表 10-2　切削用量

速度值/(mm/min)		高度值/(mm)	
接近速度	400	起止高度	30
切削速度	500	安全高度	10
退刀速度	2000	慢速下刀相对高度	3

(4) 编写加工程序

```
O0001;                          程序名
N10 G90 G54 G00 Z30. ;          调用G54坐标系主轴快速移动到起止高度Z30
N20 M03 ;                       主轴启动
N30 X0 Y16. ;                   快速移动到(0,16)
N40 Z10. ;                      z轴快速下降到安全高度Z10
N50 Z1. ;                       z轴快速下降到距切削平面3 mm位置,即Z1(-2+3)
N60 G01 Z-2. F400 ;             z轴以接近速度下刀到Z-2
N70 X9.404 Y-12.944 F500;
N80 X-15.217 Y4.944 ;
N90 X15.217 ;
N100 X-9.404 Y-12.944 ;
N110 X0 Y16. ;
N120 G02 X16. Y0 R16. ;
N130 X0 Y16. R-16. ;
N140 G01 Z10 F2000 ;            z轴以退刀速度移动到Z10
N150 G00 Z30.000 ;              z轴快速移动到起止高度Z30
N160 M05 ;                      主轴停转
N170 M30 ;                      程序结束
```

(5) 开机回参考点,并以圆片中心为原点设立 G54 工件坐标系。

(6) 安装刀具装夹零件。

(7) 加工零件。

10.5.2　有刀具半径补偿的平面轮廓加工

加工出一个厚度为 5 mm,形状如图 10-15 所示的样板零件。

(1) 零件图工艺分析

考虑要加工出零件如图 10-15 所示的实线轮廓,为了保证零件的形状,刀具中心距离零件的实际轮廓应偏离出一个刀具半径,即刀具中心沿虚线加工(鉴于编程需要,暂不考虑无法加工出的内尖角)。

(2) 确定装夹方案

已知板厚 5 mm,为了使零件固定并且使加工部位敞开,根据零件形状需要,在工件中间

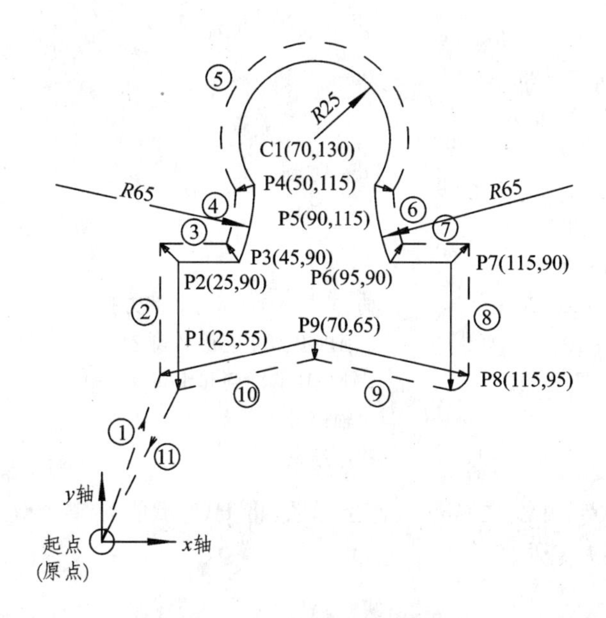

图 10 - 15　编程练习用样板

钻 3 个工艺孔,使工件固定在一个矩形铝块上,再用平口钳夹紧铝块。

(3) 选择加工参数

① 加工顺序:考虑顺铣切削,刀具半径补偿采用左补偿,即 G41。补偿开始后,工件形状编成如 P1→P2……P8→P9→P1,刀具半径补偿自动执行。

② 选择刀具:用一把 Φ10 的铣刀。

③ 切削用量,如表 10 - 3 所示。

表 10 - 3　切削用量

速度值/(mm/min)		高度值/(mm)	
接近速度	500	起止高度	30
切削速度	200	安全高度	10
退刀速度	2 000	慢速下刀相对高度	8

(4) 编写加工程序

O0002 ;	程序名
N10 G90 G00 G55 Z30. ;	调用 G55 坐标系主轴快速移动到起止高度 Z30
N20 M03 ;	主轴启动
N30 X0 Y0 ;	快速移动到(0,0)
N40 Z10. ;	z 轴快速下降到安全高度 Z10
N50 Z3. ;	z 轴快速下降到距切削平面 8 mm 位置,即 Z3(−5+8)
N60 G01 Z−5. F500 ;	z 轴以接近速度下刀到 Z−5
(1) N70 G41 D01 X25. Y55. F200 ;	以切削速度向坐标点(25,55)移动,同时建立刀具半径左补偿,补偿号用 D01 指定。
(2) N80 Y90. ;	
(3) N90 X45. ;	

(4) N100 G03 X50. Y115. R65. ;
(5) N110 G02 X90. R−25. ;
(6) N120 G03 X95. Y90. R65. ;
(7) N130 G01 X115. ;
(8) N140 Y55. ;
(9) N150 X70. Y65. ;
(10) N160 X25. Y55. ;
(11) N170 G01 G40 X0 Y0 ;　　向(0,0)移动,同时取消刀具半径补偿
N140 Z10. F2000 ;　　z 轴以退刀速度移动到 Z10
N150 G00 Z30. ;　　z 轴快速移动到起止高度 Z30
N160 M05 ;　　主轴停转
N170 M30 ;　　程序结束

(5) 开机回参考点,并设立 G55 工件坐标系,将 H01 赋值为 5(刀具半径)。

(6) 安装刀具装夹零件。

(7) 加工零件。

10.5.3　平面区域加工

加工一个容器端盖零件,如图 10-16(a)所示,其中三个通孔暂不加工。给定半成品件,如图 10-16(b)所示。

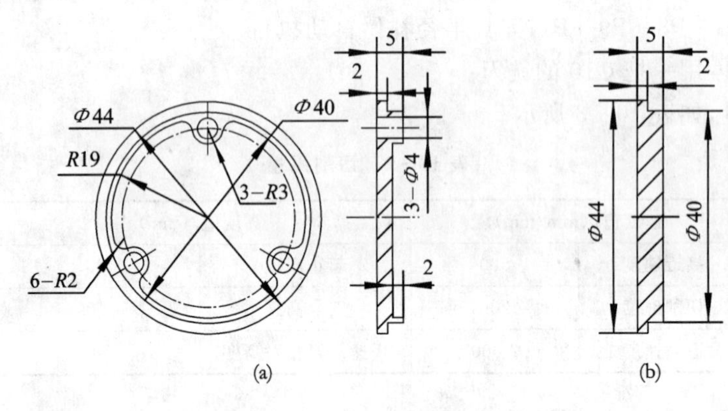

图 10-16　容器端盖

(1) 零件图工艺分析

① 工件加工部位需敞开,夹紧力适当,不使工件产生变形即可。

② 零件的最小内圆角为 R2,因此,用一把 Φ4 的键槽铣刀。

(2) 确定装夹方案。使用三爪卡盘装夹工件,工件需放平,并使工件上表面高出三爪端面。

(3) 选择加工参数。本例采用 CAXA 制造工程师软件编制。

选择下拉菜单栏中的“应用”→“轨迹生成”→“平面区域加工”,随之会弹出“平面区域加工参数表”对话框,如图 10-17 所示。参数表中有六个选项,具体填写如下。

1)“平面区域加工参数”按图 10-17 所示填写。

2)“进退刀方式”选择垂直进刀和垂直退刀。

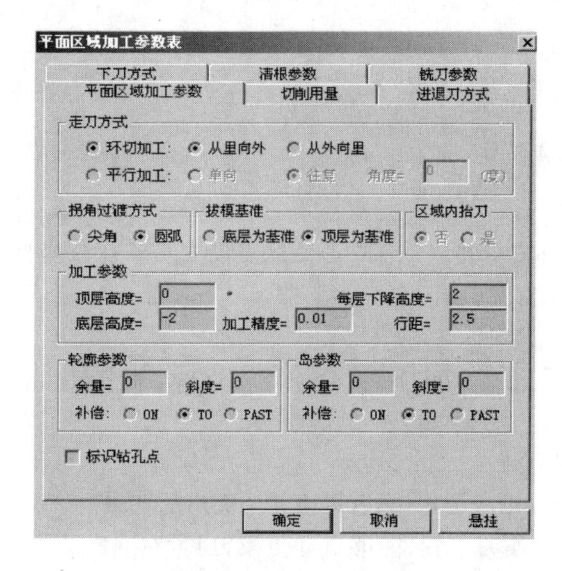

图 10－17　数控铣参数选择

3）“下刀方式”下刀的切入方式选择垂直。

4）“清根参数”轮廓和岛均不清根。

5）“铣刀参数”相应的刀具表中刀具的参数如下：当前刀具名，T01；刀具号，1；刀具补偿号，1；刀具半径，2；刀角半径，0；刀刃长度，15；刀杆长度，25。

6）“切削用量”参数如表 10－4 所示。

表 10－4　切削用量

速度值		高度值/mm	
主轴转速	2 000 rpm	起止高度	30
接近速度	60 mm/min	安全高度	10
切削速度	400 mm/min	慢速下刀相对高度	5
退刀速度	3 000 mm/min		
行间连接速度	60 mm/min		

参数表全部填写完成之后，单击“确定”按钮。按照操作提示“拾取轮廓”→“确定链搜索方向”→“拾取岛屿”，刀具轨迹便形成了。

（4）生成加工程序

具体操作是：选择下拉菜单栏中的“应用”→“后置处理”→“生成 G 代码”，随之会弹出“选择后置文件”对话框。

在对话框中给出文件名后保存，按照提示拾取刀具轨迹，单击选取已经生成的刀具轨迹，单击鼠标右键结束后，加工代码便产生了。被保存的程序默认为记事本格式。

生成的 HT1 程序单格式如下（在生成刀具轨迹时已经考虑了刀具半径，因此程序单中不出现 G41、G42、G40）。

```
%
N10 G90 G56 G00 Z30.000
N12 S2000 M03
```

```
:
N94 M05
N96 M30
%
```

(5) 开机回参考点。

(6) 安装刀具装夹零件,并以工件中心为原点设立G56工件坐标系。

(7) 加工零件。

10.6　加工中心和三坐标测量机简介

1. 加工中心的特点

加工中心与普通数控机床相比,具有以下几个突出的特点。

(1) 具有刀库和自动换刀装置,能够自动更换刀具,在一次装夹中完成铣、镗、钻、扩、铰、攻丝等加工,工序高度集中。

(2) 加工中心通常具有多个进给轴(三轴以上),甚至多个主轴。因此能够自动完成多个平面和多个角度位置的加工,实现复杂零件的高精度定位和精确加工。

(3) 加工中心上如果带有自动交换工作台,一个工件在加工的同时,另一个工作台可以实现工件的装夹,从而大大缩短辅助时间,提高加工效率。

加工中心适用于复杂、工序多、精度要求高、需用多种类型普通机床和繁多刀具、工装,经过多次装夹和调整才能完成加工的零件,如汽车的发动机缸体(如图10-18(a)所示)、变速箱体、主轴箱、航空发动机叶轮(如图10-18(b)所示)、船用螺旋桨、各种曲面成型模具等。

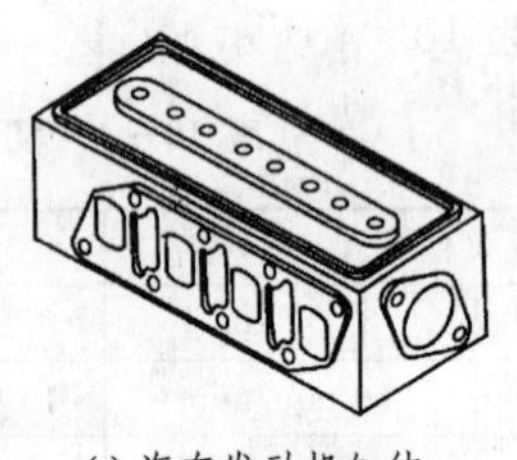

(a) 汽车发动机缸体　　(b) 航空发动机叶轮

图10-18　用加工中心加工的零件

2. VMC750立式加工中心

VMC750立式加工中心是在引进美国辛辛那提·米拉克龙公司的SABRE750立式加工中心的基础上开发研制的镗铣加工中心,机床由床身、立柱、滑板、工作台、主轴箱、刀库、电气柜、控制箱等几大主要部分组成,如图10-19所示。

机床采用美国VICKERS公司的ACRAMATIC2100E数控系统控制。三轴控制三轴联动,可进行各种铣削、钻孔、镗孔、攻丝、铰加工、旋切大螺纹孔和各种曲面加工。该机采用单盘式刀库自动换刀系统。伺服系统为VICKERS公司生产的KOLLMORGEN交流伺服。

3. 三坐标测量机

三坐标测量机是一种自动化高效率、高精度的精密测量设备,是仪器、仪表、航空航天、汽车制造、矿山机械、纺织机械、国防军事等机械制造工业中使用的一种先进设备。

三坐标测量机是在三个相互垂直方向具有导向运动机构(如气浮导轨、气浮垫等)、测长元件、读数装置、数据采样(测头)、数据处理等装置。

IOTA三坐标测量机(如图10-20所示)是数字化高精度高效自动(或手动)测量设备,能运用软件程序对测量机的21项运动误差进行补偿和修正。

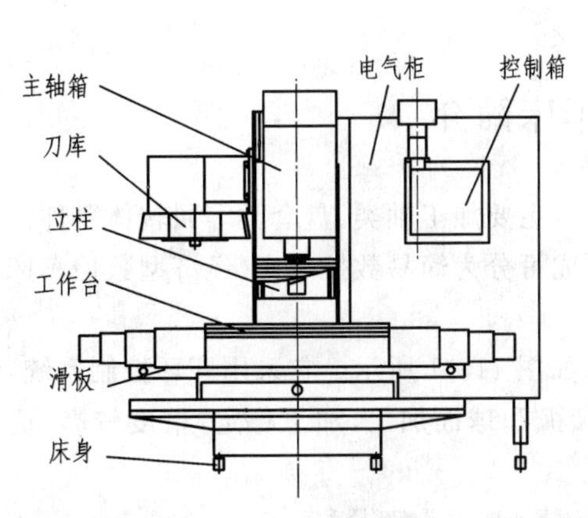

图 10－19　VMC750 立式加工中心示意图

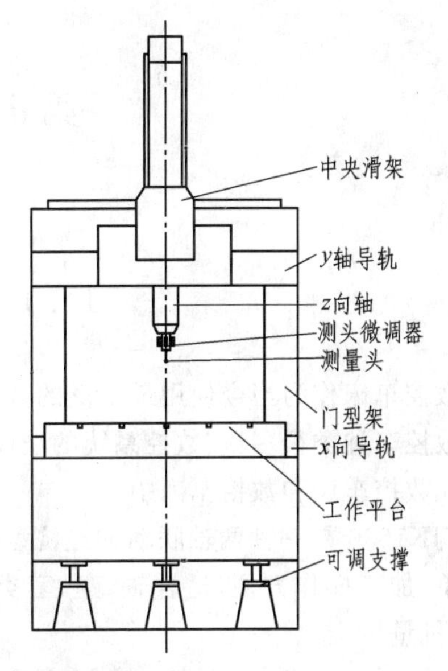

图 10－20　三坐标测量机

思考练习题

1. 数控铣加工有何特点?

2. 数控铣操作有哪些注意要点? 如何防止刀具与机床或工件发生碰撞?

3. 试说明刀具半径补偿的意义。

4. 加工中心与一般数控机床相比有什么特点?

5. 举例说明三坐标测量机在机械设计和制造中的应用。

6. 已知某外形轮廓的零件图要求精铣其外形轮廓。刀具使用 Φ10 mm 立铣刀。安全面高度为 50 mm。进刀/退刀方式：离开工件 20 mm，直线/圆弧引入切向进刀，直线退刀，如图 10－21 所示。

7. 编制程序完成如图 10－22 所示型腔的加工，型腔长 60 mm，宽 40 mm，圆角半径 8 mm，型腔深度 17.5 mm，精加工余量为 0.75 mm，深度为 0.5 mm，安全距离为 0.5 mm，最大深度进给量 4 mm，型腔中心位于(X60 Y40)，使用端刃不过圆心的刀具。

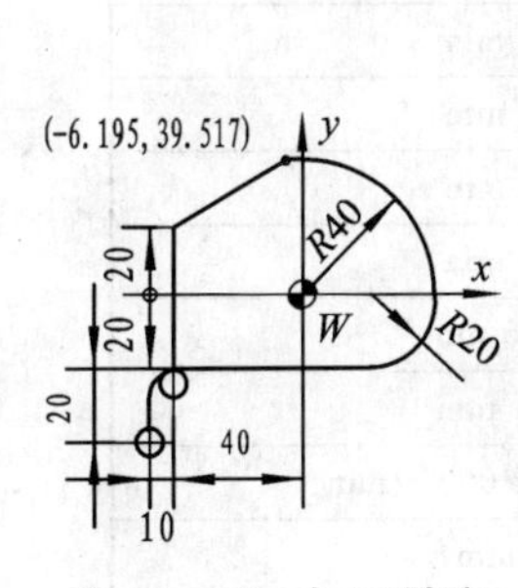

图 10－21　加工型腔

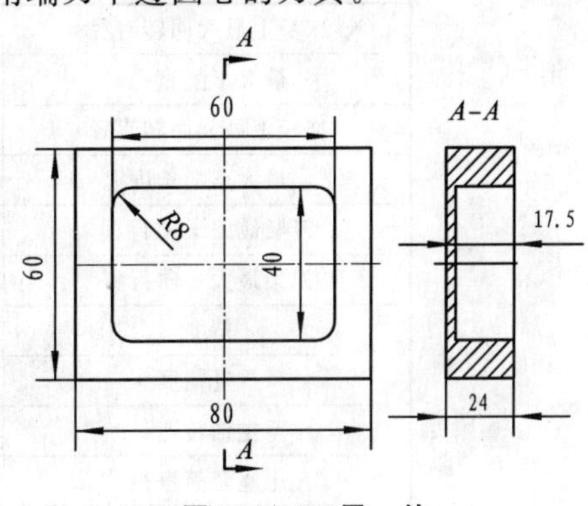

图 10－22　零　件

第 11 章 数控车

11.1 数控车床简介

数控车床作为当今使用最广泛的数控机床之一，主要加工轴类、盘套类等回转体零件。

数控车种类很多，按数控系统的功能和机械构成可分为简易数控车床(经济型数控车床)、多功能数控车床和数控车削中心。

CJK1630 是一种两轴联动的经济型数控车床，如图 11－1 所示。它采用开环控制系统，编程简单，加工操作方便，适合轴、盘、套类及锥面、圆弧和球面加工，加工稳定，精度较高，适合中、小批量生产。

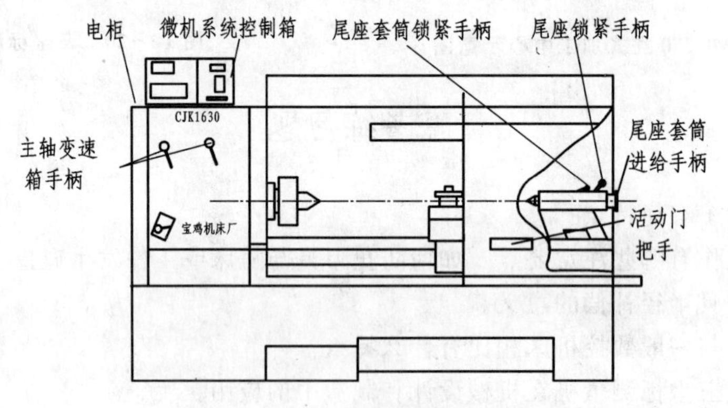

图 11－1 CJK1630 数控车床外形图

CJK1630 含义为：C 为机床类别代号，车床类；JK 为机床通用性代号，简式数控；16 为机床主参数，表示最大回转直径，即 410 mm(16 为英制单位)；30 表示最大加工长度为 750 mm。

表 11－1 为 CJK1630 数控车床的主要技术指标。

表 11－1 CJK1630 数控车床主要技术指标

床身上最大回转直径	410 mm
最大车削直径	240 mm
拖板上最大回转直径	180 mm
最大车削长度	750 mm
刀架最大 x 向行程	200 mm
刀架最大 z 向行程	750 mm
精度	0.015 mm
重复精度	0.01 mm
主轴转速	8 级，80～2 000 r/min
尾座套筒直径	55 mm
车削螺纹螺距	0.25～30.00 mm(英制 0.01～1.18 in)

11.2　数控车加工工艺

11.2.1　零件图工艺分析

分析零件图是工艺制订中的首要工作，它主要包括以下内容：

(1) 结构工艺性分析。在数控车床上加工零件时，应根据数控车削的特点，认真审视零件结构的合理性。例如图 11－2(a)所示的零件，需用三把不同宽度的切槽刀切槽，如无特殊需要，这显然是不合理的。若改成图 11－2(b)所示的结构，只需一把刀即可切出三个槽，既减少了刀具数量，少占了刀架刀位，又节省了换刀时间。

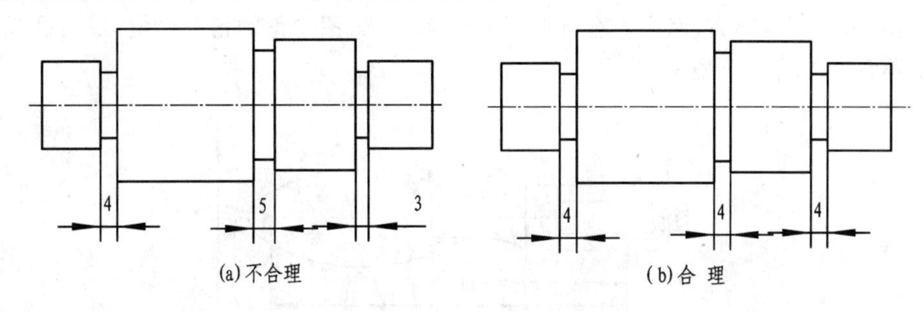

图 11－2　结构工艺性示例

(2) 轮廓几何要素分析。由于设计等多方面的原因，可能在图样上出现构成加工轮廓的条件不充分，尺寸模糊不清及缺陷，增加了编程工作的难度，有的甚至无法编程。

如图 11－3(a)所示的圆弧与斜线的关系要求为相切，但经计算得知却是相交关系，而并非相切。又如图 11－3(b)所示，图样上给定的几何条件自相矛盾，图上各段长度之和不等于其总长。存在几何要素缺陷的零件是编不出正确的程序的。

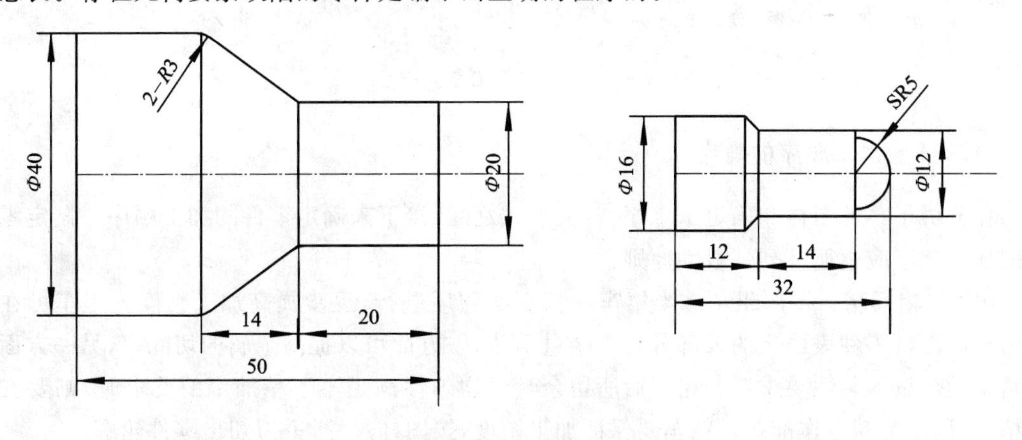

图 11－3　几何要素的缺陷

(3) 精度及技术要求分析。精度及技术要求分析的主要内容包括：精度及各项技术要求是否齐全、是否合理；本工序的数控车削加工精度能否达到图样要求，若达不到，需采取其他措施(如磨削)弥补的话，则应给后续工序留有加工余量；找出图样上有位置精度要求的表面，这些表面应在一次安装下完成；对表面粗糙度要求较高的表面，应确定用恒线速切削。

11.2.2　工序和装夹方式的确定

在数控车床上加工零件时，应按工序集中的原则划分工序，在一次安装下尽可能完成大部分甚至全部表面的加工。根据零件的结构形状的不同，通常选择外圆、端面或内孔、端面装夹，并力求设计基准、工艺基准和编程原点的统一。

如图11-4(a)所示的手柄零件，所用坯料为Φ32 mm的棒料，批量生产，加工时用一台数控车床。其工序的划分及装夹方式如下。

第一道工序，如图11-4(b)所示。夹住棒料外圆柱面。先车出Φ12 mm和Φ20 mm两圆柱面和圆锥面(粗车掉R42 mm圆锥的部分余量)。转刀后再按总长要求留下加工余量切断。

第二道工序，如图11-4(c)所示，用Φ12 mm外圆及Φ20 mm端面装夹。先车削包络SR7 mm球面的30°圆锥面，然后对全部圆孤表面半精车，留少量的精车余量，最后换精车刀将全部圆弧表面一刀精车成型。

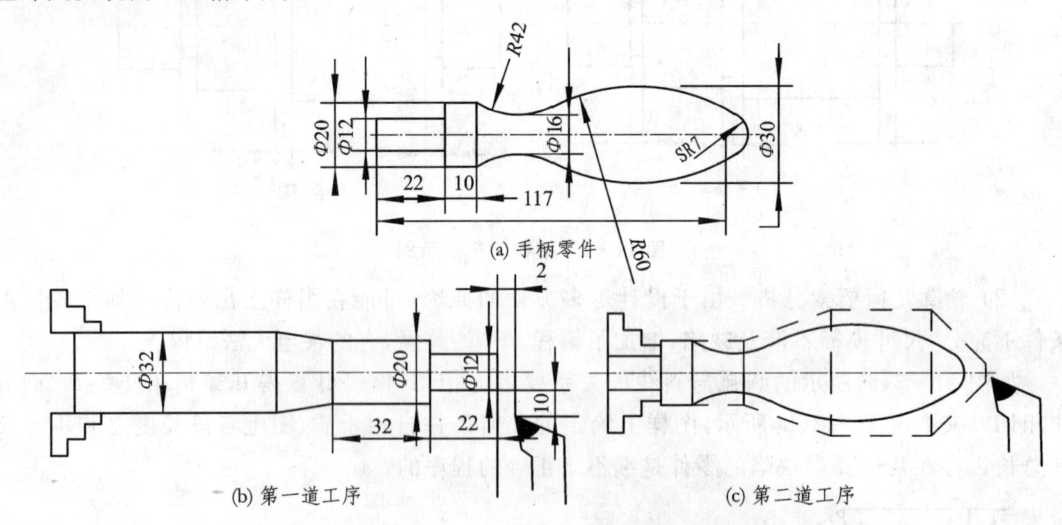

(a) 手柄零件

(b) 第一道工序　　(c) 第二道工序

图11-4　手柄车削工序安排示意图

11.2.3　加工顺序的确定

在分析了零件图样和确定了工序、装夹方式之后，接下来确定零件的加工顺序。制定零件车削加工顺序应遵循下列一般性原则：

(1) 先粗后精。按照粗车→半精车→精车的顺序进行，逐步提高加工精度。粗车可在较短的时间内将工件表面上的大部分加工余量切掉，一方面可以提高金属的切除率，另一方面满足精车的余量均匀性要求。若粗车后所留余量的均匀性满足不了精加工的要求时，则要安排半精车，以此为精车作准备。精车要保证加工精度，按图样尺寸，一刀切出零件轮廓。

(2) 先近后远。这里所说的远与近，是按加工部位相对于对刀点的距离大小而言的。在一般情况下，离对刀点远的部位后加工，以便缩短刀具移动距离，减少空行程时间。对于车削而言，先近后远还有利于保持坯件或半成品的刚性，改善其切削条件。例如，当加工如图11-5所示零件时，如果按Φ38 mm→Φ36 mm→Φ34 mm的次序安排车削，不仅会增加刀具返回对刀点所需的空行程时间，而且一开始就削弱了工件的刚性，还可能使台阶的外直角处产生毛刺(飞边)。对于这类直径相差不大的台阶轴,当第一刀的背吃刀量(图中最大背吃刀量可为 3 mm 左右)未超限时,宜按 Φ34 mm→Φ36 mm→Φ38 mm 的次序先近后远地安排车削。

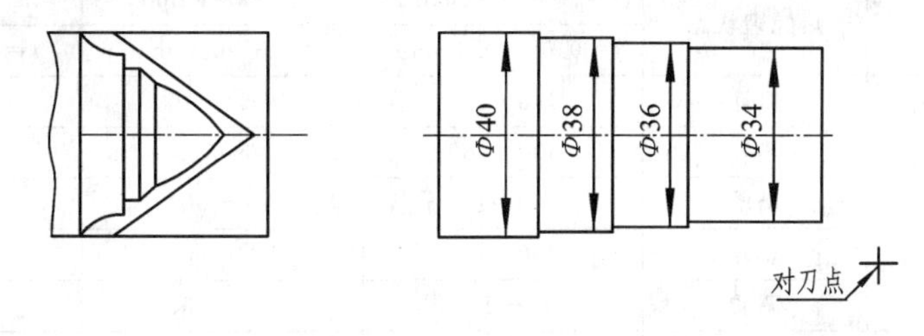

图 11-5　先近后远加工

(3) 内外交叉。对既有内表面(内型腔)又有外表面需加工的零件,安排加工顺序时,应先进行内外表面粗加工,后进行内外表面精加工。切不可将零件上一部分表面(外表面或内表面)加工完毕后,再加工其他表面(内表面或外表面)。

11.2.4　刀具进给路线

进给路线泛指刀具从对刀点(或机床固定原点)开始运动起,直至回到该点并结束加工程序所经过的路径,包括切削加工的路径及刀具切入、切出等非切削空行程。

确定刀具进给路线的工作重点,主要在于确定粗加工及空行程的进给路线,这是因为精加工切削过程的进给路线基本上都是沿其零件轮廓顺序进行的。

在保证加工质量的前提下,应使加工程序具有最短的进给路线。例如图 11-6 为粗车零件时几种不同切削进给路线的安排示意图。其中图 11-6(a)为利用数控系统具有的封闭式复合循环功能控制车刀沿着工件轮廓进行进给的路线;图 11-6(b)为利用其程序循环功能安排的"三角形"进给路线;图 11-6(c)为利用其矩形循环功能安排的"矩形"进给路线。

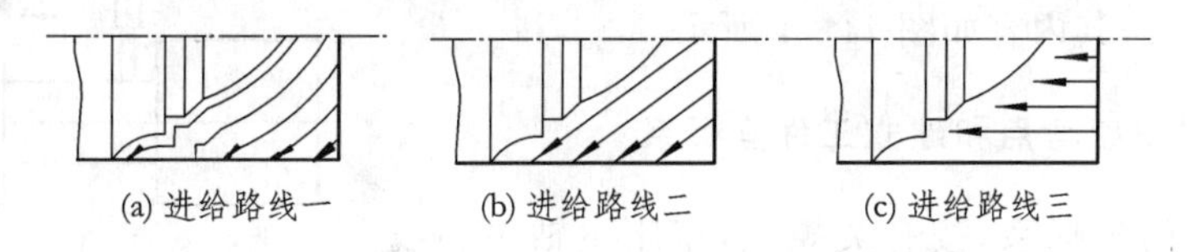

图 11-6　粗车进给路线示例

对以上三种切削进给路线,经分析和判断后可知矩形循环进给路线的进给长度总和最短。因此,在同等条件下,其切削所需时间(不含空行程)最短,刀具的损耗最少。

11.2.5　数控车刀具和切削用量的选用

1. 刀具的选用

与传统的车削方法相比,数控车削对刀具的要求更高。不仅要求精度高、刚度好、耐用度高,而且要求尺寸稳定、安装调整方便。

2. 切削用量的选用

(1) 背吃刀量的确定。在机床刚性和功率允许的条件下,尽可能选取较大的背吃刀量,以减少进给次数。当零件的精度要求较高时,则应考虑适当留出精车余量,其所留精车余量一般比普通车削时所留余量少,常取 0.1～0.5 mm。

(2) 主轴转速的确定。表 11-2 为硬质合金外圆车刀切削速度的选用参考值。

表 11-2　硬质合金外圆车刀切削速度的参考值　m/min

工件材料	热处理状态	a_p=0.3～2 mm	a_p=2～6 mm	a_p=6～10 mm
		f=0.08～0.3 mm/r	f=0.3～0.6 mm/r	f=0.6～1 mm/r
低碳钢　易切钢	热轧	140～180	100～120	70～90
中碳钢	热轧	130～160	90～110	60～80
	调质	100～130	70～90	50～70
合金结构钢	热轧	100～130	70～90	50～70
	调质	80～110	50～70	40～60
铝及铝合金		300～600	200～400	150～200

注：切削钢及灰铸铁时刀具耐用度约为 60 min。

车螺纹时的主轴转速为：$n<(1200/p)-k$

式中：P 为工件螺纹的螺距或导程，单位为 mm；k 为保险系数，一般取为 80。

(3) 进给速度的确定。粗车时一般取 0.3～0.8 mm/r；精车时常取 0.1～0.3 mm/r；切断时常取 0.05～0.2 mm/r。

11.3　数控车编程

数控车编程基本内容参见第 9 章有关部分，下面介绍一些与 CJK1630 有关的特殊内容。

11.3.1　编程特点

在实际编程以前，应根据机床特点和工艺分析来确定加工方案，保证车床能正确运转，然后再进一步决定各工序详细的切削方法，其内容如图 11-7 所示。

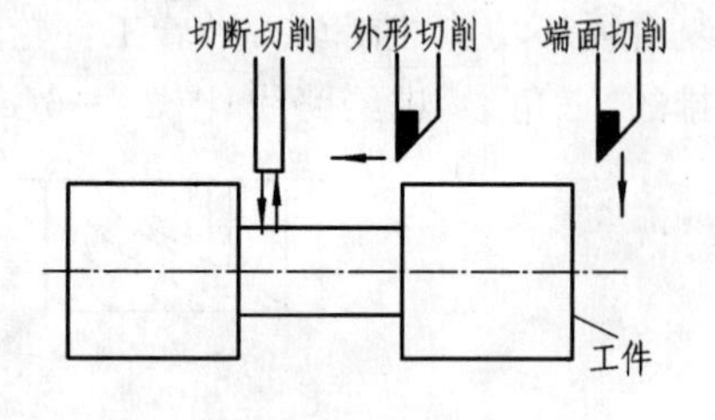

图 11-7　切削编程前的准备内容

11.3.2　设置参考点和建立工件坐标系

对于数控车的坐标系，按有关规定，车床主轴中心线是 Z 轴，垂直于 Z 轴的为 X 轴，车刀远离工件的方向为两轴的正方向，可参见图 9-10。

在数控车床上设定一个特定的机械位置，通常在此位置进行刀具交换以及设定坐标系，这一位置称作参考点。

如图 11-8 和图 11-9 所示为在同一位置上建立两个坐标系的方法。

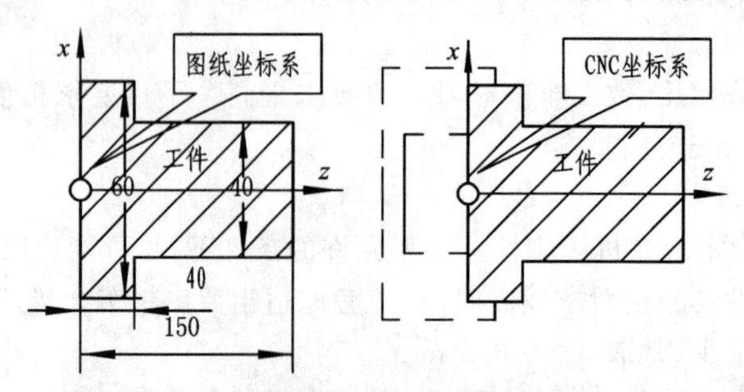

图 11-8　坐标原点设在卡盘面上的坐标系

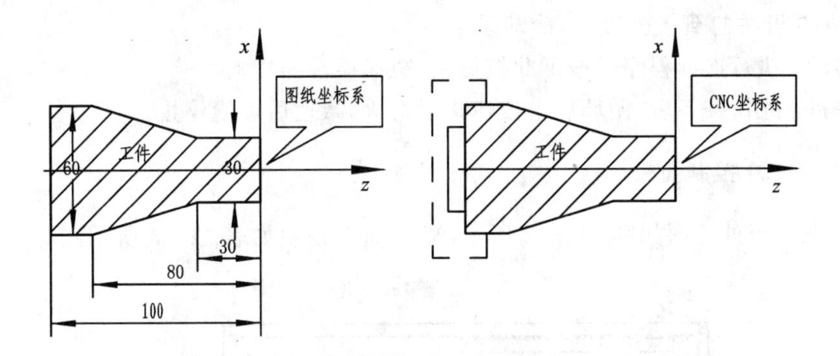

图 11-9 坐标原点设在工件端面上的坐标系

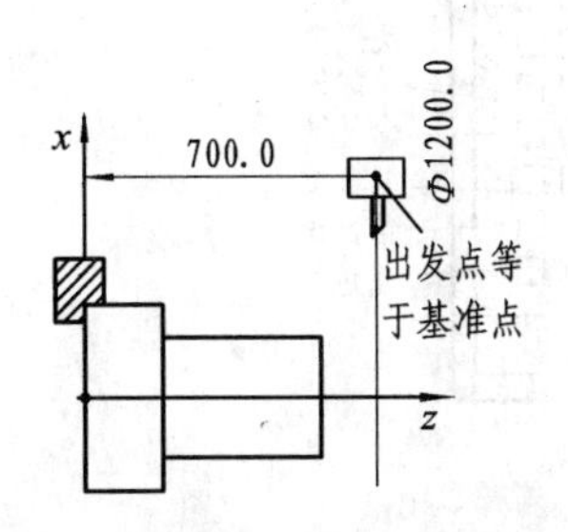

图 11-10 用 G50 X1200.0 Z700.0;指令设定坐标系

建立工件坐标系除了可以使用第9章介绍的G54～G59外,还可以使用G50。

指令格式为:G50 IP—;

若IP为绝对指令,就可直接得到刀具在当前设定工件坐标系中的位置,如图11-10所示;若IP为增量指令,则用指令前的刀具坐标值和当前的指令值相加所得的坐标值作为刀具在该工件坐标系中的位置。

11.4 数控车加工操作

11.4.1 操作面板

如图11-11所示是CJK1630车床上的操作面板示意图。

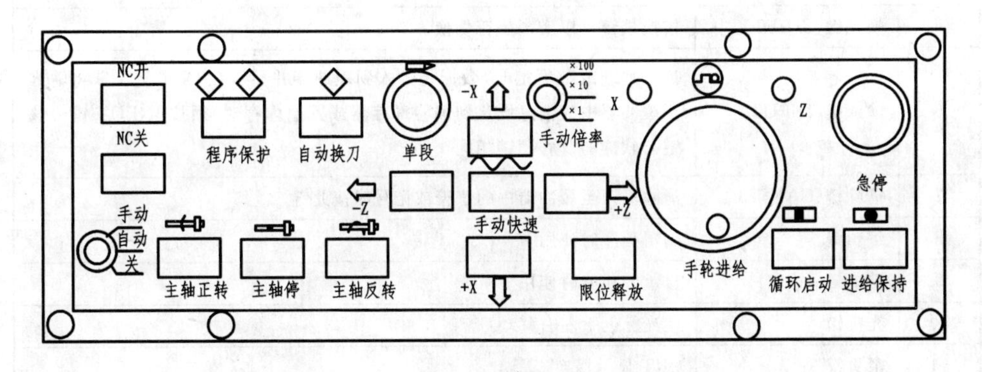

图 11-11 CJK1630 数控车床操作面板

手动进给(快速):可将机床(刀具)连续移动到极限位置。

手轮进给:可使机床微量进给,以完成对刀等操作。

主轴转动:手动方式下,主轴可实现正转、反转和停止操作。

手动:手动方式下操作。

如果开关打到手动位置时,冷却泵开,如果开关打到自动位置时,冷却泵开关由M08、

M09 控制,如果开关打到关位置时,冷却泵关。

循环启动:执行连续程序时按下此按钮后,机床循环操作。

进给保持:此钮按下后,循环启动按钮指示灯灭,减速后进给停止。

11.4.2 MDI 控制面板

MDI 控制面板外型图如图 11-12 所示,MDI 键盘说明如表 11-3 所示。

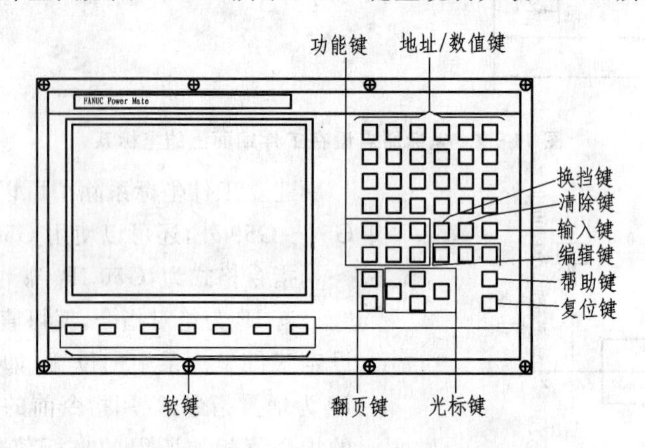

图 11-12 MDI 控制面板外型图

表 11-3 MDI 键盘说明

序号	名称	说明
1	复位(RESET)键	解除报警,CNC 复位时按此键
2	帮助键(HELP)	了解 MDI 键的操作、显示 CNC 的操作方法及 CNC 中发生报警时使用
3	软键	软键具有各种功能;CRT 的最下方显示了软键具有的功能
4	地址/数值键	用于输入字母、数字等字符
5	换挡键(SHIFT)	按换挡键可以实现字符切换
6	输入键(INPUT)	按下地址或数值键时,数据将输入到缓冲器并显示在 CRT 上。欲将输入至缓冲器中的信息设定到偏移寄存器或其他内存时,须按 INPUT 键。该键与软键的“输入”键相同
7	清除键(CANCEL)	清除输入至缓冲器中的字符或记号时按此键
8	编辑键	编辑程序时使用
9	功能键	显示各功能时使用
10	光标键	使光标上下左右移动
11	翻页键	CRT 显示切换

11.4.3 操作要点

(1) 遵守机械加工安全操作规程(可参考车工安全操作规程)。

(2) 必须清楚程序控制机床的动作和相应的刀具移动轨迹,确保程序正确后方可输入。

(3) 工作前应注意刀具与机床允许规格相符,调整刀具用的工具不要遗忘在机床上,刀具安装调整后要进行一、两次试切削。

(4) 机床开动前,必须关好防护门。

(5) 开机后必须先回参考点。

(6) 在加工过程中需要停机时可以选择使用暂停键、复位键和急停键,以避免事故的发生。

(7) 按下暂停键后不允许对程序进行编辑。

11.5　加工实例

11.5.1　轴类零件

以如图 11－13 所示的零件为例,介绍数控车加工的过程。

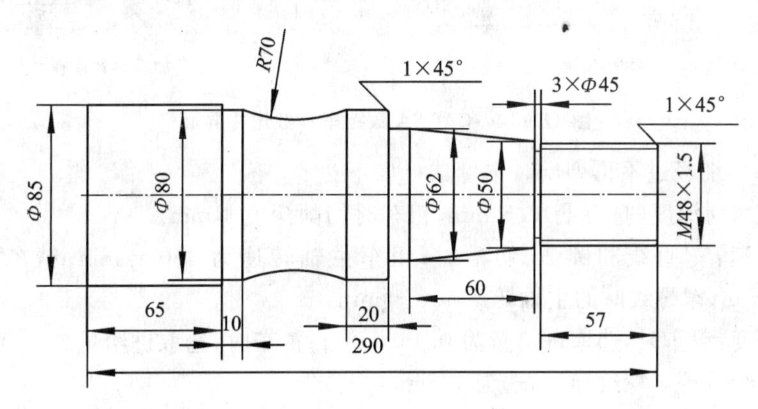

图 11－13　典型轴类零件

(1) 零件图工艺分析。该零件材料为 45 钢,无热处理要求。采取的工艺措施如下。

① 零件螺纹外径、圆锥、倒角、外圆、台阶可一次加工,圆弧大于 90°,加工时要注意不发生干涉。

② 为便于装夹,坯件左端预车出夹持部分,右端也应先车出并钻好中心孔。毛坯用 Φ90 mm棒料。

③ 零件编程坐标系原点选在左端面中心。

(2) 确定装夹方案。以轴线和左端面为定位基准,左端采用三爪自定心卡盘定心加紧,右端采用活动顶尖支撑的装夹方法。

(3) 选择加工参数。选择加工参数可通过 CAXA 数控车软件实现,如图 11－14 所示。也可通过手工选择,步骤如下。

① 确定加工顺序及进给路线。加工路线按先粗车,并给精车留余量 0.5 mm,然后按精车、切槽、车螺纹的顺序完成。

② 选择刀具。粗车选择 YT15 硬质合金 90°外圆车刀,副偏角应取大一些,防止干涉,现取副偏角为 35°。切槽选择 YT15 硬质合金刀,宽度为 3 mm。精车倒角、外圆、圆锥、圆弧M48×1.5 螺纹选用 YT15 硬质合金 60°外螺纹车刀,取刀尖半径为 0.15～0.2 mm。

③ 选择切削用量。切削用量的选择由查表及机床说明书选取,更主要的是由具体情况和

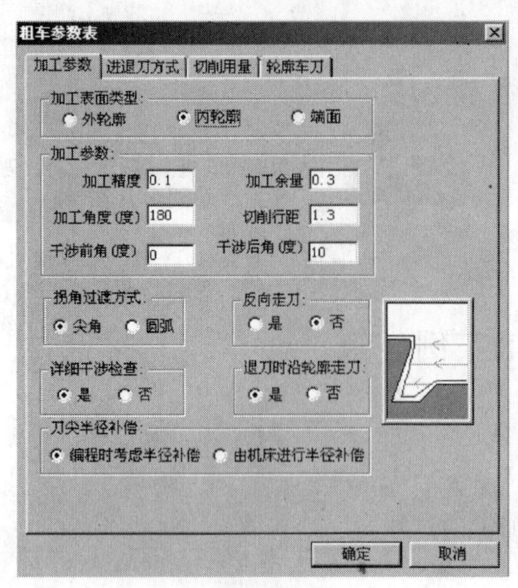

(a) 粗车加工参数选择

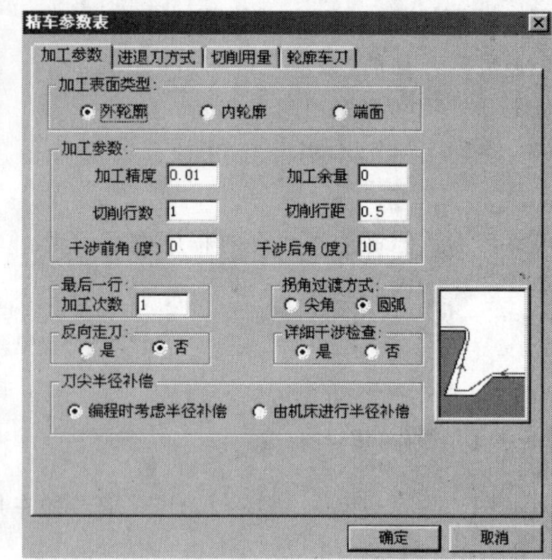

(b) 精车加工参数选择

图 11-14　CACXA 数控车参数选择界面

加工经验确定,详细经过不再列出。本例选择如下:

- 精车时切削深度(吃刀量)0.5 mm;粗车时切削深度 4 mm。
- 主轴转速:车直线和圆弧、切槽时,粗车主轴转速为 450 r/min;精车时,主轴转速 950 r/min;车螺纹时的主轴转速 450 r/min。
- 进给速度:粗车时,选取进给量为 0.14 mm/r;精车时,选取进给量为 0.08 mm/r;车螺纹时进给量等于螺纹导程,选为 1.5 mm/r。

工件坐标系设在 M48 端面中心。

1 号刀为 90°外圆刀;2 号刀为切槽刀;3 号刀为螺纹刀。

(4) 编写加工程序如表 11-4 所示。

表 11-4　编写加工程序

序　号	语　句	说　明	序　号	语句	说　明
	%	起始符	N12	G00 X100	快速到起刀点
N10	G90 M03	绝对坐标系,主轴开	⋮	⋮	⋮
N11	M08 T11	冷却开,换 1 号刀 1 号补正值	N150	M30	程序结束

(5) 开机回参考点,对刀,输入刀具补正值,输入零件加工程序。

(6) 安装刀具,装夹零件。

(7) 加工零件。

11.5.2　轴套类零件数控车削加工

如图 11-15 所示的轴套零件,其数控车削加工工艺基本过程要点如下。

(1) 零件工艺分析

本零件需要加工的有孔、内螺纹、内槽、外圆、外槽、台阶和圆弧,结构形状较复杂,但尺寸

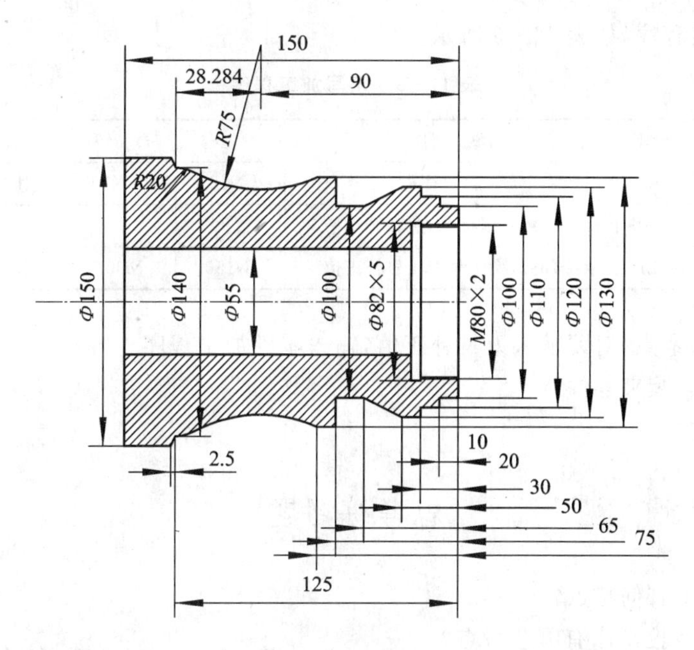

图 11－15　典型轴套类零件

精度不高,加工时主要应注意刀具的选择。

由于该零件形状复杂,必须使用多把车刀才能完成车削加工。根据零件的具体要求和切削加工进给路线的确定原则,本例具体加工顺序和进给路线确定如表 11－5 所示。

应根据加工具体要求和各工步加工的表面形状选择刀具和切削用量。所选择的刀具全部为 YT 类硬质合金机夹车刀和焊接车刀。各工步所用的刀具及切削用量具体选择如表 11－5 所示。工件坐标系选在 M80×2 端面中心。

表 11－5　刀具及切削用量选择

序　号	加工内容	使用刀具	切削用量 f(mm/r)	主轴转速 (r/min)
1	精车 Φ150×25	90°机夹车刀	0.10	950
2	粗车外形,留余量 0.4	90°机夹车刀	0.15	450
3	粗车内孔(M80×2,螺纹底径为 Φ77.8 mm),留余量 0.4	硬质合金焊接车刀	0.10	450
4	精车台阶 Φ100、Φ110、Φ120、Φ130	90°机夹车刀	0.10	950
5	精车 Φ100 槽和锥面	硬质合金焊接切断车刀	0.10	450
6	精车圆弧 R25 和 R20	硬质合金焊接螺纹车刀	0.10	950
7	精车孔 Φ55、Φ77.8	硬质合金焊接盲孔车刀	0.10	450
8	切内槽 Φ82×5	硬质合金焊接内槽刀	0.08	450
9	车螺纹 M80×2	硬质合金焊接螺纹车刀 R=0.4 mm	2	950

(2) 确定装夹方案

因前道工序已经将零件总长确定,本工序装夹的关键是定位,预先车出 Φ150×25 台阶,使用三爪卡盘反爪夹住 Φ150,进行车削。

(3) 编写加工程序,如表 11-6 所示。

表 11-6　编写加工程序

序　号	语　句	说　明	序　号	语　句	说　明
	%	起始符	N12	G00 X100	快速到起刀点
N10	G90 M03	绝对坐标系,主轴开	⋮	⋮	⋮
N11	M08 T11	冷却开,换1号刀1号补正值	N150	M30	程序结束

(4) 开机回参考点,对刀输入刀具补正值,输入零件加工程序。

(5) 安装刀具,装夹零件。

(6) 加工零件。

思考练习题

1. 数控车加工有何特点?
2. CJK1630 数控车床有哪些特点?
3. 试分析在实际加工中何时考虑使用恒切速和恒转速。
4. 如果工件的设计基准、工艺基准和编程原点不一致,则会带来什么问题?
5. 试说明数控车加工切削用量的选择与普通车床加工切削用量有哪些异同之处。
6. 加工中心与一般数控机床相比有什么特点?
7. 数控车操作有哪些注意要点? 如何防止刀具与机床或工件发生碰撞?
8. 数控车开机后为什么要先回参考点?
9. 在机床加工过程中需要停车时,有哪些方式可将车床停下来?
10. 为什么要对刀? 对刀要点是什么?

11. 加工如图 11-16 所示的零件。毛坯为 Φ2 mm 的棒料,从右端至左端轴向走刀切削,粗加工每次进给深度 1.5 mm,进给量为 0.15 mm/r,精加工余量 x 向 0.5 mm,z 向 0.1 mm,切断刀刃宽 4 mm,工件程序原点如图 11-16 所示。

12. 加工如图 11-17 所示的零件。毛坯为 Φ60 mm、长 95 mm 的棒料,从右端至左端轴向走刀切削,粗加工每次进给深度 2.0 mm,进给量为 0.25 mm/r,精加工余量 x 向 0.4 mm,z 向 0.1 mm,切槽刀刃宽 4 mm,工件程序原点如图 11-17 所示。

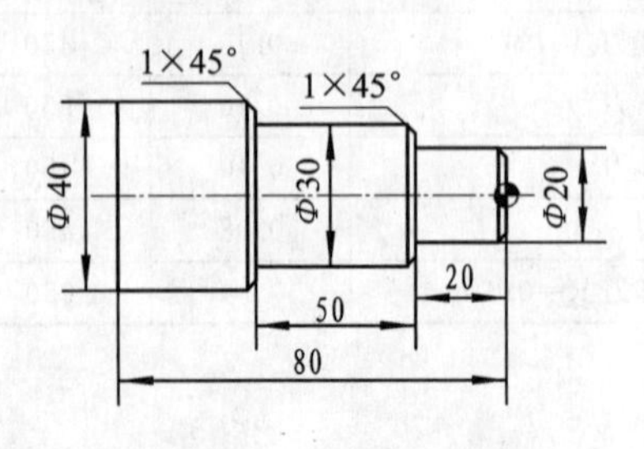

图 11-16　零件加工原点

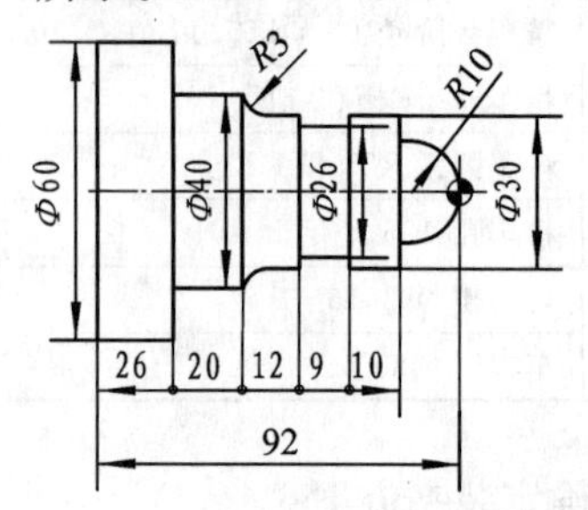

图 11-17　零件加工原点

第12章　特种加工

12.1　特种加工概述

1. 特种加工及其特点

随着现代工业的迅速发展，各种新结构、新材料大量出现，从而对机械加工提出了更高的要求。如硬质合金、淬火钢、金刚石、宝石等各种高硬度、高强度、高韧性、高脆性的金属及非金属等各种难切削材料的加工；如喷气涡轮机叶片、整体涡轮、炮管内膛线、喷油嘴、喷丝头上的小孔、窄缝等各种特别复杂表面的加工；如对表面质量和精度要求很高的航空航天陀螺仪，以及细长轴、薄壁零件、弹性元件等低刚度零件的加工等。此类加工如果采用传统的切削加工方法往往很难解决，有时甚至根本无法加工。特种加工正是在这种新形式下迅速发展起来的。

特种加工是指借助电能、热能、声能、光能、化学能等实现材料切除的加工方法。与机械加工方法相比具有以下特点。

(1) 特种加工的工具与被加工零件基本上不接触，加工时不受工件力学性能的影响，能加工任何硬的、软的、脆的、耐热或高熔点金属以及非金属材料。

(2) 特种加工一般不用刀具切削，也不会产生强烈的弹性和塑性变形，容易获得良好的表面质量，热应力、残余应力、冷作硬化、热影响区以及毛刺等均比较小。

(3) 能量便于控制和转换，各种加工方法易复合并形成新工艺方法，所以加工范围广，适应性强，便于推广应用。

(4) 加工速度一般比较低，这也是目前常规加工方法在机械加工中仍占主导地位的主要原因。

2. 特种加工的分类

特种加工技术所包含的范围很广，新的特种加工技术也不断出现，如液体喷射流加工、磁磨粒加工等，而且往往是将两种以上的不同能量形式结合在一起，成为复合加工。常用的一些特种加工方法如表12-1所示。

表12-1　常用的一些特种加工方法

特种加工方法		能量来源及形式	作用原理	英文缩写
电火花加工	电火花成形加工	电能、热能	熔化、汽化	EDM
	电火花线切割加工	电能、热能	熔化、汽化	WEDM
电化学加工	电解加工	电化学能	金属离子阳极溶解	ECM(ELM)
	电解磨削	电化学能、机械能	阳极溶解、磨削	EGM(ECG)
	电　铸	电化学能	金属离子阴极沉淀	EFM
	涂　镀	电化学能	金属离子阴极沉淀	EPM

续表 12－1

特种加工方法		能量来源及形式	作用原理	英文缩写
激光加工	激光切割、打孔	光能、热能	熔化、汽化	LBM
	激光处理、表面改性	光能、热能	熔化、相变	LBT
电子束加工	切割、打孔、焊接	电能、热能	溶化、汽化	EBM
离子束加工	蚀刻、镀覆、注入	电能、动能	原子撞击	IBM
等离子弧加工	切割(喷镀)	电能、热能	熔化、汽化(涂覆)	PAM
超声加工	切割、打孔、雕刻	声能、机械能	磨料高频撞击	USM
化学加工	化学铣削	化学能	腐　蚀	CHM
	光　刻	化学能	光化学腐蚀	PCM

本章将重点介绍电火花加工、线切割加工和激光加工。

12.2　电火花加工

电火花加工是一种利用处于一定介质中的两极之间火花放电时的电腐蚀现象对材料进行加工的方法。电火花加工方法也称为放电加工或电腐蚀加工。

12.2.1　电火花加工原理和加工特点

1. 电火花加工原理

电火花加工原理如图 12－1 所示，当在工件与工具的两电极间加直流电压 100 V 左右时，极间某一间隙最小处或绝缘强度最低处介质被击穿，引起电离并产生火花放电；火花后产生的瞬时高温，使工具和工件表面都蚀除掉一小部分金属，各自形成一个小凹坑；然后经过一段时间间隔，排除电蚀产物和介质恢复绝缘，再在两极间加电，如此连续不断地重复放电，工具电极不断地向工件进给就可将工具的形状复制在工件上，加工出所需要的零件。电火花加工必须具备以下几个基本条件。

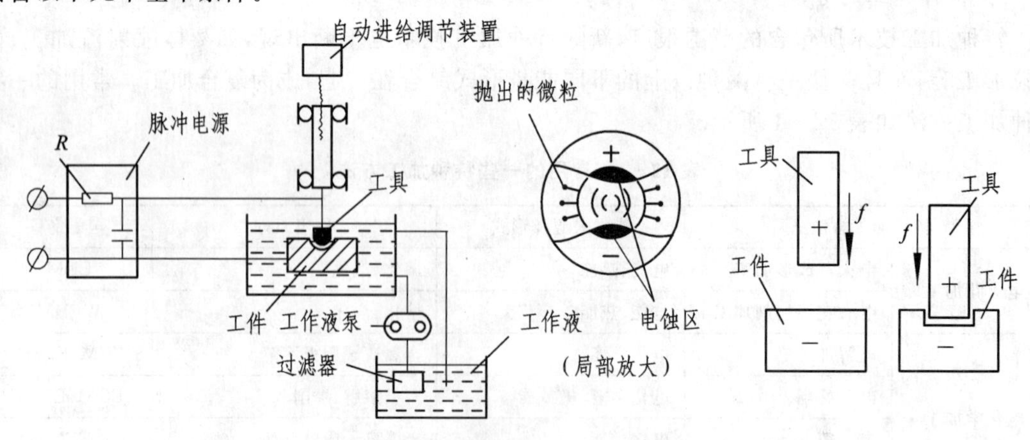

图 12－1　电火花加工原理示意图

(1) 工具电极和工件电极之间在加工中必须保持一定的间隙，一般是几个微米至数百微米。

(2) 火花放电必须在一定绝缘性能的介质中进行，通常用液体介质。

(3) 放电点局部区域即放电通道，要有很高的电流密度，一般为 $10^5 \sim 10^6$ A/cm^2。

(4) 火花放电的持续时间一般为 $10^{-7} \sim 10^{-3}$ s。

(5) 两次放电之间应有足够的间歇。

2. 电火花加工特点

(1) 可以加工任何硬、脆、韧、软和高熔点的导电材料。

(2) 加工时“无切削力”，有利于小孔、薄壁、窄槽以及各种复杂形状的孔、螺旋孔、型腔等零件的加工，也适合于精密微细加工。

(3) 加工时对整个工件而言，几乎不受热的影响。

(4) 通过调节脉冲参数，就可以在一台机床上连续进行粗加工、半精加工和精加工。精加工时精度为 0.01 mm，表面粗糙度 R_a 为 0.8 μm；精微加工时精度可达 0.002～0.004 mm，表面粗糙度 R_a 值为 0.1～0.05 μm。

但电火花加工也有一定的局限性，如只能加工金属等导电材料，加工速度较慢，存在电极消耗和最小角度半径有限等。

3. 电火花加工主要应用

(1) 电火花成形加工。这种加工方法是通过工具电极相对于工件作进给运动，把工具电极的形状和尺寸反拷在工件上，从而加工出所需要的零件。主要用于塑料模、锻模、压铸模、挤压模、胶木模，以及整体叶轮、叶片等各种曲面零件。

(2) 电火花线切割。这种加工方法是用移动着的线状电极丝按预定的轨迹进行切割的加工。

(3) 电火花磨削。这种加工方法实质上是应用机械磨削的成形运动进行电火花加工。电火花磨削主要用于磨平面和内外圆、小孔、深孔以及成形镗磨和铲磨等。

12.2.2 电火花成形加工工艺

1. 电火花成形加工方法

(1) 冲模的电火花加工

冲模加工是电火花穿孔加工的典型应用。冲模加工主要是冲头和凹模加工，冲头可用机械加工，而凹模往往只能用电火花加工，否则，不但加工很困难，质量也不易保证。凹模的尺寸精度主要靠工具电极来保证，电极的精度和表面粗糙度应符合要求。

由于存在放电间隙，工具电极尺寸必须小于凹模的尺寸。为保证获得冲头与凹模之间的配合间隙，电火花穿孔加工常用“钢打钢”的直接配合法。即用钢凸模作为电极直接加工凹模，加工时将凹模刃口端朝下，形成向上的“喇叭口”如图 12－2 所示，喇叭口有利于冲模落料加工后将工件翻过来使“喇叭口”向下作为凹模。

“喇叭口”的产生是由于在加工过程中工具电极下端加工时间长，绝对损耗大，而电极入口处的放电间隙则由于电蚀产物的存在和介入非正常的再次放电过程，即“二次放电”，因而产生了加工斜度。

(2) 型腔模的电火花加工

单电极平动法在型腔模的加工中应用得最广泛。它是用一个电极按照粗、中、精的顺序逐级改变工艺参数。与此同时，依次加大电极的平动量，如图 12－3 所示，以提高型腔侧面放电的间隙差和表面微观的不平度差,实现型腔侧面仿形修光。

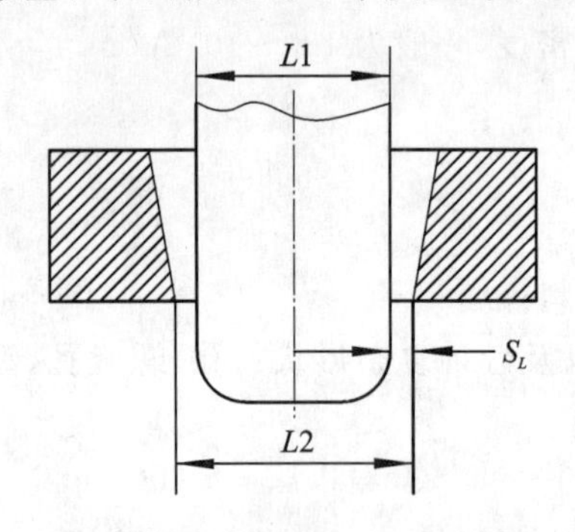

图 12 - 2　凹模的电火花加工

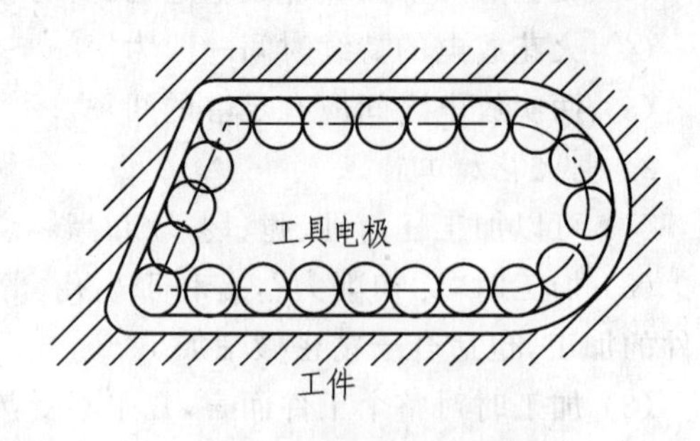

图 12 - 3　平动加工原理图

所谓平动是指工具电极在垂直于型腔深度方向的平面内相对于工件作微小的平移运动,并由机床附件“平动头”来实现的。这种方法的优点是只需一个电极,一次装夹定位,便可达到较好的加工精度。另外,平动运动可使电极损耗均匀,改善排屑条件,加工较稳定。

单工具电极直接成形法主要用于加工深度很浅的腔模,如加工各种纪念章、证章的花纹模,在模具表面加工商标、厂标、中文外文字母以及工艺美术图案、浮雕等。除此以外,也可用于加工无直壁的型腔模具或成形表面。

2. 电火花成形加工工艺过程

(1) 电极材料的选择及加工。常用的电极材料为紫铜和石墨。紫铜容易制成尺寸精度好、复杂形状的电极或薄片电极。石墨电极机械加工成形容易,质量轻。紫铜电极与石墨电极相比,精加工时电极损耗较小,表面粗糙度也较高。

紫铜电极可采用电火花线切割,电火花磨削,一般机械加工,数控铣削和电铸等方式来制造。

石墨电极制造方法有机械加工,加压振动成形,成形烧结,镶拼组合,超声加工和砂线切割等。

(2) 工件的准备。电火花加工前,工件型腔部分要进行预加工,并留适当的电火花加工余量。余量的大小应能补偿电火花加工的定位,找正误差及机械加工误差。对形状较复杂的型腔,余量要适当加大。

(3) 电规准的选择、转换与平动量分配。电规准是指电火花加工过程中的一组电参数,如电压、电流、脉冲宽度、脉冲间隔等。电规准选择正确与否,将直接影响着型腔加工工艺指标。应根据工件的要求、电极和工件的材料、加工工艺指标和经济效果等因素来确定电规准,并在加工过程中及时转换。

12.2.3　电火花成形加工机床

电火花成形加工机床一般由四部分组成,即主机、工作液循环系统、脉冲电源系统和自动调节进给装置。

EDM - 7125 型数控电火花成形机床外形如图 12 - 4 所示,其主要技术指标如表 12 - 2 所示。

EDM - 7125 型数控电火花成形机床具有操作简单、加工精度高、电极损耗小、生产效率高等特点。

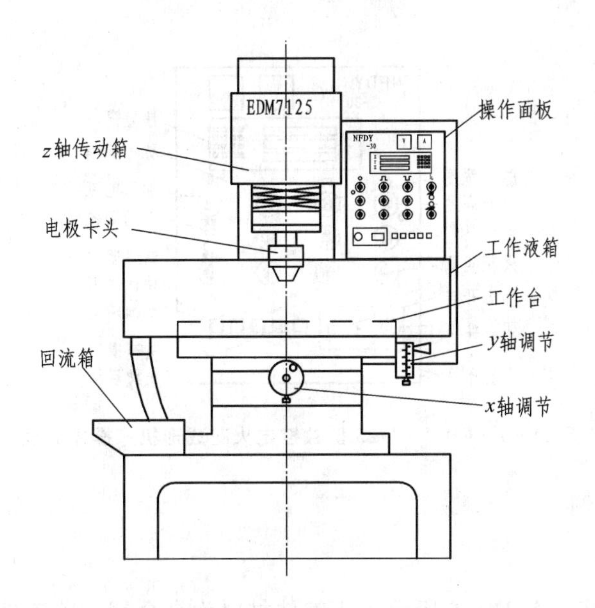

图 12-4　EDM-7125 型数控电火花成形机床外形图

表 12-2　EDM-7125 型数控电火花成形机床主要技术指标

项目	指标
工作台尺寸/mm	280×450
工作台行程 X×Y×Z/mm	250 ×150×200
最大工件质量/kg	300
最大电极质量/kg	25
手轮每转工作台行程/mm	2
定位精度/mm	0.01/300
重复定位精度/mm	0.02/300
最佳表面粗糙度 R_a/μm	<0.8
最高生产率/(mm³·min²)	300
最小电极损耗/%	<0.3

12.2.4　电火花加工操作

EDM-7125 型数控电火花成形机床操作面板如图 12-5 所示。

操作注意事项如下：

(1) 电火花机床应有排气设备，不能装在有震动的地方，电源电压应稳定。

(2) 工作前要仔细检查机床运转部位是否正常，并加润滑油，主轴运转位置应加仪表油。

(3) 机床工作时不准用手或导电物触及两电极，操作者应站在绝缘橡皮垫或木质踏板上。

(4) 按加工零件的要求选择适当的电容、电阻和工作电压。

(5) 电火花机床通电工作时，工作液(煤油)一定要高于工件 30 mm。

(6) 操作间内严禁吸烟，应配有足够数量的二氧化碳灭火器和泡沫灭火器，操作人员应掌握灭火器的使用方法。

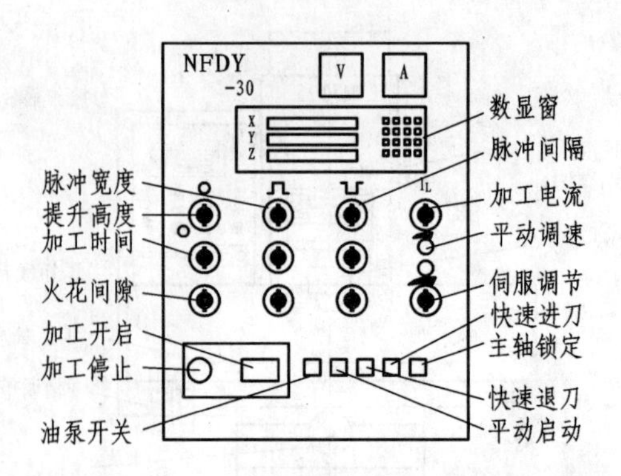

图 12－5　EDM－7125 型数控电火花成形机床操作面板

12.2.5　加工实例

1. 纪念币加工

纪念币冲压模图案如图 12－6 所示。此工件材料为合金钢。此工件是工艺美术品模具，尺寸精度无严格要求，但要求型面清洁均匀，工艺美术花纹清晰。所用工具电极材料为紫铜。使用 EDM－7125 型数控电火花成形机床加工。

加工规准为脉宽 60 μs，间隔 60 μs，平均加工电流 8 A，总进给深度<0.4 mm。

2. 航模发动机模具加工

如图 12－7 所示为航模发动机缸盖。紫铜工具电极制成后，用来加工航模发动机缸盖压铸模具(材料为 3Cr2W8V)。

图 12－6　纪念币模具图案

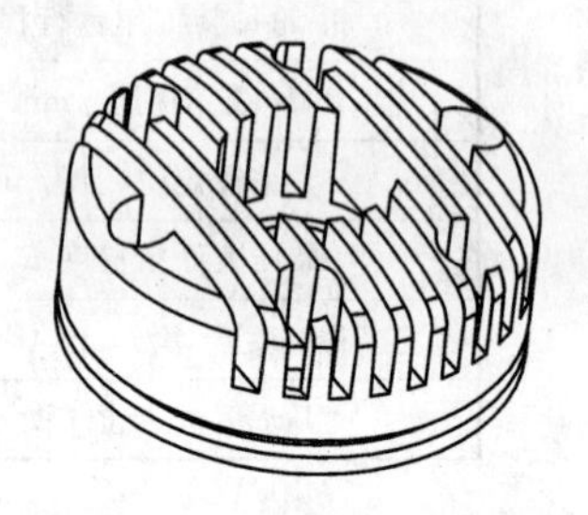

图 12－7　航模发动机缸盖

工件在电火花加工前的工艺路线：

(1) 铣　在铣床上铣削坯料各尺寸，上、下面留磨量。

(2) 磨　精磨上、下两面。

在刚开始加工时，可以用较大的加工速度，在加工快结束时用较小的加工速度，以获得较高的表面粗糙度。

加工后表面粗糙度 R_a 值可达 0.2 μm，不需手工打磨，便可完全满足压铸的要求。

12.3　线切割加工

12.3.1　概　述

电火花线切割加工(Wire Cut EDM,简称 WEDM)是在电火花加工基础上发展起来的一种新的工艺形式,是用线状电极(铜丝或钼丝等)靠火花放电对工件进行切割,故称电火花线切割,简称线切割。

电火花线切割加工的基本原理是利用移动的细金属导线(铜丝或钼丝等)作电极,对工件进行脉冲火花放电、切割成形。

1. 线切割加工分类

根据电极丝的运行速度,电火花线切割机床通常分为两大类:一类是高速走丝电火花线切割机床(WEDM - HS),这类机床的电极丝作高速往复运动,一般走丝速度为 8~10 m/s;另一类是低速走丝电火花线切割机床(WEDM - LS),这类机床的电极丝作低速单向运动,一般走丝速度低于 0.2 m/s。

如图 12 - 8 所示为高速走丝电火花线切割加工原理示意图。利用细钼丝作工具电极进行切割,贮丝筒使钼丝作正反向交替移动,加工能量由脉冲电源供给。在电极丝和工件之间浇注工作液介质,工作台在水平面两个坐标方向各自按预定的控制程序根据火花间隙状态作伺服进给移动,从而合成各种曲线轨迹,把工件切割成形。

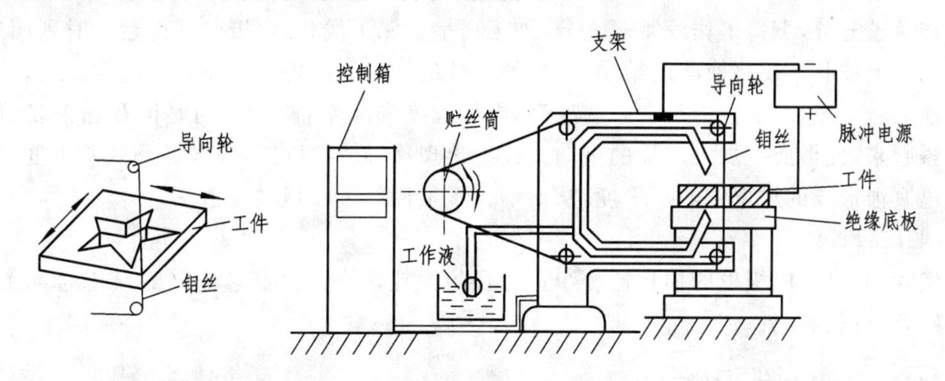

图 12 - 8　高速走丝电火花线切割加工示意图

2. 电火花线切割特点

电火花线切割具有电火花加工的共性,金属材料的硬度和韧性并不影响其加工速度,它常用来加工淬火钢和硬质合金。对于非金属材料的加工,也正在开展研究。当前绝大多数线切割机都采用数字程序控制,其工艺特点为:

(1) 不需制造特定形状的电极,只要输入控制程序即可。

(2) 加工对象主要是平面形状,当机床上装配上能使电极丝作相应倾斜运动的功能后,也可加工锥面。

(3) 电极丝在加工中是移动的,可以完全或短时不考虑电极丝损耗对加工精度的影响。

(4) 切缝很窄,例如,采用 Φ0.03 mm 的钨丝作电极丝时,切缝仅 0.04 mm,内角半径仅 0.02 mm。依靠计算机对电极丝轨迹的控制和偏移轨迹的计算,可方便地调整凹、凸模具的配合间隙,依靠锥度切割功能,有可能实现凹、凸模一次同时加工。

(5) 自动化程度高、操作方便、加工周期短、成本低。

12.3.2 电火花线切割工艺

1. 加工速度

电火花线切割的加工速度是在单位时间内电极丝中心所切割过的有效面积,单位为 mm^2/min。最高切割速度是指在不计切割方向和表面粗糙度等条件下,所能达到的切割速度。通常高速走丝线切割速度为 40～80 mm^2/min。

在一定范围内,电火花线切割的加工速度随脉冲放电电流的加大和放电时间的增加而加大。减小脉冲间隔,会导致脉冲频率的提高,可提高加工速度。

电极丝的直径对加工速度的影响较大。若电极丝的直径过小,则承受电流小,切缝小,不利于排屑和稳定加工,会影响加工速度。因此,在一定范围内加大电极丝的直径对加工速度有利。常用的电极丝的直径大约在 Φ0.05～0.3 mm 之间。

另外,较快的走丝速度和适中的工件厚度,有利于获得较快的加工速度。

2. 表面粗糙度

高速走丝线切割的一般的表面粗糙度为 R_a5～2.5 μm,最佳也只有 1 μm 左右。低速走丝线切割一般可达 R_a1.25 μm,最佳可达 R_a0.2 μm。

使用高速走丝方式进行电火花线切割加工时,在加工过程中不断进行电极丝的换向动作会造成工作液的分布随电极丝方向往复变化而变化。电极丝顺向运动时,在工件上表面入口处的工作液较充分,下口工作液则不充分,加工面呈上深下浅状;电极丝逆向运动时则相反,加工面呈下深上浅状。反复换向的结果,就会使工件的加工面出现黑白交错相间的条纹。

高速走丝方式加工时,由于加工速度高,电极丝换向频繁,所以换向时留在加工表面上的痕迹积累起来,便形成了加工表面的纵向波纹。出现这种波纹以后,波纹的凸凹不平度往往大大超过电腐蚀形成的放电痕的不平度,从而增大了工件的表面粗糙度值。

3. 电极丝损耗

在实际加工中,电极丝的损耗比较小。丝径的损耗没有达到高速走丝系统综合加工精度的数量级,可以被忽略。

12.3.3 线切割加工机床

DK7725e-BKDC 型数控线切割机主要由控制柜、机床本体、脉冲电源和工作液循环系统四部分组成,如图 12-9 所示。

1. 控制柜

BKDC 控制柜的主要作用是控制工件相对于电极丝的运动轨迹及进给速度,它的 WAP-2000 编程控制系统是在北航海尔 CAXA 电子图板的基础上,增加了相应的线切割处理系统,可以生成 G 代码和 3B 代码,可以绘制相应的图形并对该图形进行自动编程,自动生成切割轨迹并输出 G 代码或 3B 代码。

2. 机床本体

(1) 运丝机构:用来带动电极丝按一定线速度运动,并将电极丝整齐地排绕在贮丝筒上,它由贮丝筒和运丝电机两部分组成。

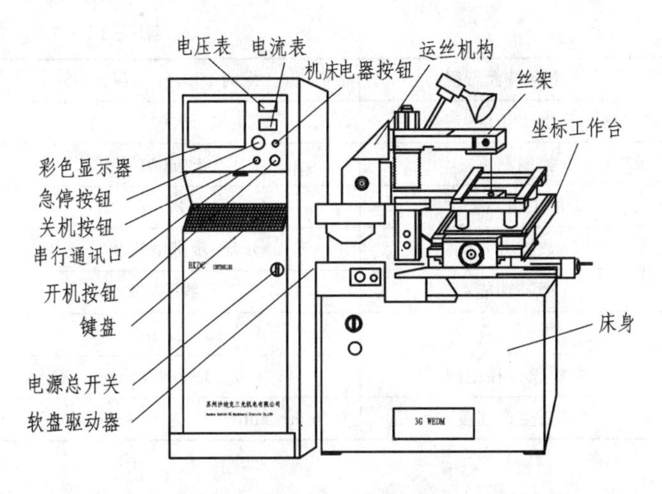

图 12－9　DK7725e－BKDC 型线切割机床外形图

(2) 丝架：对电极丝起支撑作用，通过调 U、V 轴，使电极丝工作部分与工作台平面保持一定的几何角度，通过 U、V 轴运动可切锥度，U、V 轴丝杠分别由两步进电机带动。

(3) 坐标工作台——用来固定被加工工件。工作台的纵横（X、Y）两根丝杠分别由两步进电机来带动，任一拖板超出行程范围时，由行程开关断开步进电机电源致使两拖板停止运动。变频系统每发出一个脉冲信号，步进电机带动工作台拖板（X、Y）或线架拖板（U、V）移动 0.001 mm，运动轨迹由微型计算机控制，移动速度由变频控制。

(4) 床身：固定支承着运丝系统和坐标工作台，高频脉冲电源机床电器都装在里面，以减少机床占地面积。

3. 高频脉冲电源

脉冲电源是机床的核心部件，其作用是把工频交流电转换成频率较高的单向脉冲电流，供给火花放电所需的能量。它正极接在工件上，负极接在电极丝上，当两极靠近时，在它们之间产生脉冲放电，腐蚀工件，进行切割。

4. 工作液循环系统

工作液循环系统由工作液、液箱、液泵、过滤装置、循环导管、流量控制阀组成。一般线切割加工使用专用乳化液或去离子水作为工作液，其主要作用有以下几项。

(1) 绝缘作用。两电极之间必须有绝缘的介质才能产生火花击穿和脉冲放电，脉冲放电后要迅速恢复绝缘状态，否则会转换成稳定持续的电弧放电，影响加工表面精度，烧断电极丝。

(2) 排屑作用。把加工过程中产生的金属颗粒及介质分解物通过局部高压迅速从电极间排出，否则加工将无法进行。

(3) 冷却作用。冷却工具电极和工件，防止工件热变形，保证表面质量和提高电阻能力。

DK7725e 数控线切割机主要技术指标如表 12－3 所示。

表 12－3　DK7725e 型线切割机床主要技术指标　　**单位：mm**

工作台最大行程	x　横向 250，y　纵向 350
手轮每格	0.02
最大切割厚度	150

续表 12-3

工作台最大行程	x 横向 250，y 纵向 350
加工精度	±0.015
控制精度	±0.001
加工粗糙度	$R_a \leqslant 2.5\ \mu m$
数控方式	开环、步进电机驱动
插补功能	直线、圆弧
走丝速度	10～12 m/s
电极丝直径范围	0.13～0.25 mm
最高生产速度	70 mm^2/min(一般为 40～60 mm^2/min)

12.3.4 数控线切割编程

数控编程可分为手工编程和自动编程两类。

手工编程是人采用各种数学方法、使用一般的计算工具、对编程所需的数据进行处理和运算。通常是把图形分割成直线段和圆弧段并把每段曲线关键点，如起点、终点、圆心等的坐标一一定出，按这些曲线的关键点坐标进行编程。

自动编程使用专用的数控语言及各种输入手段，向计算机输入必要的形状和尺寸数据，利用专门的应用软件求得各关键点的坐标和编写数控加工所需要的数据，再根据各数据自动编写出数控加工代码。

12.3.5 自动编程

根据零件图纸在 CAXA 线切割 V2 版绘图软件中绘图，图形自动转换成 G 代码并传输给机床，控制步进电机带动工作台移动进行加工。

整个 CAXA 线切割编程过程分为计算机作图、轨迹生成、生成 G 代码三个过程。

下面以加工五角星图形(如图 12-10 所示)为例说明整个操作过程。

1. 绘　图

(1) 在计算机上绘五角星图形

- 单击主菜单“绘制”→“高级曲线”→“正多边形”，此时系统弹出立即菜单。
- 填写立即菜单中正多边形的边数为 5，输入中心点坐标(0,0)，输入内接圆半径 20。
- 单击主菜单“绘制”→“基本曲线”→“直线”，选用“两点式”、“连续”、“非正交”方式。
- 利用工具栏捕捉菜单，分别拾取正五边形各端点作连线。

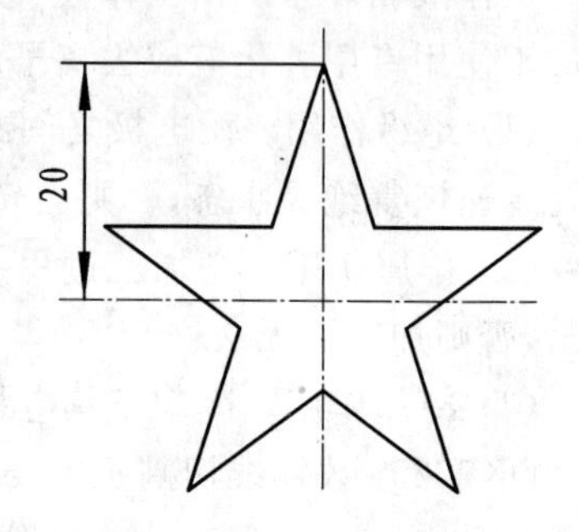

图 12-10　五角星图

- 单击主菜单“绘制”→“曲线编辑”→“裁剪”，选择“快速裁剪”方式，将不需要的线段裁掉。
- 删除正五边形，屏幕上出现一个正五角星图形。

（2）用扫描仪

使用扫描仪扫描所需要的工程图纸或其他图形，将扫描结果用图形矢量化软件进行图形矢量化转换。

CAXA线切割软件（V2版）能处理的图像文件包括以下四种格式：BMP文件、GIF文件、JPG文件、PNG文件，这四种都是最常用的图像格式，对于其他格式的图像文件，需将其转换为以上四种格式后再进行矢量化。

2. 轨迹生成

（1）单击主菜单“线切割”→“轨迹生成”，按图表填写“线切割轨迹生成参数表”。

（2）单击“确定”按钮，系统将提示“拾取轮廓”。

（3）单击五角星靠近穿丝点的一条边，被拾取线变为红色虚线，并沿轮廓切线的方向上出现一对反向的绿色箭头，系统将提示“选择链拾取方向”。

（4）选择顺时针方向的箭头作为切割方向，全部线条变为红色，且在轮廓的法向方向上又出现一对反向的绿色箭头，系统将提示“选择切割侧边”。

（5）选择轮廓外侧的箭头作为电极丝的补偿方向。

（6）系统提示输入“穿丝点的位置”，输入穿丝点坐标(0,25)后按回车键。

（7）系统提示“输入退出点”，右击（或按回车键），退出点位置与穿丝点位置重合。

（8）单击“保存”按钮，输入文件名，存储图形文件。

3. 生成G代码

（1）单击主菜单“线切割”→“G代码/HPGL”→“生成G代码”，系统弹出“生成机床G代码”对话框。

（2）在“生成机床G代码”对话框中输入文件名并保存。

（3）系统提示“拾取加工轨迹”，单击绿色加工轨迹线，轨迹线变成红色。

（4）右击结束轨迹拾取，系统生成代码，如下所示。

```
%(五角星.ISO,06/18/02,13:34:47)
G92X0Y25000
G01 X95 Y20031
G01 X4563 Y6280
G01 X19021 Y6280
G02 X19080 Y6099 I0 J-100
G01 X7383 Y-2399
G01 X11851 Y-16149
G02 X11697 Y-16261 I-95 J-31
G01 X0 Y-7763
G01 X-11697 Y-16261
G02 X-11851 Y-16149 I-59 J81
G01 X-7383 Y-2399
G01 X-19080 Y6099
G02 X-19021 Y6280 I59 J81
G01 X-4563 Y6280
G01 X-95 Y20031
```

G02 X95 Y20031 I95 J－31

G01 X0 Y25000

M02

12.3.6 偏移补偿值的计算

加工中程序的执行是以电极丝中心轨迹来计算的,而电极丝的中心轨迹不能与零件的实际轮廓重合,如图 12－11 所示。要加工出符合图纸要求的零件,必须计算出电极丝中心轨迹的交点和切点坐标,按电极丝中心轨迹(图 12－11 中虚线轨迹)编程。电极丝中心轨迹与零件

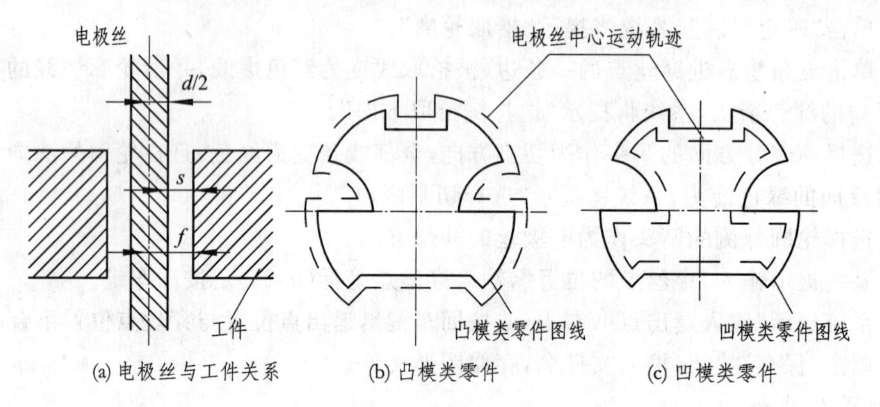

图 12－11 电极丝切割运动轨迹与图纸的关系

轮廓相距一个 f 值,f 值称为偏移补偿值。计算公式为

$$f = d/2 + s$$

式中,f 为偏移补偿值(mm),$d/2$ 为电极丝半径(mm),s 为单边放电间隙,s=0.01 mm。

12.3.7 数控线切割机床操作与加工

1. 机床操作面板和控制面板

DK7725e－BKDC 型数控线切割机操作面板和控制面板及其功能如图 12－12 所示。

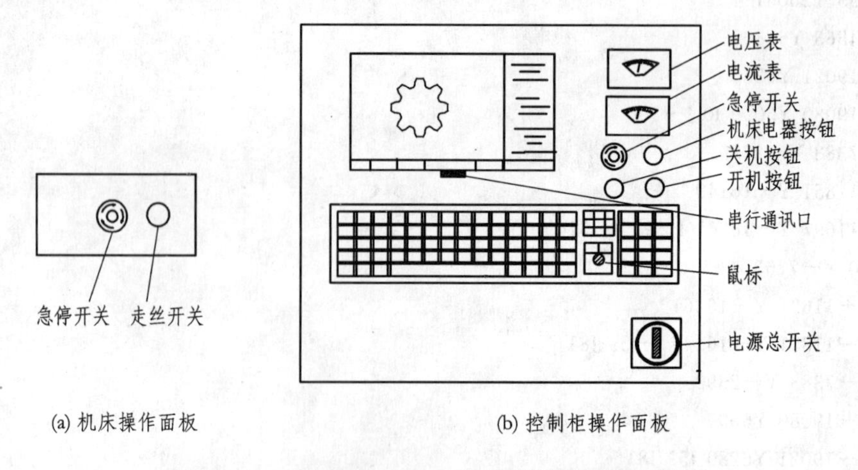

图 12－12 DK7725e－BKDC 型控线切割机操作面板

2. 系统操作主菜单

DK7725e－BKDC 型数控线切割控制机的菜单采用树状结构，自上而下，最上层是系统主菜单，系统主菜单如图 12－13 所示。

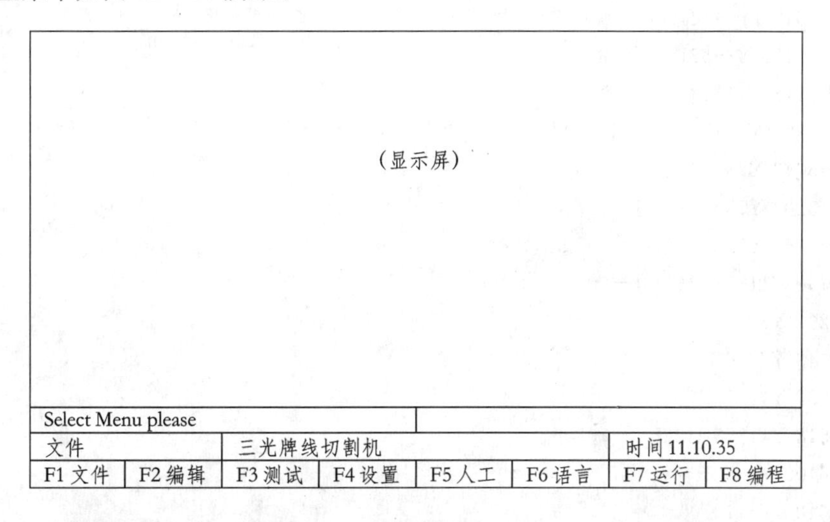

图 12－13　DK7725e－BKDC 型数控线切割机控制机系统操作主菜单

3. 操作注意事项

加工中，禁用裸手接触加工区任何金属物体，若调整冲液装置必须停机进行，保障操作人员及电极、工件的安全。不在工作箱内放置不必要或暂不使用的物品，防止意外短路。

加工时人不能离开机床，随时注意工作液是否溢出。

装卸工件时应特别小心，避免碰断电极丝。

12.3.8　加工实例

在对零件进行线切割加工时，必须正确地确定工艺路线和切割程序，包括对图纸的审核及分析，加工前的工艺准备和工件的装夹，程序的编制，加工参数的设定和调整以及检验等步骤。一般工作过程为：分析零件图→确定装夹位置及走刀路线→编制程序单{自动编程→计算机辅助设计}→传输程序→检查机床、调试工作液、找正电极丝→装夹工件并找正→调节电参数、形参数→切割零件→检验。如图 12－14 所示为一个线切割工件的外形图。

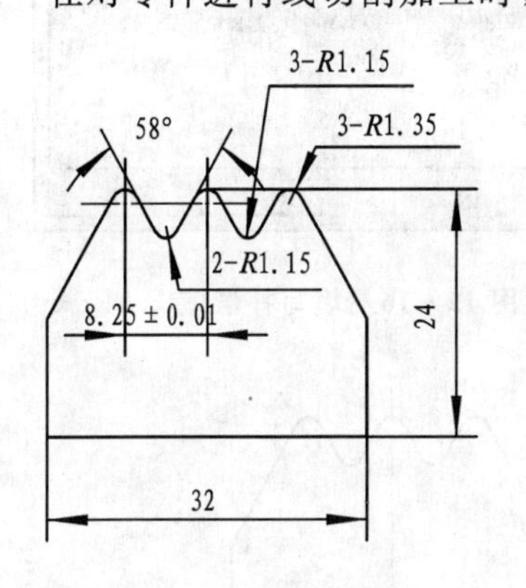

图 12－14　加工实例

(1) 绘制图形。

(2) 轨迹生成。

首先按图 12－15 和图 12－16 填写线切割轨迹生成参数表。然后选择切割方向、选择电极丝补偿方向、选择穿丝点坐标，分别如图 12－17(a)、(b)和(c)所示。

(3) 静态仿真样板轨迹生成。

(4) 代码生成。

```
%(YB.ISO,06/13/02,13:20:49)
G92X16000Y-18000
G01 X16100 Y-12100
G01 X-16100 Y-12100
G01 X-16100 Y-521
G01 X-9518 Y11353
G02 X-6982 Y11353 I1268 J-703
G01 X-5043 Y7856
G03 X-3207 Y7856 I918 J509
G01 X-1268 Y11353
G02 X1268 Y11353 I1268 J-703
G01 X3207 Y7856
G03 X5043 Y7856 I918 J509
G01 X6982 Y11353
G02 X9518 Y11353 I1268 J-703
G01 X16100 Y-521
G01 X16100 Y-12100
G01 X16000 Y-18000
M02
```

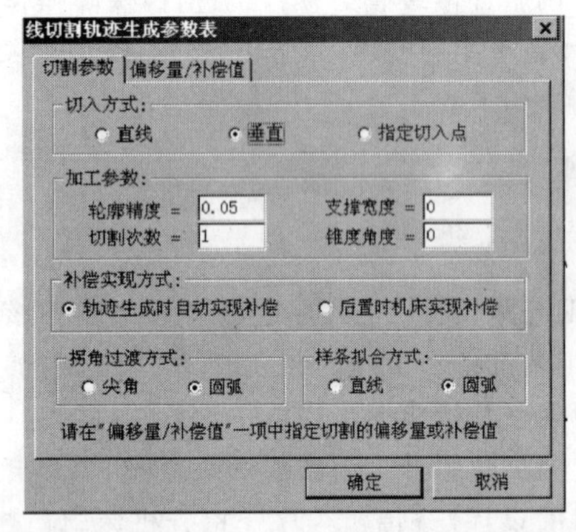

图 12-15　填写切割参数

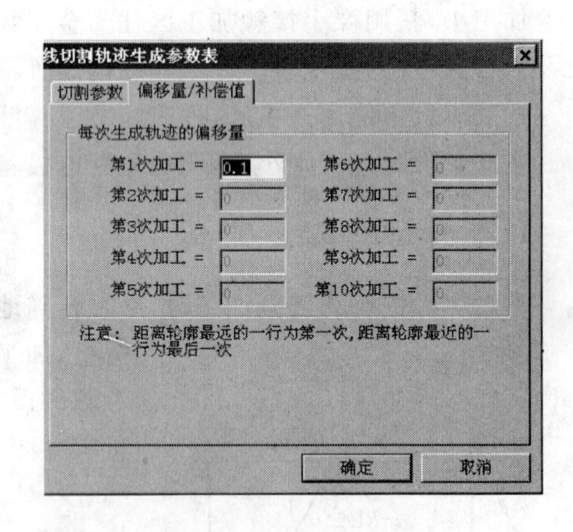

图 12-16　填写补偿值

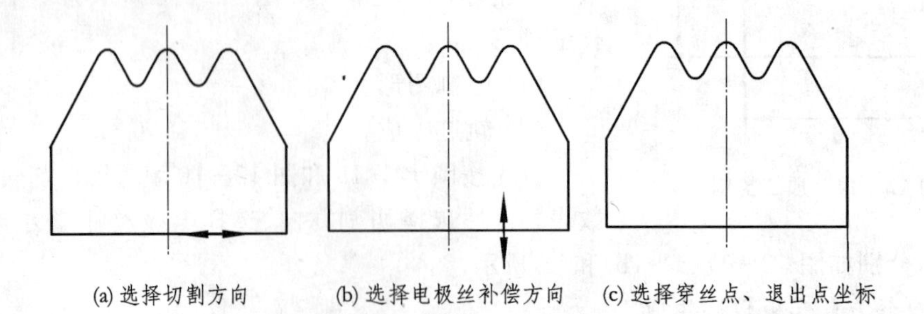

(a) 选择切割方向　(b) 选择电极丝补偿方向　(c) 选择穿丝点、退出点坐标

图 12-17　切割参数选择

(5) 代码传输。

运用串口方式传输 G 代码。先将机床计算机设置成串口接收状态,然后在网络计算机中按要求输入串口传输的参数,如图 12－18 所示。

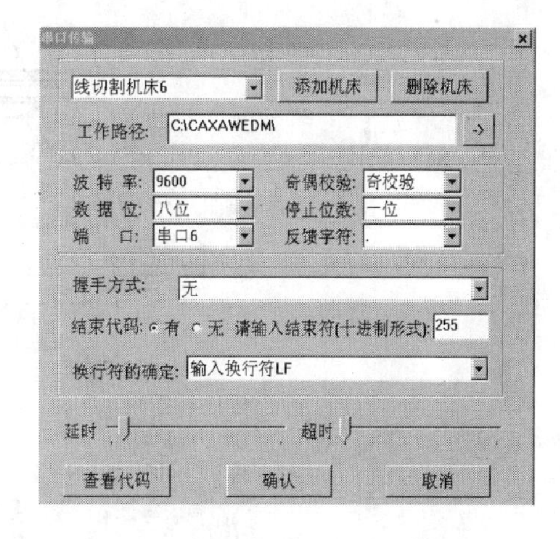

图 12－18　串口传输参数设置

(6) 将机床控制系统复位,通过绘图检查和空运行检查传输程序是否正确。

(7) 装夹及加工。

- 将坯料放在工作台上,以平面为基准,对工件进行校正,保证有足够的装夹余量。然后固定夹紧,工件左侧悬置。
- 将电极丝移至穿丝点位置,注意别碰断电极丝,准备切割。
- 打开脉冲电源,选择合理的电参量,确定运丝机构和冷却系统工作正常,然后操作控制器,执行程序进行加工。

12.4　激光刻绘加工

12.4.1　概　述

1. 激光加工原理

激光加工是激光束高亮度(高功率)、高方向性特性的一种技术应用。其基本原理是把具有足够功率(或能量)的激光束聚焦后照射到材料适当的部位,材料在接受激光照射后 10^{-11} s 内便开始将光能转变为热能,被照部位迅速升温。根据不同的光照参量,材料可以发生气化、熔化、金相组织变化并产生相当大的热应力,从而达到工件材料被去除、连接、改性和分离等加工目的。

2. 激光加工的特点

(1) 适应性强。可加工各种材料,包括高硬度、高熔点、高强度及脆性、软性材料;既可在大气中加工,又可在真空中加工。

(2) 加工精度高、质量好。由于激光能量密度高和非接触柔性加工方式,并可在瞬间内完成,故工件热变形极小,且无机械变形,对精密小零件的加工非常有利。

(3) 加工效率高、经济效益好。在某些情况下,用激光切割可提高效率 8～20 倍,激光打孔的直接费用可节省 25%～75%。

3. 激光加工的应用

激光在加工上的应用主要是打孔、切割、焊接、强化及光泽处理、雕刻等方面。

12.4.2　CLS－2000 激光雕刻机

1. 机床组成及其功能

CLS－2000 激光雕刻机由激光源、机床本体、电源、控制系统四大部分组成,如图 12－19 所示,其光路图如图 12－20 所示。

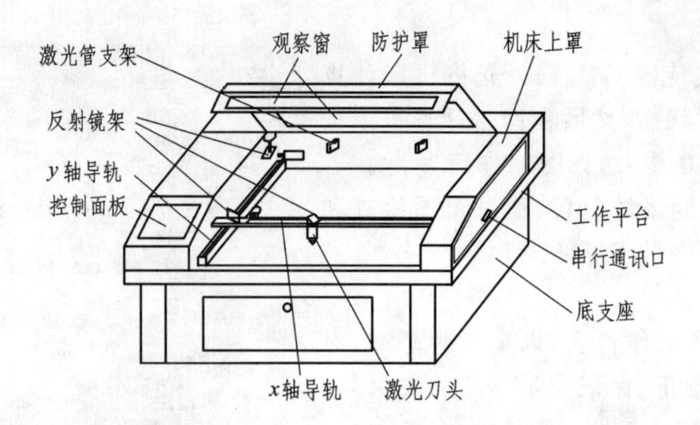

图 12－19　CLS－2000 激光雕刻切割机结构示意图

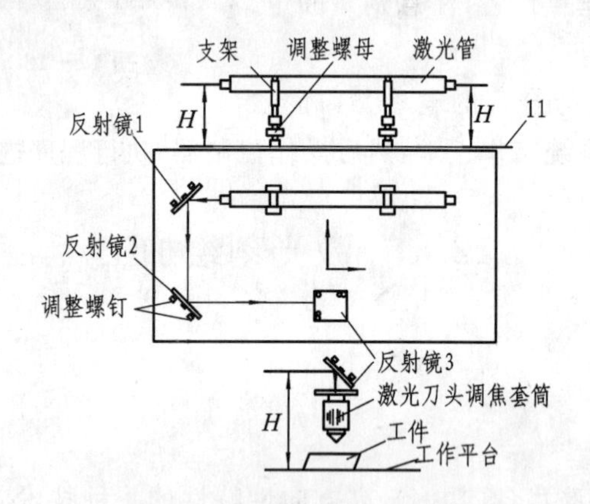

图 12－20　导光系统示意图

控制系统:由 Pentium400 以上的计算机、博业激光自动雕刻切割系统软件、控制电路及操作(控制)面板组成。

2. 主要技术指标

CLS－2000 激光雕刻切割机主要技术指标如表 12－4 所示。

表 12－4　CLS－2000 激光雕刻切割机主要技术指标

有效雕版面积	850×550 mm^2
切割速度	100～5 000 mm/min,人工设定默认值 1 000 mm/min
切割方式	矢量扫描
激光器	30 W 封离式 CO_2激光器(GB11748－89)
供电电源	单相 220 V±10%,10 A
控制软件	镭神激光雕刻切割系统软件 3.0 版本 for Win 95/98
外形尺寸	1 400 mm×1 000 mm×1 000 mm(长×宽×高)

3. 主要应用

CLS－2000 激光雕刻机可用于包装印刷版的橡胶版雕刻,切割材料有机板、塑料板、胶合板、木板、绝缘板、橡胶板、纸板、织物、砂布等。

12.4.3　加工准备

1. 参数设置

(1) 雕刻参数设置。包括雕刻速度、缩放系数、激光频率、扫描精度、雕刻类型等。

(2) 切割参数设置。包括切割速度、缩放系数、激光频率、重复次数等。

(3) 位图参数设置。包括 Y 轴速度、X 轴速度、位图精度、扫描延时、激光频率、等拐点速度调节。在图形的拐点处先减速然后加速有助于延长床体的寿命。用户可在 0～1 500 之间选择,此速度即为拐点时的最低速率,0 为匀速。

2. 矢量图形文件的生成与调用

(1) 矢量图形文件的生成

- 在 AutoCAD 中生成。使用 AutoCAD 时要确定比例尺寸(通常按 1∶1 成图)。注意,整个图形幅面不得大于 650 mm×450 mm,并且注意图形坐标零点要设置好(一般设在左下角较好,刀头亦摆在台面的左下角)。文件输出为 AutoCAD R12 版 DXF 格式。
- 在 Carel Draw 中形成 *.PLT 文件。按常规作图或调字方法在 Carel Draw 中形成文件,包括尺寸设定及排版,然后用 *.PLT 格式输出,并取好文件名称,再由文泰软件读入确定文件的大小,并以同名同格式输出即可。
- 用文泰软件生成图形文件。先在文泰软件中把图形或文字作好,形成 *.PLT 文件,再回到本程序界面中调用。
- 用扫描仪获取图形或文字文件。用 300～600 dpi 分辨率扫描,再用图形矢量化程序(如文泰软件)生成矢量图形,即可调用。

(2) 文件调用

打开激光雕刻切割系统软件,进入人机对话窗口。按菜单上的提示,在下拉式菜单中选取最适合的参数,如切割速度、空程速度、雕刻速度、缩放系数等,在最左边的“文件”栏中调用图形文件,同时要确定好零点。

12.4.4　操作与加工

1. 操作面板

操作面板如图 12－21 所示。

2. 机床按扭及功能

(1) 启动切割。启动切割前,必须打开待切割文件,系统支持 DXF 和 PLT 两种文件格式。选择下拉菜单“切割与雕刻”,单击“启动切割”,系统开始切割并在屏幕上显示切割内容。

(2) 启动雕刻。启动雕刻前,必须打开待雕刻文件并在雕刻参数里设置好雕刻参数,系统支持 DXF 和 PLT 两种文件格式。选择下拉菜单“切割与雕刻”,单击“启动雕刻”,系统开始雕刻并在屏幕上显示雕刻内容。

(3) 启动位图。启动位图前,必须打开待雕刻文件并在位图参数里设置好雕刻参数,系统支持 BMP 文件格式。选择下拉菜单“切割与雕刻”,单击“启动位图”,系统开始雕刻并在屏幕上显示雕刻内容。

(4) 显示。显示待切割或雕刻的文件内容前,必须打开待切割或雕刻的文件,系统支持 DXF、PLT 与 BMP 三种文件格式。选择下拉菜单“切割与雕刻”,单击“显示”,出现“显示切

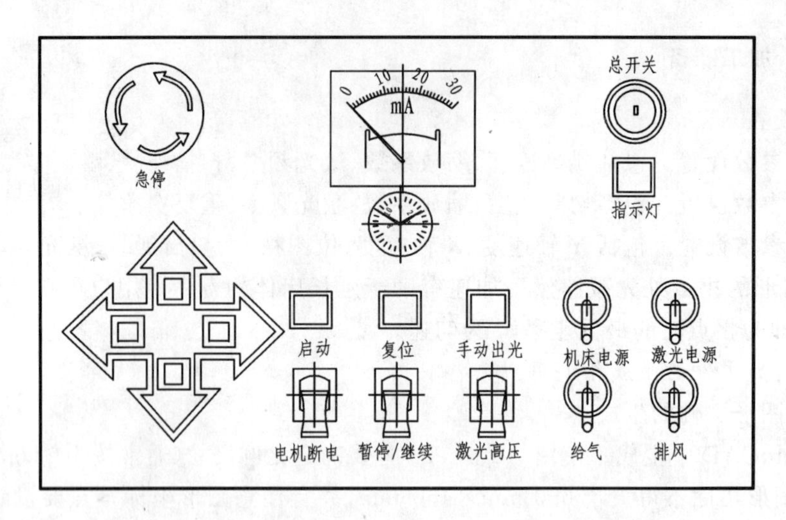

图 12-21　操作面板示意图

割”、“显示雕刻”与“显示位图”。系统在屏幕上显示切割或雕刻内容，激光头按文件内容开始移动，但不出光。

3. 基本操作步骤

(1) 开机

包括开总电源、开“激光电源”、开计算机、开“机床电源”、调焦距、开“给气”、开“排风”、按下“激光高压”等步骤，具体请参见机床说明书。

(2) 切割或雕刻

- 在计算机屏幕上选择下拉菜单“切割与雕刻”，单击“启动切割”，或按面板上的启动键，机器开始切割。
- 在计算机屏幕上选择下拉菜单“切割与雕刻”，单击“启动雕刻”，机器开始雕刻(注意：操作面板上的启动键只能启动切割不能启动雕刻，如按错会造成计算机死机)。

(3) 关机

关掉激光高压，五分钟后关掉激光电源，关掉给气、排风，退出工控程序(如果不再调用其他图形文件的话)，关掉机床电源。

4. 注意事项

(1) 根据加工目的及工件性质选取适当的工作速度和激光电流的大小，即选好工艺参数。

(2) 发现异常时，或需更改参数时，请按“暂停/继续”键(键锁定，灯亮)，处理完毕后再次按“暂停/继续”键(键抬起，灯灭)，则继续工作；或者在暂停状态按“复位”键，刀头便回到零点，再按“暂停/继续”键(抬起，灯灭)。

(3) 激光管的冷却水不可中断。一旦发现断水，必须立即切断激光高压，或按“紧急开关”，防止激光管炸裂。

(4) 工件加工区域里不得摆放有碍激光刀头运行的重物，免得电机受阻丢步而造成废品。

(5) 激光工作过程中，要保持排风通畅。

(6) 切割或雕刻时，必须盖好防护罩。

(7) 在任何情况下，不得将肢体放在光路中，以免灼伤。

12.4.5 激光雕刻加工实例

使用激光刻绘机加工的图案如图 12－22 所示。

图 12－22 激光刻绘作品示例

12.5 快速成形制造

快速成形制造技术是 20 世纪 90 年代发展起来的一项高新技术，它不用刀具即可制造各类零件和零件原形。其实质是通过材料逐层添加法直接制造三维实体。

1. 快速成形的基本原理

依据计算机上构成的产品的三维 CAD 模型，并对零件进行分层离散化处理，分层后再对断面进行网格化处理，所得数据通过计算机进一步处理后生成相应的格式文件，并驱动控制激光加工源在 xy 平面内进行扫描，使激光束选择性地切割一层层的纸（或固化一层层的液态树脂，或烧结一层层的粉末材料），或喷射源选择性地喷射一层层的粘结剂或热熔材料等，形成一个个薄层，并逐步叠加成三维实体。如图 12－23 所示为利用激光束逐点、逐线、逐层照射和固化液态光敏树脂材料的快速成形制造的原理图。

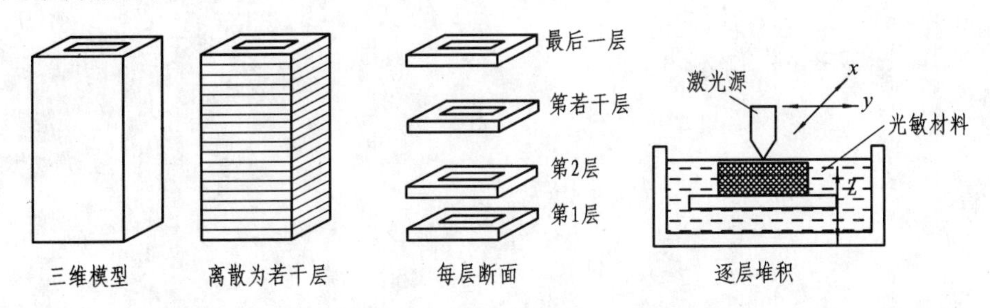

图 12－23 快速成形制造原理图

2. 快速成形技术的应用

(1) 设计模型的制造。这是应用最广泛的领域。工程技术人员可通过对产品原形外观制造工艺的评估和某些性能参数的实际测试，迅速修改设计，加快产品开发速度，减少不必要的损失。

(2) 小批量零件的生产。对于单件、小批量生产的零件,采用快速自动成形机来制造,可大大降低生产成本。

(3) 模具加工。用快速成形法生产铸造用的塑料模型,替代木模,也可生产精密铸造用的熔模,还可以制造高质量的注塑模等。

思考练习题

1. 与切削加工相比,特种加工的特点是什么?
2. 电火花加工必须具备的基本条件是什么?液体介质的作用是什么?
3. 电火花加工有哪些应用?
4. 如何尽量减少工具电极的损耗?
5. 影响加工精度和表面质量的因素是什么?
6. 电规准指的是什么,都有哪些参数?
7. 线切割加工有什么特点?
8. 影响线切割加工速度和加工精度的因素分别是什么?
9. 激光加工的特点是什么?举例说明激光加工的应用。
10. 激光加工的原理是什么?
11. CLS-2000激光雕刻机为什么只能加工木材、塑料等非金属材料?
12. 快速成形加工有什么特点?

第 13 章　其他切削加工方法及设备

13.1　其他车床

除卧式车床之外，尚有其他不同组别的车床，使用较普遍的有以下几种。

1. 转塔车床

转塔车床又称六角车床，如图 13-1 所示，用于中、小型复杂零件的批量生产。其结构是没有尾架，但有一个能旋转的六角刀架；而刀架安装在溜板上，随着溜板作纵向移动。旋转的六角刀架又称转塔，可绕自身的轴线回转，有 6 个方位，可安装 6 组不同的刀具。此外，还有一组和普通车床相似的四方刀架，有的还是一前一后。两种刀架配合使用，可以装较多的刀具，以便在一次装夹中完成较复杂零件各个表面的加工。

图 13-2 是转塔车床的加工示例。零件为滚花头的中空螺钉，使用棒料加工。加工步骤如下：① 挡料，将棒料拉出触及挡块，夹紧；② 钻中心孔；③ 车外圆及台阶、倒角并钻孔过半；④ 继续钻孔（稍过全深）；⑤ 铰孔；⑥ 套螺纹。以上过程由转塔刀架完成。以下过程由四方刀架完成：⑦ 车成形表面；⑧ 滚花；⑨ 切断。

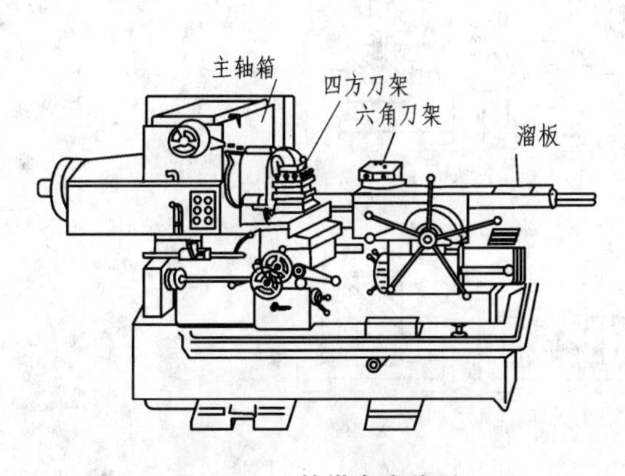

图 13-1　转塔车床外形

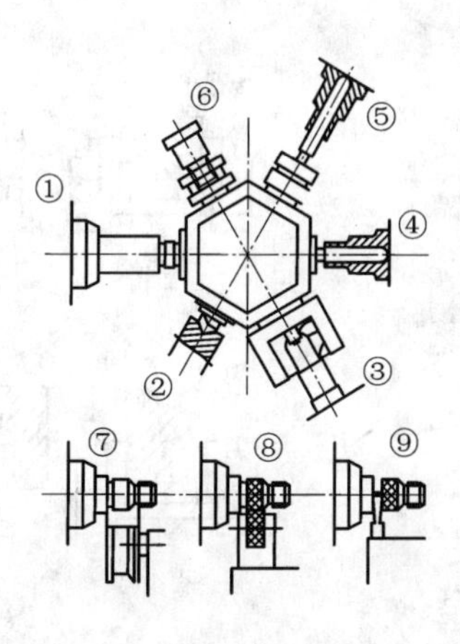

图 13-2　转塔车床加工步骤

2. 立式车床

立式车床与普通车床的区别在于主轴是垂直的，相当于把普通车床竖直立了起来。如图 13-3 为单柱立式车床和双柱立式车床示意图。由于工作台处于水平位置，故它适用于加工直径大而长度短的重型零件。

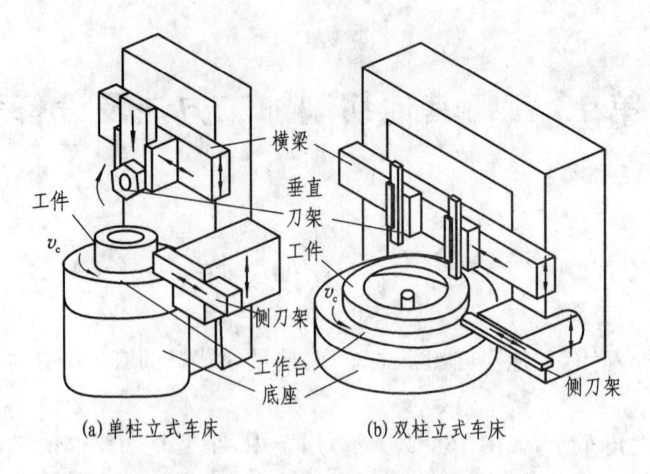

图 13-3　立式车床外形示意图

13.2　刨削类机床

1. 刨削加工特点

刨削加工主要用来加工水平面、垂直面、斜面、台阶,燕尾槽、直角沟槽、T 形槽和 V 形槽等,如图 13-4 所示。

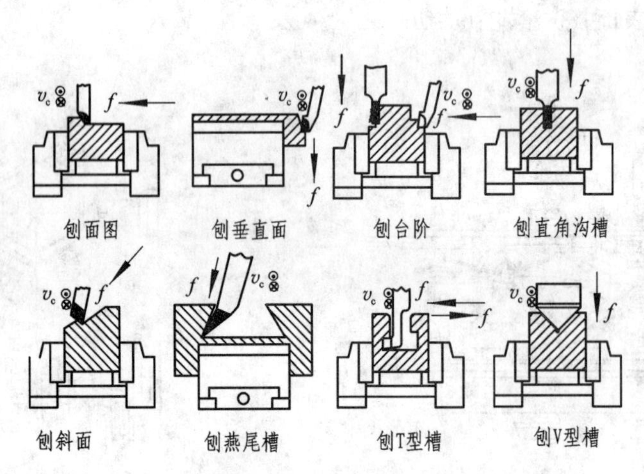

图 13-4　刨削加工范围

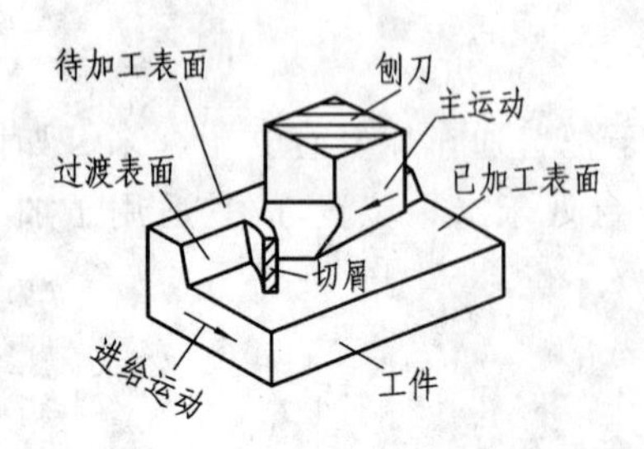

图 13-5　牛头刨床的刨削运动

牛头刨床的刨削运动如图 13-5 所示,刨刀的直线往复运动为主运动,刨刀回程时工作台(工件)作横向水平或垂直的间歇移动为进给运动。

刨削加工有以下几个特点:

(1) 生产率较低。刨削加工一般只用一把刀,且回程不切削,为了减少惯性力和减少刨刀切入和切出时产生的冲击和振动,往往用较低的切削速度(一般为 13～50 m/min),故刨削的生产效率较低。但在龙门刨床上进行多刀或多件刨削时，不但生产率较高，并且可保证有较好的平面度。

(2) 精度和表面粗糙度。刨削加工精度可达 IT7～IT9，表面粗糙度 R_a 值为 1.6～6.3 μm，可满足一般平面加工要求。

(3) 通用性较好。刨削加工主要用来加工如机座、箱体、床身、导轨等零件的平面。如将机床稍加调整或增加某些附件，也可用来加工齿轮、键槽、花键等母线是直线的成形表面。

2. 刨床

刨削类机床有牛头刨床、龙门刨床和插床等。

(1) 牛头刨床

牛头刨床的组成如图 13－6 所示，主要由滑枕和摇臂机构、工作台和进给机构、变速机构、刀架、床身、底座等部分组成。工作时刨刀装在刀架上由滑枕带动作直线往复运动，刨刀向前运动时进行切削，称为工作行程；退回时不切削称为空行程。工件安装在工作台上作间歇的进给运动。

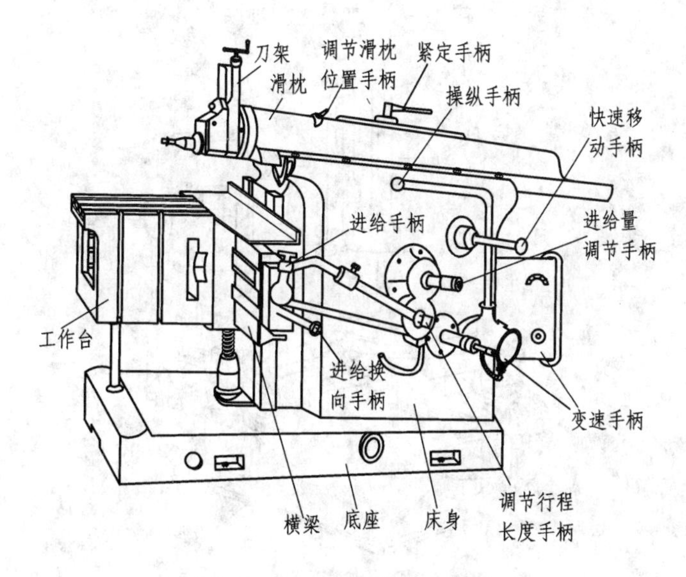

图 13－6 B6050 型牛头刨床

牛头刨床适用于刨削长度不超过 1 000 mm 的中、小型工件。

(2) 龙门刨床

如图 13－7 所示为双柱龙门刨床。龙门刨床的主运动是工作台(安装工件)的直线往复运动，进给运动是刀架(刀具)的移动。

机床上两个垂直刀架可在横梁上作横向进给运动，以刨削水平面；两个侧刀架可沿立柱作垂直进给运动，以刨削垂直面。各个刀架均可扳转一定的角度以刨削斜面。横梁可沿立柱导轨升降，以适应不同高度的工件。为减少刨刀与工件的冲击，工作台采用无级调速，使工件以慢速接近刨刀，切入工件后增速，然后工件再慢速离开刨刀，工作台则快速退回。

龙门刨床的刚度好、功率大，且有 2～4 个刀架同时进行工作，因此适合加工大型零件上的窄长表面或多件同时刨削，故也用于批量生产。

(3) 插床

插床又称立式刨床，如图 13－8 所示。加工时滑枕(安装插刀)在垂直方向上作直线往复

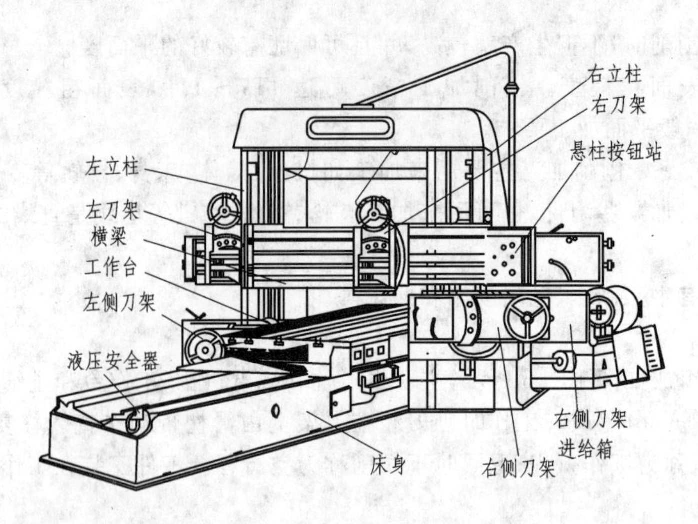

图 13-7　双柱龙门刨床

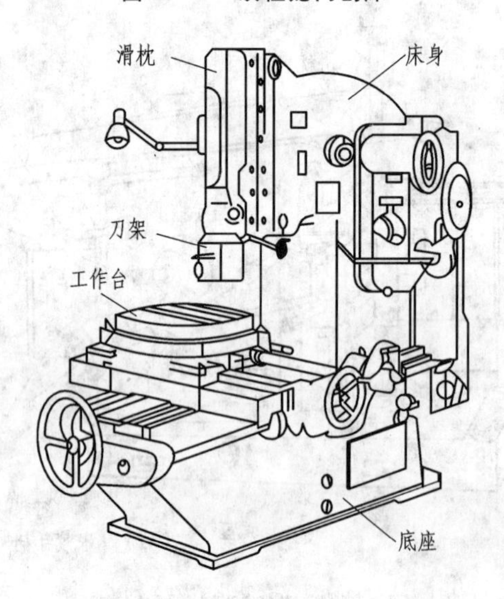

图 13-8　插床外形图

运动(主运动),工作台(安装工件)可沿纵向、横向或圆周作间歇进给运动。

插床主要用于单件、小批量生产中加工零件的内表面,如多边形孔、孔内键槽等,特别适合加工不通孔或有障碍台阶的内表面。

13.3　拉削加工

拉削是指用拉刀进行加工零件的方法。如图 13-9 所示为拉削加工的两种方式。

拉刀的切削部分由一列高度依次递增(齿升量)的刀齿组成,拉刀相对工件作直线运动(主运动)时,拉刀的每个刀齿依次从工件上切下一层薄的切屑(相当于进给运动),如图 13-10 所示。当全部刀齿通过工件后,就完成了工件的粗、精加工。因此拉削是一种高效率、低成本的加工方法,应用较为广泛,如图 13-11 所示。

拉床有立式拉床和卧式拉床,如图 13-12 所示为卧式拉床外形图。

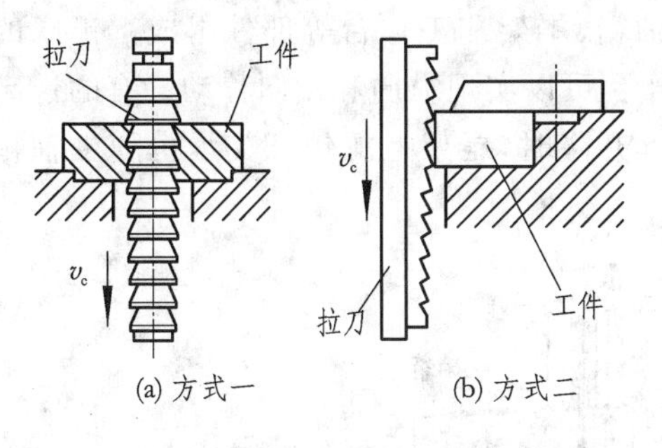

图 13－9　拉削加工方式

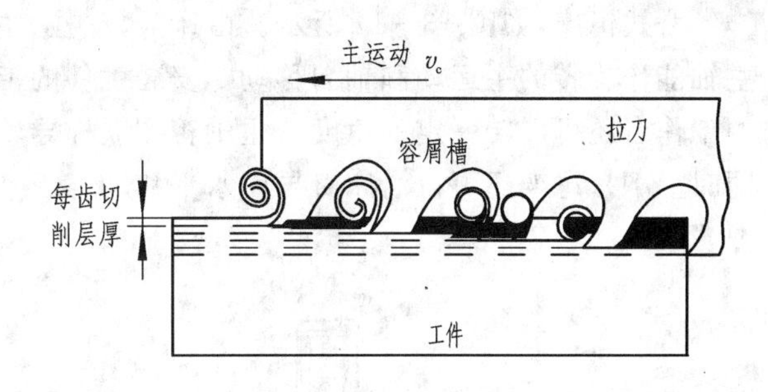

图 13－10　拉削运动

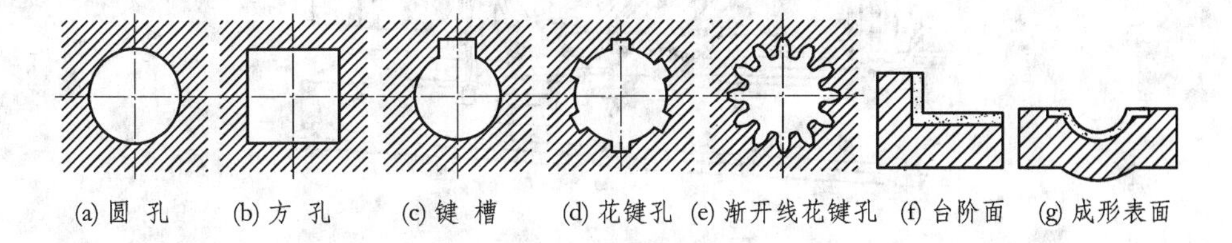

图 13－11　拉削的加工范围

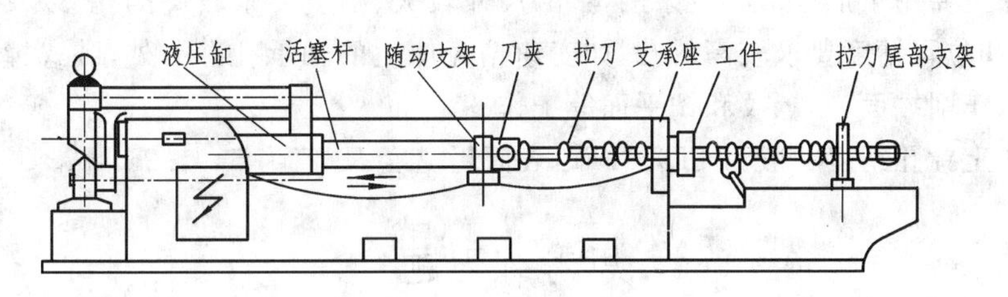

图 13－12　卧式拉床示意图

拉削的速度较低,拉削过程平稳,因而加工质量较好,加工精度可达 IT9～IT7,表面粗糙度 R_a 值一般为 1.6～0.8 μm。拉床结构简单、操作方便。但拉刀结构复杂,价格昂贵,且一把拉刀只能加工一种尺寸的表面,故拉削主要适用于大批量加工各种形状的内、外表面。

13.4　镗孔加工

虽然在车床和铣床上也可进行镗孔,但主要用来加工简单零件上的单一轴线的孔。镗床主要用来加工不同平面上的孔系和复杂零件上的孔。

镗床镗孔时使用镗刀,镗刀由刀杆和刀头组成,如图 13－13 所示。

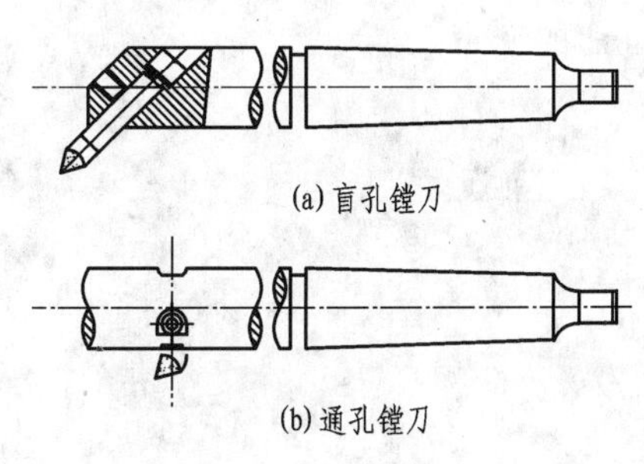

图 13－13　镗刀

镗孔加工的精度范围较宽,一般可达 IT9～IT5,表面粗糙度可达 6.3～0.16 μm。镗孔能修正上一道工序所留下的轴线偏斜等位置误差。对 100 mm 以上的孔,镗孔几乎是惟一的高效率加工方法。受镗杆或刀杆结构限制,所镗孔径不能太小,孔径一般大于 12 mm。

卧式镗床,如图13-14所示。由床身、立柱、主轴箱、尾架和工作台等部件组成。镗床的主轴能作旋转的主运动和轴向移动。安装工件的工作台可以实现纵向和横向移动。有的镗床的工作台还可以转一定的角度。主轴箱在立柱导轨上升降时,尾架上的镗杆支承也随主轴箱同时上下。尾架还可以沿床身导轨水平移动。

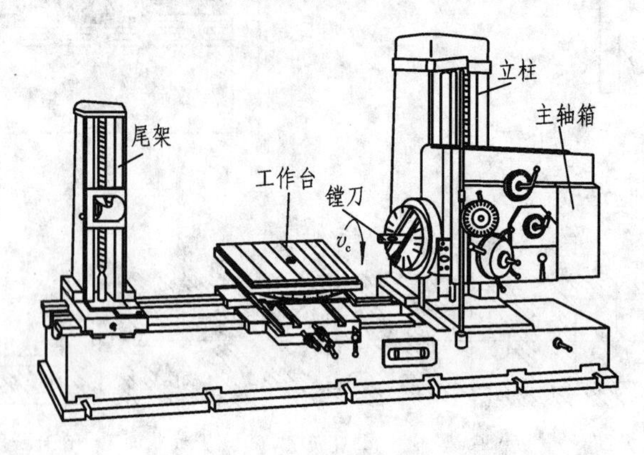

图13-14　卧式镗床

卧式镗床主要用于加工形状复杂的零件,尺寸较大、精度要求较高的孔,以及分布在不同位置上,轴距和位置精度要求较高的孔,如变速箱壳体上的轴承孔。另外,卧式镗床也可以进行镗孔、钻孔、车削端面、车螺纹和铣平面等工作。

卧式镗床上镗孔精度一般为IT9～IT7,表面粗糙度 R_a 值为5～1.25 μm。

思考练习题

1. 六角车床和立式车床各有什么特点?
2. 为什么将插床称为立式刨床?
3. 为什么牛头刨床的使用比过去少了?
4. 拉削加工有什么特点?在哪些制造领域应用较多?
5. 镗床加工的特点是什么?除了镗削外,还有哪些加工孔的方法?

第 14 章　塑料成形加工

14.1　概　述

塑料因其材料本身资源丰富、性能优越、加工方便而广泛应用于包装、日用消费品、农业、交通运输、电子、电信、机械、建筑材料等各个领域，并显示出其巨大的优越性和发展潜力。当今已把一个国家的塑料消费量和塑料工业水平作为衡量一个国家工业发展水平的重要标志之一。

塑料工业包含塑料生产和塑料制件生产两大部分。塑料生产是指树脂或塑料制件原材料的生产，通常由树脂厂来完成。塑料制件生产（即塑料成形加工）是根据塑料性能、利用各种成形加工手段使原材料成为具有一定形状和使用价值的物件或定形材料的生产。

塑料制件生产主要包括成形、机械加工、修饰和装配等四个生产过程。成形是塑料制品生产中最重要的过程。

塑料成形方法已达 40 多种，其中最主要的是注射、挤出、吹塑和压制法等，它们几乎占了整个塑料成形的 85%，其中注射和挤出尤为突出，占塑料成形方法的 60%以上。

14.2　塑料注射成形工艺

注射模塑成形是热塑性塑料成形的一种重要方法。除少数几种以外，几乎所有热塑性塑料都可以用此法成形，某些热固性塑料也可用注射模塑成形。

注射模塑成形方法的特点是能够一次成形形状复杂和尺寸要求精确并带有金属或非金属嵌件的塑料制品，能适应品种繁多的塑料材料，成形周期短、生产效率高，容易实现全过程的微电脑控制。

14.2.1　注射成形工艺过程

注射成形过程可分为加料、塑化、注射入模、保压、冷却和脱模 6 个步骤，注射成形过程实质上是塑料材料的塑化、流动和冷却过程，如图 14－1 所示。

塑化是指塑料进入料筒内经加热软化到流动状态并具有良好可塑性的过程。

流动与冷却是指柱塞或螺杆推动具有流动性的塑料熔体注入模腔开始，经熔体在模腔内流动注满型腔，在保持一段压力后，再经冷却固化定形，直到制品从模腔内脱出为止的全过程。

塑料熔体在模腔内的流动情况可分为四个阶段：充模、压实、倒流和浇口冻结后的冷却。模腔内压力高于流道内压，从而造成了模腔中心尚未固化的塑料熔体倒流。

14.2.2　注射成形的前后处理

为了使注射过程顺利进行，并保证产品质量，除了对模具和设备作好准备外，还需对制品

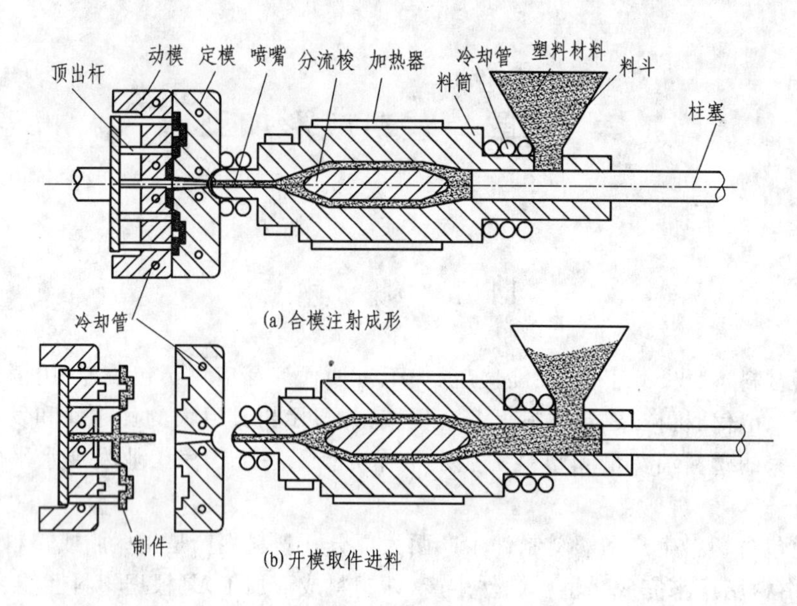

图14-1　注射模塑结构原理图

的原料和嵌件进行前处理,对成形后的制品进行后处理。

1. 原料的预处理

成形前,为使注射过程顺利进行和保证产品质量,需对原料(粒料)进行干燥处理。例如利用热风循环烘箱或红外线加热烘箱干燥。

2. 嵌件的预热

塑料制品内常有金属嵌件,为了保证塑料与嵌件结合牢固,防止嵌件周围塑料出现裂纹,需预先对嵌件进行加热,以减少金属嵌件和塑料热收缩率差别的影响。预热温度以不损伤金属表面的镀层为限,常为110～140 ℃,对表面无涂层的铝或铜合金件,可预热到150 ℃左右。

3. 料筒的清洗

当变换塑料种类和颜色以及发现塑料中有分解现象时,都需要对注射机的料筒进行清洗或拆换。

4. 脱模剂的选用

除聚酰胺塑料外的一般塑料均可用硬脂酸锌,而聚酰胺类塑料可用液体石蜡。对于硅油,各种塑料均可选用。无论用哪一种脱模剂都应适量,过少效果差,过多则影响外观和强度,透明件上会出现毛斑或混浊现象。

14.3　注塑模具

一般热塑性塑料注射模是指成形热塑性塑料最常用的注射模,它是最基本的一种注射模,其他型注射模都是在此基础上进行改进或补充而发展起来的。

塑料注射模一般由金属制成,其结构是由塑件的复杂程度和注射机的形式等因素决定的。凡是注射模均可分为动模和定模两大部分。注射时动模与定模闭合构成型腔和浇注系统,开模时动模与定模分离,取出塑件。定模安装在注射机固定模板上,而动模则安装在注射机的移动模板上。如图14-2所示为立式注射模的结构。一般注射模主要由以下几个部分组成。

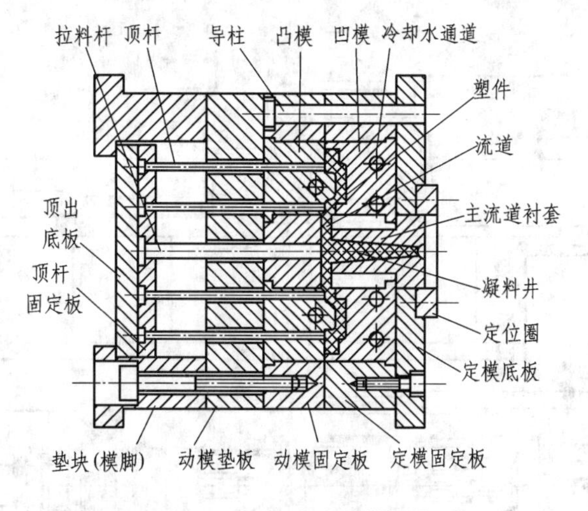

图14-2 立式注射模结构

(1) 成形部分。作为塑件的几何边界,包容塑件,完成塑件的结构和尺寸等的成形,如凸模和凹模等。

(2) 浇注系统。将注射机喷嘴过来的熔融塑料过渡到型腔中,起输送管道的作用,如流道、凝料井和主流道衬套等。

(3) 排溢、引气系统。充模时,排除熔料进入后模腔中多余的气体或料流末端冷料等。开模时,引入气体,有利于塑件从模腔中脱出。

(4) 温度调节系统。控制模具的温度,使熔融塑料在充满模腔后迅速可靠定型。对于不同的塑料,温度调节的方法不一样,如冷却水通道。

(5) 脱模机构。是把模腔中定型后的塑件从模具中脱分并取出的部件。有些可能要靠人工协助,有的完全是自动,如拉料杆、顶杆、顶杆固定板和顶出底板等。

(6) 模体(模架)。是整个模具的主骨架,通过它将模具的各个部分有机地组合在一起。在使用时,通过它与注射机联系在一起,如导柱、定模固定板、动模固定板、定模底板、动模垫板等。

当塑件带有侧凹或侧凸时,在模具上常设有侧向分型抽芯机构。

14.4 注塑机及操作

14.4.1 TTI-90F注塑机结构

TTI-90F注塑机的结构如图14-3所示。

14.4.2 技术参数

注塑机的主要技术参数如表14-1所示。

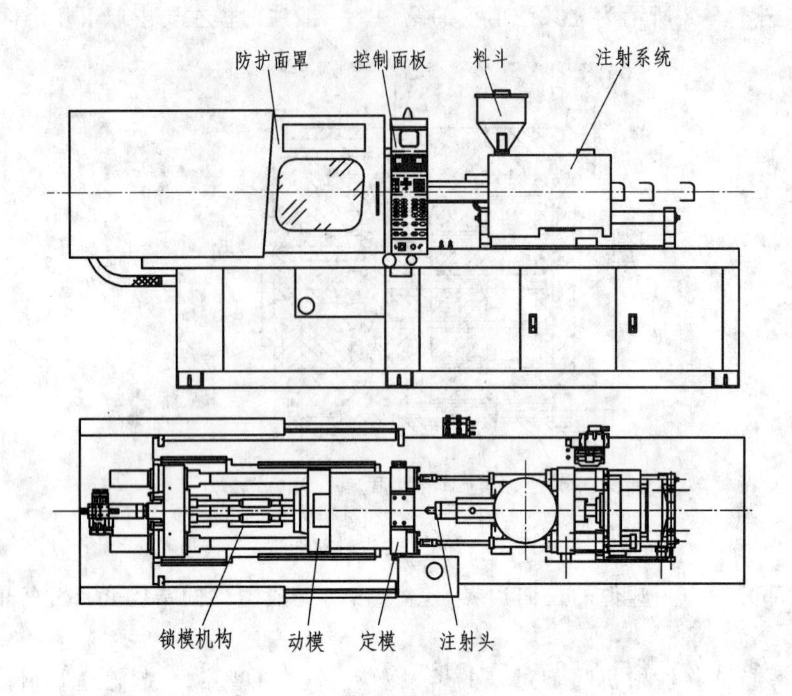

图 14-3　TTI-90F 注塑机外形图

表 14-1　TTI-90F 注塑机主要技术参数

项　目	数　值	项　目	数　值
理论注塑容积(cm^3)	104	锁模行程(mm)	320
理论注塑重量(g)	109.2	模板最大间距(mm)	100～330
注塑速率(cm^3/sec)		四柱间距(mm)	650
最大注塑压力(kg/cm^3)		顶针力(T)	355×355
注塑推力(T)	4.1	顶针行程(mm)	85
注塑行程(mm)	225	电机功率(kw)	15
锁模力(T)	90	电热功率(kw)	6.2

14.4.3　操作步骤

注塑机操作面板如图 14-4 所示。

开机程序如下：

(1) 打开电源总开关；

(2) 预热熔料筒；

(3) 开泵；

(4) 调试压力；

(5) 熔料背压调试；

(6) 操作形式选择,可选择手动状态、半自动状态和全自动状态。

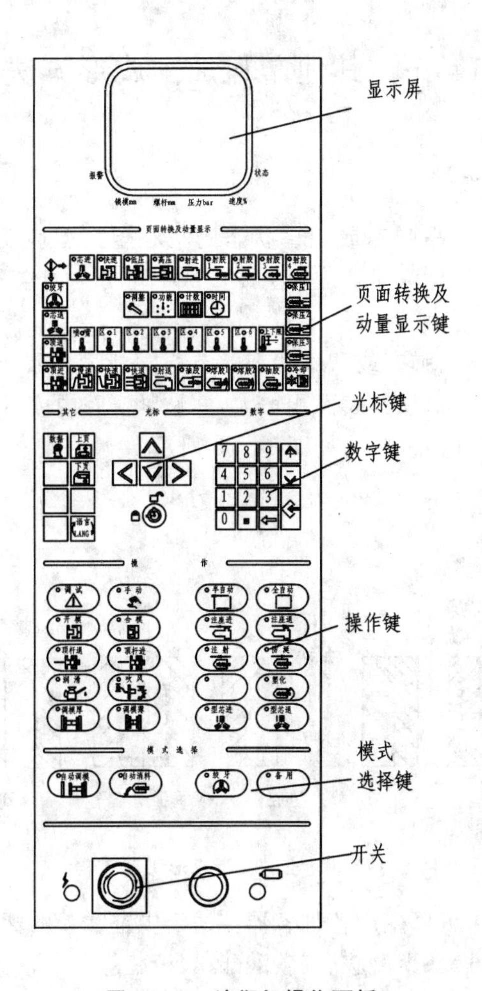

图 14－4　注塑机操作面板

停机步骤如下：

(1) 关上料斗闸，继续注射，直到塑料全部射出；

(2) 最后一次循环结束后，将旋钮 SS1 放在手动位置；

(3) 将所有的旋钮放在关的位置；

(4) 停止油泵电机；

(5) 关上总开关。

14.4.4　注意事项

(1) 开机前要事先检查各安全设备。

(2) 除装置模具外，不要两人同时操作设备。

(3) 在设备正常运行时，严禁打开电器挡门。

(4) 每次更换模具后，要及时调节机械安全杆并锁紧螺母。

14.5 其他塑料加工成形方法

14.5.1 塑料的吹塑成形

借助于压缩空气,使处于高弹态或塑性状态的空心塑料型坯发生吹胀变形,再经冷却定形,获取塑料制品的加工方法称为吹塑成形。吹塑成形可分为中空塑件吹塑和薄膜吹塑等。

1. 中空塑件吹塑成形

中空塑件吹塑是将处于高弹态或塑性状态的空心塑料型坯置于闭合的吹塑模具型腔内,然后向其内部通以压缩空气,迫使其表面积增大,并贴紧模腔内壁,最后经冷却定形,得到具有一定形状和尺寸的中空塑件吹塑制品,如图 14-5 所示。

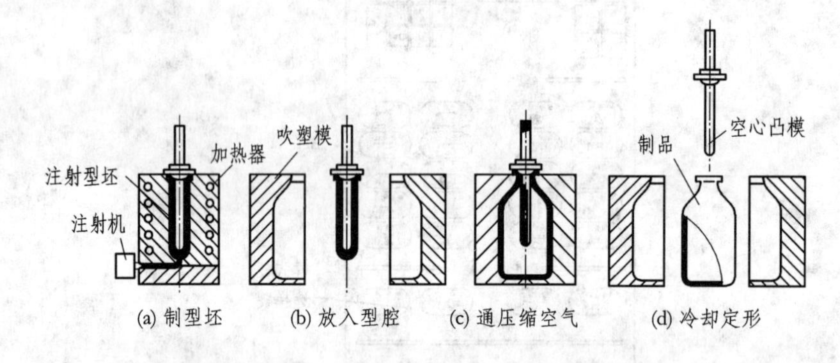

图 14-5 注射吹塑成形工艺过程

利用中空塑件吹塑成形可以生产各种容器。适于中空吹塑的塑料有聚乙烯、聚苯乙烯、聚氯乙烯、线型聚酯、醋酸纤维素、聚酰胺、聚碳酸酯、聚甲醛等。

2. 薄膜吹塑成形

薄膜吹塑成形是生产塑料薄膜广泛使用的方法,它是利用挤出机头将熔融塑料成形为薄膜管坯后,从机头中心向管坯冲入压缩空气,迫使管坯在高温下发生吹胀变形并转变成管状薄膜(俗称泡管),泡管在牵引力作用下运动到人字板处开始被压拢叠合,然后经由牵引辊、导辊到达卷取辊,经卷取辊收卷成为薄膜制品。

吹塑成形可以生产聚氯乙烯、聚乙烯、聚丙烯、聚苯乙烯、聚酰胺等各种塑料薄膜。

14.5.2 塑料板材的真空成形

用真空泵将塑料板、片材与模具型面构成的封闭空腔内的空气抽取干净以后,借助于大气压力使板、片材发生塑性胀形变形(表面积增大而厚度减薄),并贴紧模具型面转变成塑料制品的加工方法称为真空成形,如图 14-6 所示。真空成形一般只适用于热塑性塑料,如聚乙烯、聚氯乙烯、ABS、聚甲基丙烯酸甲酯等。

真空成形具有设备简单、成本低、生产率高、能加工大型薄壁塑件等优点,制件轻而薄,美观透明,广泛用于轻工用品、食品包装和家电等行业。

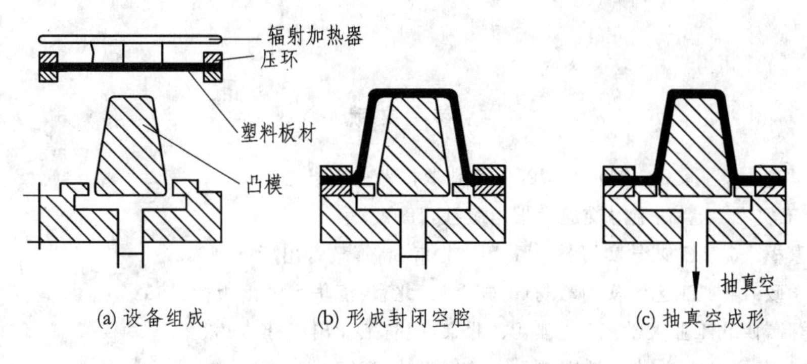

图 14－6　凸模真空成形

思考练习题

1. 塑料注射成形的特点是什么？
2. 塑料注射成形与压力铸造加工有什么异同？
3. 塑料注射成形过程有几个步骤？为什么要保压？
4. 注塑机由哪几大部分组成？
5. 注射模具主要由几个部分组成的？
6. 注射模具与压铸模具有什么异同之处？

参考文献

1 胡大超,张学高. 金工实习.2版. 上海:上海科学技术出版社,2000.

2 孙以安. 金工实习. 上海:上海交通大学出版社,1999.

3 张学政,李家枢. 金属工艺学实习教材.3版. 北京:高等教育出版社,2002.

4 严绍华,张学政. 金属工艺学实习教材(非机类). 北京:清华大学出版社,1992.

5 北京航空学院,西北工业大学. 金工实习. 北京:国防工业出版社,1982.

6 刘玉文. 金工实习. 北京:北京航空航天大学出版社,1985.

7 潭昌瑶,王钧石. 实用表面工程技术. 北京:新时代出版社,1998.

8 吕烨. 热加工工艺基础与实习. 北京:高等教育出版社,2000.

9 陈万林,等. 实用模具技术. 北京:机械工业出版社,2000.

10 贺锡生. 金工实习. 南京:东南大学出版社,1997.

11 任家隆. 机械制造技术. 北京:机械工业出版社,2000.

12 唐梓荣,路翠英,张常有. 机械加工基础. 北京:北京航空航天大学出版社,1991.

13 李郝林,方键. 机床数控技术. 北京:机械工业出版社,2001.

14 李斌. 数控加工技术. 北京:高等教育出版社,2001.

15 赵万春. 电火花加工技术. 哈尔滨:哈尔滨工业大学出版社,2000.

16 严岱年,刘惠文. 现代工业训练教程——塑料成形技术. 南京:东南大学出版社,2001.

17 严岱年,刘惠文. 现代工业训练教程——特种加工. 南京:东南大学出版社,2001.

18 张超英,谢富春. 数控编程技术. 北京:化学工业出版社,2004.

19 王小彬. 机械制造技术. 北京:电子工业出版社,2003.

20 陈志雄. 数控机床与数控编程技术. 北京:电子工业出版社,2003.

21 刘晋春,赵家齐,赵万生. 特种加工.4版. 北京:机械工业出版社,2004.

尊敬的读者：

您好！

感谢您选用北京航空航天大学出版社出版的教材！为了更详细地了解本社教材使用情况，以便今后出版更多优秀图书，请您协助我们填写以下表格，并寄至：北京市海淀区学院路 37 号•北京航空航天大学出版社•理工事业部 收（100191）。

您也可以通过电子邮件**索取本表电子版**，填写后发回即可。联系邮箱：goodtextbook@126.com。咨询电话：010-82317036，82339364。

我们重视来自每一位读者的声音，来信必复。对选用教材的教师和提出建设性意见的读者，还将**赠送精美礼品**一份。期待您的来信！

北京航空航天大学出版社·理工事业部

http://blog.sina.com.cn/ligongbook

北京航空航天大学出版社

教材信息反馈表

书名：____________________作者：________书号：ISBN 978-7-______-______-__

★ 读者简要信息

姓名：______ 年龄：____ 职业：□教师 □学生 □其他________________（请填写）

文化程度：□研究生（硕博） □本科 □高职高专 □其他_________________（请填写）

★ 联系方式（至少填 2 种）

电话/手机：___________ E-mail：______________ QQ/MSN：____________（请写清晰）

礼品寄送地址：____（请写详细）

★ 您此前关注过北航出版社吗？

□一直关注 □有时会关注 □有点儿印象 □没印象 □从来不关注任何出版社

★ 您如何获知本书？

□教师、同学、学长推荐 □同行、同事、朋友推荐 □报纸、杂志等平面媒体宣传

□图书经销商推荐 □新华书店宣传 □网上书店宣传 □网络论坛宣传 □偶遇

★ 您如何购买本书？

□学校订购 □网上书店 □新华书店 □校园书店 □其他_____________（请填写）

★ 您希望我们通过何种方式向您推荐教材？

□寄信 □电子邮件 □电话 □QQ 等即时通讯工具 □其他_____________（请填写）

★ 您对本书的评价——

内容质量 □很满意 □比较满意 □不太满意 □很不满意 □无所谓

纸张质量 □很满意 □比较满意 □不太满意 □很不满意 □无所谓

印装质量 □很满意 □比较满意 □不太满意 □很不满意 □无所谓

封面设计 □很满意 □比较满意 □不太满意 □很不满意 □无所谓

版式设计 □很满意 □比较满意 □不太满意 □很不满意 □无所谓

增值服务 □很满意 □比较满意 □不太满意 □很不满意 □无所谓

以上几项中，您最看重的是：

□内容质量 □纸张质量 □印装质量 □封面设计 □版式设计 □增值服务

★ 您希望得到本书的何种配套服务产品？

□电子课件 □习题答案 □程序源代码 □试卷 □其他__________（请填写）

★ 您还用过北京航空航天大学出版社的哪些书？

（1）__________

（2）__________

（3）__________

★ 您对本书有何具体意见及建设性意见？

★ 您对我社教材有何整体意见及建设性意见？

再次感谢您的支持！别忘了寄给我们，有精美礼品赠送哦！